典型有机固体废弃物资源化利用技术

Typical Organic Solid Waste Resource Utilization Technology

王攀 任连海 著

化学工业出版社
·北京·

内 容 简 介

本书针对典型生活源和工业源中的餐厨垃圾、市政污泥、酒糟以及中药渣等易腐有机固体废弃物，结合国内外研究现状及著作团队在相关领域新的科研成果，介绍了这些典型有机固体废弃物的资源化及高值化利用技术。

本书具有较强的技术性和针对性，可供从事固体废弃物处理处置等的工程技术人员、科研人员和管理人员参考，也可供高等学校环境科学与工程、市政工程、生物工程及相关专业师生参阅。

图书在版编目（CIP）数据

典型有机固体废弃物资源化利用技术/王攀，任连海著.
—北京：化学工业出版社，2020.11
ISBN 978-7-122-37688-6

Ⅰ.①典… Ⅱ.①王…②任… Ⅲ.①有机垃圾-固体废物利用 Ⅳ.①X705

中国版本图书馆 CIP 数据核字（2020）第 168672 号

责任编辑：刘兴春　卢萌萌　　装帧设计：史利平
责任校对：宋　玮

出版发行：化学工业出版社（北京市东城区青年湖南街 13 号　邮政编码 100011）
印　　装：天津盛通数码科技有限公司
787mm×1092mm　1/16　印张 17½　彩插 4　字数 397 千字　　2021 年 3 月北京第 1 版第 1 次印刷

购书咨询：010-64518888　　售后服务：010-64518899
网　　址：http://www.cip.com.cn
凡购买本书，如有缺损质量问题，本社销售中心负责调换。

定　　价：98.00 元

前 言

工业化进程的推进和经济水平的快速发展，在满足我国人民日益提高的美好生活需要的同时，也导致了大量固体废弃物的产生。2019 年国务院办公厅印发《“无废城市”建设试点工作方案》，强调推行创新、协调、绿色、开放、共享的新发展理念，实现整个城市固体废物产生量最小、资源化利用充分、处置安全的目标。开展“无废城市”建设试点是深入落实党中央、国务院决策部署的具体行动，也是提升生态文明、建设美丽中国的重要举措。“无废城市”的提出为我国生活源、工业源等有机固体废物的处理处置带来了新的发展方向与机遇。

餐厨垃圾、市政污泥、酒糟和中药渣等是生活和工业生产过程中产生的典型易腐有机固体废弃物，如不进行妥善处理将造成严重的环境污染，对其进行资源化利用可带来环境效益、经济效益和社会效益。本书针对典型生活源和工业源中的有机固体废弃物餐厨垃圾、市政污泥、酒糟以及中药渣等易腐有机固体废弃物，结合国内外研究现状及著者团队在相关研究领域的最新科研成果，介绍了这些典型有机固体废弃物的资源化及高值化利用技术。第 1 章阐述了典型有机固体废弃物的产生和资源化研究进展；第 2 章讲述了餐厨垃圾厌氧发酵产甲烷技术，阐述了含油率、含盐量等餐厨垃圾典型特征对其干式厌氧发酵的影响，通过湿热预处理及添加外源物等强化方法进一步提高产气效率，并介绍了典型餐厨垃圾处理工程案例；第 3 章利用餐厨垃圾为碳源生产生物可降解塑料（PHA）技术，分别以餐厨垃圾水解酸化液和餐厨废油为廉价碳源合成高附加值产品 PHA，实现了餐厨垃圾的高值化利用，并深入探讨了强化合成 PHA 的微生物代谢机理；第 4 章为污泥厌氧发酵产甲烷及发酵过程中新型污染物控制技术，优化了污泥厌氧发酵条件，研究了污泥厌氧发酵过程中抗生素抗性基因的控制技术；第 5 章阐述了酒糟生物干化预处理及热解制取可燃气技术，筛选出嗜热菌，优化了生物干化预处理工艺条件和热解气化工艺条件；第 6 章介绍了中药渣处理处置及其资源化利用技术；第 7 章对典型有机固体废弃物资源化利用的新技术进行了展望。本书总结了典型有机固体废弃物的资源化利用新技术，实用性和针对性较强，可供从事固体废物处理处置等的工程技术人员、科研人员和管理人员参考，也可供高等院校环境工程、市政工程及相关专业的师生参阅。

本书共分 7 章，其中第 1 章、第 3 章 ~ 第 7 章由王攀著，第 2 章由任连海著；全书最后由任连海统稿并定稿。 另外，陈锡腾、郑义、贾志杰、郭雨文、王欣姿、梁肖飞、程蒙蒙等在全书编写过程中做了大量的文字校对工作，在此谨致感谢。本书在编写过程中引用了部分文献，在此对作者一并表示感谢。此外，本书的编写得到了国家重点研发计划（2019YFC1906303）、国家自然基金（42007350）、北京市自然基金（8202010）、和“十三五”时期北京市属高校高水平教师队伍建设支持计划青年拔尖人才项目（CIT&TCD201804016）的资助，在此表示感谢。

限于著者水平和编写时间，书中疏漏和不足之处在所难免，敬请读者予以批评指正。

著者

2020 年 6 月于北京

目 录

第3章 利用餐厨垃圾生产 PHA 技术 70

第1章 绪论

1.1 典型有机固体废弃物基本概况

工业化进程的推进和经济水平的快速发展，可以满足人们日益增长的生活需要，但是也导致了大量固体废弃物的产生。据生态环境部《2019 年全国大、中城市固体废弃物污染环境防治年报》的统计数据，2018 年全国一般工业固体废弃物为 15.5 亿吨，综合利用量占利用处置总量的 41.7%；工业危险废物 4643.0 万吨，综合利用量为 43.7%；医疗废物 81.7 万吨，城市生活垃圾 21147.3 万吨。如果大量的固体废物不能及时处理与处置，将会造成严重的环境污染问题。国内外采取了一系列的处理应对措施，固体废弃物的基本处置情况与发展方向见表 1-1。

表 1-1 国内外固体废弃物的基本处置情况与发展方向

分类	国内外现状		发展方向
	中国	国外	
城市生活垃圾	垃圾回收、填埋、焚烧、堆肥、饲料化和制取沼气	填埋、造地、卫生填埋、焚化、回收废品	家庭分类回收废品、高压压缩成型、渗滤循环填埋、堆肥、焚烧回收能源、系统回收物质和能源
一般工业废弃物	堆存、回填、造地、回收废弃物、综合利用	堆存、造地、回填、焚烧、资源化回收物质和能源	资源化回收物质和能源
工业危险废物和放射性废料	隔离储存、化学和物理固化、综合回收、生物浸出	隔离堆存、焚化、化学和物理固化、化学和生物综合处理、综合利用	隔离储存、焚化、化学固定、物理和生物处理、资源化
市政建筑垃圾	堆弃、回收原材料	堆弃、露天焚烧、回收原材料	焚化、综合利用、造地、资源化回收物质
农业废弃物	堆肥、还田、农村燃料、肥料、饲料、制沼气、综合利用	回田、堆肥、焚烧、露天焚化	堆肥、饲料、制取饲料、蚯蚓床
污泥	堆存、制取沼气、焚烧	堆肥、填地	堆肥、焚烧、制取沼气、资源化利用

据 2019 年公开统计资料数据显示，我国生活源、农业源和工业源等有机固废的产量为 60 亿吨，占固体废物产生量的 60%以上，因此对有机固体废弃物的处理处置显得十分

重要。有机物按照可被生物降解的难易程度可以被分为可生物降解有机物和难生物降解有机物，它们的共同特点都是可以被氧化成无机物。可生物降解有机物也称为易腐有机固体废弃物，通常指含有大量有机质且可被生物降解的废弃物，富含氮、磷、钾等营养组分，主要包括城市生活垃圾、农贸市场尾菜、污泥及其废弃物；农作物种植业秸秆、禽畜养殖业饲料残渣及排泄物和农副产品加工业残渣；工业行业产品制造过程中的原料残渣与产品残次品。

按照其产生地点和来源分类的不同划分为城市源、农村源和工业源三类。城市有机固体废弃物的种类和来源非常广泛，城市居民的日常生活消费、市政园林的建设维护、商业娱乐行业运行都会产生大量的固体垃圾。根据生态环境部统计年鉴数据显示，2013～2018年我国城市生活垃圾的总量逐年攀升，2018 年已经达到了 2.14 亿吨，并且仍以较高的增长速率上升，已经成为迫切需要解决的固体废物产生源（图 1-1）。城市市政污水处理系统也是重要的固体废弃产生源，截至 2017 年中国城市污水污泥产生量达到了 908.07 万吨，采用生化法处理生活污水产生的污泥中含有大量氮磷元素，有机质含量丰富，是一种产量巨大的有机固体废物。

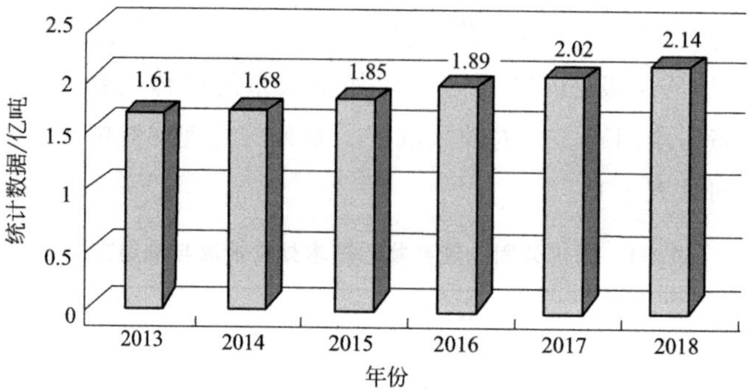

图 1-1　2013～2018 年我国城市生活垃圾统计数据

我国工业固体废弃物的产生量巨大，其危害不仅在于其对环保设施处理系统的巨大负荷，也在于每年相当数量的工业废物被储存，留存量极大。根据表 1-2 的数据统计显示，我国主要城市的一般工业固体废弃物被得到有效综合利用与处置，但也有一部分的工业废物被储存。我国工业产业体系完备，生产链齐全，食品和日化等轻工业企业众多，2018 年，我国轻工行业规模以上企业 11.3 万个，轻工行业规模以上企业年主营业务收入已接近 20 万亿元。食品加工业产生大量的食物残渣、酒糟等废弃物，医药制造行业提取有效药物成分后产生大量的中药残渣等，均是亟待处理的工业有机固体废弃物。工业生产过程中需要大量用水，由此处理工业废水所产生的污泥也是重要的固体废物，2017 年工业污水污泥产生量达到 2950 万吨，而 2018 年工业污水污泥产生量则超过 3000 万吨。

在处理与处置有机固体废弃物的成效性上，关键是选择每种废弃物适宜的减量化处理技术并兼顾资源化和高值化。本书将针对餐厨垃圾、市政污泥、酒糟和中药渣 4 种典型有机固体废物的处理技术进行讨论。

表 1-2　2017 年我国主要城市一般工业固体废物的处理情况　　单位：万吨

主要城市	产生量	综合利用量	处置量	储存量
北京	630.349	466.761	163.938	0.187
天津	1495.442	1478.576	19.969	0.141
石家庄	1588.374	1481.195	59.190	81.907
太原	2440.699	1043.051	1193.076	222.302
呼和浩特	1195.902	437.272	715.375	55.863
沈阳	890.573	646.421	164.002	171.884
长春	438.280	309.878	132.753	0.119
哈尔滨	433.383	378.834	44.496	11.978
上海	1630.482	1532.707	99.984	2.374
南京	1995.420	1798.489	78.136	119.589
杭州	389.391	300.472	112.432	5.191
合肥	846.417	713.581	15.864	117.682
福州	623.579	607.096	9.670	8.093
南昌	170.877	156.327	14.240	0.559
济南	793.092	712.521	82.943	0.190
郑州	1141.848	886.329	260.983	0.485
武汉	1360.346	1205.976	164.723	42.467
长沙	113.135	78.3245	17.860	16.990
广州	535.208	511.282	23.218	3.135
南宁	164.576	136.795	27.635	1.743
海口	5.213	4.804	0.578	0.001
重庆	1943.196	1371.918	456.906	123.738
成都	260.739	211.099	48.826	2.798
贵阳	1629.247	555.474	1083.453	1.487
昆明	1998.883	717.631	1255.719	29.484
拉萨	154.472	1.165	0.091	153.216
西安	185.029	158.598	27.629	2.486
兰州	307.801	279.222	28.737	0.478
西宁	338.043	314.911	19.6116	6.965
银川	1108.109	359.591	386.265	362.482
乌鲁木齐	935.745	876.691	57.338	1.748

1.1.1 餐厨垃圾

我国城市生活垃圾中餐厨垃圾、厨余垃圾等有机质垃圾比例较高，含水量高，可生化性能良好，适于进行堆肥发酵等生物处理。表 1-3 中展示了我国 27 个不同城市的城市生活垃圾组成比例，可以看出餐厨垃圾为城市生活垃圾中的典型有机固体废弃物。

表 1-3 我国不同城市生活垃圾物理组分组成比例及其含水率

城市	物理组分组成比例(湿基计)/%								含水率/%
	餐厨垃圾	纸类	木竹类	织物类	塑料	灰土	玻璃	金属	
乌鲁木齐	76.0	2.4	2.5	4.2	5.4	6.4	2.4	0.8	47.0
拉萨	57.0	6.0	14.0	7.0	12.0	3.0	0.0	1.0	46.7
兰州	36.38	9.7	1.36	2.1	11.34	37.81	0.93	0.23	44.26
西安	38.6	9.3	7.4	1.4	10.1	23.3	6.5	3.4	46.1
哈尔滨	44.8	13.4	0.0	4.7	3.3	24.5	6.6	2.7	54.8
沈阳	60.4	7.9	2.5	3.6	12.9	5.3	5.4	2.1	61.8
大连	63.7	8.8	0	2.0	18.6	1.2	5.0	0.8	59.7
北京	66.2	10.9	3.3	1.2	13.1	3.9	1.0	0.4	63.3
天津	56.9	15.3	1.6	3.9	16.9	2.9	1.6	0.7	55.0
济南	58.7	11.2	1.0	3.0	9.9	14.6	1.3	0.3	56.6
合肥	61.5	1.9	0.9	2.1	11.4	21.7	0.6	—	52.5
武汉	55.3	1.5	8.3	0.0	4.5	27.3	0.6	—	52.5
苏州	62.6	10.9	0.9	4.2	18.6	0.7	2.0	0.2	60.7
上海	65.18	10.58	2.7	2.03	15.99	0.68	2.31	0.54	59.28
杭州	64.5	6.7	0.1	1.2	10.1	15.1	2.0	0.3	56.5
南京	46.2	12.6	2.3	6.4	7.2	24.9	1.6	1.1	40.4
宁波	50.63	20.92	2.04	3.63	15.7	1.75	3.86	1.47	56.4
重庆	59.2	10.1	4.2	6.1	16.0	—	3.4	1.1	64.1
成都	65.7	13.0	0.9	2.5	12.0	2.1	0.8	2.9	57.3
贵阳	41.46	13.07	2.36	4.42	14.97	21.13	1.87	0.72	52.23
宜宾	54.67	5.31	2.99	1.04	2.95	10.32	7.37	0.1	55.39
南充	59.35	7.51	3.84	0.39	11.47	1.67	1.45	0.22	63.36
达州	68.01	8.91	0.90	—	7.39	3.65	—	1.23	64.84
西昌	45.93	7.72	4.13	0.21	7.02	11.98	0.90	1.79	51.64
马尔康	56.62	2.48	0.72	4.87	7.38	6.19	8.41	—	54.38
广州	53.4	8.3	1.7	10.0	18.6	6.2	1.4	0.4	55.6
深圳	51.1	17.2	3.9	2.7	21.8	0.8	2.1	0.4	59.7

伴随着人口数量的迅速增长和经济水平与生活水平的提高，餐厨垃圾的产生量也在不断增加。据中国城市环境卫生协会资料显示，全国城市餐厨垃圾日均产量超过 50t 的城市有 512 个，而北京、上海、广州和深圳等超大城市的问题尤为严重，2016 年全国产生餐

厨垃圾约8865万吨，到“十三五”末期，我国餐厨垃圾已突破12000万吨。餐厨垃圾有机质含量高、含水高且极易腐烂变质，若处理不当，非法回收和利用，将可能导致“地沟油”“垃圾猪”等安全隐患事件。从2020年5月1日起，《北京市生活垃圾管理条例》正式实施，条例明确规定餐饮行业协会应当在厨余垃圾减量化工作中发挥行业自律和服务作用，引导企业行为，推广先进技术，督促落实有关规定。在2019年上海率先开始的垃圾分类工作中，餐厨垃圾资源化处理作为一种有效的手段，可以在垃圾分类后变废为宝、化害为利，从源头上避免餐厨垃圾被直接作为养殖饲料，有效解决餐厨垃圾被直接填埋或焚烧而造成的资源浪费和环境污染问题，实现社会效益、经济效益和环境效益的有效统一。

餐厨垃圾俗称“泔脚”“泔水”，根据其来源不同可以分为餐饮垃圾和家庭厨余垃圾，前者主要是产生自饭店、食堂等聚集性餐饮单位所产生的剩饭剩菜；后者主要指居民日常生活废弃的下脚料和食物残渣。餐厨垃圾通常是米面、果皮、蔬菜、动植物油、骨头以及废弃餐具、塑料、纸巾等多种物质的混合物。

餐厨垃圾的来源具有复杂性，与其他固体废物相比具备以下理化特征：

① 含水率较高，通常高达70%～85%；

② 有机质含量高（粗脂肪21%～33%，粗蛋白11%～28%，粗纤维2%～4%），同时富含钾、钙、钠、镁、铁等微量元素；

③ 油脂含量丰富，为2%～3%，可以进行回收再加工，炼制生物柴油或者其他化工产品；

④ 盐分含量高，0.5%～1%；

⑤ 极易腐烂变质，散发恶臭，容易滋长病原微生物等。

我国部分城市的餐厨垃圾组分含量如表1-4所列。

表1-4 我国部分城市的餐厨垃圾组分含量

城市	含水率/%	有机质/%	粗蛋白/%	粗脂肪/%	含油量/%	盐分/%
北京市	74.34	80.21	25.86	24.77	3.12	0.36
天津市	70.99	85.64	24.30	25.96	2.63	0.70
重庆市	85.07	92.66	14.45	17.02	1.96	0.24
苏州市	84.43	82.98	21.80	29.30	3.28	0.70
杭州市	74.94	91.5	16.46	24.31	2.09	1.32

1.1.2 市政污泥

我国污泥产量大、污泥处理处置形势严峻。截至2017年我国污水厂数量达到3900余座，污水处理总能力每日达到1.8亿立方米。目前污泥的年产量已经超过4000万吨，2020年年产泥量达到约6000万吨。在不同的污水处理工艺中，污泥可分为原生污泥、废活性污泥、生物膜污泥、消化污泥和化学沉淀污泥。污泥含有原水中30%～50%的有机物，30%～50%的TN和95%的TP，有机质含量丰富，但含有大量的重金属、持久性有机污染物和病原菌，也是抗生素抗性基因的重要储存库。按来源不同，污泥又可以分为城市污泥和工业污泥，其中工业污泥通常含有重金属，增加了其危害性，处理难度大大提高。在我国污水污泥处置设施中污泥的处理投资占总投资的30%左右，运行费用占总运行费用的50%以上。

污水出水水质提高、污水消毒工艺研究和再生水研究等得到了快速推进，但污泥处理的问题却始终没有得到有效解决。污泥量大、有机质含量低，水处理设施产生的污泥应进行稳定化、无害化和资源化处理处置。

1.1.3 酒糟

我国是酒类产品的生产和消费大国，据统计2018年全国酿酒行业规模以上企业完成酿酒总产量5631.93万千升，同比增长1.17%。全国酿酒行业规模以上企业总计2546家，累计完成产品销售收入8122.74亿元，同比增长10.20%，其中规模以上白酒企业1445家，完成酿酒总产量871.20万千升，同比增长3.14%；规模以上啤酒企业415家，总产量3812.24万千升，同比增长0.50%。与之相关的酒糟产量大量增加。按照固态法生产，白酒与酒糟的产量比为1：3，2018年白酒酒糟的产量约为2344万吨。

酒糟是粮谷类作物发酵蒸馏之后的副产物，主要有两个来源：一是来自酿酒行业的副产物；二是燃料乙醇工业的副产物。这两种酒糟的成分与其加工原料和加工工艺相关。酿酒行业多采用高粱或是小麦、大麦、玉米、大米、黑麦等混合物，通过加入酒曲、糖化酶等发酵剂，经蒸煮、糖化发酵、蒸馏等工序后产生酒糟，其成分包括未能发酵完全的淀粉、蛋白质、纤维素、有机酸、氨基酸、维生素、脂肪、酒用风味物质、酚类化合物、含氮化合物、杂环类化合物等。燃料乙醇工业则主要采用玉米为发酵原料，干法磨碎之后加水混合产生糖浆，升温液化和糖化，然后加入酵母发酵产生乙醇。蒸馏乙醇之后，剩余的酒糟被分成湿酒糟和酒糟水两部分，酒糟水通过蒸发和浓缩后，与湿酒糟混合、干燥，最终得到干酒糟。

白酒糟是中国传统固态白酒生产过程中剩下的残渣，主要是以高粱、小麦、玉米、谷物等为原料经过发酵、蒸出提取酒精和香味物质后的残留物，其主要营养成分来自因糖化和发酵不彻底而余留的部分原料残余物，以及微生物代谢活动和菌体自溶所产生的物质，主要包括蛋白质、脂肪、纤维素、钙、磷等营养物质。新鲜白酒糟含水约为60%，营养物质丰富，极易发霉变质，处理不当严重影响当地环境，需要采取规范合理的处理处置措施。

1.1.4 中药渣

我国是中医和中药的发源地，在世界医学中占据着重要地位。近年来药用植物的商业化需求和用量增加了许多倍，在植物化学物质、药物、保健品、草药、食品补充剂、香水和化妆品以及食品调味剂等各大领域均有应用。

中药渣是由中草药经过水或乙醇等浸泡提纯过后所剩的残渣，在药物提取过程中，因其对目标成分的追求及受提取工艺、提取效率的制约，至少有30%的药物成分残留在中药渣中。中药渣中一般含有55%～75%的水分，且成分复杂，中药渣中除含有大量纤维素、半纤维素、木质素、粗蛋白质、粗脂肪、矿物质、氨基酸外，还含有维生素、糖类及各类微量元素；此外，中药渣中还有各类生物碱、多糖、萜类、醌类、黄酮类、甾体及苷类等生物活性物质及物质促生长因子。

随着我国中医药事业的迅速发展，全国各大中药制药厂和日化企业的中药渣废弃量日益增加，最新统计数据显示全国中药渣的排放量已高达6000万～7000万吨/年。药渣等生物质综合利用是一个世界性问题，目前国内的药渣大部分做填埋处理，少部分用作饲料和肥料，处理不当容易污染水体和大气；另外，部分药渣属于危险废物，国家在危废处理上有另行严格规定。国内先进的药渣处理方法有厌氧制沼气、烘干焚烧、无害化制肥、气化制气、气化发电等方式。

1.2 典型有机固体废弃物的环境危害

有机固体废弃物具有产生量巨大、来源复杂、种类繁多、成分多样等污染特点，造成的污染途径和污染形式多，是主要的环境污染源之一。随着我国“无废城市”、全民垃圾分类等环境保护与管理政策措施的推广，无序的固体废弃物污染问题已经得到重视，并逐步向良好方向发展。但由于我国环境保护发展相比于欧美等发达国家起步较晚，加上国土面积大、人口众多，东部、西部发展不平衡等现实状况，固体废弃物的治理水平还需要继续提高。

有机固体废弃物产生的恶臭气体、渗滤液和浸出物等严重污染水体、大气生态环境，危害当地居民的生命健康，具有巨大的环境危害与风险，主要体现在以下几个方面。

1.2.1 侵占土地资源

我国有机固体废弃物产生量巨大，国内有机固体废弃物的处理能力远低于废弃物总量，因此大量的有机固体废弃物产生后被直接倾倒或者简易堆积，侵占国土空间资源。有机固体废弃物的处理量越少，堆积量越大，占地面积也就越多。目前仅城市生活垃圾堆存侵占的土地面积就超过5亿平方米，城市近郊、河道成为垃圾堆放场所，占用了大量的生产生活用地，严重影响地表水环境和地下水安全。随着经济的快速发展，居民生活水平的提高及人口的不断增长，有机固体废弃物的产生量越来越多，如不能及时有效地进行处理和利用，有机固体废弃物侵占土地的问题将变得越来越严重。

1.2.2 污染水体环境

有机固体废弃物对水分的污染分为直接污染和间接污染两种。

1）直接污染　有机固体废弃物被直接排入江河湖海等地表水，或者露天堆放的或者填埋的有机固体废弃物被地表径流携带进入地表水中，从而导致有机固体废弃物对水体的直接污染。

2）间接污染　露天堆存或者填埋的有机固体废弃物其可溶物在雨水淋溶和浸泡的作用下经土壤渗透到地下水，导致地下水污染。

有机固体废弃物中含有的大量有机物，在水中微生物对其进行分解的过程中会消耗大量的溶解氧（DO），有机固体的氮、磷等营养元素又会促进低等水生植物大量繁殖，与鱼类、贝类等争夺阳光、空间和氧气，造成水体的富营养化，使水体变黑变臭，水体中原有的生态系统被破坏后，将难以得到恢复。生活垃圾和污泥中含有的有毒有机污染物和重金属离子（包括毒性较大的铬、镉、铅、锌等重金属）等有害成分，通过地下水系进行迁移，威胁人类生活用水安全。

1.2.3 污染大气环境

有机固体废弃物在堆存、处理处置过程中会产生有害气体，对大气环境产生不同程度的污染。例如，有机固体废弃物露天堆存时极易腐烂，有机质会分解产生恶臭气体，芳香族化合物如苯、甲苯、苯乙烯等；还会产生含有硫化氢、氨等有害气体，若不能及时处理则会进一步氧化产生有害气体。

1.2.4 污染土壤环境

有机固体废弃物及有害组分在地表径流和雨水淋溶、浸泡作用下，通过土壤空隙向四周和纵深的土壤中迁移，在此迁移过程中，有害组分经受土壤吸附或者作用，在土壤中呈现不同程度的累积，导致土壤的成分和结构改变，影响植物营养吸收和正常生长，影响土壤中的微生物活动，破坏土壤中的生态平衡；有毒有害物质和其他新兴环境污染物（抗生素抗性基因等）污染生长植物，通过食物链影响人体健康。

1.2.5 影响人类健康和环境卫生

有机固体废弃物中含有大量有机质、微量元素等可利用组分，也含有大量有毒、有害和难以降解的有机物、重金属、病原菌及寄生虫卵等，成为蚊蝇细菌和病原细菌的天然生长底物，可能通过呼吸道、消化道和皮肤等途径进入人体体内而危害人类健康。此外，某些新兴环境污染物，例如微塑料和抗生素抗性基因等也会在有机固体暴露在自然环境的过程中影响人类健康安全。因此一旦处理不当，将会产生严重的生态安全问题。我国有机固体废弃物的综合利用率不高，城市转运能力有限，相当部分未经处理的生活垃圾、污泥、有机废液等被露天堆放，除了造成环境危害外，也会影响城市景观和乡村环境。

1.3 典型有机固体废弃物资源化利用途径

1.3.1 餐厨垃圾的资源化利用

餐厨垃圾的主要处理方式包括填埋、焚烧、饲料化及生物处理四大类型；其中，填埋和焚烧是传统的垃圾处理方式，而饲料化和生物处理是目前应用较为广泛的新型餐厨垃圾处理技术，因其可以产生高价值附加产品而实现餐厨垃圾资源化处理。

（1）填埋

垃圾填埋是应用最早、最广泛的处理技术。卫生填埋法具有技术成熟、操作管理简单、处理量大、投资和运行费用较低等优点，是当今世界上最主要的垃圾处理方式。但餐厨垃圾填埋处理也存在一些缺点：

① 占用大量土地资源，造成后续城市建设规划的选址难题；

② 填埋处理会产生大量的垃圾渗滤液，如果不能妥善处理，极易污染周边的土壤及地下水等环境；

③ 填埋垃圾封场前容易产生甲烷和其他恶臭气体，污染大气环境。

目前已经极少采用垃圾填埋技术处理餐厨垃圾。

(2) 焚烧

焚烧法处理可有效减量化，使垃圾减容85%以上，减重75%以上，实现了减量化、无害化目标。配备相应的热能回收装置，亦可实现焚烧发电，达到资源化的目的。但我国城市生活垃圾成分复杂，且长期混合收集；餐厨垃圾中含水率较高，热值较低，难以满足焚烧炉运转的最低热值要求，将餐厨垃圾和其他垃圾一起混合焚烧，需要额外添加燃料辅助燃烧，不仅会增加设备的运行成本，还会造成资源的低效利用，甚至与其他垃圾发生化学反应，处理不当便会产生一些有毒有害气体，大大增加了运营费用。

(3) 饲料化技术

餐厨垃圾中含有大量的有机营养成分，其饲料化具有相当大的优势。目前主要有干式饲料及蛋白饲料两类饲料化技术。其中干式饲料要求物料在95～120℃下至少干燥2h，含水率小于15%，杂质低于5%；蛋白饲料由微生物自身及其蛋白分泌物组成（60～80℃）。但由于餐厨垃圾来源广泛，成分复杂，采用饲料化利用技术时存在很多安全隐患，如生物同源性、病菌、重金属、有毒有机物等。因此，在实际生产中需要遵循《餐厨垃圾处理技术规范》(CJJ 184—2012) 中有关餐厨垃圾生产饲料的相关规范要求，生产合格的饲料。若将未经处理的餐厨垃圾直接喂养牲畜，便会带来巨大的安全隐患，使得有害物质回流餐桌。

(4) 好氧堆肥

好氧堆肥是指在有氧条件下利用好氧微生物对堆积于地面或者专门发酵装置中的有机质进行生物降解，最终形成稳定的高肥力腐殖质。餐厨垃圾中有机质含量高，营养元素全面，C/N值较低，是微生物的良好营养物质，适于采用堆肥处理。目前好氧堆肥主要有传统好氧堆肥发酵、高温好氧堆肥发酵两种堆肥技术。还可在好氧堆肥的基础上投入蚯蚓，利用蚯蚓自身丰富的酶系统，将餐厨垃圾有机质转化为其自身或其他生物易于利用的营养物质，加速堆肥的稳定化过程。但我国餐厨垃圾的高盐分、高油分问题，很大程度上限制了肥料化利用技术的推广与应用。

(5) 厌氧发酵

餐厨垃圾的厌氧发酵是指在无氧条件下，利用兼性微生物及厌氧微生物的代谢作用将复杂有机物分解为小分子有机物及无机物，在此过程中可产生甲烷和氢气等能源物质。此外，利用厌氧发酵可获得各种有机酸和醇类，如乙醇、乙酸、丁酸、葡萄糖糖化酶、乳酸等，从而实现对餐厨垃圾的减容减量及资源化利用。厌氧工艺产生的沼气可转化为电能与燃气，厌氧消化罐中产出的沼渣可以进行二次发酵制肥处理。通常厌氧发酵产生的沼气中甲烷含量为60%～75%，因此沼气经过净化、加压后进入燃气管网，可以供给居民日常生活使用。

餐厨垃圾高油脂、高盐分会导致过度酸化并抑制菌体生长，不利于持续而稳定地降解餐厨垃圾，且相应的厌氧发酵设备成本较高。因此，寻找适合我国餐厨垃圾组分与特点的厌氧处理工艺，并保证厌氧消化系统的运行稳定，降低运行管理难度及费用仍是当前亟待解决的关键技术问题。

（6）制备腐殖酸

过高温复合微生物和酶转化技术、快速腐殖化集成装备、转化工艺精准控制技术集成，筛选自然界生命活力和增殖能力强的高温复合微生物菌种，在生化处理设备中对餐厨垃圾等有机垃圾进行高温高速好氧发酵，可以使各种有机物得到快速降解并转化为生物腐殖酸肥料。

腐殖酸肥料可以作为有机源土壤调理剂，用于土壤质量提升，进而起到降低化肥使用率、提高农产品产量和改善农产品品质的作用。技术优点是转化速度快，有机质利用率高，产品一致性高，可进入工业产品销售通路，已在北京、广州、成都、乌鲁木齐等城市成功应用。但该工艺的液相进入污水处理系统会造成污水负荷增大和液相有机质的浪费。

（7）制备生物柴油

餐厨垃圾中含有大量的油脂资源，通过回收处理可以加工制备生物柴油。餐厨垃圾经油水分离出来的餐饮油脂生产生物柴油通常需要经过预处理工艺和酸碱催化酯交换反应工艺。预处理系统采用洁净水在水洗锅内进行水洗操作，经水洗后的餐饮油脂经加热后送入真空干燥器干燥脱水，便可获得较好的粗油脂。经水洗、真空干燥后的粗油脂，送至酸碱酯交换反应操作单元。粗油脂在酸、碱的催化条件下与甲醇进行酯交换反应，生成脂肪酸甲酯——粗甲酯。酯化反应后的粗甲酯通过水洗将其中的酸碱液去除，以提高生物柴油的产品质量，最后粗甲酯经甲酯蒸馏塔负压闪蒸后即可获得生物柴油产品。

（8）制备生物可降解材料

聚羟基脂肪酸酯（polyhydroxyalkanoates，PHA）是由微生物在细胞内合成的酯类物质，可以合成塑料，具备可生物降解性，是天然的高分子材料。利用餐厨垃圾作为碳源，通过水解酸化作用生成乙酸、丙酸、丁酸和乳酸等小分子酸和醇类，在 *Bacillus cereus strain* HY-3 等发酵细菌的作用下生成 PHA，可以降低合成 PHA 的生产成本，同时对餐厨垃圾的资源化利用具有重要的意义。

餐厨垃圾不同处理工艺的优缺点如表 1-5 所列。

表 1-5　餐厨垃圾不同处理工艺的优缺点

处理方式	优点	缺点
填埋	处理简单，处理量大	占地面积广，资源浪费
焚烧	减量化和无害化显著	添加辅助燃料，运营成本高
饲料化	技术简单，设备投资小	进料纯度要求高；存在二次污染问题；餐厨垃圾存放时间有限；生产耗能较高
好氧堆肥	可制备高品质有机肥或者复合肥；减量化和资源化效果好；工艺简单；技术成熟	预处理除杂难度高；对有毒有害物质处理不彻底；容易产生恶臭气体；堆肥产品市场有限
厌氧发酵	经济价值高；耗能少；处理成本低；自动化程度高，恶臭气体少	运行工艺复杂；工艺参数难控制；投资成本高；设备安全性能要求高

续表

处理方式	优点	缺点
制备腐殖酸	经济价值高;产品应用广	生产工艺要求高;处理产生废水需要处理
制备生物柴油	生产高品质能源;资源化程度高	处理成本高;产品附加值低
制备降解材料	可生产降解材料;工艺过程不需要灭菌;环境收益高	技术发展尚不成熟,处于起步阶段

欧洲国家的餐厨垃圾产量约5000万吨/年，特别是德国、法国、英国还有北欧地区的较发达国家，其拥有相对较为完善的处理餐厨垃圾的系统和体制。例如，德国关闭了绝大多数垃圾填埋厂，餐厨垃圾采用机械-生物（MBT）或生物技术进行处理；英国75%的餐厨垃圾采用了资源化的处理方式，并颁布了餐厨垃圾资源化利用的相关法律条文。美国对餐厨垃圾产生量较大的单位设置餐厨垃圾粉碎机和油脂分离装置，分离出来的废液排入下水道，油脂则送往相关加工厂（如制皂厂）加以利用。对于产生量较小的居民厨房餐厨垃圾，则混入有机垃圾中统一进行处理或通过餐厨垃圾粉碎机粉碎后排入下水道。日本每年排放的餐厨垃圾约2000万吨。由于日本餐厨垃圾倾倒运输费用很高，餐厨垃圾处理机得到了推广和应用，并在2000年颁布了《餐厨废物再生法》，规定餐厨加工业、饮食业企业有义务减少餐厨废物的排出量，且就再生利用对象——饲料和肥料制定质量标准。

1.3.2 污泥的处理利用

当前污泥处理处置的主要工艺有厌氧消化、好氧堆肥、焚烧发电、污泥干化、热解和卫生填埋等处理方法，污泥资源化处理是重点研究和发展的方向。

不同污泥处理方式的经济成本不同，如表1-6所列。

表1-6 不同污泥处理方式的经济成本

处理方式	建设投资/(万元/吨)	经营成本/(元/吨)	总成本/(元/吨)
厌氧发酵	30～50	50～80	130～200
好氧堆肥	25～30	60～100	120～150
焚烧发电	40～70	160～280	330～470
污泥干化	10～12	130～5150	180～200
热解	45～50	180～200	330～400
卫生填埋	20～35	70～80	100～120

(1) 厌氧消化

厌氧消化是目前市场上最常见的污泥稳定化处理技术。厌氧消化是指利用厌氧微生物在一定的环境条件下分解污泥，同时回收由部分挥发性化合物转化产生沼气（CH_4，H_2）等能源。根据微生物的类型和工艺条件的不同，污泥厌氧消化可以生产不同的能源，如甲烷、乙醇或氢等。目前，污泥厌氧消化主要应用于大中型污水处理厂。污泥经过厌氧消化，仍然残留部分有毒有机物，并且还含有重金属、可溶性磷酸盐和无机物，投资大，运营成本高，在污泥发酵前预热耗费大量热能，并且产生大量沼渣，需再次处理。

目前常采用协同消化处理污泥，通过平衡厌氧消化重要的物料参数，如常量微量元素、营养物质、C/N值、pH值、可降解有机质比例、抑制性物质、甲烷含量的调控、传质影响机理等，改善发酵质量。

(2) 好氧堆肥

利用秸秆等辅料将污泥含水率降至60%，增加空隙达到规定C/N值，不断补充氧气，经25～30d发酵腐殖达到稳定化，可用于园林绿化和土地改良。常见的堆肥方式有自然堆肥、封闭式堆肥、滚筒堆肥、竖式多层堆肥等。

好氧堆肥缺点在于：a. 污泥泥质不稳定，重金属难以稳定化，只能用作园林绿化用肥；b. 堆肥过程产生大量的臭气，污染周边环境；c. 加入大量秸秆等调理剂，不断供氧，运行成本在200元/吨以上。

(3) 焚烧发电

污泥焚烧主要以热或电的形式从污泥中回收能量，目前污泥焚烧在欧洲和日本比较常见。为了降低燃煤发电厂的成本，可以选择将干污泥、煤和吸附剂按一定比例混合制成新型煤，进行混合焚烧，充分利用污泥的热值。污泥焚烧后只留下惰性材料可以作为生产建筑材料的原料。污泥焚烧在世界范围内得到广泛应用，目前越来越多地应用于大规模能源回收项目。其核心设备焚烧炉，主体设备为塔形，底部有多孔板，板上放置载热体砂为燃烧床，塔内衬有耐火材料，气体从底部通入，污泥进入后成沸腾流化状态燃烧。不足之处在于投资大、对锅炉腐蚀严重，维护成本高；常见污水处理厂中的污泥含水率高，普遍含水率在80%左右，污泥热值低，焚烧耗费大量能源；燃烧排放的尾气和飞灰污染严重，易产生二噁英等有害气体和重金属。

(4) 污泥干化

目前实际工程中污泥干化技术应用较多，主要以热干化和石灰干化为主。

以热干化为例，处理成本一般超过220元/吨，成本仍然较高而且存在安全运行管理的问题。而污泥石灰干化技术具有安全性高、投资少、干化后产品可用于资源化利用的优点，处理成本为100～150元/吨。污泥石灰干化技术是以生石灰作为添加剂，利用生石灰与水作用生成碱及放热原理，降低污泥含水率，并促进污泥中的有机物分解，便于干化后污泥进行后续处置。该技术具有脱水效果好、安全性高、投资少、运行管理简便、干化后产品可用于资源化利用的优点。污泥石灰干化技术在北京方庄污水处理厂、北京小红门污水处理厂、上海嘉定污水处理厂等均有所应用。虽然该技术具有脱水效果好、安全性高、投资少、干化后污泥可资源化利用等优点，但目前其作用机理以及干化后污泥的出路仍有待进一步探讨。

(5) 热解

污水污泥与大部分有机废物相同，含有大量易挥发性有机物质，因此用某种方法可把这种储存在污染中的能量以热量或作为燃料或制造出特殊的化学品的形式释放出来。热解技术就是在无氧环境下对干燥的污泥进行加热至一定温度（通常<500℃），在干馏和热分

解的作用下，使污泥转化为油、水、不凝性气体（NCG）和炭。部分产物燃烧可作为预热的热源。污泥的热分解是无氧环境下，并在相对较低的温度下（<500℃）进行的，因而易产生显著的效益。尤其重要的是这一工艺对液态油有很高的回收能力，释放出更少的 NO_x 和 SO_x。污泥热解产生的油经加工处理后可用于柴油机车，与石油提炼厂生产出来的石油低级馏出液相似。

（6）卫生填埋

卫生填埋技术作为污泥最终处理处置的措施，仍占有较大的比重。国内卫生填埋主要与生活垃圾合用填埋场地，在填埋场地指定的规划区域进行安全封存，一般卫生填埋的费用在 50～60 元/吨之间，采用填埋处理技术易污染水源、大气，占地面积大，存在安全隐患，并且由于我国土地资源紧张，大量未经脱水、固化和减量的污泥将不适用于填埋处理。

1.3.3 酒糟的处理处置

（1）饲料化技术

酒糟由大量的木质纤维和一定量的蛋白和多糖类物质构成，可用来制作饲料，但因其木质纤维素部分很难降解，故营养价值低。利用好氧发酵、厌氧青储、纤维降解酶酶解 3 种方法分别处理酒糟来生产生物质饲料。研究结果表明，好氧发酵营养成分提高最多，厌氧青储的感官指标最佳，酶解周期最短，粗纤维降解最明显。利用酒糟直接作为饲料喂养畜禽，方法简单，并且成本低廉。但是存在适口性差，不易吸收消化，易霉烂变质，产生病毒，污染环境，易变质，难运输等诸多弊端。采用微生物对酒糟代谢发酵，可以产生大量的菌体蛋白和代谢产物。例如消化酶、多种维生素和有机酶等多种活性物质。这些物质不但能够改善饲料口味，而且能够提供动物生理代谢不可缺少的营养元素，提高酒糟附加值，解决目前蛋白质饲料严重短缺问题，是当前研究的重点方向。

（2）制取燃料

酒糟中的木质纤维素类含量高，可以直接作为燃料进行利用。研究表明，除了将近 60%的水分外，酒糟中含有约 40%的有机物，这部分物质可以作为生物质可燃物质。但酒糟含水率高，热值较低，难以直接采用燃烧方式进行处理。

酒糟中含有大量的有机酸、淀粉和蛋白质等易降解有机物。在厌氧条件下，经过厌氧微生物发酵，酒糟中易降解有机物可分解成沼气。利用这个特点，酒糟厌氧发酵后可以生产沼气能源，同时沼渣还能够作为肥料。采用固态发酵工艺，利用酒糟生产燃料乙醇，产率可达到 4.18%。采用霉菌分解纤维素和优良酵母菌发酵，能够分解酒糟中部分纤维素，提高燃料乙醇产率。在适宜的温度、空气和水蒸气的条件下，生物质能够发生热解、氧化和还原重整等反应，最终转化为一氧化碳（CO）、氢气（H_2）和低分子烃类等可燃气体。酒糟的主要成分为淀粉和蛋白质等，这些物质均为生物质，能够发生气化反应。酒糟热解气化的主要产物为燃气、木炭和焦油等，而且污染物便于集中控制。因此，热解气化生产燃气是酒糟燃料利用的一个发展方向。

（3）培养食用菌

酒糟含有丰富的淀粉、粗蛋白和粗脂肪，以及发酵过程中产生的酵母菌、多种清甜因子、维生素，还含大量菌体自溶产生的各种嘌呤、嘧啶和类脂化合物等。酒糟中还含有大量的维生素、酶类和各种有机酸等，可以应用于栽培食用菌。目前利用酒糟栽培的食用菌品种已达10种以上，其中栽培平菇报道最多，且能适应多种酒糟环境；此外还可用于栽培金针菇、猴头菇、秀珍菇、茶树菇、杏鲍菇、鸡腿菇等多种食用菌。王晓芳等利用木薯酒糟进行食用菌的栽培试验，研究表明，利用木薯酒糟废液栽培食用菌可达到工艺简便、菌产量高、降低生产成本等效果。但以酒糟为菌菇培养基仍存在很多问题，如研发力度不够、酒糟中物质迁移转化规律不确定等问题。

(4) 好氧堆肥处理

白酒糟富含作物生长所需要的营养物质，其中所含的蛋白质、氨基酸、脂肪、纤维素、半纤维素等有机质具有改良土壤结构、改善土壤微生物群落的作用，含的氮、磷、钾和微量元素能够提高作物的抗病性。李文刚等将牛粪、油枯、新鲜酱香型酒糟分别堆置发酵，腐熟后晾干，将这些原料按照不同比例混合，当酒糟的添加比例为50%时烤烟苗的出苗率和壮苗率得到显著提高。朱红梅等将酒糟做成生物肥料运用于莴笋种植，结果显示莴笋可食部分产量和可溶性糖、游离氨基酸、蛋白氮、维生素C的含量得到提高，而可食部分的硝酸盐、亚硝酸盐和粗纤维的含量显著下降。酒糟中含有酸类、醛类和醇类等物质不利于作物生长，使用前需要做如日晒、烘干、水洗等一些预处理。

(5) 提取有机组分

酒糟中的很多成分是多菌混合发酵代谢所产生的，这些代谢产物有蛋白质、糖类、有机酸、醇、酯、醛、维生素、氨基酸、杂环类化合物、含氮化合物、酚、胺、烷、酮等，其中很大一部分并没有因为蒸馏而挥发，依然保留在酒糟里。这些菌对原料的利用不充分，原料本身未被利用的部分也成了酒糟的成分，有些成分因为微生物发酵作用得到富集。

1.3.4 中药渣处理技术

近年来，众多学者对中药渣的资源化利用进行了深入研究，多集中在食用菌栽培、有机肥料、饲料及添加剂、环保和能源开发等领域。

(1) 培育食用菌

中药渣以一定比例替代传统的棉籽壳、木屑等栽培料进行食用菌栽培的可行性已被众多学者的研究所证实，并广泛用于平菇、鸡腿菇、香菇、草菇、杏鲍菇和灵芝等食用菌的栽培中。用中药渣作为栽培基料和培养基添加剂来种植食用菌的大量研究证实，中药渣可用来栽培食用菌且栽培出来的食用菌长势好，可正常出菇，菇外形比常规原料栽培出来的好，抗逆能力强，生物效益高，栽培成本低。因此，中药渣作为栽培基质用于食用菌栽培，无疑能够提高中药材资源的有效利用率，但因我国的中药材药渣成分复杂，能够作为食用菌栽培基质的中药渣种类还很局限。在食用菌栽培中要根据菌种的营养特性，综合分析中药渣的成分组成及其对菌种生长的影响，正确地选择药渣；同时应遵循由简单到复杂、由单方到复方的原则，逐步扩大能够作为食用菌栽培基质的中药渣范围。

中药渣种植菌菇效果如表1-7所列。

表 1-7 中药渣种植菌菇效果

药渣种类	菌菇类型	种植效果
中药渣	鸡腿菇	生物学效益超过 109% 参考《中药渣资源利用系列之三：中药渣栽培鸡腿菇技术》
中药渣	茶树菇	菌菇实体营养成分提高
中药渣	灵芝	产量提高，经济效益提高
葛根渣	平菇	平菇菌丝生长明显
脉络宁生产药渣	草菇	菌丝长势加强，出菇整齐，朵大肉厚
脉络宁生产药渣	平菇	可替代棉籽壳，提高生物转化率
肾宝中成药渣	平菇	平菇产量明显提高
藿香正气丸药渣和葛根药渣	灵芝	灵芝均可正常生长，但葛根药渣中长势优
葛根汤和川芎辛夷汤药渣	白灵菇	白灵菇长势良好

（2）制备有机肥料

中药渣作为原料制备的有机肥料能够很好地改善多种植物的生长性能。目前多采用发酵手段制备中药渣有机肥料，该方面研究多集中在发酵条件优化和提高肥效方面。徐秀银等通过添加含高温纤维分解菌种，调节 C/N 值等措施对柴胡饮冲剂、金荞麦片的混合药渣实现了快速发酵，与对照相比周期缩短约 1/3。发酵过程中无需翻堆，可有效节约生产成本。值得注意的是，发酵法制备中药有机肥虽然操作简单，但周期较长，发酵过程中产生大量 CH_4、CO_2 等气体，难以达到彻底的无害化，因此优化中药渣制取有机肥料的工艺对提高中药有机肥料利用水平尤为重要。

（3）制备饲料添加剂

首先，中药渣作为植物加工过后的产物，还含有大量的纤维素、半纤维素、粗蛋白质、粗脂肪、矿物质及众多微量元素等营养成分，对动物具有营养作用；其次，中药渣中还有大量生物活性物质，可以维持动物机体健康，促进动物生长。中草药中含有相当多的活性物质，可以有效改善动物肉品质，提高食肉风味。影响食肉风味的主要因素在于鲜味氨基酸的沉积及肌内脂肪含量，富含适量肌内脂肪对口感、嫩度、多汁性均具有良好作用。已有相关研究采用固态发酵等技术提取中药渣蛋白质，并用以制成蛋白饲料。

（4）制备燃料

植物类中药渣纤维素、半纤维素和木质素是高分子生物质，且含量丰富，通过热解技术转化为生物油、可燃气等燃料，可提高药渣的附加值，避免资源浪费，用以解决中药渣环保问题。但中药渣能源化利用设备投入较大，目前还处于起步阶段，一般采用热解、加氢裂解和催化热解等技术。王攀等开展了废弃中药渣催化热解制取生物油的研究，结果发现热解温度在 723K 时液体产物生物油产率（39%）最高。以介孔分子筛 SBA-15 负载 Al 作为催化剂催化效果较好，液体产率最高，热解产物中脂肪族和芳香族化合物增加，而含氧化合物减少，所得生物油的氧质量分数最低，低位热值最高。郭飞强等对杞菊地黄丸、六味地黄丸、香砂养胃丸药渣进行了气化试验，与玉米秸秆相比，上述 3 种药渣均具有良好的气化特性，燃气热值均达到 5300kJ/m^3 以上，药渣热解气化产生较多的焦油。

孟小燕等采用沸石分子筛、介孔分子筛、Al_2O_3作为催化剂，在研究中药渣催化裂解资源化技术的基础上，估算出了某年产 3000t 中药渣的制药企业采用中药渣催化裂解资源化技术的经济效益，节约煤炭使用量 1040.28t，减排二氧化碳 4161.12t，减排废弃中药渣 2277.9t。结果表明，采用催化裂解资源化技术可以实现中药渣的生态化利用将成为中国中药行业发展低碳经济的重要途径。

中药渣是中药前处理、中药制药过程产生的废弃物，是一类非常重要的生物资源，对其进行充分的资源化利用，不仅能够有效延长中药产业链，提高经济效益，还能够有效解决中药制药企业长期以来因药渣处理不当而导致的环保问题。中药渣的资源化利用前景广阔，经济效益明显，但中药渣类型的多样性、组分的复杂性及安全的可靠性使其应用范围受到极大限制。

参 考 文 献

[1] 中华人民共和国国务院办公厅. “无废城市”建设试点工作方案，2018.

[2] 中华人民共和国生态环境部. 2019 年全国大、中城市固体废弃物污染环境防治年报，2019.

[3] 中华人民共和国国家统计局. 中国统计年鉴 2019，2019.

[4] 中华人民共和国国务院办公厅. 关于加快推进畜禽养殖废弃物资源化利用的意见，2017.

[5] Chen F，Luo Z B，Yang Y J，et al. Enhancing municipal solid waste recycling through reorganizing waste pickers：A case study in Nanjing，China. Waste Management & Research，2018，36 (9)：767-778.

[6] Cudjoe D，Han M S，Nandiwardhana A P. Electricity generation using biogas from organic fraction of municipal solid waste generated in provinces of China：Techno-economic and environmental impact analysis. Fuel Processing Technology，2020，203：12.

[7] Roth M，Jekle M，Becker T. Opportunities for upcycling cereal byproducts with special focus on Distiller's grains. Trends in Food Science & Technology，2019，91：282-293.

[8] Tan Z L，Xu Z M，Han P P，et al. A Comprehensive Review of the Uses of Distillers Grains. Destech Publications，Inc，Lancaster，2015.

[9] Tripathy V，Basak B B，Varghese T S，et al. Residues and contaminants in medicinal herbs-A review. Phytochemistry Letters，2015，14：67-78.

[10] Ziraba A K，Haregu T N，Mberu B. A review and framework for understanding the potential impact of poor solid waste management on health in developing countries. Archives of public health = Archives belges de sante publique，2016，74：55.

[11] Zuo S-c，Yang H-q，Zou W. Recent progress on the utilization of distiller's grains：a review. Food Industry (No. 1)，2016，246-249.

[12] 安新丽，苏建强. 活性污泥抗生素抗性基因研究进展. 微生物学通报，2019，046 (008)：2069-2079.

[13] 蔡凤娇，蔡林洋，孔博，等. 白酒糟的多元化利用研究进展. 酿酒 (6)，2019.

[14] 曹秀芹，杨华，甘一萍，等. 污泥石灰干化作用机理及应用研究. 中国建设信息 (水工业市场)，2011，8：44-48.

[15] 高铭坤，温广宇，钱芳. 微生物对白酒酒糟的转化利用研究进展. 食品与机械，2018，034 (2)：191-194.

[16] 郭飞强. 中药渣类生物质热解气化及焦油氧化重整过程研究，济南：山东大学，2013.

[17] 李文刚，张永辉，年夫照，等. 不同酒糟有机肥配方对烤烟生长及生产质量的影响. 农村经济与科技，2019，030 (001)：57-59.

[18] 刘敏. 污水处理厂污泥处置及利用途径研究. 资源节约与环保，2018，5：101-105.

[19] 刘育辰，王莉淋，伍钧，等. 四川城市生活垃圾重金属污染状况及来源分析. 环境工程学报，2016，9 (12)：

6010-6018.

[20] 陆孝燕，曾旭．生物质有机废物能源化利用的研究进展．中国资源综合利用，2019，37（07）：108-109.

[21] 孟小燕，于宏兵，王攀，等．低碳经济视角下中药行业药渣催化裂解资源化研究．环境污染与防治，2010，032（6）：32-35.

[22] 王甘霖，姜胜，仇晨光，等．城市污泥处理处置技术综述．水电与新能源，2018，32（2）：75-78.

[23] 王攀，邱银权，陈锡腾，等．以餐厨垃圾水解酸化液为碳源合成PHA研究．环境工程，2018，36（06）：145-149.

[24] 王攀，于宏兵，薛旭方，等．废弃植物中药渣的热解特性及动力学研究．环境工程学报，2010（9）：2115-2119.

[25] 王琼，邹鹏．污水污泥的热解处理．再生资源与循环经济，2004（4）：38-41.

[26] 王晓芳，朱德明，曹玉坡．真空抽提酒精后的木薯酒糟栽培食用菌研究．广西农业科学，2009（08）：115-117.

[27] 杨娜，邵立明，何品晶．我国城市生活垃圾组分含水率及其特征分析．中国环境科学，2018，38（03）：1033-1038.

[28] 喻夜兰，刘强，荣湘民，等．酒糟型生物有机肥初始酵解条件对木质纤维降解的影响．植物营养与肥料学报，2010（3）：215-221.

[29] 朱红梅，荣湘民，刘强，等．酒糟型生物有机肥对莴笋产量与品质的影响．湖南农业大学学报（自然科学版），2009（2）：67-71.

[30] 祝其丽，何明雄，汤晓玉，等．有机固体废弃物干发酵产沼气研究进展．中国农学通报，2013（18）：21-26.

第2章 餐厨垃圾厌氧发酵技术

2.1 概述

2.1.1 餐厨垃圾的定义

餐厨垃圾，亦称“泔水”“潲水”，是人们在日常生活中产生的一种废弃物。

按来源分，餐厨垃圾分为餐饮垃圾和厨余垃圾两类。餐饮垃圾，来源广、产生量巨大，是饭馆、食堂等餐饮行业的饮食剩余物和加工过程废弃物；厨余垃圾，来源分散、产生量小，是居民家庭生活中丢弃的果蔬等各类有机垃圾的总称。

餐厨垃圾的主要成分是有机质，是城市生活垃圾的重要组成部分。餐厨垃圾以能被消化分解的有机质为主，包括蛋白质、脂肪、纤维素等，其中 NaCl 含量高，同时还含有微量的磷、锌等元素，基本不含有毒有害物质。

2.1.2 餐厨垃圾的特征及危害

餐厨垃圾的产生十分普遍，其常是固、液混合物，成分复杂，相较于其他垃圾具有较高的水分、油脂、蛋白质、无机盐。因其丰富的油脂及其他有机物（餐厨垃圾的相关参数如表 2-1 所列，原料取自中国环境科学研究院食堂），脱水后热值较高，是重要的可资源化的废弃物。而且其中可维持微生物生命活动的营养物质也极为丰富，为微生物降解的方法提供了较为有利的物质基础。恰当处理后的餐厨垃圾是一种附加值较高的资源，可用于制作饲料、肥料等。

表 2-1 餐厨垃圾的基本参数

参数	含量/%
VS	19.40±0.42
TS	20.80±0.47
TC(干重)	53.82±1.45
TN(干重)	3.11±0.42

餐厨垃圾既是“资源”又是“垃圾”，在具有回收利用价值的同时，也对环境造成巨

大的威胁。它的危害与自身的特征密不可分，主要可分为以下几个方面。

① 餐厨垃圾的含水率高（一般为 80%），有机物丰富（约是干物质质量的 95%）。这就使餐厨垃圾容易通过微生物的作用，腐臭变质、蚊蝇滋生，严重影响城市环境卫生。此外，较高的含水率使餐厨垃圾流动性大，增加了垃圾的收集、运输及处理难度，若在此过程中发生泄漏，渗滤液会通过地表渗透作用，随地表径流流入地表水和地下水中，造成水体污染，传播疾病。

② 餐厨垃圾含油率高。不法商贩将潲水经过简易的油水分离、过滤、除味等工序，从中提取油脂，产品进入餐桌，进而牟利。这些简易工序不能去除潲水油中潜藏的细菌和毒素，其中的苯、黄曲霉素等有毒有害物质，长期食用会引发慢性疾病甚至癌症，威胁人体健康。

③ 餐厨垃圾富含微量元素、营养丰富。我国处理餐厨垃圾的传统模式为饲养畜禽，目前某些餐饮企业仍把餐厨垃圾包给养猪户。如此，企业不仅免除了对餐厨垃圾的后续处置，而且能从中获得相当的经济效益，曾一度被认为是“双赢”。然而未经无害化处理的餐厨垃圾若直接作为饲料，其中含有的沙门杆菌、大肠杆菌等数十种强致病性细菌可引发多种疾病。用潲水饲养的猪，其发病率比常规豢养的猪高 30%～50%。据相关资料显示，这种方式喂养的猪易促进某些致命疾病的传播，如极易引发人畜共患的口蹄疫，人类食用后很容易感染。

2.1.3 餐厨垃圾的主要处理技术及发展

2.1.3.1 餐厨垃圾的主要处理技术

餐厨垃圾常被喻为“放错位置”的资源。为了减少餐厨垃圾带来的危害，实现其减量化、无害化、资源化，国内外学者纷纷开展综合利用处理处置措施研究。按处理媒介的不同，餐厨垃圾处理技术分为非生物和生物处理技术：非生物处理技术主要包括卫生填埋、焚烧发电、破碎直排、饲料化等；生物处理技术主要包括好氧堆肥和厌氧消化等。

（1）破碎直排

破碎直排法最早起源于美国，采用机械破碎的方法将餐厨垃圾粉碎，随水冲入市政下水道中，充分利用城市污水处理系统，与生活污水混合，一起进行处理。其优势包括成本低、占地少、操作简易，适于居民家庭或者产生量小的餐饮单位使用。然而，该方法实质上并未消解处理垃圾，只是将其转移，局限性较大且过程中会产生巨量的冲洗废水和高的水质负荷，大幅增大了城市市政污水处理厂的处理难度，而且营养物随污水冲走，造成资源流失。另外，废水中高浓度的动物脂肪在低温下易凝结，这会导致清理难度大，易堵塞排水管，可能造成污水外溢。此法不适用于大规模餐厨垃圾的处理处置，一些国家和地区已经禁止该处理方法。

（2）卫生填埋

填埋法是餐厨垃圾混合其他生活垃圾，不经分类和处理直接埋入地下，利用长时间微生物的代谢将垃圾分解消化，常采用自然填沟、填坑等方式。其优点是操作简单、成本低，且能增加土壤的肥沃程度；缺点是占用大量土地，滋生蚊蝇，释放臭气，污染大气环境；副产沼气易引发爆炸等重大安全隐患；存在渗滤液二次污染，垃圾渗滤液易通过地表径流和渗透作用污染水体，破坏生态环境，造成安全隐患；并且伴随人口稠密程度的增大，填埋场选址的难度剧增。随着对餐厨垃圾潜在价值研究的深入，国内外逐渐降低了餐厨垃圾的填埋率，许多国家如奥地利、比利时、丹麦、芬兰、德国、瑞典等都陆续出台了禁止餐厨垃圾直接填埋的规定。

（3）焚烧发电

焚烧发电是将垃圾脱水后在高温过氧环境下燃烧发电。该方法处理速度高，实现了垃圾的资源化和减量化，但燃烧不可避免地产生了呋喃、二噁英等大气污染物。焚烧法是在980℃左右的密闭焚烧炉内，将垃圾中的有机物彻底氧化分解。其优点是实现了垃圾的减量化，可减容90%，减重70%以上；弊端是燃烧过程中会产生二氧化硫、氮氧化物、粉尘、二噁英等有害物质，以致造成二次污染。此外，餐厨垃圾水分含量高，脱水困难，热值较低，焚烧时需添加助燃剂，处理成本上升。因此，焚烧法难以广泛应用。

（4）饲料化

饲料化是将餐厨垃圾经脱水脱油、高温干燥灭菌、破碎筛选后制成动物饲料，或利用微生物的新陈代谢，将餐厨垃圾分解合成有用的菌体、酶和中间体，然后将菌体烘干制成蛋白饲料。其优势是餐厨垃圾中富含有机物和营养元素，适宜作动物饲料；弊端是餐厨垃圾中也含有大量病原微生物，容易导致疾病的传播。

（5）好氧堆肥

餐厨垃圾好氧堆肥是利用好氧微生物在氧气充足的条件下对餐厨垃圾的有机物进行分解消化，最终生成稳定的腐殖质、水和二氧化碳的生物降解过程。此方法加工方法简单，降解较快、污染小，过程损失的氮少，适用于农业；但占用土地面积大，周期长，经济效益不高，有污水和恶臭产生，污染环境。

（6）厌氧消化

厌氧消化是在无氧条件下，借助厌氧微生物将垃圾中的复杂有机物降解成简单有机物和无机物，同时得到 H_2、CH_4 等气体能源。对比其他技术，厌氧消化拥有显著的优势。厌氧消化技术相对成熟，自动化程度高，它可以产生利用价值高的甲烷气体，资源化程度好，经济性高。产生的沼液沼渣经处理后还可以用作有机肥料。而且厌氧消化反应是在一个封闭的容器内进行，不易产生恶臭污染，对环境的影响小。

综上所述，相比于其他处理技术，厌氧消化技术耗时短、占地少，有很高的经济效益，是目前处理餐厨垃圾方式的主流技术。

2.1.3.2 部分发达国家餐厨垃圾资源化技术发展路线

美国、韩国、日本等都设立了自成一体的餐厨垃圾管理体系，餐厨垃圾资源化比较成熟。表 2-2 列出了部分国家餐厨垃圾资源化技术的发展路线，可见餐厨垃圾处理的趋势是采用厌氧消化。

2.1.3.3 我国的餐厨垃圾资源化技术发展路线

据不完全统计，餐厨垃圾产生量大致占生活垃圾的 10%。北京、上海、广州、深圳

表 2-2　部分国家餐厨垃圾资源化技术的发展路线

国家	技术发展路线
德国	填埋→堆肥→焚烧发电
丹麦	填埋→堆肥→厌氧消化产沼发电
美国	填埋→粉碎直排→堆肥→厌氧消化产沼发电
日本	焚烧→堆肥→饲料化→厌氧消化产沼发电
韩国	填埋→饲料化→厌氧消化产沼发电

等千万级人口的城市，每天产生量都超过 1000t。

以前，我国餐厨垃圾大多与城市生活垃圾混合填埋处理，该处理方法的资源回收利用率基本为零，还会占用大量土地，产生渗滤液等二次污染物。另外，还有部分餐厨垃圾被非法商贩购入，经简单处理后流入二级市场，“潲水猪”“地沟油”等问题非常严重。

目前，我国的餐厨垃圾处理工程中一大部分选择了厌氧消化工艺，国内 100t/d 以上餐厨垃圾资源化处理厂主要技术路线见表 2-3。

表 2-3　国内 100t/d 以上餐厨垃圾资源化处理厂主要技术路线

城市	名称	规模/(t/d)	核心技术
北京	高安屯餐厨垃圾处理厂	400	高温好氧消化/循环农业
	南宫餐厨废弃物处理厂	200	好氧堆肥
	怀柔餐厨垃圾处理厂	200	好氧堆肥/厌氧消化
上海	上海餐厨垃圾处理厂	200	高温干燥/饲料加工
宁波	宁波市餐厨废弃物处理工程	200	厌氧消化
西宁	西宁市餐厨废弃物处理工程	200	蛋白饲料/厌氧消化
兰州	兰州餐厨垃圾处理项目	200	厌氧消化
重庆	重庆黑石子餐厨垃圾处理厂	一期 500,二期 500	厌氧消化
苏州	苏州餐厨废弃物处理工程	100	湿热-生物处理综合工艺
天津	天津餐厨垃圾处理厂	300	高温干燥/饲料加工
青岛	青岛餐厨垃圾处理厂	200	厌氧消化
杭州	杭州市餐厨垃圾一期工程	200	厌氧消化
济南	济南餐厨垃圾处理项目	200	厌氧消化
日照	日照市餐厨垃圾处理 EPC 项目	100	厌氧消化
常州	常州市餐厨废弃物 BOT	200	厌氧消化
深圳	深圳市城市生物质垃圾处理厂	100	厌氧消化

2.1.3.4　我国的厌氧发酵技术现状

传统的湿式厌氧发酵技术在环境污染治理领域主要用于高浓度有机废水的处理，相对于高浓度有机废水，餐厨垃圾中固形物含量较高，流动性差，为了达到良好的均质化效果和系统稳定性，餐厨垃圾厌氧发酵浆料中需要加入大量的水或沼液回流，一方面使发酵罐体积增大，大幅增加投资；另一方面使后续沼液产生量大幅增加，污水处理负荷很大，运行成本大幅提高。鉴于此，20 世纪 90 年代末，人们开始研究餐厨垃圾的干式厌氧发酵技术，无需添加额外的水分，使系统能耗降低、反应器容积负荷率提高，且消化污泥产出量降低，大大降低处理成本，提高了总体的经济效益。

干式厌氧发酵已经成为很多欧美国家对固体有机废弃物的主流处理方式。然而由于干式厌氧发酵浆料流动性降低，其中的生化反应传质速度降低，干式厌氧发酵过程中极易出现“酸积累”等现象，致使厌氧发酵生态环境中不同微生物菌群之间共同生存、相互依赖、相互制约的关系严重失衡，发酵系统变得极度不稳定，对甲烷产生率及其后续利用具有严重不良影响，是目前餐厨垃圾干式厌氧发酵技术走向成熟面临的重要瓶颈。

2.2 厌氧发酵技术的基本原理

2.2.1 三阶段厌氧发酵理论

“三阶段厌氧发酵理论”认为发酵经水解酸化阶段、产氢产乙酸阶段、产甲烷阶段，共计三个阶段。发挥主要作用的细菌是水解细菌，它们将餐厨垃圾中复杂的大分子有机物水解成小分子有机物，如将淀粉、纤维素、蛋白质、脂肪分别水解为葡萄糖、氨基酸、脂肪酸。产氢产乙酸是第二阶段，产氢产乙酸菌继续分解上一阶段的末端产物，将小分子有机质发酵降解生成有机酸、H_2、CO_2，其中有机酸包括乙酸、丙酸、正丁酸等，同型的产乙酸菌将氢气和二氧化碳合成乙酸。产甲烷是第三阶段，产甲烷菌利用有机羧酸（主要是乙酸）发生脱羧反应，或者 H_2 和 CO_2 生成 CH_4，其中 72% 的 CH_4 主要是由于乙酸（HOAc）脱羧产生的，其余有机酸降解速率较慢。

2.2.2 四阶段厌氧发酵理论

随着人们对厌氧消化过程认识的逐渐深入，认为厌氧发酵分为水解阶段、产酸发酵阶段、产氢产乙酸阶段和甲烷化阶段四个阶段。

（1）水解阶段

被细菌胞外酶分解成小分子。这些细菌的种类和数量随有机物种类的变化而变化。一般按照原料种类分为纤维素分解菌、脂肪分解菌和蛋白质分解菌。在这些细菌的作用下，多糖水解为单糖，蛋白质分解转化成肽和氨基酸，脂肪转化成甘油和脂肪酸，将固体的有机物转变成可溶性的有机物质。

（2）产酸发酵阶段

产酸发酵过程中，产酸发酵细菌利用水解过程产生的水溶性小分子化合物在细胞内转化为更简单的化合物，如挥发性脂肪酸和醇类等末端产物，并分泌到细胞外，同时酸化菌也利用部分物质合成新的细胞物质。转化物的组成取决于底物种类、厌氧降解的条件和参与发酵的微生物种群。挥发性脂肪酸主要包括乙酸、丙酸、异丁酸、正丁酸、异戊酸、正戊酸。通常挥发性脂肪酸溶于水，易被微生物利用。以乙酸为主，其质量百分含量可达总量的 80%。在甲烷的形成过程中，甲酸和乙酸是形成甲烷的重要前体物，是甲烷形成的主要来源。此过程包含氨基酸、糖类、高级脂肪酸和醇类的厌氧降解，主要产物有挥发性脂肪酸、醇类、乳酸等物质。

（3）产氢产乙酸阶段

氧化分解阶段是将酸化阶段的末端产物由专性厌氧产氢产乙酸菌进一步转化为乙酸、氢气、水和二氧化碳的过程，并产生新的细胞物质。

（4）甲烷化阶段

本阶段是厌氧发酵的最后一步，严格专性厌氧的产甲烷细菌将乙酸等转化为 CH_4 的过程。产甲烷菌按营养类型可分为两类：一类主要利用乙酸产生甲烷的嗜乙酸异养产甲烷菌；另一类是利用氢气和二氧化碳合成甲烷的嗜氢自养产甲烷菌。产甲烷菌对环境要求非常苛刻，pH 值要求在 6.6～7.5 之间，温度范围是低温菌 20～25℃、中温菌 30～45℃、高温菌 45～75℃，且世代时间很长；对于污泥厌氧消化系统，污泥停留时间一般需要二十多天。

2.3 厌氧消化影响因素

高的产品附加值可利用市场行为自发地促进行业的发展。在实际的工程项目中，除了最基本的保证餐厨垃圾处理技术的可行外，企业经常通过提高沼气总产量和甲烷体积分数两种方式，以求餐厨垃圾的资源回收率在处理过程中实现最大化。说到底，就是通过对厌氧消化工艺和反应设备的改进来实现对影响厌氧消化因素的调控。

影响厌氧消化的主要要素如下所述。

（1）接种物

接种物中微生物的种类和接种量对干式厌氧消化起主要影响作用。李秋敏等在 30℃下探索了驯化前、驯化后的厌氧污泥对熊粪厌氧消化的影响，结果表明接种物是驯化后污泥的消化瓶厌氧消化时间缩短，是未驯化的 30%。李来庆在 35℃下对经过 2%氢氧化钠处理的玉米稻秆分别接种了牛粪、猪粪、玉米稻秆经过干式厌氧消化后的出料和城市污水处理厂厌氧消化污泥 4 种接种物，研究各接种物对干式厌氧消化过程的影响，实验显示以猪粪厌氧消化出料为接种物的消化瓶负荷产气量是其他接种物的 1.1 倍以上，消化时间仅为 22d，比其他接种物缩短了 30%以上。徐晓秋在 55℃下，探索 10%、30%和 50%的接种量对牛粪厌氧消化过程的影响，结果表明 30%的接种量的产气总量最高，产气的品质也最优。

（2）碳氮比（C/N 值）

微生物的良性生长离不开适宜比例的营养元素，如碳源、氮源。干式厌氧消化适宜的 C/N 值为 15～30，不适宜的 C/N 值会导致低的产气效率，严重的还会造成消化失败。发酵基质 C/N 值过高，发酵菌的氮源不足，维持发酵体系的缓冲容量降低，使产甲烷效率降低。若 C/N 值过低，发酵过程中更易形成氨氮积累，对产甲烷菌产生毒性，也会使产甲烷效率降低。

（3）pH 值

pH 值反映了系统的酸碱度，pH 值的大小直接影响微生物的特性和酶活性。pH 值可以引发细胞膜电荷的变化，乃至改变系统中的微生物形态，继而影响反应底物在微生物细胞内外间的转运，同时 pH 值可以影响一些有毒有害物质在系统中的表达，危害微生物的生理活动，对有机物的降解造成影响。

干式厌氧消化系统中，产酸菌能够适应 pH 值为 4.0～8.5 的体系，但是产甲烷菌对 pH 值的改变极为敏锐，对 pH 值的要求严苛，为 6.5～7.5；当 pH 值不在该限度内时，微生物的生长繁殖会受到抑制，严重的还会使其灭亡。因此，干式厌氧消化过程中需定时调节反应器的 pH 值，使其保持在 6.5～7.8 范围内。故一旦 pH 值有较大的波动，产甲烷菌活性受影响更为明显，很容易进而产生酸抑制且之后恶性循环，不利于甲烷的产生。

(4) 有机酸（VFA）的种类及浓度

VFA 是产甲烷阶段的必要原料，但其浓度存在一个质量浓度阈值，大约为 10000mg/L。有机酸浓度高于此值会抑制甲烷产生。对于餐厨垃圾的厌氧发酵来说，水解和产酸阶段较为迅速，产甲烷菌生长较为缓慢，致使 VFA、NH_4^+-N 等中间产物极易积累，制约发酵产甲烷的总效率，降低厌氧发酵的稳定性，其中 VFA 的积累是限制厌氧发酵产甲烷效率的最主要原因。且各种有机酸脱羧降解速率对产甲烷的贡献不同，但酸性相差不大，甲烷的产生主要依赖于乙酸的脱羧。丙酸、丁酸对甲烷的产生贡献较小，降解较慢，易积累降低 pH 值，丙酸作为基质的利用率最低，且丙酸对产甲烷菌的延滞期最长，应尽量减少其产生。

(5) 含油率

餐厨垃圾含油率较其他垃圾高，且含油率随着各地饮食习惯的差别有显著差异。餐厨垃圾中油的存在形式多样化，大致为浮油、分散油、乳化油、溶解油、固相内部油脂等。含油率的高低对餐厨垃圾厌氧消化产气有一定影响。任南琪等参考有机物厌氧消化转化为沼气的理论计算方法，经计算油脂消化产生的沼气成分中 CH_4 占 72%，明显高于糖和蛋白质（约为 50%），并且油脂转化为沼气（甲烷）的效率较高，理论为 1.44L/g VS（标准大气压，0℃），糖和蛋白质分别为 0.75L/g VS 和 0.98L/g VS。因此，适宜的含油率能促进餐厨垃圾厌氧消化产沼气。然而，在厌氧消化过程中油脂的分解产物容易使体系过度酸化，一方面表现为长链脂肪酸（LCFA）的累积，另一方面表现为挥发性脂肪酸（VFAs）的累积，特别是中间产物乙酸的累积，打破了原有的代谢平衡，导致系统丧失稳定。有研究表明，油脂对厌氧消化的影响机制是高浓度的 LCFA 吸附于微生物的细胞膜表面，阻断了物质转移，抑制了微生物的活性。另有研究表明，相对于对产酸微生物的抑制，LCFA 对产甲烷微生物的抑制影响更大，并且 LCFA 对微生物的抑制是可逆的，微生物没有出现抑制至死亡的现象，系统能够在短时间内恢复。王巧玲等对含油率分别为 0%、1%、2%、3%、4%和 5%的餐厨垃圾（TS 为 8%）进行了消化研究。表明含油率对餐厨垃圾厌氧消化的影响是正面的，即累积产气量、TS 去除率与含油率的大小成正比。但是，含油率越大，消化速率越慢，消化周期越长，对连续消化不利。

(6) 含盐量

餐厨垃圾同时也含有一定的盐分（氯化钠），且含盐量随着地域饮食习惯的不同而有显著差异。含盐量的高低对餐厨垃圾厌氧消化有一定影响。雷中方的实验表明，NaCl 对微生物的影响主要体现在 Na^+ 的抑制作用上，系统中 Cl^- 的量维持稳定，未经驯化的微

生物在 Na^+ 浓度为 500～2000mg/L 时就受轻微抑制，随着 Na^+ 浓度升高微生物酶活性降低甚至失去活性而且也会影响体系的甲烷产率。但适量的含盐可加快酶反应，同时有利于维持膜平衡、调节渗透压。还有研究认为，Na^+ 是甲烷菌生长必需的元素，Na^+ 能促进三磷酸腺苷的合成，也有利于氧化 NADH，加快微生物代谢。因此，餐厨垃圾的厌氧消化需要合适的含盐量。

（7）温度

在干式厌氧消化过程中，温度主要是通过影响酶活性来影响底物水解速率和微生物的种类和活性。温度过低，将减缓微生物的生长；温度过高，将造成微生物细胞内的酶活性丧失，可见温度过低或过高都会造成产气率降低。中温（35℃）厌氧消化有不受热源限制的优势，应用较广泛，高温（55℃）消化具有反应速率较快、产气较稳定、有机物降解彻底、沼渣中有害病菌含量较低等优点。鉴于两种消化工艺各具有优缺点，应因地制宜选取相应的消化工艺。

（8）搅拌

搅拌能让微生物和底物充分混合，加速底物分解。干式厌氧消化底物含固率较高，消化过程中定时搅动能混合均匀物料，防止局部酸化，有助于沼气逸出。

（9）NH_4^+-N

极少量的 NH_4^+-N（50～200mg/L）可以促进厌氧发酵消化作用，过量的 NH_4^+-N 会对产甲烷有显著抑制的效果，且其中游离氨（NH_3）的抑制效果更强，这是因为游离氨对细胞膜具有较强的穿透性，可通过自由扩散进入细胞内，扰乱细胞质稳态，其浓度为 1500～3000mg/L 时就会对发酵过程产生抑制作用，NH_4^+-N 总浓度达 3000mg/L 以上也会对发酵菌产生毒性效果。且产甲烷菌比产酸菌对其更为敏感，更易受到抑制。NH_4^+-N 浓度受有机负荷量的影响较为明显，有机负荷量增大，NH_4^+-N 含量明显提高。此外，在高浓度 NH_4^+-N 水平，乙酸代谢速率明显提高，对丙酸、丁酸的代谢速率影响不明显。

2.4 餐厨垃圾干式厌氧发酵条件优化

与中温相比，高温系统产气较为稳定，日产气量较高，消化周期缩短 1～2d。高温消化启动快、有机物降解彻底、沼渣无害化程度高；中温消化不受热源限制，能够节省能源。因此，本节对比研究中温及高温条件下，接种率、含固率、含油率、含盐量 4 个因素对干式厌氧消化系统消化过程的影响，以期选择较适宜的反应温度及对应的最佳工艺条件。另外，结合餐厨垃圾收运处理的特点（一般累积到一定量再收运），探究自然水解酸化时间对厌氧消化系统消化过程的影响。

2.4.1 接种率对餐厨垃圾干式厌氧消化的影响

均质化后的餐厨垃圾经测定得，pH 值为 6.67，TS（总固体）为 24.31%，VS（挥发性固体）为 94.08%，SCOD 为 17.89g/L，C/N 值为 20.76。接种污泥为驯化后的厌氧污泥。取两组（各 7 份）250g 的餐厨垃圾分别置于 14 个厌氧消化瓶中，厌氧污泥接种率分别为 0%、10%、15%、20%、25%、30%、35%。采用人工搅拌的方式，使接种污泥与餐厨垃圾混合均匀。将一组置于中温的水浴锅中，另一组置于高温的水浴锅中，进行为期 30d 的厌氧消化实验。

2.4.1.1 接种率对餐厨垃圾干式厌氧消化的日产气量和累积产气量的影响

由图 2-1 可知，中温时不同接种率的反应物在第 1 天产生了一个产气高峰，接种率为 30％的产气量最高，达到 289mL；第二个峰出现在第 4 天，接种率为 15％和 30％的产气量并列最高为 180mL；第三个峰接种率为 30％的出现在第 17 天，而除了接种率为 0％的消化瓶，其他的消化瓶在第 17 天出现第三个峰。

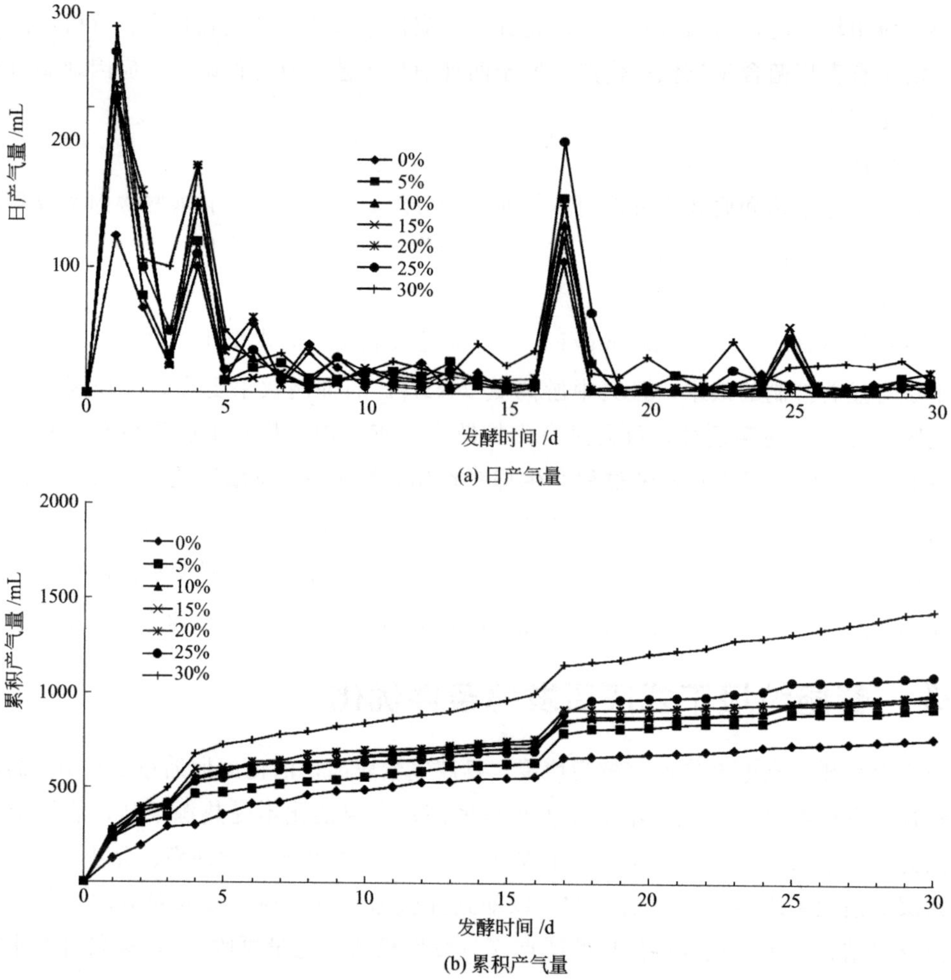

图 2-1 接种率对餐厨垃圾中温干式厌氧消化产气量的影响

中温厌氧发酵时，积累产气量最高的是接种率为 30％的反应物，积累产气量达到了 1437.5mL，其他积累产气量均低于接种率为 30％的条件，分别为 0 时 765.5mL、5％时 927.5mL、10％时 972mL、15％时 995.5mL、20％时 1005mL、25％时 1093.5mL；可以看出接种率越高，产沼气量越大。接种率为 30％的产气量是 0％接种率的 1.88 倍，是 25％接种率的 1.31 倍。所以，中温条件下选用 30％的接种率为最佳接种率。

由图 2-2 可知，高温时不同接种率的反应物在第 1 天产生了一个产气高峰，接种率为 30%的产气量最高，达到 448mL，比中温条件下的第一高峰提高了 55%；第二个峰出现在第 15 天或第 16 天，与中温条件相比，普遍提前 1～2d 到达第二高峰。同时，由图 2-2 可知，高温条件下，累积产气量最高的是接种率为 35%的反应物，积累产气量达到了 2074mL，但是接种率为 25%和 30%的积累产气量与之相当，分别为 1962.5mL 和 1995.5mL。从成本综合考虑，选择接种率为 25%作为高温干式厌氧的最佳接种率，此时累积产气量相比于中温的最佳接种率（30%）提高了 37%。

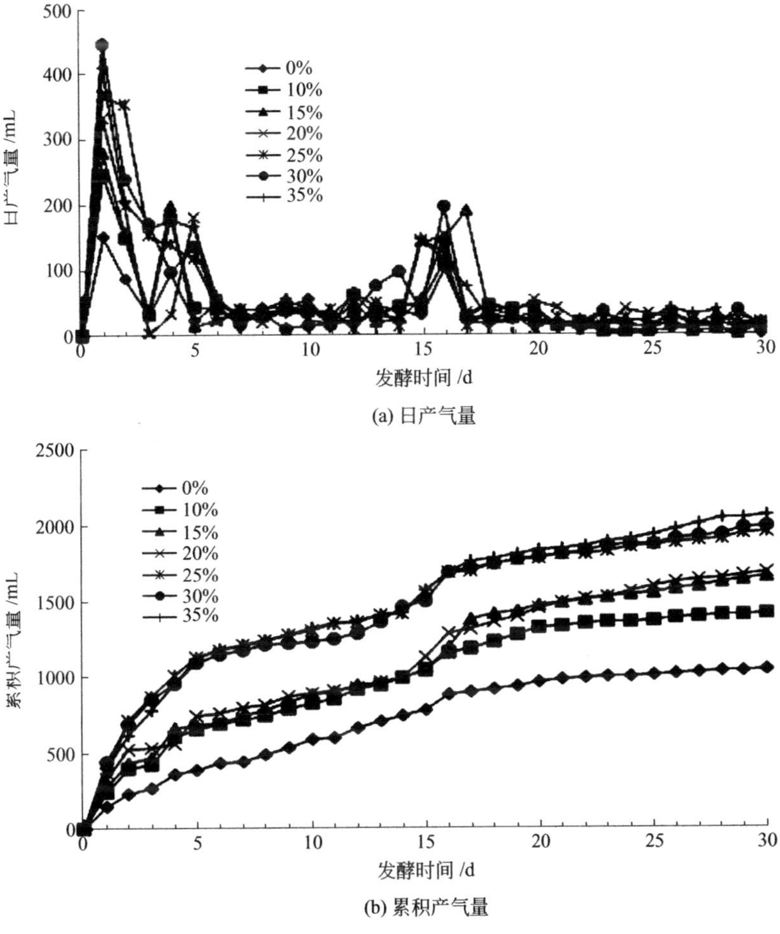

图 2-2　接种率对餐厨垃圾高温干式厌氧消化产气量的影响

2.4.1.2　接种率对餐厨垃圾干式厌氧消化前后 TS、VS 去除率的影响

由图 2-3 可以看出，中温条件下，接种率单因素实验的反应前后 TS 去除率为 11.7%、12.85%、13.98%、14.92%、16.84%、18.14% 和 15.39%，VS 去除率为 13.32%、14.29%、15.31%、16.3%、18.23%、19.81%和 17.74%。高温条件下，接种率单因素实验的反应前后 TS 去除率为 10.86%、12.89%、14.39%、15.25%、16.96%、18.75% 和 16.95%，VS 去除率为 11.91%、13.22%、15.97%、16.54%、18.03%、20.12%和 18.14%。

与中温相比，高温系统消化前后 TS、VS 去除率较高，是中温的 1.22 倍以上。中温

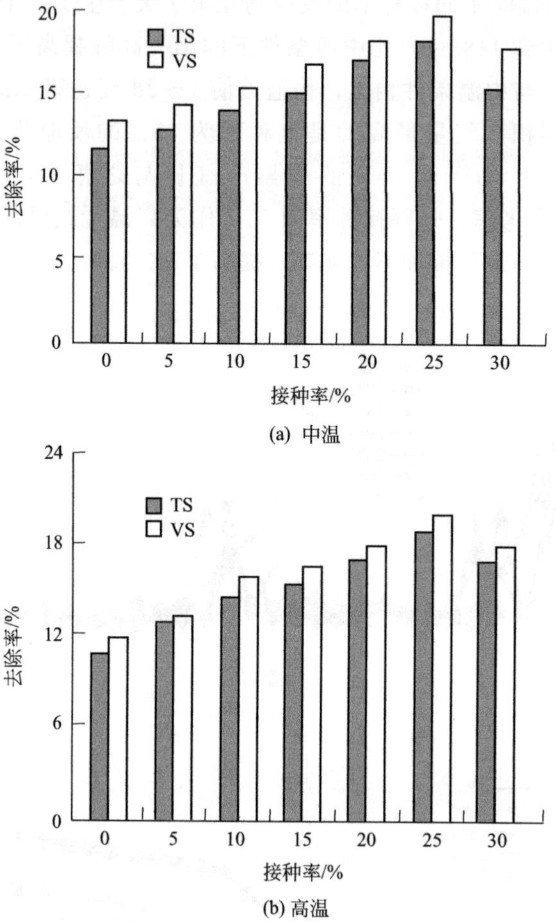

图 2-3 不同接种率对餐厨垃圾中温和高温干式厌氧消化前后 TS、VS 去除率的影响

条件下，接种率为 30%时，系统产气率最大，为 130.39mL/g TS；同样高温时，接种率为 25%的系统产气率最大，为 172.24mL/g TS。

2.4.2 含固率对餐厨垃圾干式厌氧消化的影响

采用离心、餐厨垃圾原液调节等方式，调节均质化后的餐厨垃圾含固率，使其含固率分别为 20%、22.5%、25%、27.5%、30%。此时各餐厨垃圾样品的 pH 值为 6.72，VS 为 94.08%，SCOD 为 17.91g/L，C/N 值为 20.85。接种污泥为驯化后的厌氧污泥。

取两组（各 5 份）250g 相应含固率的餐厨垃圾分别置于 10 个厌氧消化瓶中，厌氧污泥接种率均为最佳接种率。按最佳接种率（接种率为湿基质质量比）接种污泥后，采用人工搅拌的方式，使接种污泥与餐厨垃圾混合均匀。将一组置于中温的水浴锅中，另一组置于高温的水浴锅中，进行为期 30d 的厌氧消化实验。

2.4.2.1 含固率对餐厨垃圾干式厌氧消化的日产气量和累积产气量的影响

如图 2-4 所示，中温时在第 1 天、第 4 天和第 17 天分别出现了 3 个峰，第 1 天含固率为 20%的产气量最好达到 318mL，第 4 天含固率为 20%的产气量最好达到 223mL，第 17

天是含固率为 27.5%的产气量最好达到 200mL。此时，含固率为 20%的累积产气量最高，达到 1630mL，产气效果最好。可以看出含固率越小，液体流动性越好，产沼气量也就越大。含固率大的系统，水流动小，产气量少，消耗的有机物少，导致消化后剩余的有机物含量多。

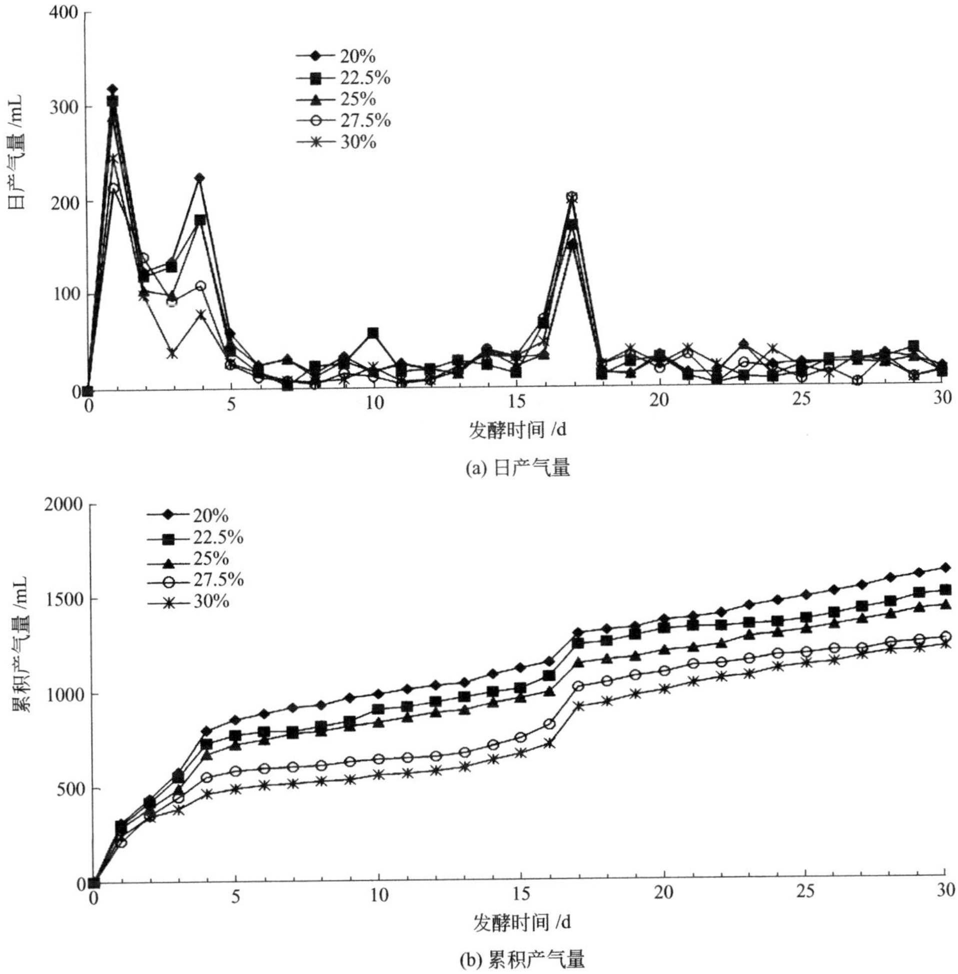

图 2-4　含固率对餐厨垃圾中温干式厌氧消化产气量的影响

同理，由图 2-5 可以看出在高温条件下，不同含固率的反应物产气量在第 1 天都产生了一个峰值，含固率为 20%的产气量最高，达到 436mL，比中温条件下的第一高峰提高了 37%；第二个峰出现在第 15 天或第 16 天，与中温条件相比，普遍提前 1～2d 到达第二高峰。此时，积累产气量最高的是含固率为 20%的反应物，积累产气量达到了 2241mL，选择含固率为 20%作为高温干式厌氧的最佳含固率，此时累积产气量相比于中温的最佳含固率（20%）提高了 37%。

与中温相比，高温系统产气较为稳定，累积产气量较高，消化周期缩短 1～2d。

2.4.2.2　含固率对餐厨垃圾干式厌氧消化前后 TS、VS 去除率的影响

由图 2-6 可以看出，中温条件下，接种率单因素实验的反应前后 TS 去除率为

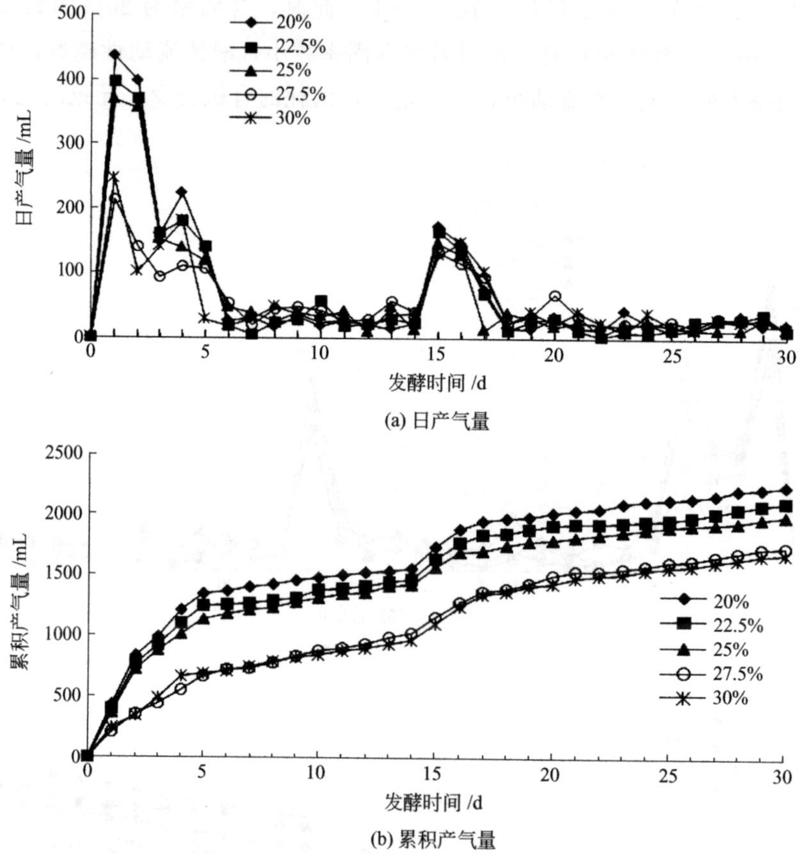

图 2-5 含固率对餐厨垃圾高温干式厌氧消化产气量的影响

22.92%、20.24%、18.44%、16.09%、15.15%；VS 去除率为 24.89%、21.73%、20.22%、18.57%、17.86%。高温条件下，接种率单因素实验的反应前后 TS 去除率为 24.88%、20.89%、18.27%、15.24%、14.17%；VS 去除率为 26.75%、22.93%、19.52%、17.48%、16.36%。

与中温相比，高温系统消化前后 TS、VS 去除率较高，是中温的 1.09 倍以上。中温条件下，含固率为 20%时，系统产气率最大，为 142.26mL/g TS；同样高温时，含固率 20%的系统产气率最大，为 180.14mL/g TS。

2.4.3 含油率对餐厨垃圾干式厌氧消化的影响

采用直接加热法去除餐厨垃圾的油脂：在 90℃下恒温加热餐厨垃圾 30min，除去上层油脂。撇除的餐厨垃圾上层油脂经高速离心机离心分离 20min 后得到的油脂产物，用于调节含油率。去油后餐厨垃圾的 pH 值为 6.47，TS 为 25.1%，VS 为 93.6%，SCOD 为 40.5g/L，此时含油率仅为 0.01%以下，实验以 0%计。接种污泥为驯化后的厌氧污泥。

取两组（每组 6 个）消化瓶，分别添加 200g 含油率为 0%、2%、4%、6%、8%、10%的餐厨垃圾（添加的油脂为餐厨垃圾去除的油脂经离心分离后的上层产物，含油率为

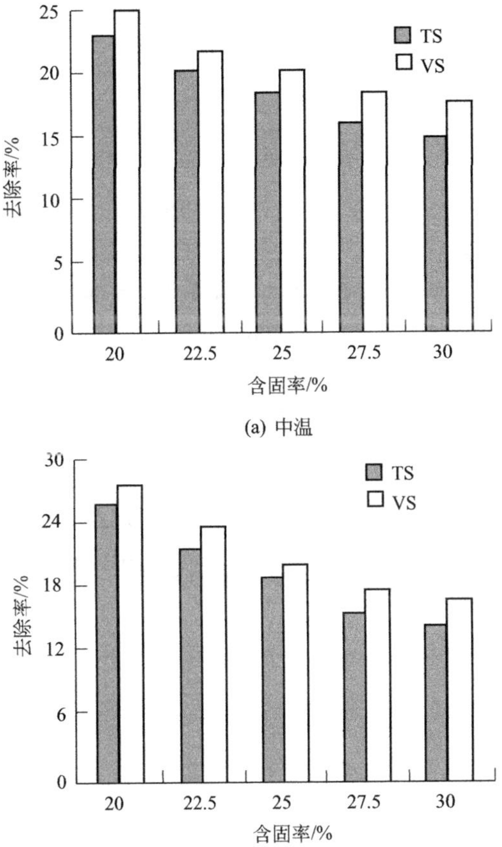

(a) 中温

(b) 高温

图 2-6　含固率对餐厨垃圾中温、高温干式厌氧消化前后 TS、VS 去除率的影响

质量比），按最佳接种率（接种率为湿基质质量比）接种污泥后，采用人工搅拌的方式，使接种污泥与餐厨垃圾混合均匀。将一组置于中温的水浴锅中，另一组置于高温的水浴锅中，进行为期 30d 的厌氧消化实验。

2.4.3.1　含油率对餐厨垃圾干式厌氧消化的日产气量和累积产气量的影响

不同含油率的餐厨垃圾中温干式厌氧消化的日产气量、累积产气量情况见图 2-7。除含油率为 0%的餐厨垃圾，其他各组均有两个产气高峰。餐厨垃圾含油率为 2%时，在第 1 天达到第一个产气峰值 268mL，随后下降，在第 18 天出现第二个产气高峰 89mL。餐厨垃圾含油率为 4%时，也在第 1 天到达产气高峰为 246mL，随后迅速下降，在第 18 天出现第二个产气高峰为 157mL。餐厨垃圾含油率为 6%时；在第 2 天出现产气高峰为 250mL；在第 20 天出现第二个产气高峰 192mL。含油率为 8%时，在第 2 天达到产气高峰 240mL，在第 20 天出现第二个较高产气量 78mL。含油率为 10%时，在第 3 天和第 24 天分别达到产气高峰 219mL 和 67mL，产气高峰值较低而且滞后。

各组累积产气量都呈先快速增加后稳定的趋势。通过对比发现，当垃圾中含油率为 0%时，产气周期最短，累积产气量最小，为 995.5mL；当含油率为 2%时，产气量有所

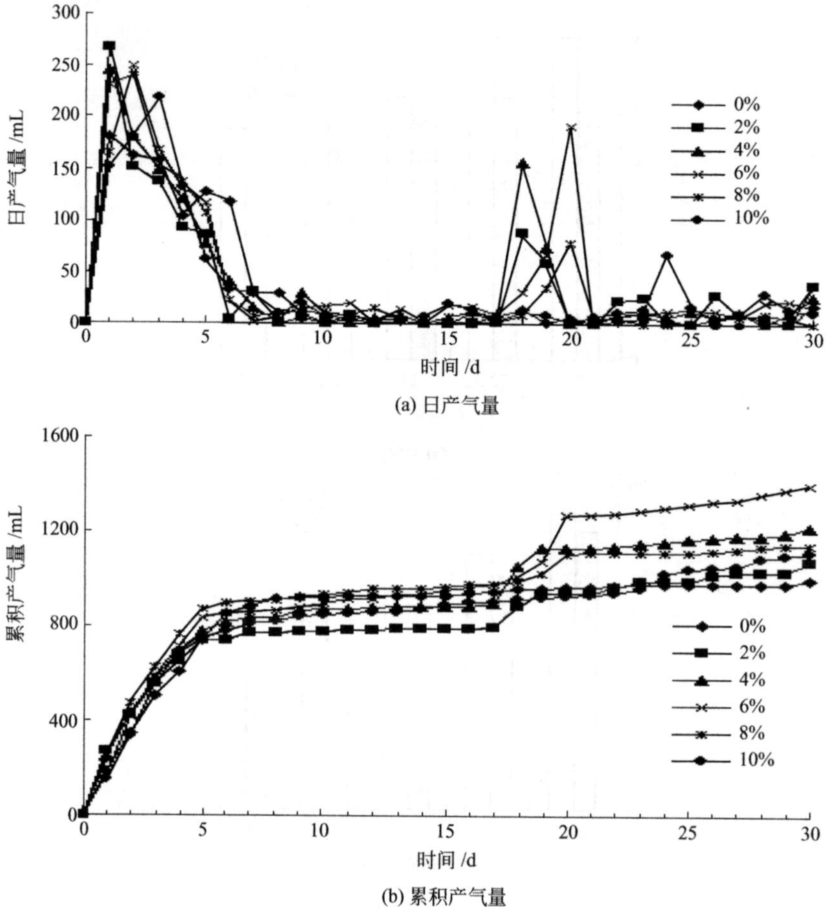

图 2-7 含油率对餐厨垃圾中温干式厌氧消化产气量的影响

增长，最终产气量为 1067.9mL。继续增加含油率，当增加到 4%时，产气量有明显增长，最终产气量为 1218.2mL。当含油率增加到 6%时，虽然第一个产气高峰比 2%和 4%时低，但第二产气高峰最高，且产气总量较高，最终产气量为 1391.2mL。但含油率继续增加，产气总量呈下降趋势。当含油率为 8%和 10%时，累积产气量分别为 1139.5mL 和 1110mL。王巧玲等研究表明含油率为 0%～5%时，含油率越大，累积产气量越大，但是消化速率慢，消化周期长。本研究得到“低促高抑”的结果。原因是在产甲烷菌的细胞壁或细胞膜上吸附着脂肪的水解产物，干扰了细胞的正常功能，所以含油率高时产气量下降。

图 2-8 显示了不同含油率餐厨垃圾高温干式厌氧消化过程中日产气量、累积产气量的变化情况。

由图 2-8 可知，餐厨垃圾含油率为 0%时，在第 1 天达到产气高峰 405mL，随后便开始迅速下降，第 16 天出现第二高峰为 153mL，第 24 天产气过程基本结束，产气周期较短。含油率为 2%时在第 2 天达到产气高峰 382mL，随后开始迅速下降，直至第 16 天达第二个产气高峰 117mL。含油率为 4%和 6%时，分别在第 2 天到达产气高峰为 368mL 和 432mL，第 17 天达第二产气高峰 129mL 和 260mL。含油率为 8%时在第 2 天达产气高峰

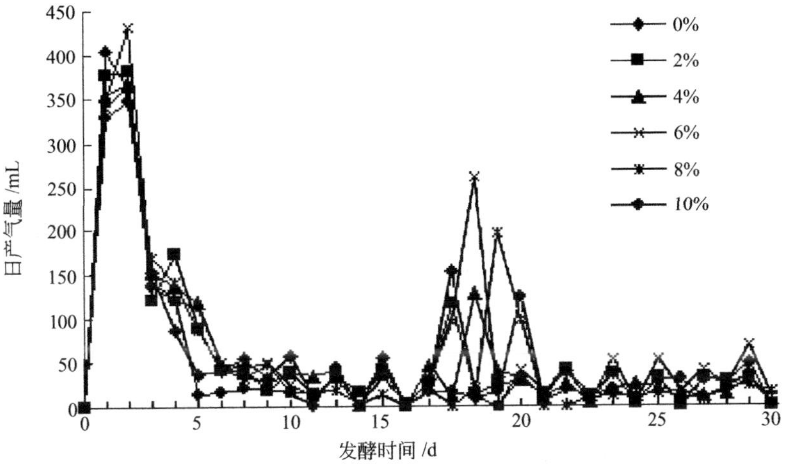

(a) 口产气量

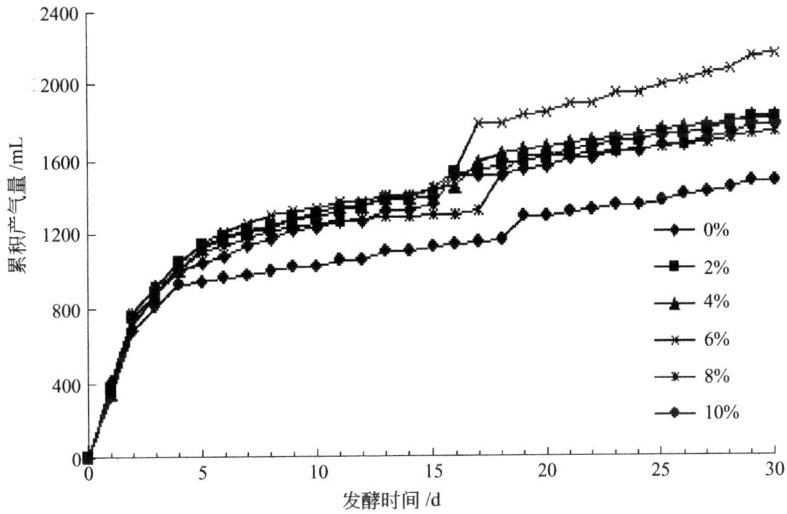

(b) 累积产气量

图 2-8　含油率对餐厨垃圾高温干式厌氧消化产气量的影响

值 365mL，在第 18 天达第二产气高峰 196.5mL。含油率为 10%时在第 2 天达产气高峰 347mL，在第 19 天达第二产气高峰 123.5mL。

高温时，当餐厨垃圾中含油率为 0%时最终产气量为 1785.5mL，当含油率增加为 2%、4%时产气量有所增长，最终产气量为 1821mL 和 1830mL。当含油率增加到 6%时，产气总量达最大值，累积产气量为 2165.9mL。但含油率继续增加产气总量反而呈下降趋势。当含油率为 8%和 10%时，对产气抑制影响较大，产气总量分别为 1749.1mL 和 1476mL。

从中温和高温干式厌氧消化累积产气量的情况来看，高温时的累积产气量均高于相同含油率的中温时的累积产气量，而且第二产气高峰提前，原因是高温条件下微生物对有机物的分解效率较高，有助于缩短消化周期，提高产气速率。LCFA 对厌氧体系产生抑制后，高温条件下微生物代谢速率较快，因而系统恢复得快。中温和高温情况下均得到含油率对餐厨垃圾干法厌氧消化的结果是“低促高抑”，含油率为 6%时餐厨垃圾的累积产气量均最高，且消化周期较短。

2.4.3.2 含油率对餐厨垃圾干式厌氧消化前后 TS、VS 去除率的影响

如图 2-9 所示，中温条件下，含油率为 0%、2%、4%、6%、8%、10%时 TS 去除率分别为 10.71%、12.30%、12.92%、13.31%、10.34%、9.15%，相应的 VS 去除率分别为 12.43%、13.81%、14.21%、15.93%、12.25%、11.74%。含油率为 6%时 TS、VS 的去除率最高，而此时的累积产气量也最高。高温条件下，含油率为 0%、2%、4%、6%、8%、10%的餐厨垃圾 TS 去除率分别为 14.83%、15.91%、16.40%、18.82%、13.50%、11.81%；VS 去除率分别为 16.02%、17.60%、18.21%、20.02%、15.45%、13.07%。含油率为 6%时 TS、VS 的去除率最高，而此时的累积产气量也最高。计算得，中温条件下，含油率为 6%时，系统产气率最大，为 208.06mL/g TS；同样高温时，含油率 6%的系统产气率最大，为 229.96mL/g TS。

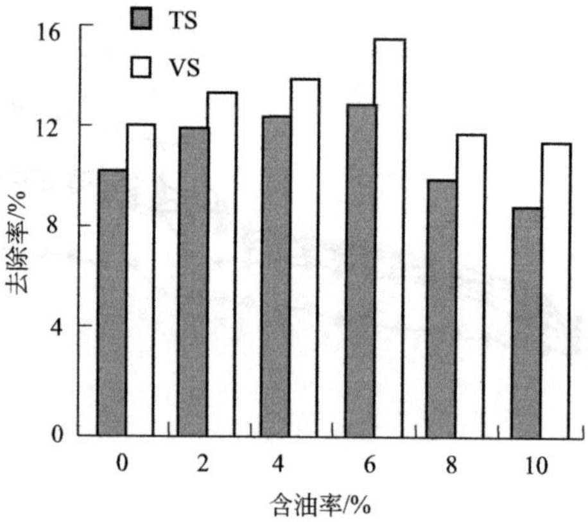

(a) 中温

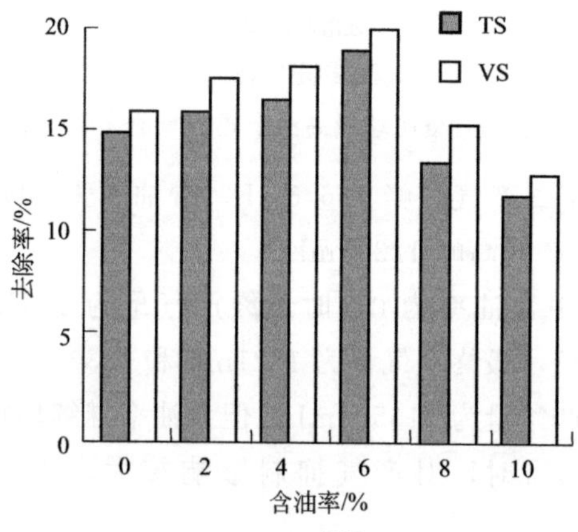

(b) 高温

图 2-9 含油率对餐厨垃圾中温、高温干式厌氧消化 TS、VS 的去除率

2.4.3.3 含油率对餐厨垃圾干式厌氧消化沼气组成的影响

实验得到的沼气主要成分为氢气和甲烷，不同含油率的餐厨垃圾中温和高温干式厌氧

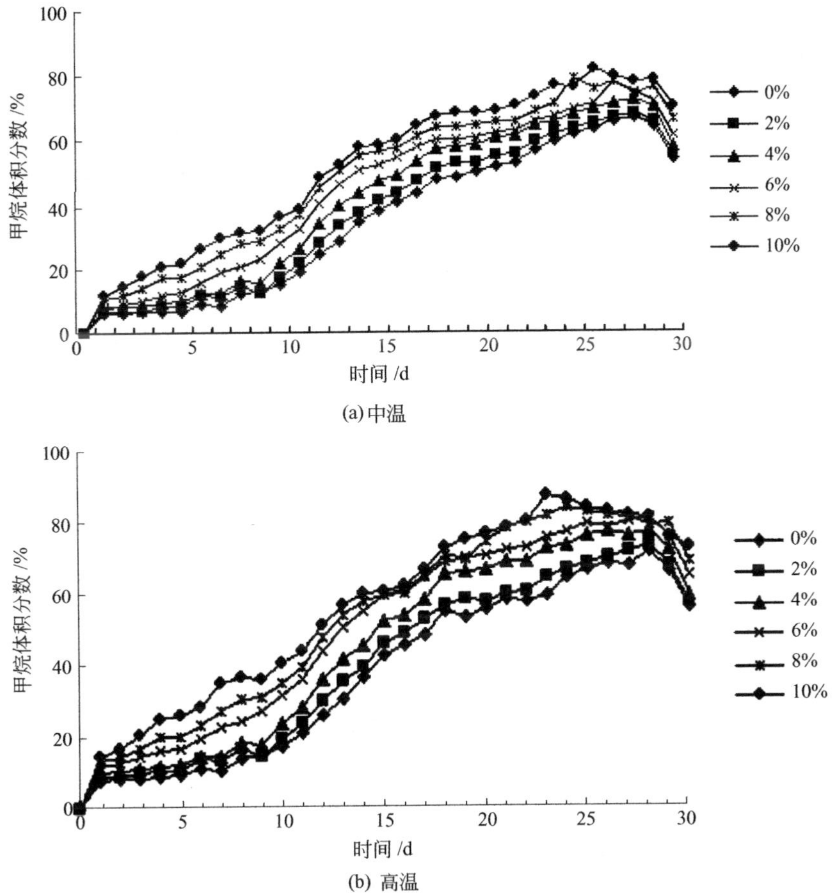

图 2-10　含油率对餐厨垃圾中温、高温干式厌氧消化甲烷含量的影响

消化日产气中甲烷体积分数的变化情况如图 2-10 所示。从各组实验的整个周期来看，消化前期产生的气体大部分是氢气，甲烷含量较低，随着消化的进行，甲烷在消化产生的气体中所占比重逐渐加大。这可能是动植物脂肪比糖和蛋白质更为稳定，微生物虽然能对其进行吸收利用，但是速度比较缓慢。

在中温厌氧消化条件下，含油率为 10%的餐厨垃圾消化进行到 26d 左右时，甲烷在消化产生的沼气中的体积含量最高，为 80.5%。在高温厌氧消化条件下，含油率为 10%的餐厨垃圾消化进行到 23d 左右时，甲烷在消化产生的沼气中的体积含量最高，为 84.2%。可见，含油率越高，沼气中的甲烷含量越高。这与其他学者的研究结果一致：油脂消化产生的气体中 CH_4 量明显高于糖和蛋白质，并且油脂转化为甲烷的效率较高。

2.4.4 含盐量对餐厨垃圾干式厌氧消化的影响

首先采用水洗法将餐厨垃圾中的盐分去除。在消化瓶中添加 100g 餐厨垃圾，分别在两组 1～6 号瓶中添加 0%、1%、2%、3%、4%、5%的氯化钠，按最佳接种率（接种率为湿基质质量比）接种污泥后，采用人工搅拌的方式，使接种污泥与餐厨垃圾混合均匀。将一组置于中温［(35±1)℃］的水浴锅中，另一组置于高温［(55±1)℃］的水浴锅中，进行为期 30d 的厌氧消化实验。

2.4.4.1　含盐量对餐厨垃圾干式厌氧消化的日产气量和累积产气量的影响

由图 2-11 可知，中温条件下，除含盐量为 0%的餐厨垃圾，其他各组均有两个产气高峰。餐厨垃圾含盐量为 1%时，在第 2 天达到第一个产气峰值 248mL，随后便开始下降；在第 18 天出现第二个产气高峰 186mL。餐厨垃圾含盐量为 2%时，在第 1 天达产气高峰也为 248mL，随后迅速下降；在第 18 天又出现第二个产气高峰为 145mL。餐厨垃圾含盐量为 3%时，在第 2 天出现产气高峰为 200mL，在第 17 天出现第二个产气高峰 159mL。含盐量为 4%时，在第 1 天达到产气高峰 116mL，在第 18 天出现第二个较高产气量 125mL。含盐量为 5%时，在第 3 天和第 25 天分别达产气高峰 85mL 和 92mL，产气高峰值较低而且滞后。

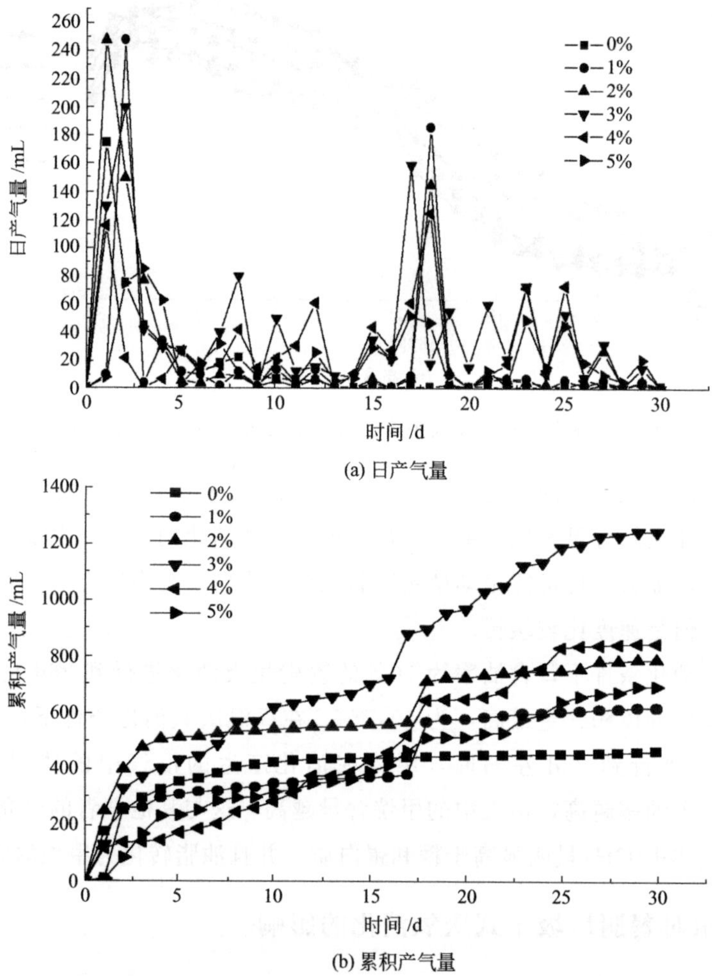

图 2-11　含盐量对中温干式厌氧消化产气量的影响

各组产气量都呈先快速增加后稳定的趋势。通过对比发现，当垃圾中含盐量为 0%时，产气周期最短，累积产气量最小，为 463mL。当含盐量为 1%时，产气量有所增长，最终产气量为 617mL；继续增加含盐量，当增加到 2%时产气量有明显增长，最终产气量为 786mL。当含盐量增加到 3%时，虽然两个产气高峰比 1%和 2%时低，但产气总量较高，最终产气量为 1244mL。但含盐量继续增加，产气总量呈下降趋势。当含盐量为 4%和 5%时，累积产气量分别为 845mL 和 693mL。有研究表明当 Na^+ 低于 5g/L 时对厌氧消化影响较小，当 Na^+ 为 5g/L 时抑制 10%的产甲烷活性，当 Na^+ 为 10g/L 左右时抑制 50%的产甲烷活性。本研究得到“低促高抑”的结果。有研究认为，厌氧消化过程中盐度的增长会加强盐析作用，从而降低脱氢酶的活性，从而使微生物新陈代谢减缓，产气量下降。

由图 2-12 可知，高温条件下，餐厨垃圾含盐量为 0%时，在第 1 天达到产气高峰 220mL，随后便开始迅速下降，到第 13 天基本完成消化，产气周期较短。含盐量为 1%时在第 2 天达到产气高峰 235mL，随后开始迅速下降，直至第 15 天达第二个产气高峰

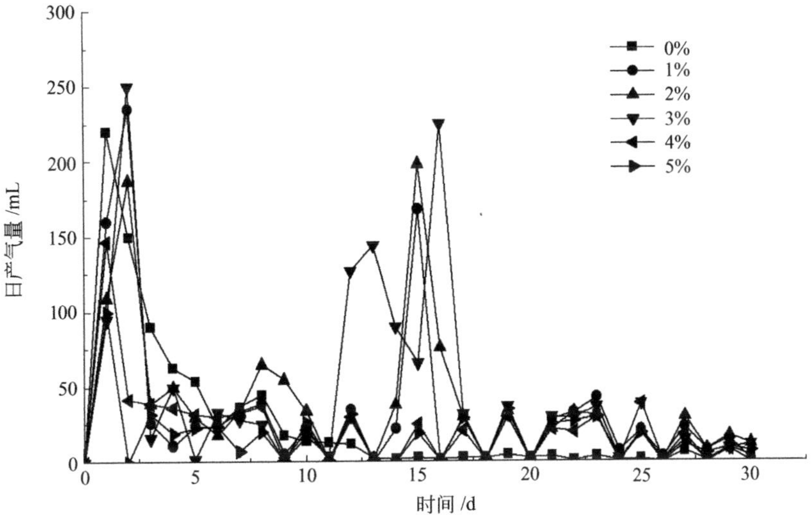

(a) 日产气量

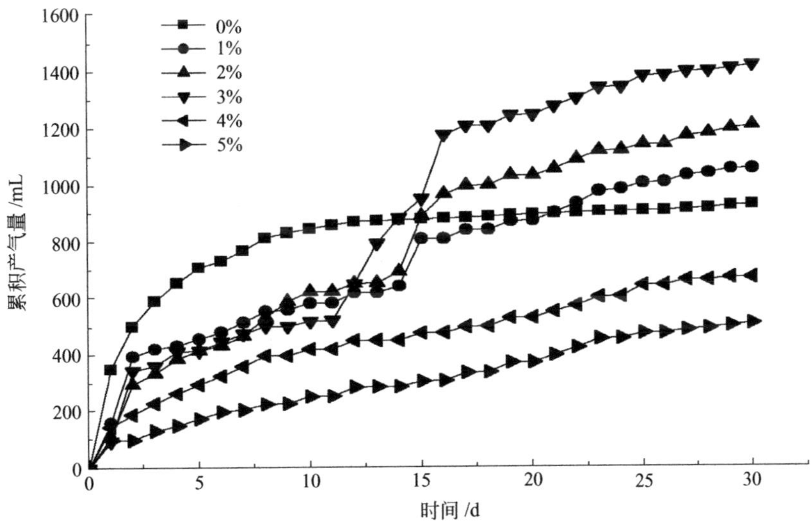

(b) 累积产气量

图 2-12 含盐量对高温干式厌氧消化产气量的影响

168mL。含盐量为2%时，第2天产气高峰值为187mL，第15天达第二产气高峰198mL。含盐量为3%时在第2天达产气高峰值250mL，在第16天达第二产气高峰225mL。含盐量为4%和5%时分别在第1天达产气高峰147mL和100mL，没有明显的第二产气高峰。

当餐厨垃圾中含盐量为0%时，最终产气量为796mL；当增加含盐量为1%时，产气量有所增长，最终产气量为1053mL；当含盐量增加到2%时，产气量有明显增长，累积产气量为1206mL；当含盐量增加到3%时，产气总量达到最大值，累积产气量为1419mL。但含盐量继续增加，产气总量反而呈下降趋势。当含盐量为4%和5%时，对产气抑制影响较大，产气总量分别为669mL和507mL。

从中温干式厌氧消化和高温干式厌氧消化累积产气量的比较情况来看，当餐厨垃圾含盐量≤3%时，高温时的累积产气量均高于同等盐分含量中温时的累积产气量，而且第二产气高峰提前，原因是高温条件下微生物对有机物的分解效率较高，有助于缩短消化周期，提高产气速率。当含盐量高于3%，高温时的累积产气量低于中温时的产气量。中温和高温情况下均为含盐量为3%时餐厨垃圾的累积产气量最高。

2.4.4.2 含盐量对餐厨垃圾干式厌氧消化前后TS、VS去除率的影响

如图2-13所示，中温条件下，盐分含量为0%、1%、2%、3%、4%、5%时TS去

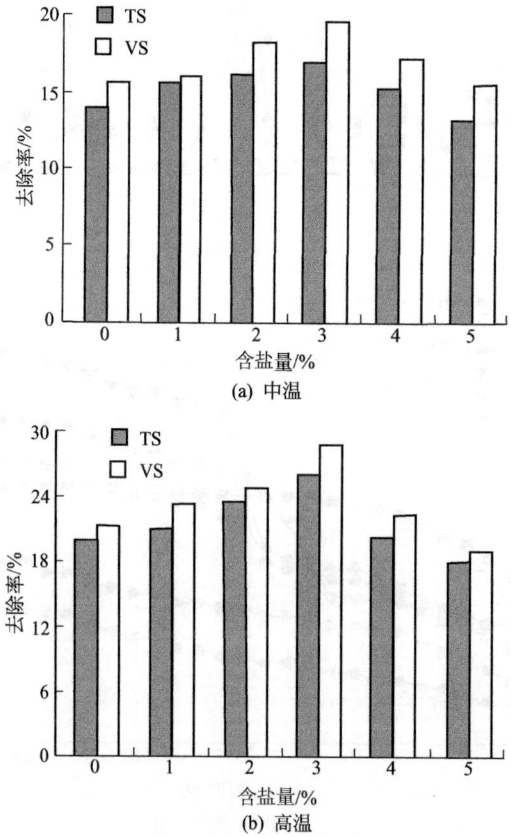

图2-13 餐厨垃圾中温、高温干式厌氧消化TS、VS去除率

除率分别为 14.12%、15.73%、16.45%、17.80%、15.42%、13.31%，相应的 VS 去除率分别为 15.71%、16.13%、18.24%、19.61%、17.34%、15.76%。含盐量为 3%时 TS、VS 的去除率最高，累积产气量最高。高温条件下，盐分含量为 0%、1%、2%、3%、4%、5%时 TS 去除率分别为 19.82%、21.02%、23.71%、26.10%、20.52%和 18.26%；VS 去除率分别为 21.34%、23.63%、25.02%、28.91%、22.40%、19.16%。所得结果和中温厌氧消化情况相同，含盐量为 3%时 TS、VS 的去除率最高。计算得，中温条件下，含盐量为 3%时系统产气率最大，为 159.70mL/g TS；同样高温时，含盐量 3%的系统产气率最大，为 217.05mL/g TS。

2.4.4.3 含盐量对餐厨垃圾干式厌氧消化沼气组成的影响

实验得到的沼气主要成分为氢气和甲烷，不同含盐量的餐厨垃圾中温和高温干式厌氧消化日产沼气组成的情况如图 2-14 所示。从各组实验的整个周期来看，消化前期沼气中大部分是氢气，甲烷含量较低；随着消化的进行，甲烷在沼气中所占比重逐渐加大；消化进行到 28d 左右时，甲烷在沼气中的体积含量最高。中温和高温厌氧消化条件下，含盐量为 3%时餐厨垃圾厌氧消化产生沼气的甲烷含量最高，分别为 78.7%和 90.0%，含盐量高于 3%时甲烷含量明显降低。通过对比餐厨垃圾中温和高温条件下厌氧消化发现，高温时所产甲烷含量高于中温。

2.4.5 水解酸化对餐厨垃圾干式厌氧消化的影响

均质化后的餐厨垃圾经测定，pH 值为 6.67，TS 为 23.41%，VS 为 93.57%，SCOD 为 17.34g/L，C/N 值为 21.03。接种污泥为驯化后的厌氧污泥。

将餐厨垃圾样品在室温下分别酸化 0d、1d、2d、3d、4d、5d，然后测定其含固率、挥发性固体含量、溶解性化学需氧量等理化性质，各取 250g 酸化后的餐厨垃圾进行最佳工艺条件下的高温干式厌氧消化。

2.4.5.1 水解酸化后餐厨垃圾理化性质分析

水解酸化后餐厨垃圾的理化性质见表 2-4。

表 2-4 水解酸化后餐厨垃圾理化性质

实验条件	pH 值	SCOD/(g/L)	TN/%	C/N 值
水解酸化 0d	6.67	17.89	2.13	20.76
水解酸化 1d	4.73	40.44	2.11	20.95
水解酸化 2d	4.52	37.67	2.14	20.87
水解酸化 3d	3.95	30.09	2.10	21.04
水解酸化 4d	3.65	25.32	1.98	22.31
水解酸化 5d	3.56	22.61	1.97	22.42

注：表中 TN 的百分含量以干基计。

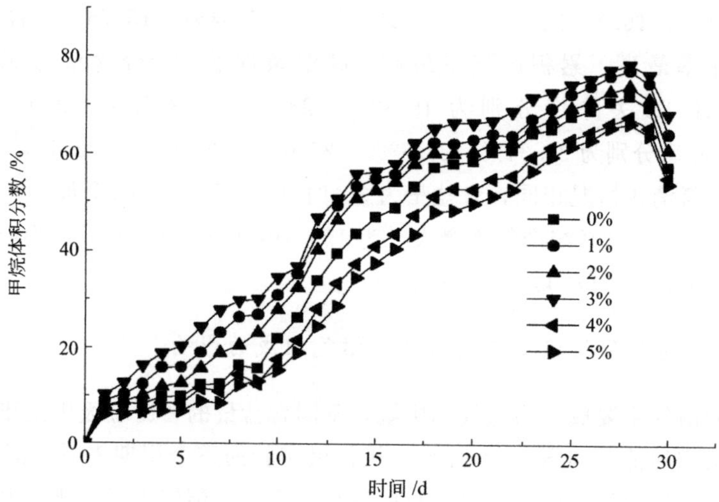

(a) 中温

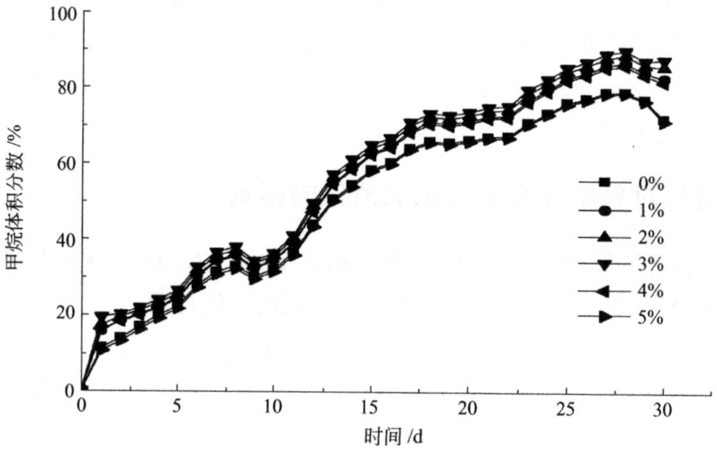

(b) 高温

图 2-14 含盐量对餐厨垃圾中温和高温干式厌氧消化甲烷含量的影响

由表 2-4 可以看出，餐厨垃圾酸化第 1 天 pH 值就从 6.67 下降到 4.73，然后 pH 值缓慢下降，经过 5d 的酸化，pH 值下降到 4.0 以下。这可能是因为酸化初期，微生物活性较强，将大分子有机酸降解为小分子有机酸，酸化 5d 后的餐厨垃圾，pH 值变化非常小，微生物活性较差。

图 2-15 表明垃圾酸化时，生成的 VFAs 的浓度呈现先增加后下降的趋势。此时的 VFAs 以异戊酸为主，其他类型的 VFAs 所占比例较小。餐厨垃圾在前 2d 酸化迅速，第 3 天垃圾中含水率增大，异戊酸也被分解成小分子，因此浓度均下降。

在厌氧消化初期，餐厨垃圾中的淀粉、蛋白质、脂类等被分解生成单糖、氨基酸、低级脂肪酸和醇等。这个过程要在有水的环境下才能进行，因此含水率表现为减小的趋势。与图 2-16 中酸化的第 1～3 天含水率变化趋势相符，随着酸化反应的推进，水解的产物进一步被分解，生成小分子有机酸和水，此时其含水率又上升。

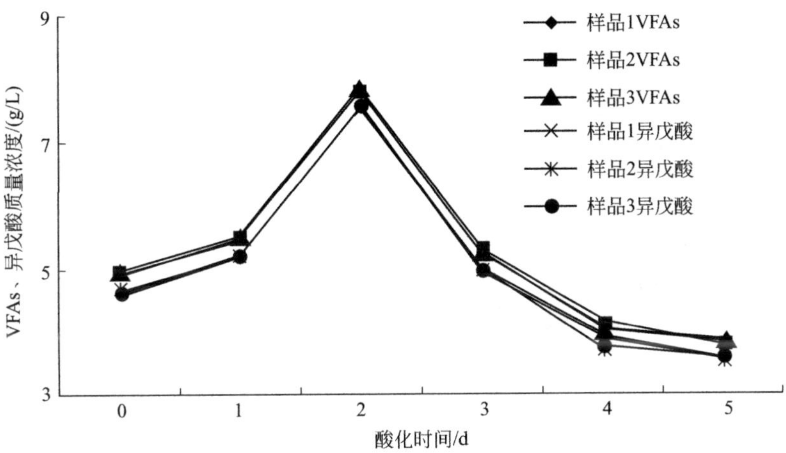

图 2-15 水解酸化过程中餐厨垃圾 VFAs、异戊酸的质量浓度的变化

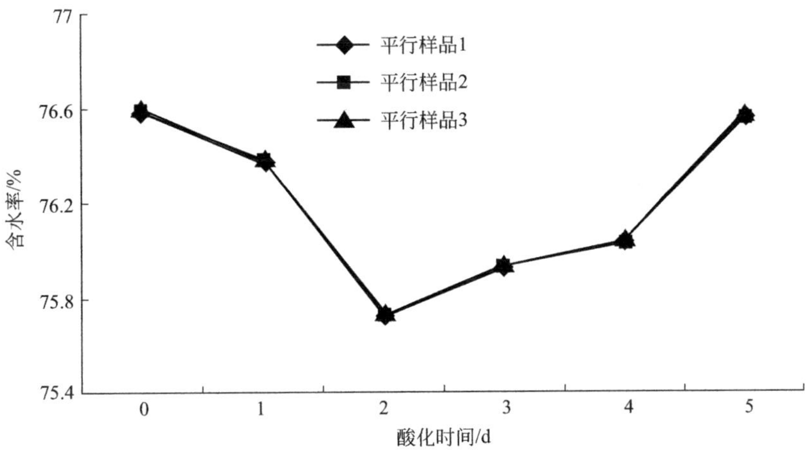

图 2-16 水解酸化处理过程中餐厨垃圾含水率的变化

2.4.5.2 水解酸化时间对餐厨垃圾干式厌氧消化日产气量和累积产气量的影响

如图 2-17 所示，水解酸化不同时间的餐厨垃圾样品，日产气量的变化趋势大致相同，消化底物均在反应第 1 天达到产气高峰，之后逐渐降低。水解酸化 0～2d 的餐厨垃圾样品产气峰值较高，均在 200mL 以上。由图 2-17 可以看出，水解酸化 0d 的餐厨垃圾样品产气效果最好，30d 的累积产气量高达 1757.9mL；水解酸化 5d 的餐厨垃圾样品产气效果最差，累积产气量低于其他消化体系，仅为 1083.9mL。这可能是由于酸化时间过长，反应器内部滋生了较多的微生物，与产甲烷菌形成种间斗争，从而抑制了厌氧消化的进行。

2.4.5.3 水解酸化时间对餐厨垃圾干式厌氧消化前后 TS、VS 去除率的影响

消化前后 TS、VS 的去除率如图 2-18 所示。水解酸化不同时间的 TS 去除率依次为 19.50%、19.00%、20.20%、19.10%、17.15%、17.41%，VS 去除率依次为 21.40%、21.73%、22.81%、21.90%、19.67%、19.10%。此时的累积产气量与 TS、VS 的去除

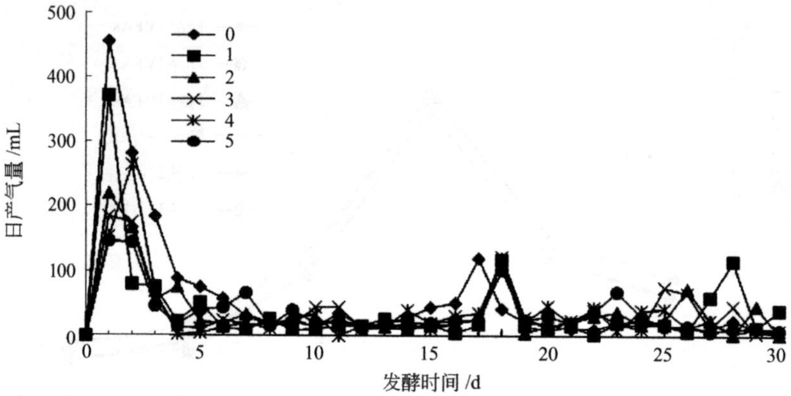

(a) 日产气量

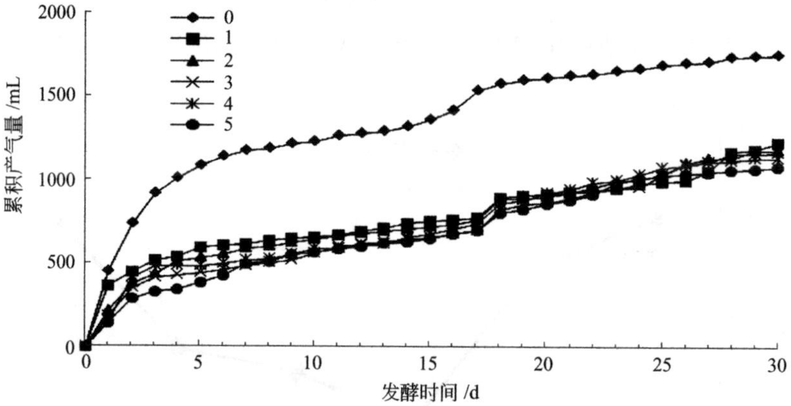

(b) 累积产气量

图 2-17 水解酸化时间对餐厨垃圾干式厌氧消化产气量的影响

率无明显关系，这可能是因为酸化的进行，反应器内部滋生了较多的微生物，与产甲烷菌形成种间斗争，这些微生物消耗有机物却生成其他的产物，这使得累积产气量与 TS、VS 的去除率无明显的相关关系。酸化 1d 的系统产气率仅为 109.77mL/g TS，仅为未酸化系统产气率的 60.88%，建议及时清运处理，以减少资源浪费。

2.5 餐厨垃圾湿热预处理技术

厌氧消化明显受物料的影响，每种生物质进行厌氧消化时的消化效率不同。一般而言，小分子或易溶于水的有机物能快速被降解，而大分子或难溶于水的有机物难以被降解，这是因为消化时大分子有机物需先通过水解转化成小分子有机物，从而限制了厌氧消化速率。而餐厨垃圾中有机物大部分以大分子的形式存在，难被降解，为缩短限速阶段反应时间，提高厌氧消化效率，各式各样的处理措施逐渐受到关注。

目前，处理的主要方法有物理法（湿热处理）、化学法（酸法、碱法）、物化法（超声）和以上方法的联合处理法。

湿热处理法是在含水环境中对餐厨垃圾进行加热，湿热处理可以显著改变餐厨垃圾中的物质组成与特性，餐厨垃圾中碳水化合物与粗脂肪含量在水相中的溶解性增高，使其更

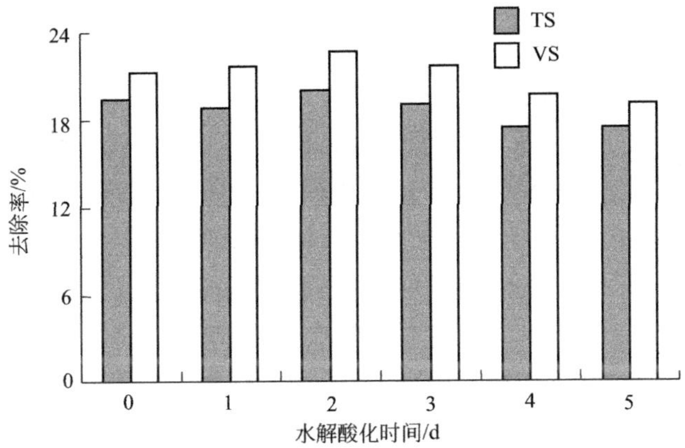

图 2-18　水解酸化时间对餐厨垃圾干式厌氧消化前后 TS、VS 去除率的影响

易被微生物所利用，有利于餐厨垃圾的厌氧消化。该项技术已经在国内餐厨垃圾处理厂得到成功应用。因此，研究湿热处理对餐厨垃圾厌氧消化的影响，将对餐厨垃圾的整体资源化工艺提供一定的理论依据。

2.5.1　湿热预处理对餐厨垃圾高温干式厌氧消化的影响

考察加水量、处理时间、处理温度对餐厨垃圾厌氧消化的产气规律和特性，采用 $L_9(3^3)$ 正交表进行三因素三水平正交实验，寻求厌氧消化的最佳工艺组合。实验因素水平设置见表 2-5。实验过程同时设置空白组，即未处理组。每组实验重复 3 次。

表 2-5　因素水平

水平	加水率/%	处理温度/℃	处理时间/min
1	50	100	60
2	30	120	80
3	10	140	100

湿热处理后，对处理后的餐厨垃圾的理化性质进行测定。为探索餐厨垃圾高温干式厌氧消化产气特性，各取 250g 处理后的餐厨垃圾，在 TS 20%、接种率 25%、55℃水浴的条件下进行消化。

2.5.1.1　湿热正交处理后餐厨垃圾理化性质的变化

湿热正交处理后餐厨垃圾的理化性质见表 2-6。湿热处理后产物 SCOD 与未处理相比都有所升高。这是由于在加热过程中，部分有机物的溶解度、液化程度增大；另外，一些大分子微溶物质如淀粉、蛋白质、脂肪等水解生成小分子溶解性还原糖、氨基酸、脂肪等。其中处理条件为加水率为 50%、处理温度 120℃、处理时间 80min 时，SCOD 值最高，为 101.05g/L，比未处理时提高了 5.65 倍。著者团队前期研究表明湿热处理会打碎垃圾的内部结构，释放颗粒内部水分，SCOD大幅增大，在此基础上提高温度和延长处理时间SCOD值均有所下降，原因可能是餐厨垃圾中的还原糖和氨基酸之间发生了Maillard反应，生成许多大分子的类黑精等不溶于水的产物。有研究认为，适度加热并不破坏蛋白质的高级结构，反而会有助于蛋白质水解。从表2-6中可看出经湿热处理对餐厨垃圾中的TN含量有一定影响，C/N值也有所变化。研究表明餐厨垃圾厌氧消化的适宜C/N值为20～30，所以经过湿热处理后C/N值仍在较适合的范围内。

表2-6 湿热正交处理后餐厨垃圾理化性质

序号	实验条件	TN/%	C/N值	SCOD/(g/L)
0	未处理	2.13	20.76	17.89
1	50%、100℃、60min	1.86	24.08	19.23
2	50%、120℃、80min	2.30	19.52	101.05
3	50%、140℃、100min	1.69	26.35	77.72
4	30%、100℃、80min	1.93	23.10	36.97
5	30%、120℃、100min	1.74	25.36	61.64
6	30%、140℃、60min	2.23	19.94	32.84
7	10%、100℃、100min	1.89	23.47	32.83
8	10%、120℃、60min	2.40	18.51	42.53
9	10%、140℃、80min	1.82	24.92	18.22

注：表中TS、VS的百分含量以湿基计；TN的百分含量以干基计。

2.5.1.2 湿热正交处理对餐厨垃圾干式厌氧消化日产气量和累积产气量的影响

未处理和经过湿热处理的餐厨垃圾厌氧消化日产气量变化见图2-19。

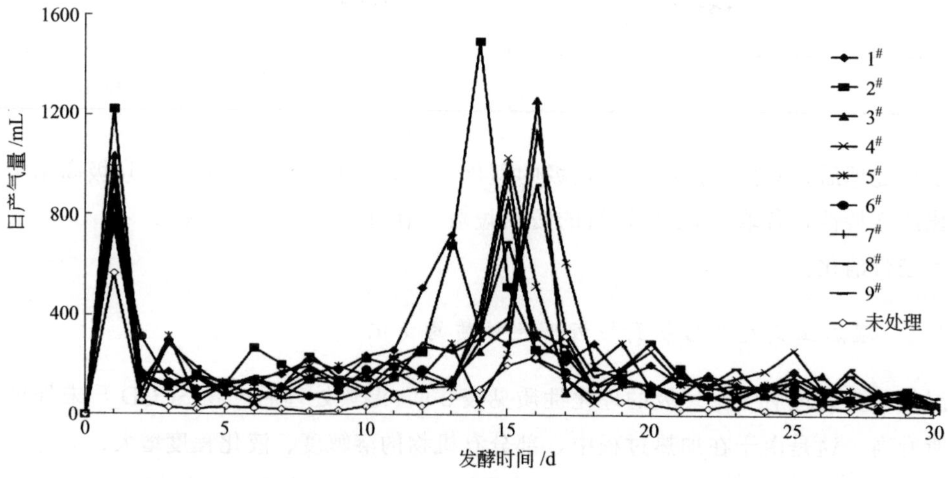

图2-19 正交实验日产气量变化情况

从图2-19中可看出未处理组和经过湿热处理的9组均在启动后的第1天出现产气高

峰，但经过湿热处理的餐厨垃圾产气量明显高于未处理组。其中处理 2# 产气量最大，峰值达到 1219.81mL。所有试验组在第 15 天左右出现第二次产气高峰，经过湿热处理的餐厨垃圾产气量仍然明显高于未处理组，其中处理 2# 产气量仍最大，峰值达到 1490.91mL。湿热处理后餐厨垃圾的粗纤维、粗脂肪含量降低，高温加热加速了油脂的水解，油脂由游离态水解成可溶态，同时适度加热有利于蛋白质的水解和吸收，提高消化率，而油脂的产气潜力高于其他有机质。因此，湿热处理后餐厨垃圾的产气量都有所升高。餐厨垃圾经过湿热处理后会提高可消化性，可更好地被微生物利用，进而提高产气率。

正交实验的日产气量及累积产气量分别见图 2-19、图 2-20。

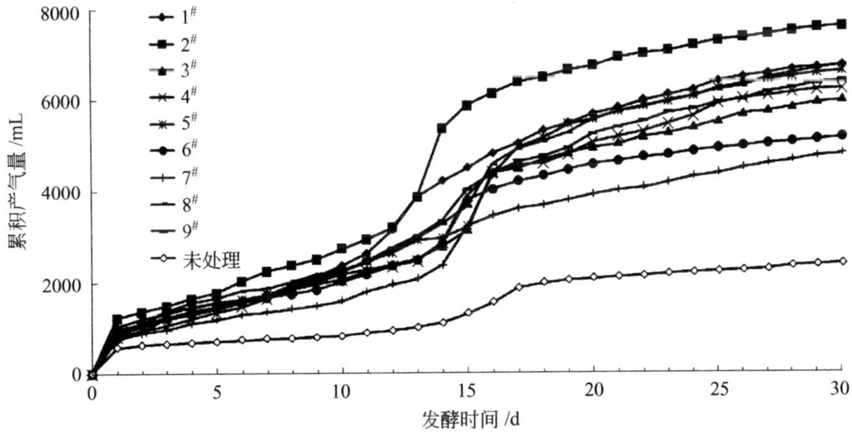

图 2-20 正交实验累积产气量变化情况

由图 2-20 可知，未经处理的餐厨垃圾厌氧消化累积产气量较低，为 2394.01mL。不同湿热处理条件下，第 2 组的累积产气量最大，产气量为 7606.90mL，是未处理组的 3.18 倍。经过湿热处理的餐厨垃圾累积产气量明显高于未处理组。处理后，有机质的水解率有所提高，而水解产物浓度升高提高了餐厨垃圾的产气潜力，这一点与餐厨垃圾湿热处理后的 SCOD 含量变化一致，SCOD 含量高时相应餐厨垃圾的产气量也较高。

2.5.1.3 湿热正交处理对餐厨垃圾干式厌氧消化前后 TS、VS 去除率的影响

厌氧消化前后 TS、VS 的变化情况如图 2-21 所示。9 组正交实验的 TS 去除率依次为 47.36%、56.48%、59.2%、57.88%、55.28%、58.56%、55.16%、52.96%、58.72% 和 57.96%，VS 去除率依次为 49.08%、59.27%、61.99%、61.10%、58.29%、62.37%、58.31%、56.11%、62.14% 和 60.06%。未处理的 TS、VS 去除率分别为 24.90% 和 26.31%。可见经过湿热处理后 TS 和 VS 去除率都有明显升高。计算得出，湿热处理第 2 组的产气率最大，为 269.10mL/g TS，比未处理系统提高 40.51%。

2.5.1.4 湿热正交处理实验的结果分析

采用 $L_9(3^3)$ 正交设计，对餐厨垃圾进行不同湿热水解条件的预处理，并对预处理后的物料进行厌氧消化试验，见表 2-7。表中 $K_i(i=1,2,3)$ 为某因素 i 个水平下产气率总

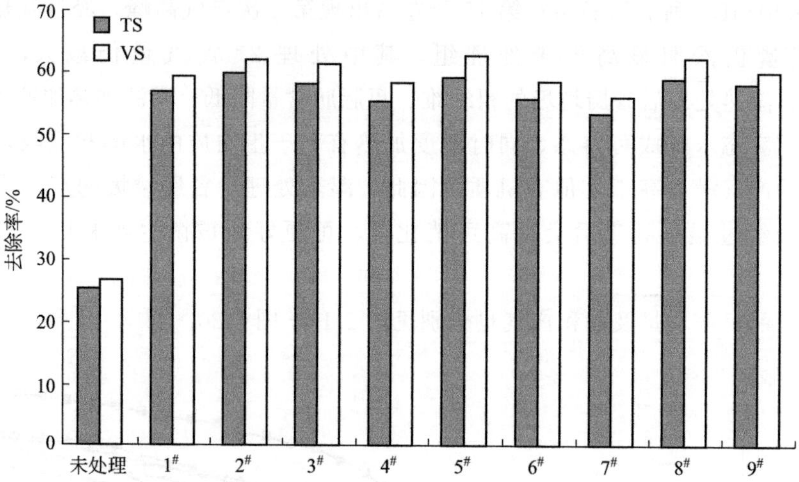

图 2-21　湿热处理后的餐厨垃圾消化前后 TS、VS 变化情况

和。$k_i(i=1,2,3)$ 为对该水平取平均值，R 为极差，R 值的大小与该因素对产气率的影响程度成正比。

由表 2-7 中的 k_i 可以看出，产气率与加水率成正比，随加水率的增大而增大因素 A 的最优水平为 1，因素 B 的最优水平为 2，因素 C 的最优水平为 2。湿热处理对餐厨垃圾高温干式厌氧消化的最佳工艺条件为 $A_1B_2C_2$，即加水率为 50%、处理温度为 120℃、处理时间为 80min。从极差数据分析可以看出，处理温度的极差最大；其次是处理时间和加水率。根据极差能直观得出各因素影响累积产气量的顺序为处理温度＞处理时间＞加水率。

表 2-7　正交实验结果

实验号	加水率①/%	处理温度②/℃	处理时间③/min	产气率/(mL/g TS)
1	50	100	60	240.26
2	50	120	80	269.10
3	50	140	100	217.82
4	30	100	80	247.26
5	30	120	100	240.23
6	30	140	60	213.86
7	10	100	100	216.41
8	10	120	60	242.94
9	10	140	80	228.97
K_1	727.18	703.93	697.06	
K_2	701.34	752.27	745.33	

续表

实验号	加水率[①]/%	处理温度[②]/℃	处理时间[③]/min	产气率/(mL/g TS)
K_3	688.32	660.65	674.46	
k_1	242.39	234.64	232.35	
k_2	233.78	250.76	248.44	
k_3	229.44	220.22	224.82	
R	12.95	30.54	23.62	

① 因素 A。

② 因素 B。

③ 因素 C。

极差分析相对简单，精确度较差，缺乏定量的标准去判断因素作用，因此用方差分析的方法，通过 Excel 和 SPSS 软件对数据进一步处理。方差分析结果见表 2-8。

表 2-8　方差分析

方差来源	离差平方和	自由度	均方和	F
因素 A	260.86	2	130.43	13.12
因素 B	1400.34	2	700.17	70.41
因素 C	873.78	2	436.89	43.94
误差	19.89	2	9.95	
总和	2554.86	8		

注：$F_{0.05}(2,2)=19.0$，$F_{0.10}(2,2)=9.0$。

由方差分析可得，各因素影响餐厨垃圾厌氧消化产气量的主次关系为：加热温度、加热时间和加水率，这与表 2-7 中直观分析结论一致。处理温度和处理时间的 F 值大于 $F_{0.05}(2,2)$，所以处理温度和处理时间对产气量有显著性影响，加水率对产气量显著性较弱。

2.5.2　湿热处理时间对餐厨垃圾高温干式厌氧消化的影响

在不加水，处理温度为 100℃ 的条件下，设处理时间分别为 0min、15min、30min、45min、60min、120min。每组实验重复 3 次。处理后，测定餐厨垃圾的含固率、挥发性固体含量、溶解性化学需氧量等理化性质。

在 6 个消化瓶中分别添加 250g 湿热处理时间为 0min（即未处理）、15min、30min、45min、60min、120min 的餐厨垃圾，于 55℃的水浴锅中进行厌氧消化，TS 为 20%、接种率为 25%。

2.5.2.1　湿热处理时间对餐厨垃圾干式厌氧消化日产气量和累积产气量的影响

由图 2-22 可知，所有消化反应瓶在干式厌氧消化开始 1d 后产气达到最高峰，随后开始下降。其中，未处理的及湿热处理 15min 的餐厨垃圾产气较高，分别为 456.0mL 和

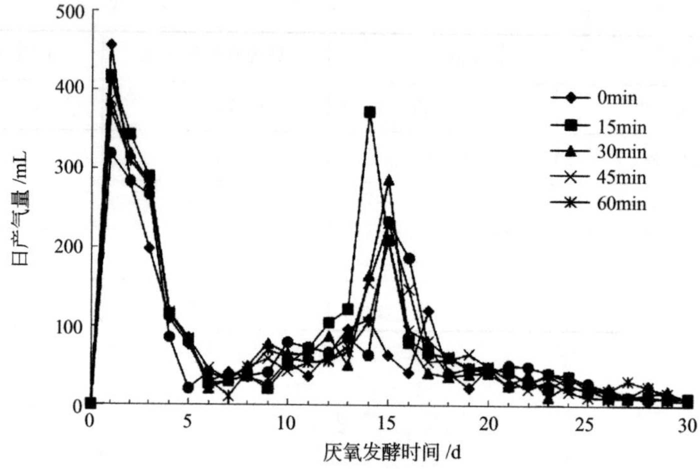

(a) 日产气量

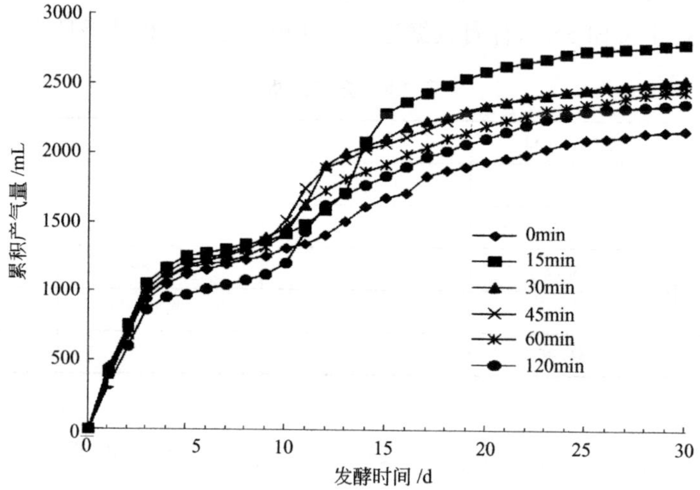

(b) 累积产气量

图 2-22 湿热处理时间对餐厨垃圾干式厌氧消化产气量的影响

316.8mL。湿热处理时间与反应瓶在启动阶段的产气高峰呈负相关，原因在于湿热处理会杀灭餐厨垃圾中的大量微生物，而未处理的餐厨垃圾中含有包括产氢菌在内的大量微生物，使得启动速率明显较快。并且湿热处理后餐厨垃圾的第二产气高峰比未处理的提前了1～3d，这是由于湿热处理能破坏餐厨垃圾中的大分子颗粒，转化成微生物吸收利用的可溶性小分子。

由图 2-22 可知，在消化的最初 5d，厌氧消化累积产气量的增长较快，未处理的餐厨垃圾在这之后累积产气量趋于平缓，其余组在第 13～16 天有一个较大的增长，这与日产气量第二高峰的出现相符。湿热处理 0min、15min、30min、45min、60min、120min 的餐厨垃圾累积产气量呈现先升高后降低的趋势，分别为 1757.9mL、2782.8mL、2529.8mL、2492.5mL、2445.7mL、2354.9mL。可得湿热处理 15min 时餐厨垃圾干式厌氧消化产气效果最佳，累积产气量比未处理的餐厨垃圾提高了 58.30%。经计算，湿热处理 15min 的餐厨垃圾干物质产气率也是最大的，达到 219.10mL/g TS，比未处理的系统提高了 48.62%。

2.5.2.2 湿热处理时间对餐厨垃圾干式厌氧消化前后 TS、VS 去除率的影响

由图 2-23 所示，经湿热处理 0min、15min、30min、45min、60min、120min 的餐厨垃圾，TS 去除率分别为 19.61%、25.43%、23.50%、23.24%、22.67%、22.50%；VS 去除率分别为 21.86%、27.32%、25.49%、25.38%、24.78%、24.65%。由图 2-23 可知，TS、VS 的去除率与累积产气量的变化趋势相同，这是因为适当时间的湿热处理会毁坏垃圾的内部结构，大幅度提高溶液中有机质的含量，促进厌氧消化的进行。厌氧消化越彻底，TS、VS 的去除率越大。但湿热处理时间过长时，餐厨垃圾中的还原糖和氨基酸之间会发生 Maillard 反应，生成类黑精等微生物难于分解的产物，TS、VS 的去除率减小。

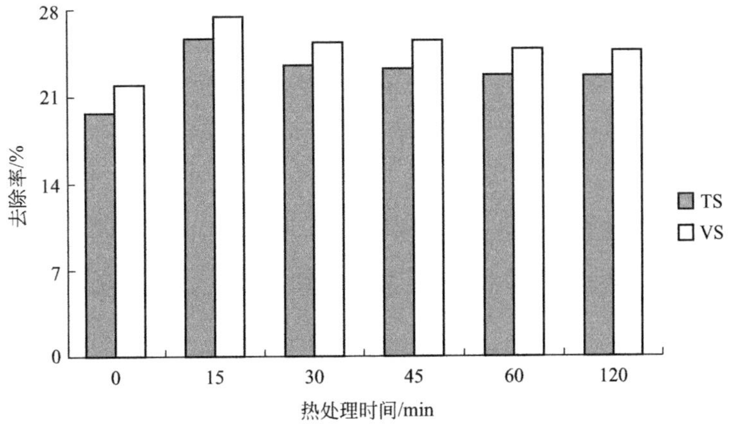

图 2-23 湿热处理时间对餐厨垃圾干式厌氧消化前后 TS、VS 去除率的影响

2.5.2.3 湿热处理时间对餐厨垃圾理化性质的影响

不同湿热处理时间的餐厨垃圾的理化性质如表 2-9 所列。pH 值可表征有机酸的量。由表 2-9 可知，处理后的餐厨垃圾 pH 值均下降，且呈复杂的变化趋势。原因是处理过程中油脂、蛋白质等物质水解产生有机酸，蛋白质等含氮化合物也会转化为可中和有机酸的氨氮，即各有机物热水解反应的程度不同。

表 2-9 不同湿热处理时间的餐厨垃圾的理化性质

湿热处理时间/min	pH 值	SCOD/(g/L)	TN/%	C/N 值
0	6.27	17.89	2.13	20.76
15	5.40	59.49	1.74	25.49
30	5.84	44.63	1.98	22.24
45	6.03	35.59	1.86	23.66
60	5.89	32.64	2.01	21.96
120	6.18	31.43	1.94	22.74

注：表中 TN 的百分含量以干基计。

SCOD 揭示了可溶性小分子有机物的量，可表征产物的消纳性能。由表 2-9 可以看出，SCOD 随加热时间的增长先升高后降低。这是由如下两方面因素造成的：

① 大分子微溶性物质如淀粉、蛋白质、脂肪等分解转化为小分子可溶性还原糖、氨基酸、脂肪酸等，这有利于微生物的吸收消化；

② 随着加热时间的延长，有机物水解会发生一系列副反应，生成一些挥发性物质，在打开反应器时逸散，造成 SCOD 下降。

TN 表征固相总氮的浓度。不同湿热处理时间的餐厨垃圾总氮均低于未处理的餐厨垃圾，产物中总氮的浓度随着处理时间的增加呈复杂变化。处理 15min 时，固相总氮浓度最低，原理在于蛋白质在加热吸水膨胀后，因球状肽链辅链的断裂，原始折叠被打开，使其更易被消化酶所利用。但是处理时间过长时，餐厨垃圾中的还原糖和氨基酸之间发生了 Maillard 反应，生成许多大分子的类黑精等微生物难于分解的产物，从而使固相总氮增加。

碳氮比（C/N 值）是微生物生长环境的一项重要指标，关系着微生物能否良好生长。大多数文献报道的 C/N 值的可操作范围是（20∶1）～(30∶1)，厌氧消化系统中对厌氧菌的生长最有益的碳氮比是 25/1。由表 2-9 可知，处理产物的 C/N 值在可操作范围内，适用于干式厌氧消化。

2.5.2.4 湿热处理时间对餐厨垃圾干式厌氧消化日产气组成的影响

实验得到的沼气主要成分为氢气和甲烷，湿热处理时间对餐厨垃圾干式厌氧消化日产气组成的影响如图 2-24 所示。

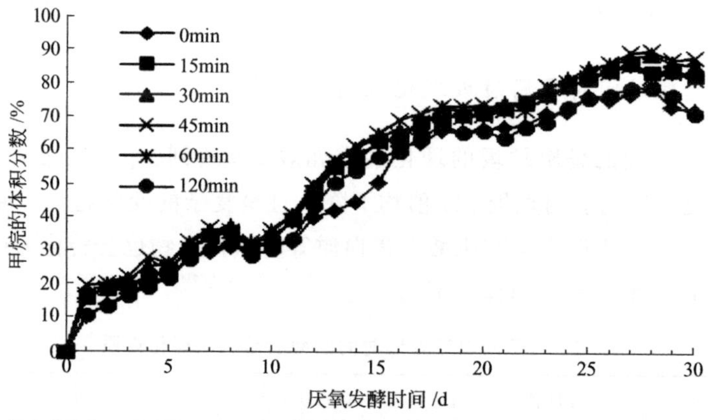

图 2-24 湿热处理时间对餐厨垃圾干式厌氧消化日产气组成的影响

测得厌氧消化初期产生的气体经氢氧化钠吸收后主要为氢气，甲烷所占的体积分数较小。Rodríguez 等研究了城市有机固体废弃物在高温条件下的干式厌氧消化特性，结果表明消化启动后 2～3d 即可产生甲烷，但是初期产气量较小。曹先艳等对餐厨垃圾厌氧消化初期的沼气进行测定，发现初期气体主要是二氧化碳和氢气。随着消化的进行，甲烷在沼气中的比重逐渐加大。随着有机物的分解，后期出现第二个高峰，主要为甲烷。消化进行到 28d 左右时甲烷在沼气中的体积含量最高，为 90%。处理后的餐厨垃圾产生的沼气的组成比较一致。

2.6 添加剂强化餐厨垃圾干式厌氧发酵技术

为进一步提高产气效率，还对添加剂对餐厨垃圾干式厌氧消化的影响进行探究。国内已有学者选用表面活性剂与偏硅酸钠的混合物、活性炭、微量金属元素等作为添加剂，以提高有机物的厌氧产气效率。

曹先艳等探索了表面活性剂与偏硅酸钠的混合物的添加量与餐厨垃圾厌氧产氢的关系，表明添加量与系统中氢气的浓度呈正相关，考虑经济性，最佳添加剂量为 0.2g/g TS。也有研究表明活性炭和金属元素等添加剂可以提高有机物去除率和产气量。

本书选用了活性炭、微量金属元素和贝壳粉作为添加剂，研究其添加量对餐厨垃圾干式厌氧消化产气的影响，为后续研究提供数据参考。

2.6.1 活性炭对餐厨垃圾高温干式厌氧消化的影响

取一组（共 6 份）250g 的均质化后的餐厨垃圾（已调节餐厨垃圾的含固率为 20%）分别置于 6 个厌氧消化瓶中，向其中分别加入适量活的性炭，使得 1～6 号消化瓶中活性炭的添加量分别为 0g/kg TS、7.5g/kg TS、15g/kg TS、22.5g/kg TS、30g/kg TS、60g/kg TS。活性污泥的接种率为 25%。采用人工搅拌的方式，使活性炭、接种污泥与餐厨垃圾混合均匀。将消化瓶置于高温的水浴锅中，进行为期 30d 的厌氧消化实验。

2.6.1.1 活性炭对餐厨垃圾干式厌氧消化日产气量和累积产气量的影响

由图 2-25 可知，所有消化反应瓶在干式厌氧消化开始 1d 后产气达到最高峰，但活性炭添加量为 22.5g/kg TS 组的峰值比对照组高 30.9%，并且于第 13 天率先出现第二峰值，略比其他各组提前 1～2d。这是由于活性炭巨大的表面积，有利于产甲烷菌的富集与生长繁殖，从而加速有机物的降解，缩短产气周期，提高产气效率。

由图 2-25 可以看出，消化初期的 5d，厌氧消化累积产气量的增长较快，各组的累积产气量在 13～15d 还有一个突增，这与日产气量的第二高峰的出现相符。活性炭的添加量分别为 0g/kg TS、7.5g/kg TS、15g/kg、22.5g/kg TS、30g/kg TS、60g/kg TS 的餐厨垃圾的累积产气量先增大后减小，分别为 2262mL、2736mL、2951mL、3264mL、2381mL、2086mL。可以看出活性炭添加量为 22.5g/kg TS 组的餐厨垃圾干式厌氧消化产气效果最佳，累积产气量比对照组提高了 30.46%，这是因为活性炭吸附富集微生物的特性可以为微生物降解有机物提供场所，从而促进有机物的降解，提高产气率。然而活性炭添加过量会阻碍料液的流动，反而抑制厌氧消化的进行。综上所述，活性炭的最佳添加量为 22.5g/kg TS。

2.6.1.2 活性炭对餐厨垃圾干式厌氧消化前后 TS、VS 去除率的影响

不同活性炭添加量的餐厨垃圾高温干式厌氧消化后 TS、VS 去除率情况见图 2-26。

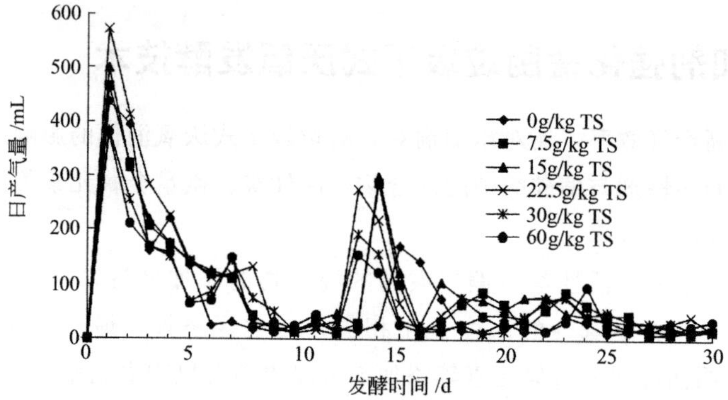

(a) 日产气量

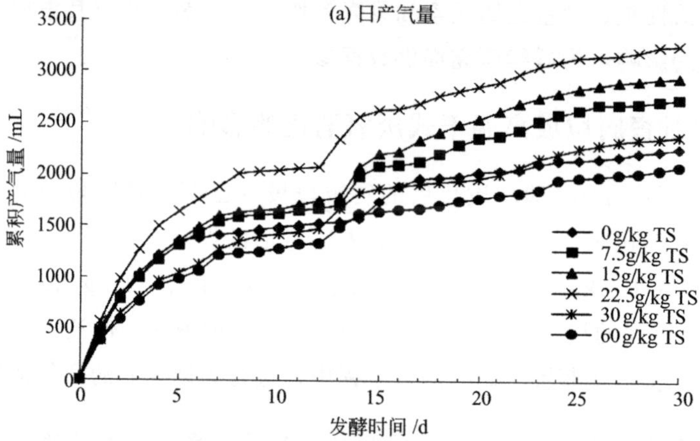

(b) 累积产气量

图 2-25　活性炭的添加量对餐厨垃圾干式厌氧消化产气量的影响

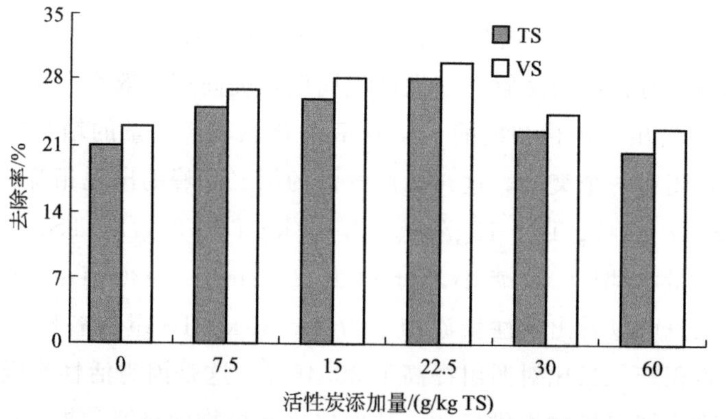

图 2-26　活性炭添加量对餐厨垃圾干式厌氧消化前后 TS、VS 去除率的影响

由图 2-26 可知，高温条件下活性炭的添加量分别为 0g/kg TS、7.5g/kg TS、15g/kg TS、22.5g/kg TS、30g/kg TS、60g/kg TS 的餐厨垃圾 TS 去除率分别为 25.01%、26.12%、27.21%、28.35%、22.73%和 20.91%；VS 去除率分别为 26.21%、27.63%、28.82%、30.10%、24.52%、22.76%。活性炭的添加量为 22.5g/kg TS 时，TS、VS 的去除率最高，此时系统产气率为 231.02mL/g TS，比未添加添加剂的系统提高

了 27.77%。

2.6.2　营养液对餐厨垃圾高温干式厌氧消化的影响

查阅文献，可知产甲烷菌的化学构成如表 2-10 所列。

表 2-10　产甲烷菌的化学组成　　单位：g/kg 干细胞

元素	含量	元素	含量	元素	含量
N	65	Mg	3	Mo	0.6
P	15	Fe	1.8	Zn	0.6
K	10	Ni	0.1	Mn	0.2
Ca	4	Co	0.015	Cu	0.1

对餐厨垃圾进行元素分析，对比产甲烷微生物的化学构成以及垃圾的营养元素表和垃圾中金属含量表可知，餐厨垃圾具有产甲烷微生物生长所需的大部分元素。为调节餐厨垃圾干式厌氧消化所需的营养元素，本实验提出的营养液配方见表 2-11。

表 2-11　营养液配方

成分	质量浓度/(g/L)
乙二胺四乙酸	10
硫酸锌	0.12
钼酸钠	0.06
硫酸锰	0.1
碘化钾	0.18
硫酸铜	0.03
三氯化铁	1.5
氯化钴	0.15

取一组（共 6 份）250g 的均质化后的餐厨垃圾（已调节餐厨垃圾的含固率为 20%）分别置于 6 个厌氧消化瓶中，向其中分别加入适量营养液，使得 1～6 号消化瓶中营养液的添加量分别为 0mL/kg TS、7.5mL/kg TS、15mL/kg TS、22.5mL/kg TS、30mL/kg TS、75mL/kg TS。活性污泥的接种率为 25%。采用人工搅拌的方式，使营养液、接种污泥与餐厨垃圾混合均匀。将消化瓶置于高温的水浴锅中，进行为期 30d 的厌氧消化实验。

2.6.2.1　营养液对餐厨垃圾干式厌氧消化日产气量和累积产气量的影响

由图 2-27 可知，消化前 2d，添加营养液的消化组的第一峰值比对照组分别提高了

15.11%、22.13%、24.02%、16.00%、8.41%。消化进行到中后期，添加营养液消化组的第二高峰出现时间比对照组提前了1～2d。

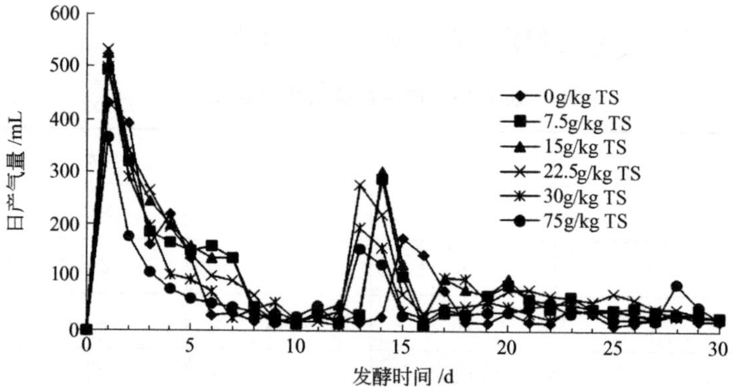

(a) 日产气量

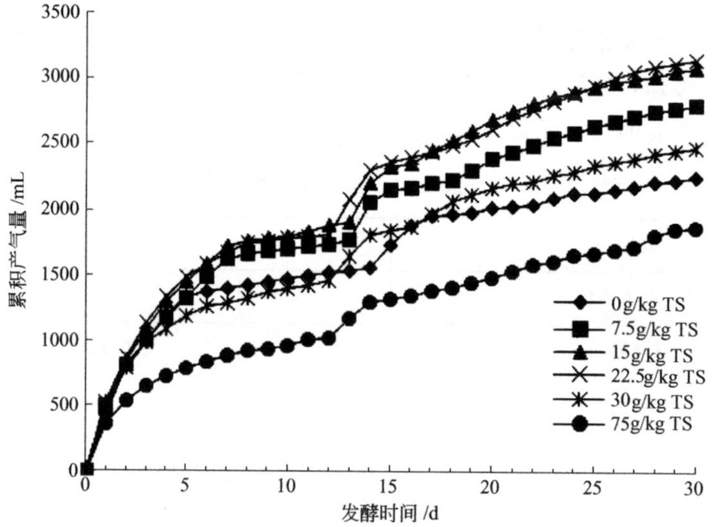

(b) 累积产气量

图 2-27　营养液的添加量对餐厨垃圾干式厌氧消化产气量的影响

此外，从图2-27可得，营养液对厌氧消化的影响呈先促进后抑制的趋势。原因在于适量的金属离子能有助于合成酶并激活酶，进而加快厌氧消化进程，加速有机物的消纳分解，然而当金属离子达一定量时蛋白质会变性，导致细胞失活。此外，金属离子会络合生成硫化物沉淀，对消化反应起消极作用，因此可得营养液的最佳添加量为22.5mL/kg TS。

2.6.2.2　营养液对餐厨垃圾干式厌氧消化前后TS、VS去除率的影响

由图2-28可以看出随着营养液添加量的增加各组的TS、VS呈现先升高后降低的趋势。

由图2-28可知，高温条件下，营养液的添加量分别为0mL/kg TS、7.5mL/kg TS、15mL/kg TS、22.5mL/kg TS、30mL/kg TS、70mL/kg TS的餐厨垃圾TS去除率分别为

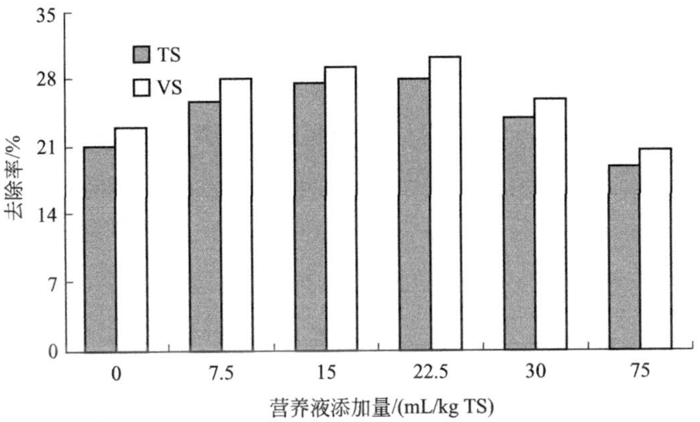

图 2-28　营养液添加量对餐厨垃圾干式厌氧消化前后 TS、VS 去除率的影响

24.96%、25.72%、27.42%、27.91%、23.6% 和 18.76%；VS 去除率分别为 26.74%、27.92%、29.13%、30.02%、25.71%、20.45%。营养液的添加量为 22.5mL /kg TS 时，TS、VS 的去除率最高，此时系统产气率为 226.10mL/g TS，比未添加添加剂的系统提高了 24.94%。

2.6.3　改性贝壳粉投加量对厌氧发酵特性的影响

2.6.3.1　改性贝壳粉投加量对 VS 去除的影响

通过测量 10d 发酵前后底物的 VS 减少量（图 2-29），分析投加改性贝壳粉（均为 900℃、60min）对降解有机物、促进产气情况的影响。改性贝壳粉的主要成分是 CaO，与水发生反应生成 Ca（OH）$_2$。在上述 6 种投加量中，投加量为 20.0g/L 时对 VS 去除的促进效果最为明显，投加量为 16.0g/L 和 18.0g/L 时对 VS 相比于空白组反而有促使其增大的作用。原因分析：VS 的减少主要与体系总体的微生物活性和其发生酶促降解反应种类有关，例如产酸菌分解有机质会减少 VS，而利用 H_2 和 CO_2 或是降解有机酸合成 CH_4 的产甲烷菌则几乎对 VS 减少没有贡献。改性贝壳粉作为调理剂，加入不同剂量会对微生物活性以及降解反应有着不同的影响，导致了 VS 减少量也不尽相同。

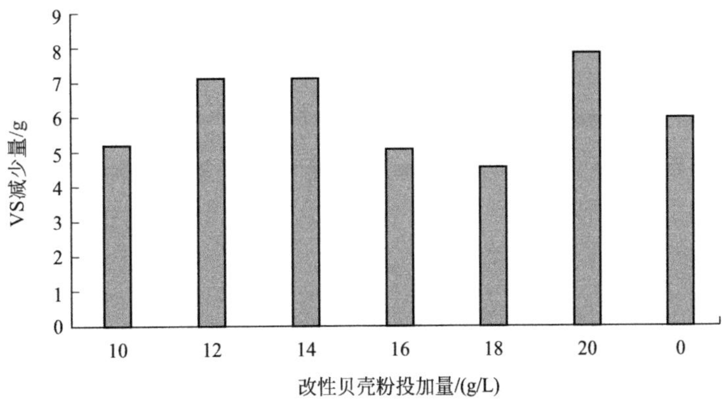

图 2-29　900℃、60min 改性贝壳粉对高温发酵前后 VS 减少量（g）的影响

2.6.3.2 投加改性贝壳粉对发酵体系 pH 值的影响

不同改性贝壳粉的投加剂量对发酵 10d 内发酵体系 pH 值的影响如图 2-30 所示，若发酵过程中不投加改性贝壳粉，发酵体系的 pH 值会在前 24h 迅速降低并一直保持在 5 左右，并在第 10 天有回升的迹象。其原因可能是由于长期的酸积累且保持在 pH 值较低的环境下，通过该环境体系的自然选择，耐酸的产甲烷菌变为优势菌种并逐渐繁殖并降解产酸，使 pH 值有回升的迹象。

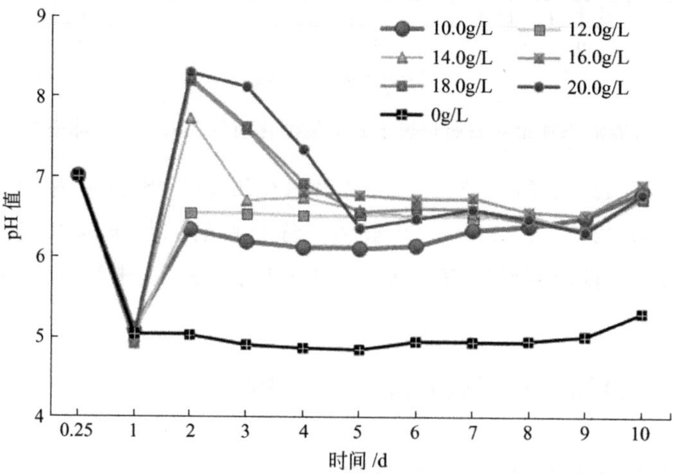

图 2-30 改性贝壳粉的投加量对发酵体系 pH 值的影响

改性贝壳粉投加量在 10.0～20.0g/L 均对发酵体系 pH 值有显著性提高，在投加后的 24h 之内 pH 值迅速增加且增加量随投加浓度的增大而增大，其中改性贝壳粉投加浓度在 10.0～12.0g/L 间的增幅不大，pH 值均在 6.5 附近；投加浓度 12.0～14.0g/L 的增幅差异显著（pH 值由 6.5 上升至 7.7）；投加浓度 14.0～20.0g/L 的增幅差异也不明显（pH 值在 8 附近）。分析原因：体系 pH 值主要由有机酸及其盐的浓度分布决定，多种常见羧酸（如乙酸、丙酸、正丁酸）酸性差距不大，其电离常数 $pK_a^\theta \approx 5$，在 $pH = pK_a^\theta \pm 1$ 的范围内对强酸强碱的缓冲容量较大，且 pH 值与 pK_a 值偏差越大时缓冲能力越弱。而 pH 值在 8 左右达到相对稳定的原因可能是由于随着改性贝壳粉投加量的增多，体系内 Ca^{2+} 逐渐累积，进一步降低本就微溶于水的 $Ca(OH)_2$ 的溶解度及溶解速率，导致 pH 值到达 8 后达到“瓶颈”。

pH 值在 2～5d 逐渐降低至 6～7 后达到稳定，其中 20.0g/L 的改性贝壳粉投加量 pH 值降低较缓。分析原因：产甲烷菌由于 pH 值前后波动较大，活性尚未恢复，而产酸菌对酸碱的耐受性较强，其活性较强，不断产酸使 pH 值降低，由于 20.0g/L 的投加浓度较大，在第 2 天时 pH 值与 16.0g/L 和 18.0g/L 几乎相等，可猜测其中依然有 $Ca(OH)_2$ 的剩余（亦可能部分转化为 $CaCO_3$），对酸有一定的缓冲作用，pH 值降低的速率比其余两种浓度缓慢。

在 5d 后 pH 值较为平稳，波动范围较小，pH 值与投加量的关系较不明显，只有 10.0g/L 在 5～7d 比其余 pH 值较小。这应该是因为投加量不足致使产甲烷菌活性恢复较慢。第 8 天后各投加浓度的 pH 值差别很小，其原因可能是在 5d 水解阶段和产酸阶段因营养物质减少而速率开始降低，与此同时产甲烷菌在较适宜的 pH 值下活性逐渐恢复，逐渐分解产酸，使 pH 值波动较为平稳甚至在第 9 天之后略有回升趋势。

2.6.3.3　投加改性贝壳粉对发酵产气量的影响

根据排水法所得产气量和气相测谱仪对其成分的检测结果可以得出各投加量的 H_2 和 CH_4 的累计产生量，再根据发酵前后的 VS 减少量（g）可以求得单位 VS 减少产 CH_4 量，不同改性贝壳粉的投加剂量对发酵 10d 内发酵体系产 H_2 和 CH_4 量以及单位 VS 减少产 CH_4 量的影响分别如图 2-31、图 2-32 所示，可以看出，与空白组相比，改性贝壳粉投加浓度在 10.0～20.0g/L 均对 10d 内发酵产 CH_4 总累积量有显著提高。随着投加量的增加，在 10d 内发酵产 CH_4 总累积量大体上也逐渐提高，其中投加浓度 10.0g/L、12.0g/L 差距不大，均在 360mL 左右；投加浓度 16.0g/L、18.0g/L、20.0g/L 差别也不明显，为 540.7～546.7mL，在 14.0～16.0g/L 产 CH_4 累积量有很明显的提高。在发酵 1d 之内，CH_4 产生量较大，至 290mL 之后突然降低。在1～4d 内投加改性贝壳粉和空白组均几乎没有 CH_4 的产生。这是因为高温发酵体系中，水解产酸速率过快，导致发酵体系酸化失稳，产甲烷菌受到抑制。

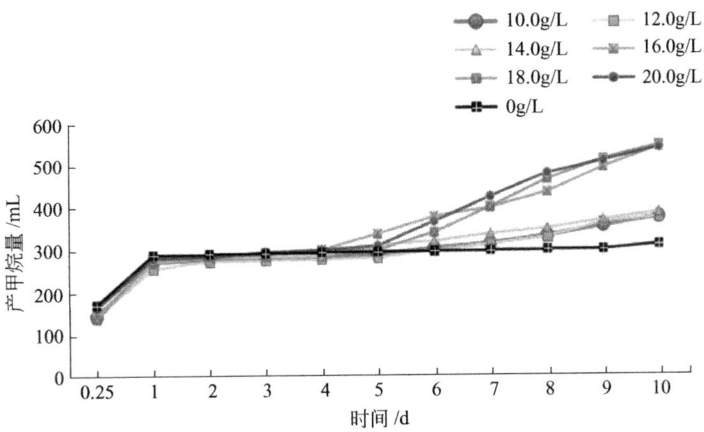

图 2-31　改性贝壳粉的投加剂量对累计产 CH_4 量的影响

不同投加量产 CH_4 速率恢复时间有一定差别，其中投加量为 16.0g/L 比其余浓度的产 CH_4 恢复时间明显较早，大约在 4d 后开始恢复，其余浓度的恢复时间大约在 5d 之后。且所有投加量的实验组在 10d 之内产甲烷速率不再变缓。

相比于空白组，投加浓度为 10.0～20.0g/L 改性贝壳粉均对 10d 内累计产 H_2 总量以及前 4d 的产 H_2 速率有明显提高（从大约 200mL 提高到 1000mL 左右），除产 H_2 总量最大的浓度为 18.0g/L 和 20.0g/L 的差别不大之外，其余各组随着投加量的增大，产 H_2 总量有较明显的增大。

产 H_2 速率在前 2d 内均较高，其中空白组的产 H_2 速率在 4d 之后开始停滞，其余各组在 4～6d 之后也明显变缓。其原因可能是因为底物中有机质逐渐减少，以及在 6d 左右产甲烷菌的活性逐渐恢复，其部分菌种利用 H_2 和 CO_2 合成 CH_4。

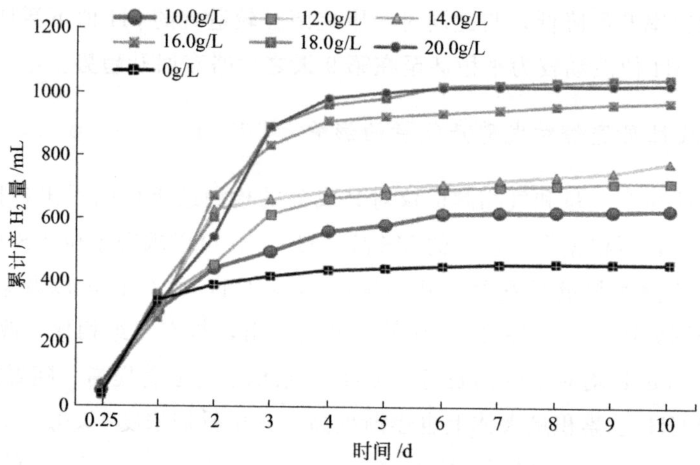

图 2-32　改性贝壳粉的投加量对累计产 H_2 量的影响

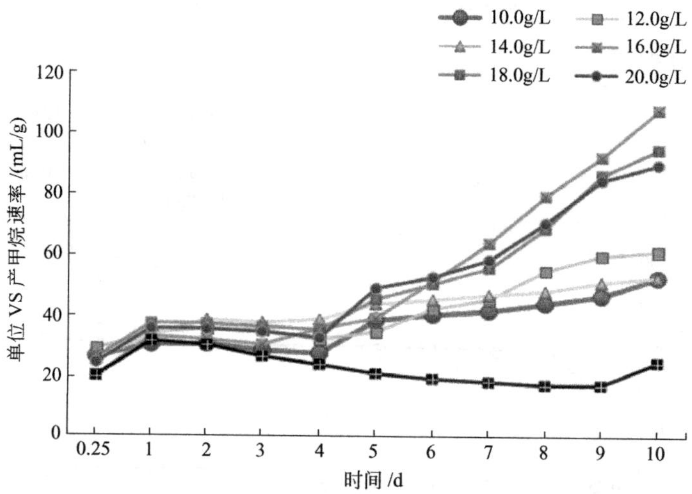

图 2-33　改性贝壳粉的投加量对单位 VS 减少累计产 CH_4 量的影响

由图 2-33 和图 2-34 可以得出，与空白组相比，10d 内投加改性贝壳粉对单位 VS 减少累计产 CH_4 总量有显著提高，其中投加量为 16.0g/L 提高最为明显，在 10d 可达 110mL/g VS。其在开始 1d 内增长较快，之后在大约 4d 前缓慢下降，在 5d 之后开始明显提升（其中投加浓度 16.0g/L 在 3d 后就有明显提升），一直持续到 10d。原因分析：单位 VS 减少累计产 CH_4 量可大致反映产甲烷菌活性在总微生物的占比，1d 之前产甲烷速率迅速，单位 VS 减少累计产 CH_4 量增长较快；之后由于酸抑制等因素的影响，产甲烷活性受抑制，VS 主要用于水解、产酸，其数值开始缓慢下降，直至 5d 左右产甲烷速率增大，致使其数值开始回升。这也意味着投加量为 16.0g/L 时消耗单位重量的 VS 可得到最高的累计产 CH_4 量。

分析图 2-35 也可以得出，投加改性贝壳粉可以提高产气中 CH_4 的含量，其中投加浓度为 16.0g/L 的改性贝壳粉产气中 CH_4 含量最大。这也间接说明了 16.0g/L 的投加量使

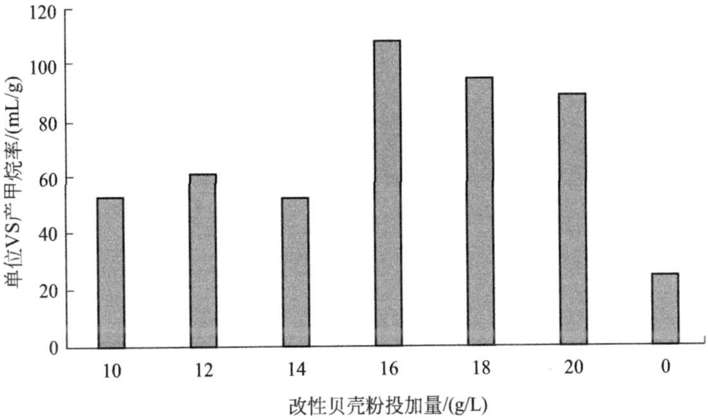

图 2-34 改性贝壳粉对 10d 单位 VS 累计产甲烷量的影响

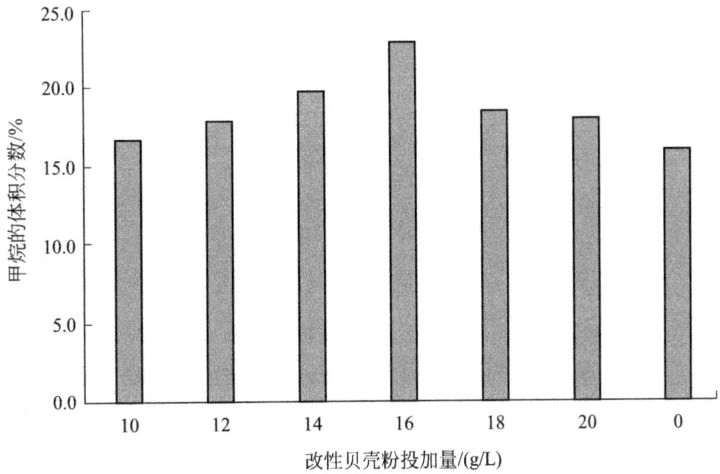

图 2-35 改性贝壳粉对 10d 累计产气中 CH_4 的体积分数的影响

发酵过程中产甲烷菌的活性在总微生物的占比较大。

2.6.3.4 投加改性贝壳粉对 NH_4^+-N 浓度的影响

改性贝壳粉投加量对 NH_4^+-N 浓度（mg/L）的影响如图 2-36 所示，各组发酵体系的氨氮浓度均随发酵时间而逐渐升高，10d 的最高 NH_4^+-N 浓度约为 2100mg/L，远小于一般发酵氨抑制的浓度（3000mg/L），结合图 2-31 也可以分析得出 10d 内未形成明显的酸抑制。

投加贝壳粉的 NH_4^+-N 浓度较均匀地分布在空白组的上下两侧且相差不大，在考虑实验的随机误差的情况下可以说明改性贝壳粉的投入对 NH_4^+-N 的积累影响较小。从变化趋势上来看，5d 前投加改性贝壳粉加剧了 NH_4^+-N 的累积（与空白组相比），在 5d 之后累积速率明显变缓，最终在第 10 天时 NH_4^+-N 浓度均小于空白对照组。通过图 2-36 可以知道 5d 前，改性贝壳粉的投加有效地中和产酸、调节 pH 值，对微生物降解含氮有机物（如氨基酸）的活性有利，故此时 NH_4^+-N 累积量略高于空白组。随着发酵的进行和

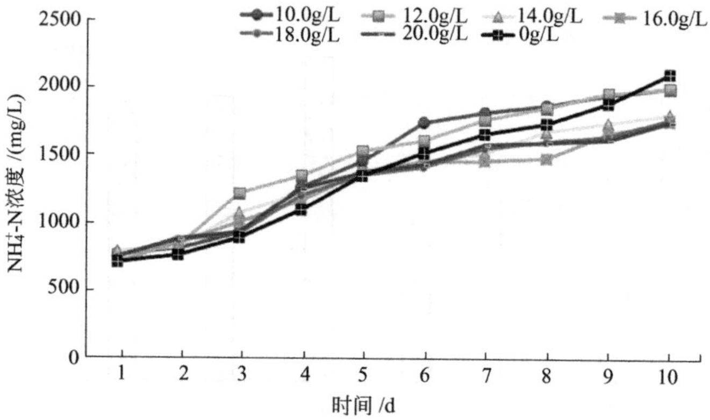

图 2-36　改性贝壳粉投加量对 NH_4^+-N 浓度的影响

NH_4^+-N 的累积，空白组的 pH 值一直保持在较低水平（约为 5），而其余各组 pH 值较高（6～8），碱性越强，游离氨的浓度越高，其毒性比铵根离子更大，不利于微生物的活性。与此同时，由于高温发酵温度较高（55℃），碱性越高越有利于 NH_4^+-N 的分解与挥发，致使 NH_4^+-N 积累速率比空白组较缓。

2.6.3.5　投加改性贝壳粉对 VFA 各组分含量的影响

如图 2-37 所示，相对于空白组，改性贝壳粉的投加较明显地增大了体系 10d 内整体的 VFA 的浓度。由于 VFA 未达到抑制浓度（10000mg/L），其浓度的提高反而有利于后续产甲烷。在第 10 天时，除 10.0g/L 的投加量外，其他投加量的 VFA 剩余浓度均大于空白组，其中以 16.0g/L 的投加量剩余 VFA 最多（约 3.8g/L），这对其在 10d 之后的产甲烷是有利的。VFA 在 7d 内累计浓度迅速升高，第 7 天左右时达到最大浓度，之后迅速降低。原因分析：由图 2-31 产甲烷累积量可以看出，在 5d 以前产甲烷菌活性尚未恢复，产酸菌活性较高，酸积累愈发严重，5d 之后产甲烷菌活性开始恢复，开始降解

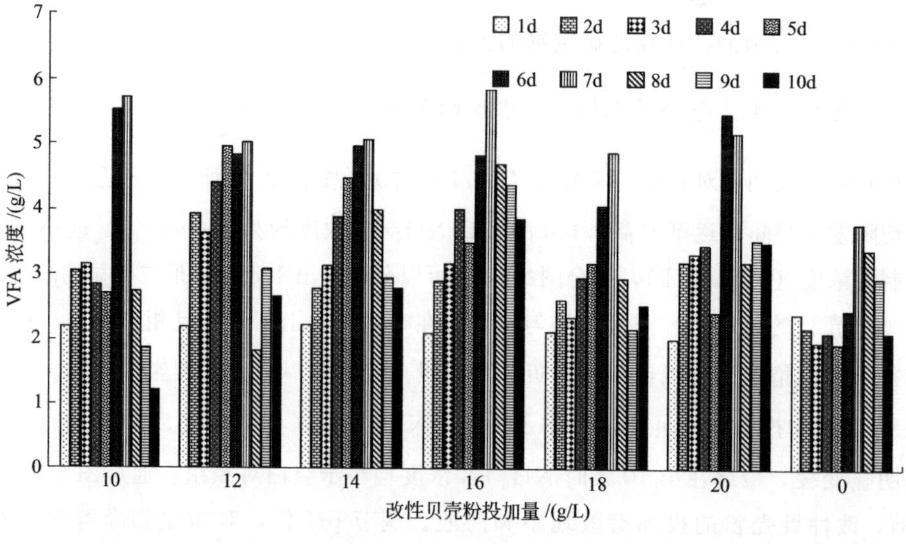

图 2-37　改性贝壳粉的投加量对挥发性脂肪酸（VFA）总浓度的影响

VFA，在 7d 之后由于产酸阶段速率的降低（可能是因为营养物质的减少）和产甲烷菌活性的增加，致使 VFA 累积量开始降低。

在各种 VFA 中，以乙酸、丙酸和正丁酸浓度较高，其余 VFA 浓度均小于 1g/L，如图 2-38 所示，现以发酵产气量较好的投加量（16.0g/L）为例，反映它们在 10d 内的浓度变化及降解情况。

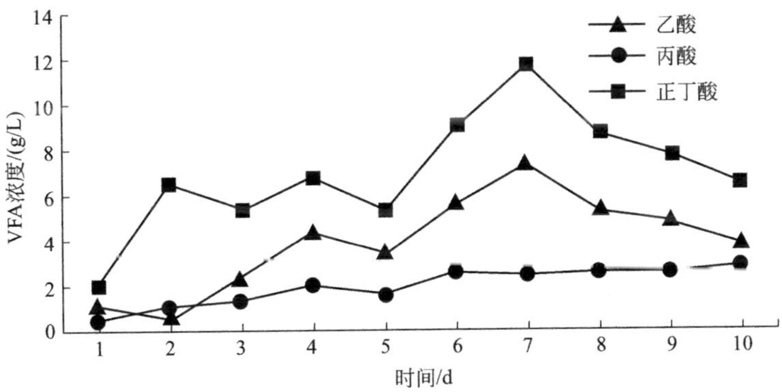

图 2-38　改性贝壳粉投加量为 16g/L 时乙酸、丙酸、正丁酸浓度随时间变化规律

在图 2-38 中，乙酸和丁酸在 7d 之后浓度迅速降低，这与挥发性脂肪酸总浓度以及累计产甲烷反映的基本一致。丙酸相比于其余两种酸浓度较低（最高约 2.1g/L），且随时间的进行浓度大体上逐渐升高，说明其降解速率缓慢，对产甲烷的贡献很低，易形成酸积累。

2.7　厨余垃圾与餐厨垃圾混合干式厌氧发酵技术

2.7.1　不同配比对干式厌氧产甲烷的影响

2016 年 12 月习近平总书记做出“普遍推行生活垃圾分类制度”的指示，发出了推进我国垃圾分类的总动员令，厨余垃圾的处理问题受到了广泛关注。北京市相关发展规划中，2020 年基本形成可回收物、厨余垃圾和其他垃圾分类投放、分类收集、分类运输、分类处理体系。北京市生活垃圾产生量约为每天 20000t，厨余垃圾占比约 50%。随着垃圾分类工作的不断深入，将有大量厨余垃圾被分离出来，需要单独进行处理和处置。厨余垃圾中高含量的有机物可以通过厌氧消化来处理，不仅可以减量化，而且还可以产生清洁能源的沼气。

利用厌氧发酵技术处理厨余垃圾可以同时实现资源化和减量化，因此厌氧发酵在土地紧缺和能源紧张日益严峻的今天得到越来越广泛的关注和研究。干式厌氧对水的需求很小，能大幅度缩减能源成本，建设成本低、产物附加值大，具有广阔的发展前景，从国外厌氧消化的发展历史来看，干式发酵逐步取代湿式发酵是必然的趋势。目前国内对干式厌氧发酵的研究还是较少的，提高干式厌氧发酵的产气效率的研究更是少见。研究表明，与单一物料厌氧发酵相比，混合发酵可以平衡营养物质比例、稀释有毒有害物质，有效提高厌氧消化的产气量与产气率，保持系统稳定。综上所述，我国目前还未建立健全的厨余垃圾处理管理体制，缺乏相应的管理政策以及适宜的处理技术。

厨余垃圾和餐厨垃圾混合的不同配比进行中温（35℃）和高温（55℃）厌氧发酵，累积产气量和最大甲烷百分含量如图 2-39 所示。结果表明，温度对厨余垃圾和餐厨垃圾协

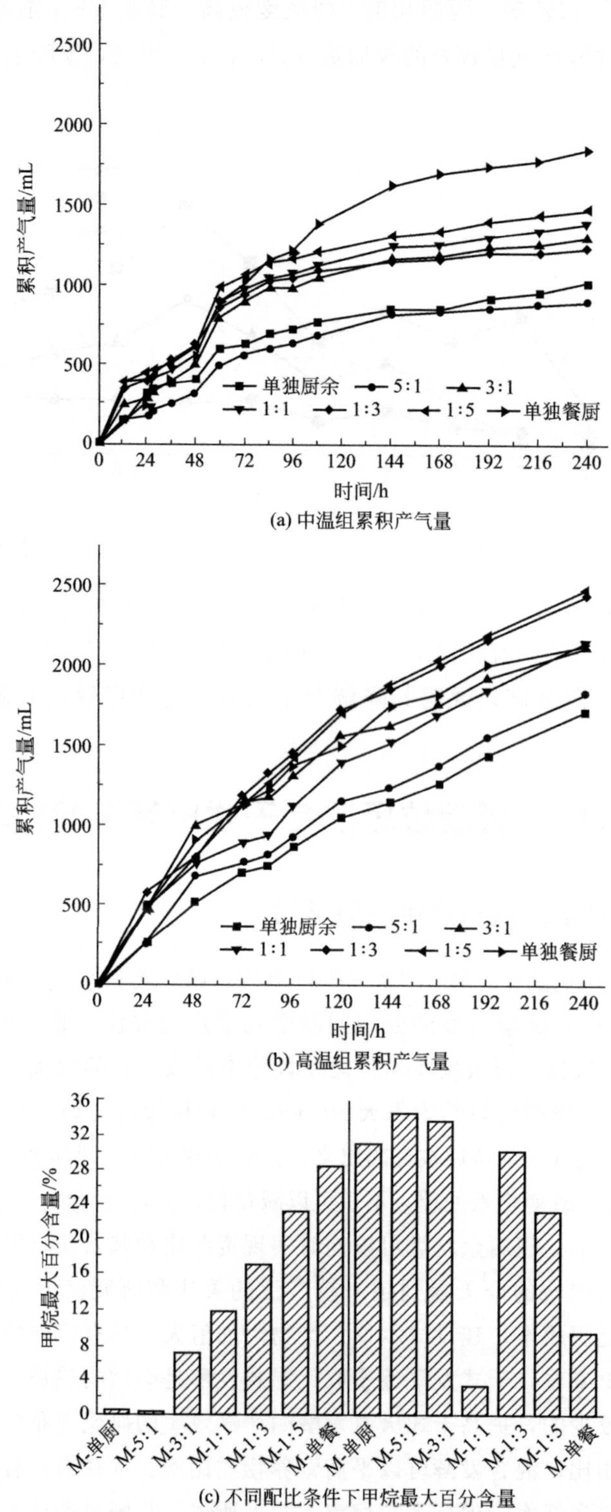

图 2-39　累积产气量和甲烷最大百分含量

同厌氧产甲烷具有显著影响，55℃高温发酵累积产气量均高于 35℃中温组。高温组厨余垃圾与餐厨垃圾配比为 1∶5、1∶3 时发酵累积产气量最大，两者累积产气量基本持平。发酵过程中 0～72h 累积产气量迅速上升，72h 后产气量增速放缓，最大累积产气量达 2492.5mL（240h），是中温组协同产甲烷的 1.4 倍［图 2-39(a)］。35℃中温组，单独餐厨垃圾厌氧发酵、配比为 1∶5 和 1∶1 三组累积产气量最大，分别为 1840mL、1470mL、1385mL［图 2-39(b)］。55℃高温组，配比为 5∶1 和 3∶1 甲烷百分含量最高，分别为 34.5%和 33.5%，配比 1∶3 以及单独厨余次之，分别为 29.9%和 30.7%。35℃中温组，单独餐厨以及配比为 1∶5 时甲烷百分含量最高，分别为 28.5%和 23.2%。可见，与 35℃中温厌氧产甲烷相比，55℃高温发酵更有利于底物协同厌氧，且随着餐厨垃圾配比的提高，累积产气量和甲烷百分含量逐渐提高。

2.7.2　不同配比对 NH_4^+-N 的影响

以厨余垃圾为主要成分的有机生活垃圾在高固体厌氧消化过程中产生的 NH_4^+-N，主要来自蛋白质和氨基酸的发酵及其他含氮有机物的降解：

$$RCHNH_2COOH + 2H_2O \longrightarrow RCOOH + CO_2 + H_2 + NH_3$$

$$NH_3 + H_2O \longrightarrow CO_2 + NH_4^+ + HCO_3$$

水解发酵阶段产生了 NH_4^+-N，但由于在厌氧过程中细胞合成的氨量较少，另外厌氧生物处理有机生活垃圾一般不能去除其中的氮类营养物，因此大部分的氮以 NH_4^+-N 的形式排出，反应瓶料液中 NH_4^+-N 浓度持续增加。不同温度和配比条件下 NH_4^+-N 浓度的变化情况如图 2-40 所示。厌氧发酵初期，NH_4^+-N 浓度逐渐增大，1～8d NH_4^+-N 浓度升高速率较快，微生物活跃，降解有机物能力较强，产甲烷速率较快。在两种不同的发酵温度下，单独餐厨垃圾均在第 8 天 NH_4^+-N 浓度最高，达 1563mg/L 和 2429.3mg/L。在有机废物的厌氧发酵过程中，NH_4^+-N 是厌氧发酵过程中重要的控制条件，由于厌氧微生物的

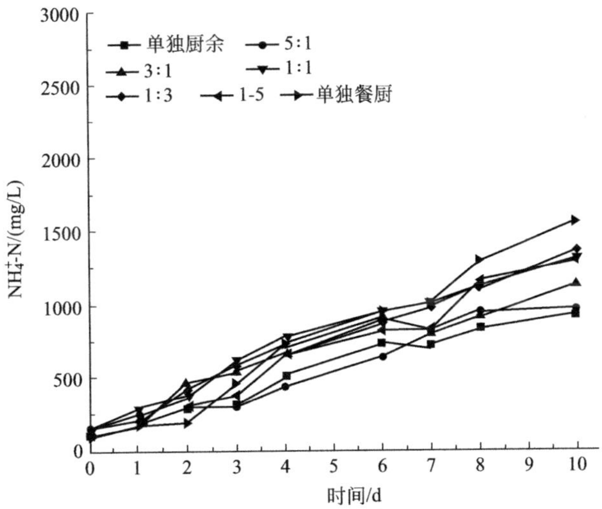

(a) 中温组 NH_4^+-N浓度

图 2-40

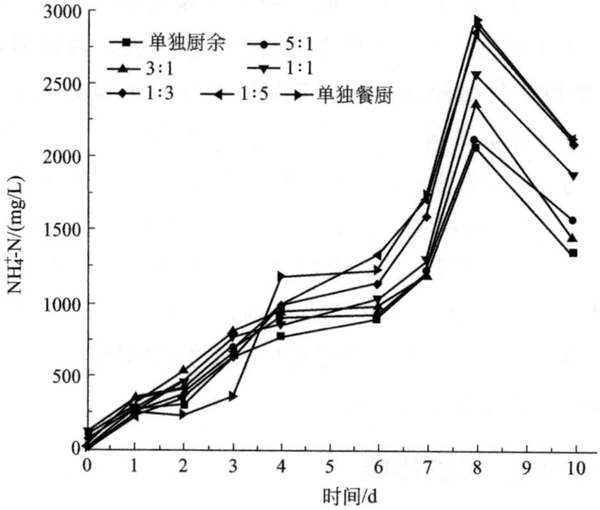

(b) 高温组NH_4^+-N浓度

图 2-40 不同发酵温度 NH_4^+-N 浓度变化趋势

细胞增殖所需的氮很少，大多数可生物降解的有机氮都被还原为消化液中的 NH_4^+-N，对系统 pH 值具有缓冲作用，然而浓度过高会抑制微生物的活性和厌氧产气效率。

2.8 餐厨废弃物厌氧发酵的案例介绍

2.8.1 餐厨废弃物厌氧发酵的典型工艺

目前国内餐厨废弃物的处理工艺主要采用中温湿式厌氧发酵，比较成熟的有“宁波模式”“西宁模式”等。随着生活垃圾分类工作的深入推进，大量厨余垃圾被分离出来，对于厨余垃圾的处理部分采取和餐厨垃圾协同厌氧发酵的方式，也有少量工程采用干式厌氧发酵。大型餐厨废弃物厌氧发酵的典型工艺为“预处理＋厌氧产沼＋沼气综合利用”处理工艺，如图 2-41 所示。近年来出现了一些提高厌氧发酵产物的附加值的技术，如将沼液制成具有解磷、固氮、解钾功能的液态菌肥，将沼渣进行堆肥制成有机肥，具有较好的经济效益。

典型的餐厨垃圾预处理系统主要包括称重计量单元、接料输送单元、分拣除杂单元、破碎单元、制浆筛分单元、沉砂机、湿热水解单元等，可根据当地餐厨垃圾的特点对预处理工艺某些环节进行更换或调整。

（1）称重计量单元

餐厨垃圾经运输车辆运至处理厂，建立台账制度，运输车辆进场前通过汽车衡称量垃圾重量，记录每日处理的餐厨垃圾总量，能够更好地管理餐厨垃圾处理厂的运行。

（2）接料输送单元

接料斗上方设置斗盖，减少卸料时异味外溢。

（3）分拣除杂单元

餐厨垃圾的成分非常复杂，常常混入塑料袋、玻璃瓶、餐具、厨具、瓶盖、纸盒等杂

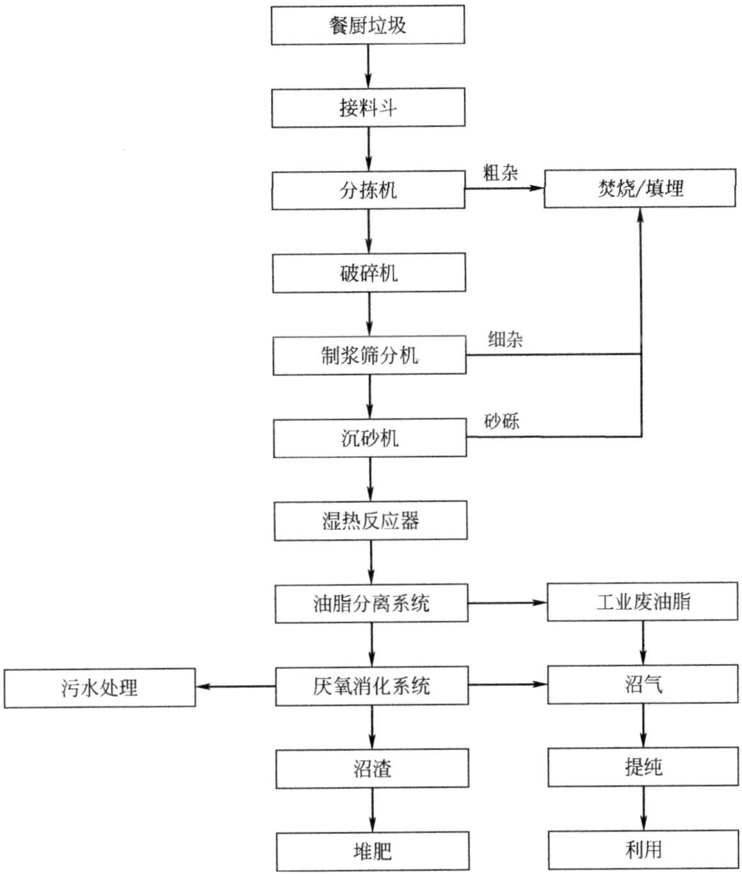

图 2-41　工艺流程

物。为保证后续设备正常、稳定运行，需要对原料进行有效分拣，将那些无法利用、利用价值低的杂物拣出。

(4) 破碎单元

破碎单元对物料进行粗打碎，实现初步制浆。

(5) 制浆筛分单元

初步破碎后的物料进入制浆筛分机内，浆液直接过筛网排出，食物类垃圾破碎成细小颗粒与浆液同时经筛网排出，不易打碎的杂物包括细小的塑料等被筛出。

(6) 沉砂机

沉砂机主要采用重力沉砂原理，将相对密度大的杂物沉淀出来，如打碎的玻璃、金属、砂砾、贝壳、骨头等。为防止浆液中固形有机质沉淀流失，沉淀的同时进行适度的搅拌，使固形有机质保持悬浮状态。

(7) 湿热水解单元

浆液加热后有利于固相油脂的浸出，从而提高油脂回收率。

(8) 油水分离单元

浆液中的油脂具有较高的经济价值，也是餐厨垃圾资源化利用的重要组成部分。三相离心机使浆液高速旋转，由于相对密度不同，浆液逐渐分层为轻、中、重三相，对应出料分别为油相、水相和固相。分离出的水相和固相可进入厌氧消化设施，分离出的粗油脂作为产品出售或进行深加工。

（9）厌氧消化系统

厌氧消化系统的主要作用是在适当的温度、pH 值等条件下，将前端预处理产生的水相和固相调整到合适的比例在罐内厌氧菌作用下降解，最终转化为沼气。厌氧发酵系统的设计要注意避免罐内出现积砂，避免罐内出现浮渣，搅拌器的搅拌能力强、死角小，物料在发酵罐内能够均匀地分布。

（10）沼气储存净化系统

来自厌氧发酵的沼气首先通过砾石过滤器将沼气中的部分液态水和大颗粒的杂质除去，然后直接进入双皮膜储气柜进行缓冲储存，再通过脱硫等净化工序用于锅炉燃烧、发电，也可制成压缩天然气。

2.8.2 沼气综合利用案例——商业化运行模式

以山东省某餐厨垃圾处理项目为例，采用“多渠道广纳气源＋区域集中高效精制提纯＋多种产品销售”的商业运行模式。该项目处于循环经济产业园，园区内有填埋场、餐厨垃圾处理厂、畜禽粪便处理厂等，因此可将多点沼气汇集，形成规模效应。将多气源来的生物质燃气区域集中进行高效精致提纯，实现集约化燃气产品生产，根据区域经济发展需求，开发车用燃气、发电并网和压缩天然气等多种燃气产品进行销售。

沼气利用类型包括沼气发电、精制压缩天然气和精制管道燃气，根据生物质燃气不同用途对沼气进行区域集中高效精制提纯。

2.8.2.1 沼气发电

（1）工艺流程描述

① 集气管将填埋区的填埋气收集汇总输送至厂区发电预处理进口。

② 根据发电机对原料气的进气要求，对原料气进行汽水分离罐和冷干机脱水、脱硫塔氧化铁脱硫、活性炭吸附去除硅氧烷最终进入发电机发电。

③ 同时根据环保要求对发电机烟气进行脱硝处理，达到《火电厂大气污染物排放标准》（GB 13223—2011）中氮氧化物（NO_2）小于 $120mg/m^3$ 的要求。

（2）主要工艺介绍

① 脱硫：脱硫罐是一种逆流式罐体结构，内部设有床层放置高效脱硫剂，气体从塔体底部进入床层并与脱硫剂充分接触，气体携带的硫化氢与脱硫剂中活性成分发生反应，将硫化氢转化为单质硫及硫化物从气体中沉积脱离，从而达到脱硫的目的。对发电机进气成分监测保证 $H_2S<200\times10^{-6}$，定期更换脱硫塔填料。

② 除尘脱水：沼气冷凝除湿系统是沼气净化处理的重要设备之一，主要功能是实现对沼气进行冷凝除湿、温度调节、气液分离、冷凝水自动排放及冷凝水自动排放装置、自动温度控制，同时降低沼气中固体颗粒物粉尘含量；具备气液分离功能，去除沼气中液态水；使燃气品质达到发电机组的要求。

③ 脱硅氧烷：使用活性炭吸附原料气中的硅氧烷和 VOCs。根据郑州项目公司经验，

填埋气中含有的硅氧烷会对发电机的气缸造成磨损。若不进行处理燃烧后会糊在活塞和缸头上，造成敲缸；同时对润滑油也会产生严重的污染情况，导致发电效率的降低。

2.8.2.2　沼气精制

（1）工艺流程描述

① 通过收集系统将原料气输送入提纯生产区内。

② 根据不同使用用户的需求对原料气进行脱硫、脱碳、脱水等处理。

③ 生产出符合《天然气》（GB 17820—2018 二类气）、《车用压缩天然气标准》（GB 18047—2017）的生物质燃气，最后经加气柱计量后，由高压罐车将其运至天然气用户，供下一级用户使用；或者是经加臭机加臭后直接送入城市燃气管网供居民用天然气。

（2）主要工艺介绍

1）脱硫

主要作用是脱除原料气中含有的以 H_2S 气体为主的含硫气体。使产品气气质达到国家燃气标准，减少对管道、设备的腐蚀。保证产品气中 H_2S 气体含硫达到国标要求≤6mg/m^3。

2）脱水

根据工艺设置的不同需求，流程中共设置了4种工艺进行水分脱除，即气水分离器、冷干机、TSA和精脱水。

① 气水分离器：储存沼气，保持系统前、后的压力平衡，稳定进沼气压缩机的压力；同时，将系统中沼气冷却形成的冷却水分离下来，防止带入系统，损坏管道和设备。

② 冷干机：冷冻式干燥机的简称。利用冷媒与压缩空气进行热交换，把压缩空气温度降到2～10℃范围的露点温度。

③ TSA：变温吸附工艺。利用吸附剂的平衡吸附量随温度升高而降低的特性，采用常温吸附、升温脱附的操作方法。该工艺的吸附剂可以利用提纯装置的尾气进行再生。

④ 精脱水：根据变压吸附原理（PSA），利用干燥剂表面与产品气中水蒸气分压取得平衡的特性，将产品气中的水分吸附，从而达到去除水分的目的。具体为双塔结构，一个塔吸附，另一个塔再生，采用降压、吹洗的方法，使已经吸附了水分的干燥剂进行解吸再生。

3）脱碳

根据最终用户的不同需求，并伴随企业新工艺的研发与尝试，流程中共设置了PSA处理工艺、膜处理工艺（日本宇部膜、德国赢创膜）和高压水洗工艺3种脱碳工艺。

① PSA处理工艺。变压吸附工艺是根据不同气体在吸附剂上的吸附能力不同、扩散速率的差异或者气体分子大小不同实现气体分离。

② 膜处理工艺。膜组分为两级。每一级都由进气口渗透侧和渗余侧组成。沼气首先进入一级膜，渗透侧主要成分为二氧化碳，直接放空。渗余侧进入二级膜。二级膜渗透侧甲烷含量较高，回流至沼气压缩机入口。渗余侧得到产品天然气，达到用户要求。

③ 高压水洗工艺。根据沼气中 CO_2、CH_4 等气体在水中的溶解能力不同，并且随着系统压力的升高吸附能力不断升高，随着系统压力降低其吸附度不断降低的特性，在较高

工作压力下，吸附介质吸附沼气中的以 CO_2 为主的杂质组分、低压下释放这些杂质而使吸附剂获得再生，重复使用。

撬装集成设备：将罗茨风机、脱硫罐、沼气压缩机、膜前预处理、膜提纯、天然气压缩机等设备和电气控制系统高度集成。设备、管道和仪表集成在一个集装箱内，箱体为上下开门，设有踏板，箱体可拆卸；箱体采用岩棉保温层。电气控制系统设置在异地控制室。箱体内部设备、管道布局合理，利于操作和检修。在箱体的边缘预留对外的管口，电气自控采用防爆接线箱，方便连接。

2.8.2.3 利用互联网＋进行销售

互联网＋背景下的企业市场营销模式主要是以互联网作为基础，然后通过订单将信息发布，企业确定收到订单后，再根据订单内容进行生产，最后送到客户手里的过程。采用互联网＋市场营销模式，在很大程度上能够取代传统市场营销中的市场调查工作，这就减少了传统市场营销中的销售途径。改变传统的燃气销售模式，由“批发”转向“零售”。目前积极实现点供模式，直接面对用户实现 B2B 模式，当地生产，当地销售，当地使用。

我国餐厨垃圾产量和特征地域间差异较大，应根据各地的自然条件和餐厨垃圾的理化特性选择合适的餐厨垃圾的预处理设备及处理工艺，以保障餐厨垃圾处理系统的高效稳定运行。餐厨垃圾处理工艺以及产品利用方式的选择也可根据项目所在地的周边设施来确定，如周边是否有焚烧厂、填埋场、污水处理厂等，园区统筹规划实行餐厨垃圾处理的高效运行和经济效益最大化。

参 考 文 献

[1] 杜玉吉，王海刚，靳庆麦，等．餐厨垃圾处理技术应用现状与分析．能源与环境，2019 (01)：81-90.

[2] 王仪春，雷学勤，张竞舟．浅谈中国餐厨垃圾处理的现状、问题与对策．科技展望，2015，25 (26)：268.

[3] 赵明星．厨余物厌氧产氢过程控制因素优化研究．无锡：江南大学，2010.

[4] 李浩，黄慧群．餐厨垃圾与污泥厌氧发酵动力学特性分析．环境工程，2018，36 (7)：107-112.

[5] 郑晓伟，李兵，李益，等．接种比对餐厨垃圾干式厌氧发酵启动的影响．环境工程学报，2014，8 (3)：1157-1162.

[6] Li Y，Park S Y，Zhu J. Solid-state anaerobic digestion for methane production from organic waste. Renewable & Sustainable Energy Reviews，2011，15 (1)：821-826.

[7] 叶小梅，常志州．有机固体废物干法厌氧发酵技术研究综述．生态与农村环境学报，2008，024 (002)：76-79，96.

[8] 乔玮，姜萌萌，赵婧，等．中温和高温环境下乙酸和丙酸厌氧发酵产甲烷动力学特征．农业工程学报，2018，34 (21)：242-246.

[9] Zhang D，Duan N，Tian H，et al. Comparing two enhancing methods for improving kitchen waste anaerobic digestion：bentonite addition and autoclaved de-oiling pretreatment. Process Safety and Environmental Protection，S0957582017303142，2017.

[10] 陈泓．餐厨垃圾厌氧消化产甲烷影响因素研究及机理探讨．北京：北京化工大学，2016.

[11] 林云琴，武书彬，梁嘉晋．预处理对造纸污泥和餐厨垃圾混合发酵的影响．华南理工大学学报：自然科学版，2012 (05)：75-79，87.

[12] Fang C，Boe K，Angelidaki I. Anaerobic co-digestion of desugared molasses with cow manure；focusing on

sodium and potassium inhibition. Bioresource Technology，2011，102 (2)：1005-1011.

[13] 金赵明．浅析湿式厌氧与干式厌氧发酵技术及相关案例．环境保护与循环经济，2018，038 (005)：29-31.

[14] Fernández-Rodríguez J，Pérez M，Romero L I. Comparison of mesophilic and thermophilic dry anaerobic digestion of OFMSW：kinetic analysis. Chemical Engineering Journal，2013，232：59-64.

[15] 魏自民，夏天明，李鸣晓，等．不同湿热预处理条件对餐厨垃圾厌氧发酵产氢的影响．环境科学研究，2013，26 (11)：1239-1245.

[16] 刘研萍，燕艳，方刚，等．高温水解预处理对餐厨垃圾厌氧消化的影响．中国沼气，2014，32 (1)：43-47.

[17] 开小明，吴健，徐伟．酸碱缓冲容量的加和性．赤峰学院学报 (自然科学版)，2019，035 (001)：35-36.

[18] 李红丽，曹霏霏，王岩．挥发性脂肪酸对厌氧干式发酵产甲烷的影响．环境工程学报，2014，008 (006)：2572-2578.

[19] 贾璇．典型农业废弃物干式厌氧发酵产氢影响因素的研究．环境污染与防治，2020，42 (2)：133-138.

[20] 曹先艳，赵由才．酸化餐厨垃圾厌氧消化产氢研究．环境污染与防治，2011 (07)：56-59.

第3章 利用餐厨垃圾生产 PHA 技术

3.1 概述

3.1.1 PHA 的概念、性质与优势

塑料作为一种防水、绝缘、可塑性强等的材料，广泛存在于人类的生产生活和工业制造中。现代生活高质量的物质供应和技术发展都离不开塑料，人类生存和发展对塑料的依赖是没有任何一种材料可以取代的。但是，塑料也不是完美的，存在很多缺点。塑料在社会和环境中随处可见，因此废弃塑料的问题也很普遍，由于对塑料制品过量使用和回收不及时，造成大量的塑料垃圾被随意倾倒掩埋，侵占耕地林地，堵塞河道，占据海洋，同时随着自然界迁移转化，造成了极大的环境污染问题，对动植物健康和生态稳定造成了严重的影响。塑料在现有技术条件下难以自然降解，且污染持久。目前，我国存有的塑料垃圾有 8 亿吨以上，而回收率仅约为 30%，塑料垃圾的处理费用是其生产成本的 5 倍。

为应对塑料危机，需要一种生态友好型的材料来代替传统塑料以满足人类生存。聚羟基脂肪酸酯（PHA）是一种可再生、可生物降解的生物基聚合物，当外源碳源过量且氮源等营养元素缺乏的情况下，微生物在体内合成 PHA，作为其能源储备物质同时维持细胞结构的完整，使菌体能够在营养物质匮乏时仍能维持细胞正常生长和繁殖等生命活动。PHA 是由原核细胞自发合成的天然聚酯，在细胞内作为碳、能量的储存物质同时弥补细胞损耗，在微生物抵抗外界环境改变造成的压力时大量积累，对微生物的应激存活和适应环境发挥着重要作用。

PHA 是由不同的单体聚合形成的，到目前为止已经发现了超过 150 种不同的 PHA 结构，单体含量及聚合方式的差异对 PHA 的物理化学性质会产生极大的影响，由于单体种类和组成比例的不同，PHA 的聚合物范围可以从硬晶体到软弹性体，因此可以通过调节单体聚合方式和单体含量生产出符合人们生活需要的产品。与传统塑料相比，PHA 可生物降解、无毒、具有与传统塑料类似的力学性能、对环境友好、对人类和动物没有危害等优势，更大的优势在于其具有可再生性。

PHA 的分子结构如图 3-1 所示，结构多样性可由微生物遗传因子和培养条件调控，主要由 C、H、O 元素构成，分子量在 $2\times10^5\sim3\times10^6$ 之间。图 3-1 中 n 为单体链节数目。PHA 的单体分子构型均为“R-构型”，R 是具有不同碳链长度的正烷基分子，当 R

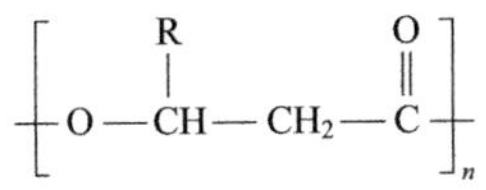

图 3-1 PHA 分子式

是甲基分子时，聚合物单体构型为“3-羟基丁酸酯（HB）”；当 R 是乙基分子时，聚合物单体构成为“3-羟基戊酸酯（HV）”；当 R 时丙基分子时，聚合物单体构型为“3-羟基己酸酯（HHx）”。

PHA 单体可以分为三类：短链 PHA，其单体碳原子数为 3～5 个；中长链 PHA，其单体碳原子数为 6～14 个；长链 PHA，其单体碳原子数多于 14 个。PHA 的物理性质和化学性质与石油基塑料相似，但随着脂肪链的增长，其熔点不断降低。聚羟基丁酸酯（PHB）的结晶度较高，性质较脆较硬，机械加工性能较差，而加入 3HV 后柔韧性会变好。同种单体组成 PHA 均聚物，不同单体组成 PHA 共聚物，一般不同比例单体组合成的 PHA 共聚物可以改善 PHA 塑料的物化性质。将不同单体聚合而成的 PHA，其性质会因为聚合单体组成的种类和比例的不同而有所变化。一般的，随着碳链长度的增加，PHA 的柔韧性增加。因此，不同单体组成的 PHA，可加工操作性也增强了。

3.1.2 PHA 在工业领域的发展

自 20 世纪 80 年代以来，由于预计石油资源的枯竭而带来的价格上涨，以及人们对于可再生塑料使用的倾向，世界上的许多企业，尤其是国内的中小企业，开始探索各种级别的 PHA 的生产（表 3-1）。美国的 Metabolix 公司和天津的国韵生物科技公司于 2009 年左右分别生产 50000t 和 10000t PHA。预计在今后的一段时间内，世界上的聚合物生产型企业将不再面临原料短缺的麻烦，能够专注于 PHA 相关的材料研发和应用。

表 3-1 世界范围内从事 PHA 生产和研究的公司

公司	PHA 种类	生产规模/(t/a)	年代	应用
英国 ICI	PHBV	300	20 世纪 80～90 年代	包装袋
奥地利 Chemie Linz	PHB	20～100	20 世纪 80 年代	包装袋及药物缓释
奥地利 BTF	PHB	20～100	20 世纪 90 年代	包装袋及药物缓释
德国 Biomers	PHB	—	20 世纪 90 年代至今	包装袋及药物缓释
德国 BASF	PHB,PHBV	实验级	20 世纪 80 年代至 2005 年	混合生物降解塑料
美国 Metabolix	多种 PHA	50000	20 世纪 80 年代至今	包装袋
美国 Tepha	多种 PHAPHA	医疗植入	20 世纪 90 年代至今	医用生物植入材料
美国 ADM	多种 PHA	50000	2005 年至今	原材料
美国 P&G	多种 PHA	合同生产	20 世纪 80 年代至今	包装袋
美国 Monsonto	PHBPHBV	工厂生产	20 世纪 90 年代	原材料

续表

公司	PHA 种类	生产规模/(t/a)	年代	应用
美国 Meredian	多种 PHA	10000	2007 年至今	原材料
日本(联合 P&G)Kaneka	多种 PHA	—	20 世纪 90 年代至今	包装袋
日本 Mitsubishi	PHB	10	20 世纪 90 年代	包装袋
巴西 Biocycles	PHB	100	20 世纪 90 年代至今	原材料
意大利 Bio-On	PHA	10000	2008 年至今	原材料
中国浙江天安生物材料公司	PHBV	2000	20 世纪 90 年代至今	原材料
中国广东江门生物技术开发中心	PHBHHx	—	20 世纪 90 年代	原材料
中国山东意可曼 PHA	—	3000	2008 年至今	原材料
中国广东联亿生物技术	多种 PHA	实验级	20 世纪 90 年代至 2005 年	包装袋
中国江苏南天集团	PHB	实验级	20 世纪 90 年代至今	原材料
中国深圳奥贝尔科技公司	多种 PHA	—	2004 年至今	未知
中国天津国韵生物技术公司	P_3HB_4HB	10000	2004 年至今	原材料、包装袋
山东鲁抗医药股份有限公司	多种 PHA	实验级	2005 年至今	原材料、医疗用品

目前商用的 PHA 材料，主要是可降解材料，其性能可以和传统的石油基材料相媲美，当前多数用于包装和涂层等领域。PHA 先后被 Wella AG、P&G 及其他的一些公司开发为包装膜，主要用于购物袋、集装箱、纸张涂层和一次性用品，例如剃面刀、器皿、尿布、女性卫生产品、化妆品容器、杯子、医疗器械手术服、家居装饰材料、地毯、包装袋和堆肥袋等。PHA 除了具有生物可降解性外，还具有良好的生物相容性，能够提供多种组织器官细胞生长的环境，且不具有致癌性，其降解产物大多在动物体内存在。

但目前，PHA 的大规模应用仍然有很长的路要走。在产业化过程中，企业需要与研发机构合作，解决生产和应用过程中出现的问题。在市场上，研发机构、企业和客户要一起解决应用中出现的问题，以早日形成产业链。

3.1.3 利用餐厨垃圾合成 PHA 的优势

餐厨垃圾发酵液中蕴含大量有机质和营养元素，其中主要成分为蛋白质、脂类、糖类等物质，与传统的沼液成分较接近，这使其可成为一种能够开发和利用的生物质资源。虽然餐厨垃圾厌氧发酵液的含盐量普遍较高，一般可高达 1.0%～1.5%，但是在这种特殊环境内却存在一类可以合成聚羟基脂肪酸酯（PHA）的功能微生物，它能够在高盐分的厌氧发酵液中存活，并将其中丰富的碳源以 PHA 的形式储存。已有部分将餐厨垃圾厌氧发酵液等高浓度、高盐分的有机废水用于生产 PHA 的相关报道，通过科学的手段证实了利用餐厨垃圾厌氧发酵液制取 PHA 的可行性。唐昊从餐厨垃圾厌氧发酵液中分离得到了可以生产 PHA 的相关菌株，并对其发酵条件进行了一系列的优化；著者团队则从生活垃圾渗滤液的不同工艺单元水样中筛选获得可以生产 PHA 的菌株，并对其利用餐厨垃圾水解酸化液为碳源合成 PHA 进行了相关分析。

利用废弃物通过微生物转化合成 PHA，成为目前 PHA 研究的新方向。废水中的有机物较丰富，可将其视作廉价碳源进行 PHA 的生产，降低生产成本，且无需严格控制发酵过程，由此合成的 PHA 类型受底物中碳源种类的影响，多采用厌氧/好氧工艺和好氧动态底物投加的方法进行生产。并且，在接种相关功能微生物前，废水经过一些水解、酶解等预处理步骤更有利于 PHA 的合成。

3.2 发酵法合成 PHA 的基本途径与原理

3.2.1 餐厨垃圾厌氧发酵产 VFA（短链脂肪酸）

随着社会经济水平的高速发展和人们生活水平的提高，餐厨垃圾的产量骤然增加。在中国，每年有超过 3000 万吨餐厨垃圾被废弃，占城市生活垃圾的 50%～60%，而夏秋季节占到 65%以上。据不完全的数据统计显示，2015 年我国垃圾产生量约为 1.86 亿吨，而餐厨垃圾占到了总量的 62%以上。餐厨垃圾主要的范畴为食物在产出、加工烹饪、分销过程和消费使用中产生的食物残余和过期腐坏无法食用的成品。餐厨垃圾如果处理不当会腐烂变质产生渗滤液污染水体和土壤，产生的臭气会污染空气。传统的餐厨垃圾的处置方法包括作为家畜家禽饲料、好氧堆肥、厌氧消化产沼气、填埋和焚烧等途径。这些处理方法都有不足之处，例如用餐厨垃圾饲养畜禽容易增加畜禽的患病概率，堆肥和填埋会占用大量土地并且会产生温室气体，焚烧虽然可以高效地销毁这些垃圾，同时也会造成大量的能源消耗，并产生成分复杂的废气而造成二次污染。基于上述情况，开发环保的餐厨垃圾处置技术是未来研究的方向。

餐厨垃圾的成分复杂，含有大量有机物，厌氧消化方法处置餐厨垃圾是当前最具有优势且高效的途径。厌氧消化的过程复杂，主要包括水解、产酸、产氢产乙酸、产甲烷 4 个阶段，当有机物通过厌氧消化处理时 VFA 是在酸生产和产乙酸步骤中重要的中间产物。VFA 作为潜在的可再生碳源，具有很多种应用。目前，VFA 及其衍生物广泛应用于食品、纺织、制药、皮革等领域，而且在生物塑料合成方面作为重要又廉价的碳源使用。通过产酸细菌和产乙酸细菌在酶的催化作用下，经厌氧消化过程得到 VFA。在水解阶段，微生物分泌产生的多种水解酶将复合油脂、蛋白质等复杂的大分子有机物水解为简单的小分子有机物如甘油、脂肪酸、氨基酸等。然后进入产酸阶段，细菌通过代谢途径中的各种特异性酶将水解产物转化为氢、二氧化碳、乙酸盐、VFA 等。在产酸阶段代谢产物中的 VFA 不能直接经产甲烷菌合成甲烷，而是转化为乙酸、氢和二氧化碳等物质。并且，许多研究结果表明，厌氧消化可以较为有效地产生 VFA，其主要成分为乙酸、丙酸、丁酸、戊酸。厌氧发酵产生的 VFA 作为碳源合成 PHA 已经引起了学者越来越多的关注。

3.2.2 微生物利用 VFA 进一步合成 PHA

目前，PHA 的合成途径主要包括以下 3 种。

第 1 种途径：两分子的乙酰-CoA 通过 β-酮基硫解酶的催化作用，合成乙酰乙酰-

CoA。在乙酰乙酰-CoA还原酶的催化下，乙酰乙酰-CoA被还原为R-3HB-CoA，最后经PHB合成酶的作用合成PHB。

第2种途径：游离脂肪酸转运进入细胞后，在β-酮硫解酶催化作用下，经一系列化学变化得到烯酯酰辅酶A，在羟基烯酰辅酶A作用下转化为羟基酯酰辅酶A，最终得到目标产物PHA。以*P. oleovorans*、*Pseudomonas putida*、*Pesudomonas aeruginosa*、*A. hydrophila*为代表的多数菌体内存在这种PHA合成途径。

第3种途径：与VFA从头合成途径相关，其中发生差异的是编码转酰基酶（PhaG）的作用方向，它将VFA合成的羟基酯酰ACP转化为羟基酯酰CoA，在PhaC的作用下合成PHA。

其中，乙酰辅酶A、游离辅酶A和还原型烟酰胺腺嘌呤二核苷酸磷酸（NADPH）的含量3个因素对PHB合成产生关键性影响，乙酰辅酶A作为细胞中能源物质代谢枢纽性的物质，在维持细菌正常新陈代谢中具有不可或缺的地位，是重要的代谢中间产物。糖类、脂肪和蛋白质三大能源物质在细胞内可以通过乙酰辅酶A的作用产生交集，即将三羧酸循环和氧化磷酸化循环通路连接起来，通过这条代谢路径，可以将进入细胞体内的营养物质彻底氧化为二氧化碳和水，同时释放大量能量供应机体，以维持细胞的正常生命活动。此外，乙酰辅酶A也作为合成脂肪酸酯等物质的前体物而备受关注。

NADPH在很多生物体内具有传递氢体的作用，能够参与多种合成代谢反应，例如细胞中脂类、脂肪酸、核苷酸的合成等，对于细胞内物质代谢和能量流动具有非常重要的意义。

3.3 利用餐厨垃圾水解酸化液合成PHA技术

3.3.1 不同发酵条件对PHA合成的影响

3.3.1.1 含盐量对PHA合成的影响

PHA是通过微生物合成的聚合物，可以用于生产包装、医疗、建筑材料等。目前，大多数关于PHA的研究都是用纯菌培养合成PHA，利用含有大量有机物的废弃物作为培养基质，如餐厨垃圾厌氧发酵产生的有机酸。当使用这类有机酸作为培养基质时，必须考虑某些方面的影响，例如盐的存在可能会抑制微生物的生长和PHA的积累。由于餐厨垃圾中含有大量盐分，厌氧发酵产生的有机酸中会存在一部分盐，因此有必要研究含盐量对微生物生长和PHA积累的影响。实验结果表明，随着基质中盐分含量的不同，该菌的生长情况变化较大，变化情况如图3-2所示。

从图3-2中可以看出，该菌株具有一定的耐盐性，因为菌株在基质含盐量为0.5%时生长情况最好，此时细胞干重可达158.9mg/L；其次是在空白对照组中，此时细胞干重为153.3mg/L，仅比最大细胞干重少5.6mg/L，最差情况是在基质含盐量为5.0%时，此时该菌细胞干重仅有57.8mg/L，是最大细胞干重量的1/3。当基质含盐量小于2.0%时，三个梯度的细胞干重相差不大，但是当含盐量达到2.0%时细胞干重质量骤减，说明

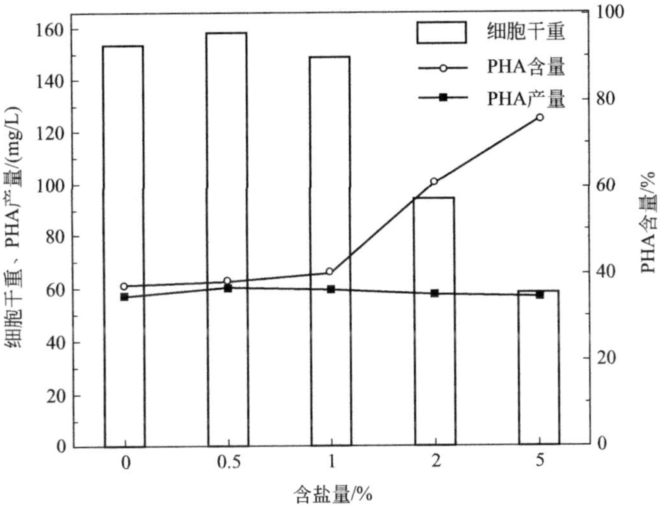

图 3-2　含盐量对菌株 HY-3 生长及 PHA 合成的影响

该菌株对盐分的耐受性为 2.0%。而且在菌株生长最好时 PHA 产量也最高，达到了 61.1mg/L，而当含盐量为 5.0%时细胞生长受到抑制，此时菌株在碳源较充足的情况下会加速合成 PHA，但是由于细胞生长受限制较严重，此时 PHA 产量为 57.0mg/L，仍低于细胞生长最优时的 PHA 产量。Passanha 等研究了以乙酸为底物添加氯化钠对 C. necator 合成 PHA 的影响，结果表明在 0.9%含盐量时达到最大 PHA 含量，而在 1.5%含盐量以上时生物量被抑制。表明对 NaCl 的敏感性取决于微生物种类和碳源。本研究认为，该菌株的细胞生长和 PHA 的合成都会受到盐分的影响，适当的含盐量可以促进微生物合成 PHA，但是当含盐量超过一定浓度时会抑制微生物的生长和 PHA 的积累量。

3.3.1.2　接种量对 PHA 合成的影响

菌种接种量对于细菌培养非常重要，尤其对于大体积培养细菌时显得更加重要。在比较大容积的分批式发酵罐培养细菌时，菌种接种过少导致细菌长期处于迟缓期，需要花费更多的时间进入对数期，最终延长整体发酵时间，间接降低了企业产率。菌种接种量过多时造成细菌在基质中大量快速繁殖，使细菌耗氧增加，基质底层可能会出现厌氧发酵情况，使发酵失败。因此，找到最优菌种接种量非常必要。实验结果表明，随着基质中接入的接种量不同，该菌的生长情况变化较大，变化情况如图 3-3 所示。

从图 3-3 中可以看出，该菌在接种量为 3.0%时细胞生长情况最好，此时细胞干重可达 116.1mg/L，其次是接种量为 5.0%时，细胞干重为 102.1mg/L，比细胞生长情况最好时少 14.0mg/L，而当接种量为 7.0%时细胞生长情况更差，说明在培养 24h 时，接种量为 5.0%和 7.0%的基质中的营养物质已经耗尽，菌株已经进入了衰亡期，细胞开始大量死亡。而接种量少于 3.0%的基质中还剩余大量营养物质，且细菌处于对数期，在快速增长阶段。从细胞合成的 PHA 产量变化情况同样可以看出此种趋势。在菌种接种量为 3.0%时 PHA 产量达到最高为 81.5mg/L，而当接种量超过 3.0%时，处于衰亡期的细菌

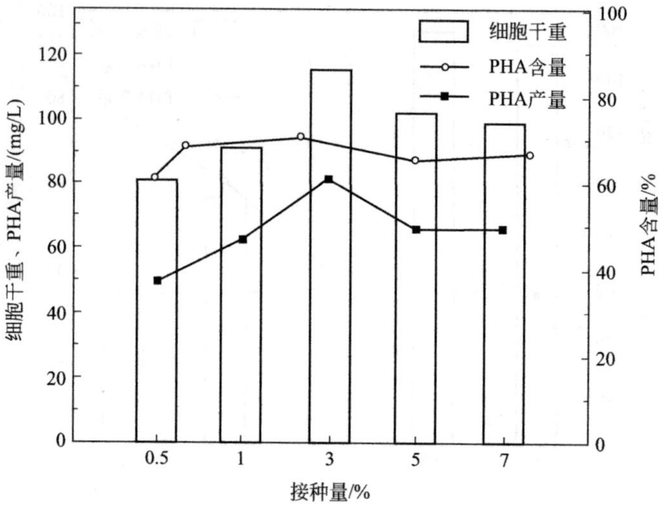

图 3-3 接种量对菌株 HY-3 生长及 PHA 合成的影响

开始大量消耗细胞合成的 PHA 供给自身能量，当 PHA 耗尽时细胞开始死亡，所以结合细胞干重和 PHA 产量分析，此时基质中的营养物质开始耗尽，部分细胞已将自身合成的 PHA 消耗尽，导致细胞死亡。而菌种接种量小于 3.0%的基质中细菌正在加速生长，表现为 PHA 产量不断增加。综上所述，菌种接种量最优比例为 3.0%，此时细胞干重和 PHA 产量分别为 116.1mg/L 和 81.5mg/L。

3.3.1.3 碳氮比对 PHA 合成的影响

PHA 是细菌细胞内的储能物质，在发酵基质中的营养物质均衡时，细胞内合成的 PHA 产量较少，而当碳源充足，氮或其他营养元素匮乏时，细胞会大量合成 PHA。实验结果表明，随着体系的碳氮比的不同，菌株生长情况变化较大。如图 3-4 所示，当体系中加入硫酸铵量较多时，如添加量为 5g，细胞合成 PHA 的产量较低为 49.4mg/L，但是此

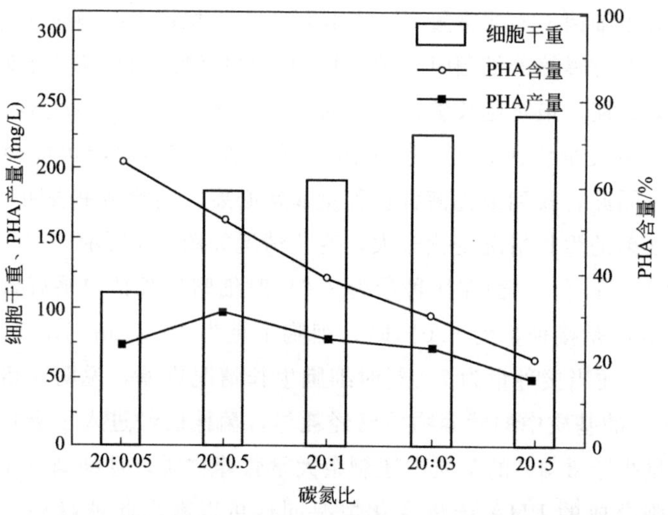

图 3-4 碳氮比对菌株 HY-3 生长及 PHA 合成的影响

时细胞干重处于最大值（243.1mg/L），而当体系中添加硫酸铵的量较少时（添加量为 0.5g），菌株合成 PHA 的产量最高（96.8mg/L），此时细胞干重为 184.4mg/L，即表现出了氮元素对细胞生长和产物合成的影响。在碳源充足为前提的情况下，当添加硫酸铵较多时（此时发酵系统中氮元素不受限制），菌株表现出了细胞生长旺盛但是 PHA 合成量较低的状况，而当添加硫酸铵较少时（此时发酵系统中氮元素受限制），菌株表现出了细胞生长一般而大量合成 PHA 的状况，此时 PHA 含量也具有较高值。在硫酸铵添加量为 0.5g 时比添加量为 5.0g 时 PHA 产量多 47.5mg/L，而细胞干重却少 58.8mg/L，说明此时发酵体系中的碳源大部分被菌株利用合成了 PHA，而不是为细胞本身的生命活动供给能量。但是当添加的硫酸铵的量更少时（添加量为 0.05g），菌株合成 PHA 的产量比最高值减少了 24.4mg/L，细胞干重也处于较低水平。说明在发酵体系中，当碳源充足时，氮元素含量并不是越少菌株合成 PHA 的产量越多，而是有一个最优碳氮比。Vinish 等利用肠杆菌属研究氮源限制条件下碳氮比对 PHA 合成的影响，研究发现在碳氮比为 25∶1 时能够得到最好效果，并且随着氮源的增加细菌合成的 PHA 量逐渐减少，与本研究得到的结果相同。Basset 等研究结果也得到相同结论。因此，本研究中最优碳氮比参数为 20∶0.5，此时 PHA 产量为 96.8mg/L。

3.3.1.4　发酵时间对 PHA 合成的影响

由于 PHA 的合成成本较昂贵，需提高 PHA 的合成效率尽量减少微生物的发酵时间。同时，随着微生物发酵的进行，发酵罐中的碳源和氮源等其他营养物质、细菌的量、PHA 的合成量也在不断变化。发酵时间过短，会导致微生物发酵不完全，产生 PHA 的量较少，大量的营养物质得不到很好利用；发酵时间过长，会导致发酵罐中的营养物质全部耗尽，从而消耗细菌细胞内合成的 PHA，致使 PHA 含量下降，甚至导致细菌细胞大量死亡，使生产成本进一步扩大。因此，必须找到最适发酵培养时间。实验结果表明，随着发酵时间的不同，菌株的生长情况产生巨大变化。如图 3-5 所示，当发酵时间为 48h

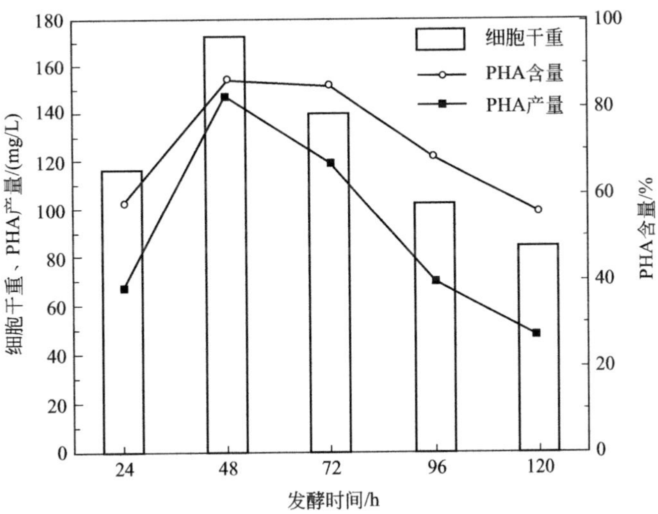

图 3-5　培养时间对菌株 HY-3 生长及 PHA 合成的影响

时，菌株处于最好状况，此时PHA产量和细胞干重分别为146.9mg/L和171.1mg/L。随着发酵时间的增加，发酵体系中的营养物质不断被消耗，细胞开始消耗体内积累的PHA，因此PHA产量不断降低，同时出现菌体大量死亡的现象，表现在数据上则为细胞干重不断降低。而当发酵进行24h时，发酵体系中仍然存在大量营养物质，菌体可以继续生长繁殖并合成PHA。因此，菌株在此发酵体系中的最优发酵时间为48h，PHA产量为146.9mg/L。

3.3.1.5 初始pH值对PHA合成的影响

在能够合成PHA的微生物的生长影响因素中，pH值所占比重较大。pH值能够影响微生物的生长，主要原因：一是pH值能够改变培养基中营养物质的可吸收性；二是pH值过大或者过小会使细菌细胞中的生物大分子物质，如氨基酸、蛋白质等变性，从而失去活性；三是pH值还会影响细菌细胞膜的电荷，影响细菌细胞获得营养物质。因此，pH值在细菌发酵过程中直接影响着细菌的生长繁殖、产物合成等生命活动，细菌生长需有最适的初始pH值。实验结果表明，随着体系中初始pH值的不同，对菌株生命活动影响巨大。如图3-6所示，当体系中初始pH值为7时，即发酵体系处于中性状态下，菌株生长情况和合成产物情况都达到最好状态分别为193.1mg/L和165.2mg/L；当体系中初始pH值为6或8时，即发酵体系处于弱酸或者弱碱状态下，菌株仍能够正常进行生命活动并合成产物；但是当初始pH值为4时，发酵系统的酸性非常强烈，此时菌体已不能进行正常的生命活动，产生的PHA非常少量，与体系初始pH值为7情况下相比，细胞干重和PHA产量均相差超过100mg/L。因此，该菌株能够最大量地合成PHA的发酵体系中要求初始pH值为7，产量能够达到165.2mg/L。

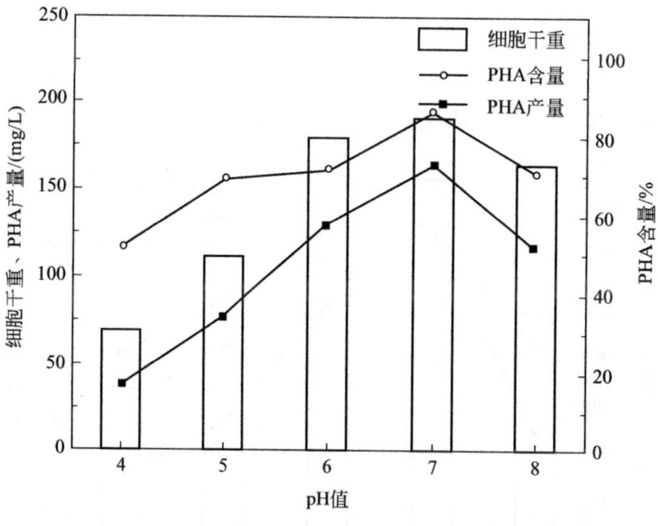

图3-6 初始pH值对菌株HY-3生长及PHA合成的影响

3.3.2 VFA种类对耐盐菌合成PHA的影响及动力学研究

发酵动力学包括细胞生长动力学、产物合成动力学、底物消耗动力学，相应得到的发酵动力学模型为细胞生长动力学模型、产物合成动力学模型、底物消耗动力学模型。目前，模型建立方式有很多种，应用最广泛的为数学拟合模型。本节通过建立数学拟合模型的方式分析细菌代谢本质，优化发酵过程。

3.3.2.1　以乙酸、丙酸、丁酸、戊酸为碳源对耐盐菌合成 PHA 的影响

以乙酸、丙酸、丁酸、戊酸分别为碳源培养菌株 HY-3 时 4 种酸的消耗、细胞生长、产物生成情况如图 3-7 所示。实验结果表明，4 种酸的浓度均随着培养时间的增加而不断降低，且趋势大体相同，而乙酸的消耗速度比其他 3 种酸的消耗速度更快，除戊酸外，其他 3 种酸均在

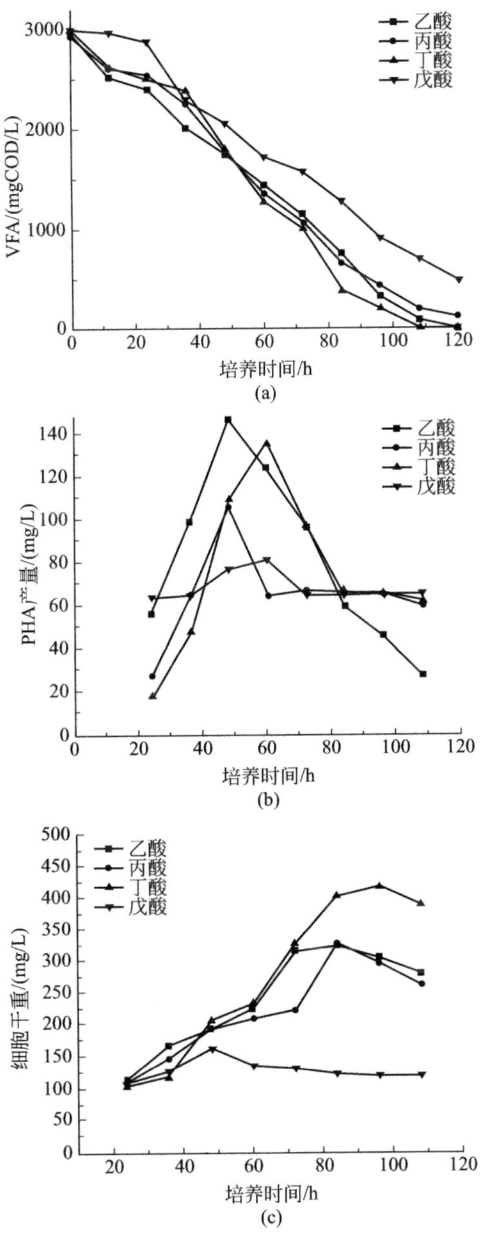

图 3-7

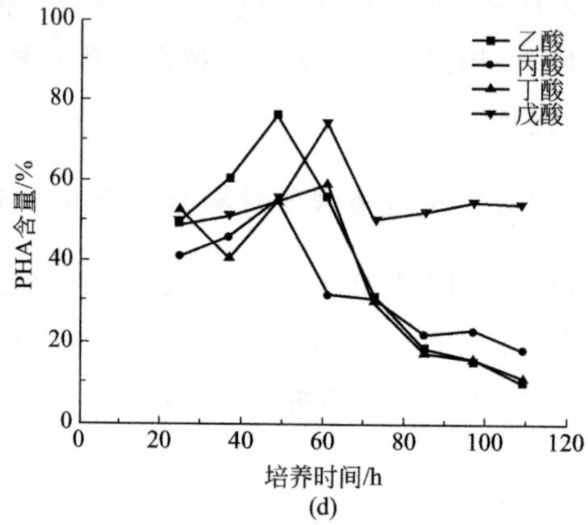

图 3-7　细胞生长、PHA 合成及乙酸、丙酸、丁酸、戊酸消耗情况

120h 时被耗尽。因为乙酸是短链的脂肪酸，在以乙酸为碳源的系统中，乙酸可以直接进入细菌细胞内被利用，而长链脂肪酸需在细胞外先裂解，然后才能进入细菌细胞内被利用。

以 4 种酸分别培养菌株 HY-3 时，PHA 产量均是随着培养时间的增加逐渐增加，达到最大之后迅速下降；达到最高产量值的时间也大体相同，均在 48～60h，产 PHA 效果最好的是乙酸系统，产量高达 147.2mg/L，其次是丁酸系统最大值为 135.8mg/L，之后是丙酸系统最大值 106.3mg/L，产量最少的是戊酸系统最大值为 81.1mg/L。细胞干重的变化所有不同，戊酸系统中细胞干重随着培养时间的增加变化不大，而其余 3 种酸系统中细胞干重随着培养时间的增加先增加，达到最大值后逐渐降低，达到最大值的时间均在 84～96h。细胞干重最大值降序排列顺序为丁酸系统、丙酸系统、乙酸系统、戊酸系统，最大值分别为 445.5mg/L、325.4mg/L、323.7mg/L、135.7mg/L。PHA 含量的变化趋势均是随着培养时间的增加先缓慢增加，达到最高 PHA 含量后迅速下降。按照 PHA 含量最大值降序排列为乙酸系统、戊酸系统、丁酸系统、丙酸系统，最大值分别为 76.2%、74.0%、58.7%、54.0%。由于 PHA 含量是 PHA 产量与细胞干重的比值，戊酸系统的细胞干重与其他 3 个系统的细胞干重差值较大，戊酸系统中 PHA 含量数值较高并不能说明戊酸系统合成 PHA 效果好，所以可忽略戊酸系统的 PHA 含量值。因此，按照 PHA 含量最大值降序排列为乙酸系统、丁酸系统、丙酸系统，最大值分别为 76.2%、58.7%、54.0%。综合判断，可得出以 4 种酸分别为碳源合成 PHA 的实验中，以乙酸为碳源合成 PHA 效果最好，以丁酸为碳源合成 PHA 效果次之，以丙酸为碳源合成 PHA 效果更次之，以戊酸为碳源合成 PHA 效果最差。Beun 等以乙酸为底物研究了微生物合成 PHA 的情况，结果表明在对数生长期 66%以上的碳源用于合成 PHA，其他碳源用于供给细胞生长和维持生命活动。Serafim 等以乙酸为碳源，初始碳源浓度为 180C mmol/L 培养条件下，得到 PHA 含量最高为 78.5%，与本书中利用乙酸合成 PHA 的最高含量值接近。Chua 等向基质中添加乙酸后，检测到 PHA 的含量为 30%，比没有添加乙酸的对照组 PHA 含量高出 10%，表明乙酸是作为合成 PHA 的优质碳源。贾倩倩也以乙酸、丙酸、丁酸、戊酸分别作为碳源培养 PHA 合成菌，结果发现 4 种酸为碳源系统中酸的利用率和 PHA 含量最大值降序排列顺序为乙酸、丁酸、丙酸、戊酸，与实验得到的结果相同。因此，可以说明乙酸是培养微生物合成 PHA 较好的碳源。

3.3.2.2　模拟混酸和实际混酸为碳源对耐盐菌合成 PHA 的影响

实际混合酸采用的是餐厨垃圾厌氧发酵酸化液，对其成分进行检测，结果表明，主要成分为乙酸、丙酸、异丁酸、正丁酸、异戊酸、正戊酸，其浓度分别为 1160.1mg COD/L、1036.1mg COD/L、166.3mg COD/L、188.0mg COD/L、436.6mg COD/L、204.6mg COD/L，并且按照与实际混酸相同的成分和浓度配置模拟混酸。以模拟混酸和实际混酸为碳源培养菌株 HY-3，各种酸的消耗、菌种生长及产物合成情况如图 3-8 所示。

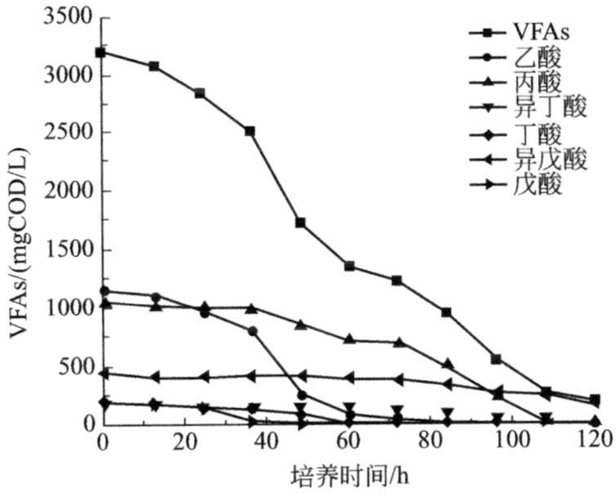

(a) 模拟混酸

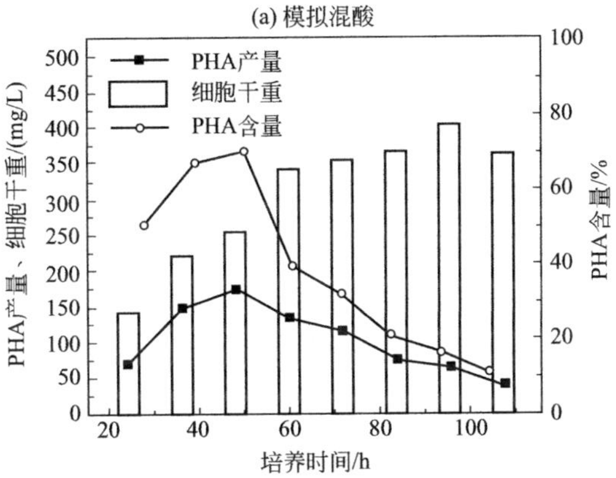

(b) 模拟混酸

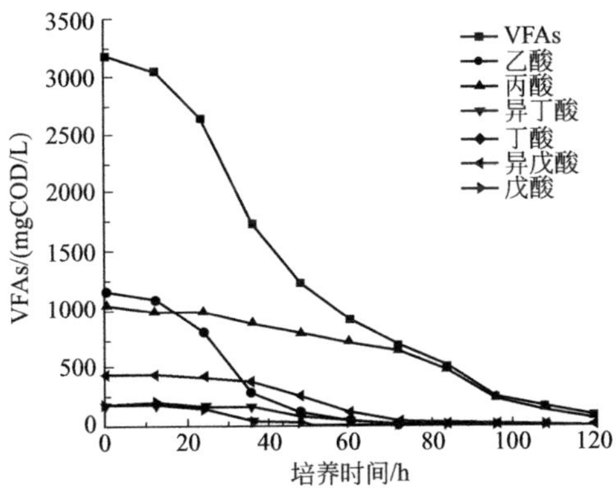

(c) 实际混酸

图 3-8

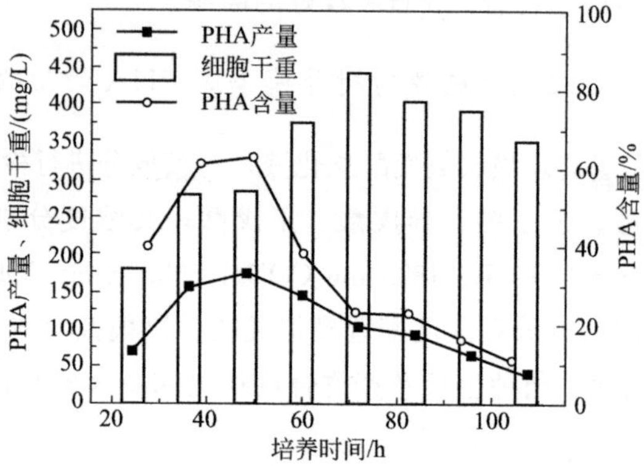

(d) 实际混酸

图 3-8 细胞生长、PHA 合成及模拟混酸、实际混酸消耗情况

模拟混酸和实际混酸的总量消耗情况大体相同，均随着培养时间的增加逐渐降低，至 120h 几乎耗尽。结果表明多种酸存在的培养基质中，菌株 HY-3 首先消耗乙酸，在乙酸浓度降低后开始消耗丙酸和其他酸，与单独酸作为碳源的实验得到相同的结论。原因为乙酸和丙酸是短链脂肪酸，可以直接进入细菌细胞内被细菌利用，而其他几种酸是中长链脂肪酸，首先在细胞外分解为短链，然后再进入细胞内部被细菌利用。所以，在多种酸共同存在时，细菌首先利用可以直接进入细菌细胞内部的短链脂肪酸（如乙酸和丙酸），然后再利用剩余的几种酸。以模拟混酸和实际混酸培养菌株 HY-3 时，细胞干重均随着培养时间的增加呈现先增加，达到最大值后降低的趋势。以模拟混酸为碳源时，在 96h 有最重细胞干重为 421.5mg/L，而以实际混酸为碳源时细胞干重在 72h 达到最大值为 441.5mg/L。两种碳源情况下，细胞干重达到最大值的时间和最大值相差不大。细菌生长首先在营养充足的情况下经过对数生长期快速增长，然后达到环境承载量后达到一个稳定值即进入稳定期，最后在营养物质耗尽后细胞开始死亡进入衰亡期。所以细菌细胞生长会呈现出先增长后降低的趋势。由于 PHA 是细胞内的碳源和能源物质，在培养基质中营养充足时细菌会合成 PHA，在培养基质营养物质不足时细菌会消耗 PHA 补充细胞碳源和能源。在以模拟混酸和实际混酸为碳源培养菌株 HY-3 时，PHA 产量均同样呈现先升高至最大值后降低的趋势，在模拟混酸系统中 PHA 产量在 48h 有最大值为 175.6mg/L，在实际混酸系统中 PHA 产量在 48h 有最大值为 178.3mg/L，说明以模拟混酸和实际混酸为碳源培养菌株 HY-3 时，PHA 产量达到最大值的时间和达到的最大值大体相同。在以模拟混酸和实际混酸为碳源的培养体系中，PHA 含量也与 PHA 产量的变化趋势大体相同，均随着培养时间的增加首先达到最大值，随后不断降低。在模拟混酸系统中，PHA 含量在 48h 达到最大值为 71.2%，而在实际混酸系统中 PHA 含量在 48h 达到最大值为 67.5%，在两个系统中达到最大值的时间相同，最大值相差不大。Bengtsson 等将有机废水进行厌氧消化水解产酸，得到了含有乙酸、丙酸、丁酸、戊酸的水解酸化液，以这种水解酸化液为碳源培养微生物合成 PHA，PHA 含量可达 48%。Albuquerque 等也利用废糖蜜进行厌氧消化水解产酸得到水解酸化液，以其为碳源培养微生物合成 PHA，得到 PHA 产率为 61%。Reddy 等利用餐厨垃圾进行厌氧消化水解产酸得到餐厨垃圾水解酸化液，以餐厨垃圾水解

酸化液为碳源进行合成 PHA 研究，得到 PHA 产率为 39.6%。

综上所述，以模拟混酸和实际混酸为碳源培养菌株 HY-3 合成 PHA 研究中，各种酸的消耗情况、细胞干重、PHA 产量、PHA 含量的变化趋势和达到最大值的情况均大体相同，说明利用模拟酸液为碳源进行 PHA 合成实验是可行的，从本研究中以模拟酸液为碳源进行的 PHA 合成实验所得结论对实际酸液为碳源合成 PHA 的研究具有理论指导作用。而且本实验中利用餐厨垃圾水解酸化液为碳源培养菌株 HY-3 合成 PHA，结果表明餐厨垃圾水解酸化液作为 PHA 合成碳源具有一定优势。

（1）以模拟混酸为碳源细胞生长动力学模型的建立与验证

使用 Origin2017 软件中“Non-liner curve fit”程序，求得 $\mu_{max}=0.0300$mg/L，$X_{max}=403.75$mg/L，代入公式得到细菌细胞生长动力学模型：

$$\frac{dX}{dt}=0.0300\left(1-\frac{X}{403.75}\right)X$$

式中　X——菌体浓度，mg/L；

t——发酵时间，h。

细菌细胞生长动力学模型回归曲线如图 3-9 所示，实测值与拟合值对比结果如表 3-2 所列，拟合结果表明，理论模型和实际试验结果拟合度较高，$R^2=0.97$，相对误差绝对值最大为 5.2%，说明该模型能够很好地预测发酵过程中细胞生长的动态变化。

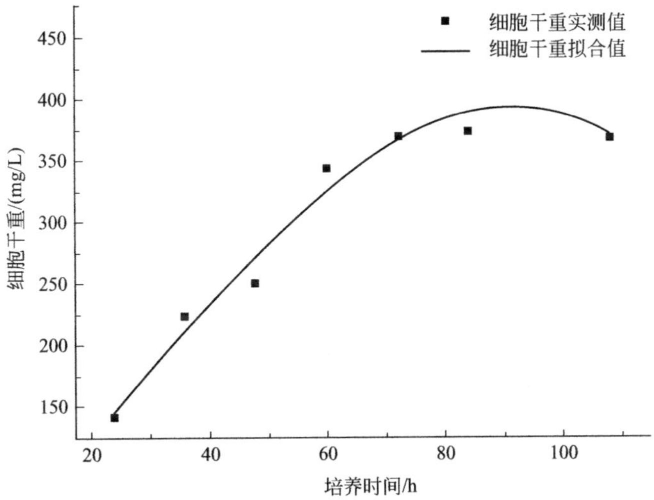

图 3-9　细胞生长动力学模型回归曲线

表 3-2　细菌细胞干重数据

时间/h	CDW/(mg/L)		相对误差/%	时间/h	CDW/(mg/L)		相对误差/%
	实测值	拟合值			实测值	拟合值	
24	141.25	143.83	1.82	72	366.25	364.11	−0.58
36	221.88	210.33	−5.20	84	370.00	387.39	4.70
48	250.00	271.85	8.74	96	403.75	390.10	−3.38
60	341.88	324.49	−5.09	108	365.00	368.57	0.98

(2) 以模拟混酸为碳源细胞产物生成动力学模型的建立与验证

利用 Origin 软件"Non-liner curve fit"程序，代入实验数据，$X_0=141.25\text{mg/L}$，$X_{max}=403.75\text{mg/L}$，$\mu_{max}=0.0300\text{mg/L}$，求得 $\alpha=0.6033$，$\beta=0$，得到产物生成动力学模型：

$$\frac{dP}{dt}=0.6033\frac{dX}{dt}$$

式中 P——产物（PHA）浓度，mg/L；

S——底物浓度，mgCOD/L。

细菌细胞产物动力学模型回归曲线如图 3-10 所示，实测值与拟合值对比结果如表 3-3 所列，拟合结果表明：理论模型和实际试验结果拟合度较高，$R^2=0.95$，相对误差绝对值最大为 9.8%（由于产量较低时相对误差较大，可忽略不计），说明该模型能够很好地预测发酵过程中细胞产物生成的动态变化。

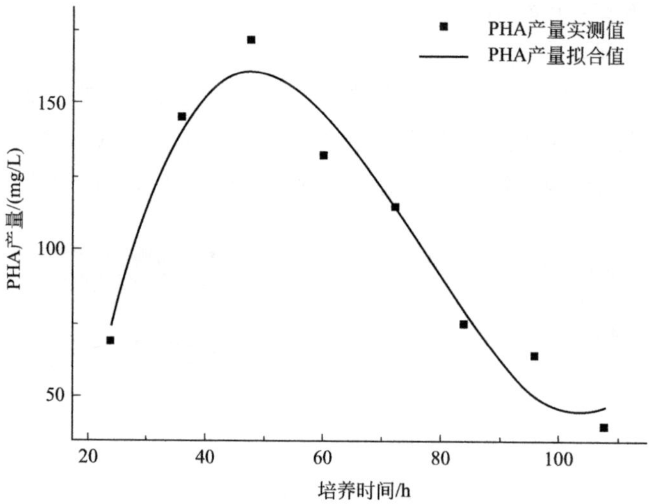

图 3-10 细胞产物动力学模型回归曲线

表 3-3 细菌发酵产物生成数据

时间/h	PHA/(mg/L)		相对误差/%	时间/h	PHA/(mg/L)		相对误差/%
	实测值	拟合值			实测值	拟合值	
24	69.48	73.82	6.25	72	116.87	116.71	−0.14
36	147.37	142.36	−3.40	84	75.34	79.02	4.89
48	174.05	162.68	−6.53	96	64.73	50.80	−21.52
60	133.48	149.23	9.80	108	40.01	46.40	15.96

(3) 以模拟混酸为碳源细菌培养碳源消耗动力学模型的建立与验证

利用 Origin 软件"Non-liner curve fit"程序，代入实验数据，$\frac{1}{Y_X}=0.6528\ \frac{1}{Y_P}=0.1182m=0.1022$，得到碳源消耗动力学模型：

$$-\frac{dS}{dt}=0.6528\frac{dX}{dt}+0.1182\frac{dP}{dt}+0.1022X$$

式中　Y_X——基于底物的菌体得率，mgDCW/g；

Y_P——产物得率系数，mg/mg；

m——维持系数。

细菌培养基碳源消耗动力学模型回归曲线如图 3-11 所示，实测值与拟合值对比结果如表 3-4 所列，拟合结果表明：理论模型和实际试验结果拟合度较高，$R^2=0.98$，相对误差绝对值最大为 9.55%，说明该模型能够很好地预测发酵过程中碳源消耗的动态变化。

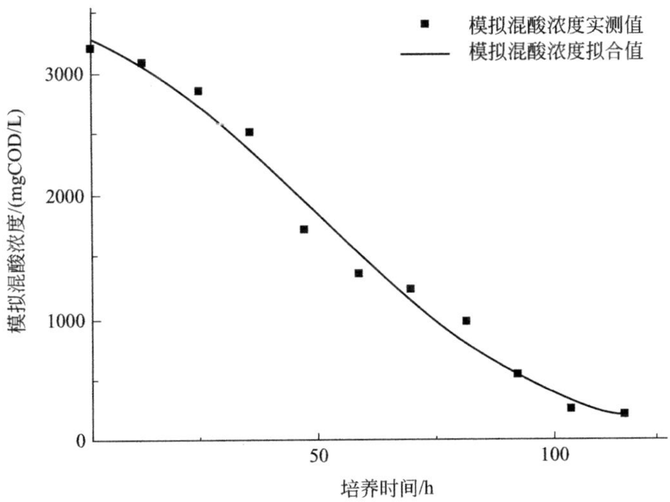

图 3-11　碳源消耗动力学模型回归曲线

表 3-4　细菌培养基碳源消耗数据

时间/h	模拟混酸/(mgCOD/L)		相对误差/%	时间/h	模拟混酸/(mgCOD/L)		相对误差/%
	实测值	拟合值			实测值	拟合值	
0	3210.19	3286.49	2.38	72	1232.47	1154.22	−6.35
12	3093.23	3049.32	−1.42	84	942.75	869.27	−7.79
24	2847.38	2733.27	−4.01	96	545.15	507.64	−6.88
36	2509.69	2362.03	−5.88	108	257.01	273.05	6.24
48	1735.21	1899.31	9.46	120	194.58	209.50	7.67
60	1359.04	1488.80	9.55				

根据本章上半部分的实验结果，选取模拟混酸为碳源进行菌株 HY-3 发酵动力学模型的建立和验证研究，根据细胞生长动力学公式利用 Origin2017 计算得到了细胞生长动力学模型参数，将参数代入 Logistic 模型得到细胞生长动力学模型，模拟混酸系统的 R^2 为 0.97，将细胞干重数据实测值与拟合值作对比相对误差绝对值最大为 5.2%，表明模型得到的数值与实际试验所得结果非常拟合。将最大比生长速率代入细胞产物生成动力学模型中，得到了细胞产物生成动力学模型，所得的细胞产物生成动力学模型的 R^2 为 0.95，细胞产物产量较高时相对误差绝对值最大为 9.8%（由于产量较低时相对误差较大，可忽略不计），表明理论

模型得到的数值与实际试验所得结果拟合度非常高。最后得到碳源消耗动力学模型，得到的R^2为0.98，碳源消耗实测值与拟合值作对比，相对误差绝对值最大为9.55%，表明模型得到的数值与实际试验所得结果非常拟合。经过研究发现，得到的3个动力学模型均能完好地对实测数据进行拟合。在实际应用中可以通过相关的模型对发酵数据进行预测，并为后续实验中的连续式发酵进行技术指导。本章中，发酵动力学模型的建立可以预测实验数据对发酵过程控制进行优化，从而对大批量连续性的发酵起到预测和指导作用。

3.3.2.3 发酵动力学参数分析

发酵过程中动力学参数如表3-5所列。

表3-5 发酵过程动力学参数

发酵时间/h	微生物生长速率/h^{-1}	底物消耗速率/h^{-1}	PHA合成速率/h^{-1}
24		0.0429	0.0194
36	0.0225	0.1272	0.0217
48	0.0300	0.0877	0.0174
60	0.0256	0.0975	−0.0013
72	0.0068	0.0989	−0.0046
84	0.0010	0.0882	−0.0016
96	0.0094	0.0868	−0.0030
108	−0.0108	0.0767	−0.0069

由表3-5可得，发酵前60 h菌体的生长速率较快，细菌处于生长对数期，细胞产物合成量逐渐增加；60～96h菌体生长较缓慢，细菌生长处于稳定期，碳源消耗速率较快，细胞体内合成的PHA开始分解以提供更多的碳源；96h以后，由于供给的碳源不足，细菌处于衰亡期，细胞开始死亡，消耗碳源速率开始降低，细胞合成的PHA更多地分解以提供额外的碳源。因此，前期添加底物可以促进菌体生长并提高产物产量。

3.3.3 PHA合成的代谢组学机理研究

代谢组学分析已广泛用于定性鉴定和定量分析细胞内代谢物，从而达到提高产物产量的目的。

3.3.3.1 PHA产量

根据菌株HY-3利用不同浓度乙酸合成PHA的研究，图3-12显示了碳源浓度分别为0.5g/L和5.0g/L时细胞生长和PHA合成的情况。在碳源浓度分别为0.5g/L和5.0g/L时，细胞干重均随着培养时间的增加先升高后降低，且均在稳定期达到最大值，最大值分别为360.3mg/L、590.5mg/L。PHA产量和PHA含量的变化情况为先升高至最高点然后降低，且均在稳定期有最大量。当碳源浓度分别为0.5g/L和5.0g/L时，PHA产量最大值分别为148.3mg/L、294.1mg/L，PHA含量最大值分别为40.2%、49.8%；当碳源为0.5g/L时，PHA含量缓慢增加，到稳定期后逐渐减少；而当碳源为5.0g/L时，PHA

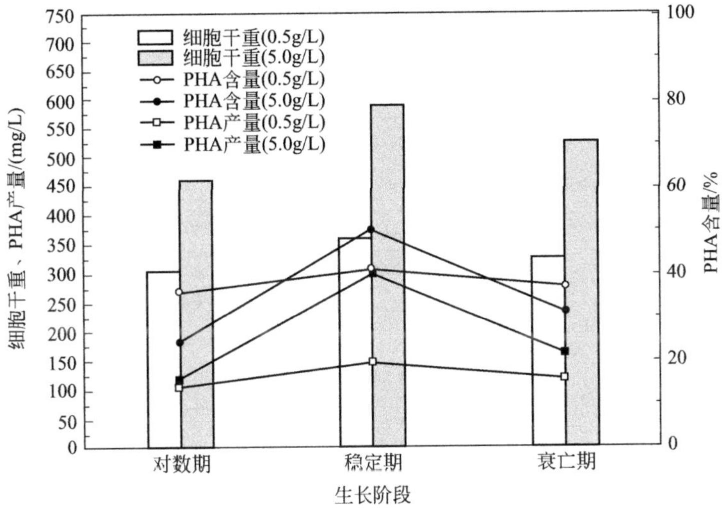

图 3-12　菌株 HY-3 在不同时期的生长和 PHA 合成情况

含量迅速增加，到稳定期后逐渐减少。本书中筛选出的菌株 HY-3 能够在培养基含盐量为 5.0%时合成 PHA。嗜盐菌具有一定优势，可以在高含盐量培养基中培养，从而降低基质脱盐成本，高含盐量发酵系统还可以降低微生物污染的风险。

3.3.3.2　主成分分析

通过 GC-MS 检测到 124 个样品峰，经过 NIST 库选择和鉴定每种化合物特征离子，85 个峰最终被确定为有效的差异代谢物。基于代谢组学检测分析技术，PCA 和 PLS-DA 用于分类不同类型样品并鉴定差异代谢物。图 3-13 显示了在细胞生长的 3 个阶段的菌株 HY-3 代谢物的 PCA 得分图。PCA 模型是代谢组学分析的基础，可以显示样本之间的系统变化或者概况。PCA 得分图显示 6 组样品分类较好，3 个生长阶段具有明显代谢差异，在培养基碳源浓度为 0.5g/L 和 5.0g/L 的细菌代谢模式明显不同。

菌株 HY-3 细胞内代谢物 PCA 得分图，PLS-DA 载荷图显示了不同碳源浓度条件下代谢物变化情况。

PLS-DA 是一种监督模型识别方法。基于分类信息，原始数据可用于构建分类模型并识别潜在变量。载荷图上的每个点代表一种代谢物，离主集群越远，代谢物对 PLS-DA 得分图的影响越大，基于对 PLS-DA 载荷图和重要变量因素（VIP 值）>1 的代谢物的分析，有 5 种代谢物包括 3-HB、苏氨酸、丝氨酸、苹果酸、丙酮酸，在代谢途径中起重要作用。这些代谢物可能是影响 PHA 积累的潜在生物标志物。

图 3-14 显示了菌株 HY-3 在碳源浓度为 0.5g/L、5.0g/L 条件下对数期、稳定期、衰亡期的 PLS-DA 模型中 VIP>1 的差异代谢物（见书后彩图 1）。在发酵系统碳源浓度为 0.5g/L 的 3 个生长期之间具有较大变化的代谢物是甘氨酸、正缬氨酸、丙氨酸、脯氨酸、丙酮酸、乙醇胺、乙酰乙酸、赖氨酸、鸟氨酸，当碳源浓度为 5.0g/L 时变化较大的代谢物是甘氨酸、正缬氨酸、丙氨酸、脯氨酸、丙酮酸、琥珀酸、乙醇胺、乙酰乙酸、鸟氨酸、亮氨酸。

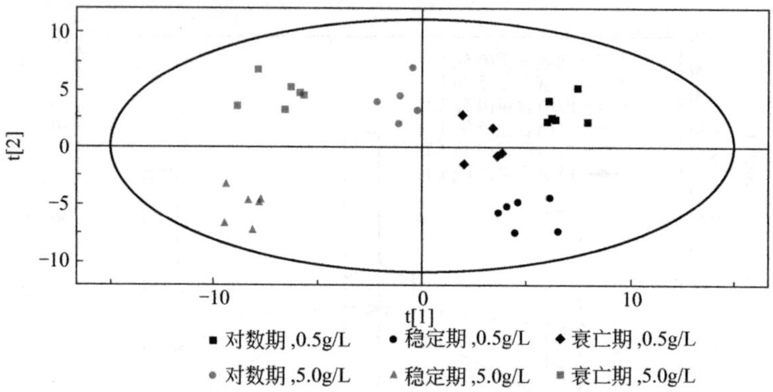

(a) 菌株 HY-3 细胞内代谢物 PCA 得分图

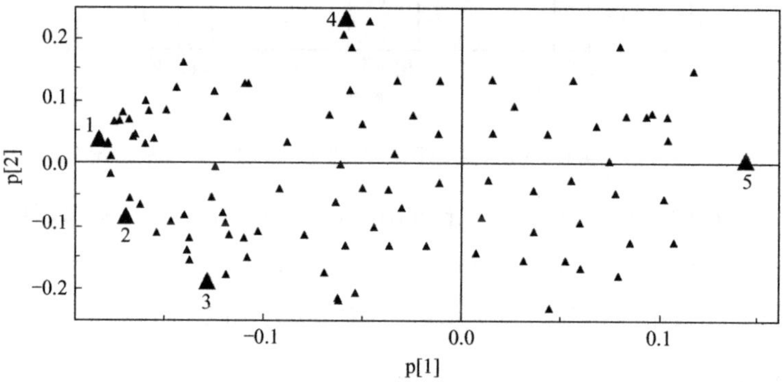

(b) PLS-DA 载荷图

图 3-13　不同碳源浓度（0.5g/L、5.0g/L）条件下不同生长时期

1—三羟基丁酸（3-HB）；2—苏氨酸；3—丝氨酸；4—苹果酸；5—丙酮酸

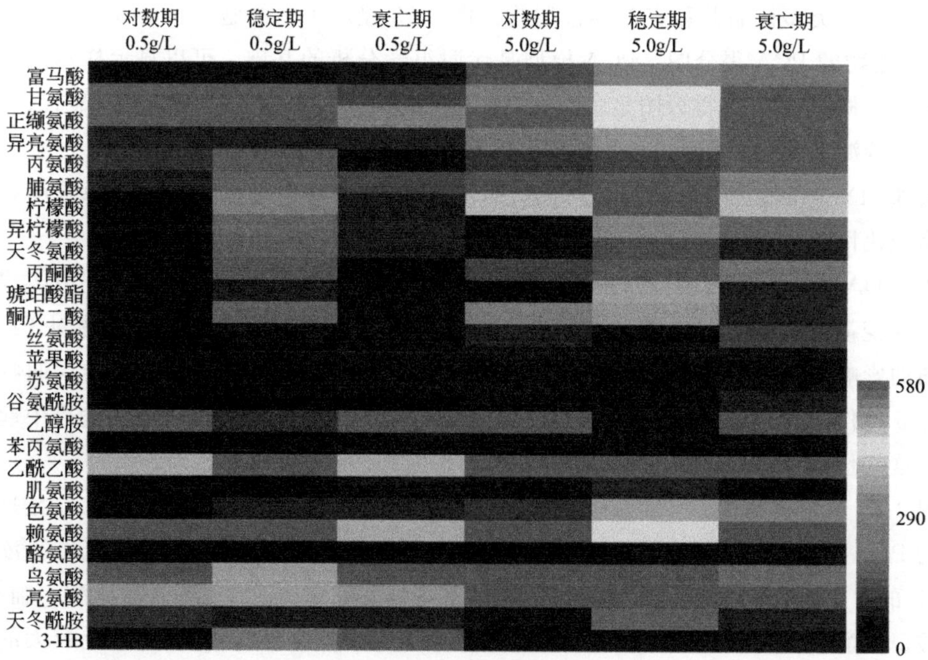

图 3-14　差异代谢物热图

3.3.3.3　代谢路径分析

图 3-15 显示的是 PHA 中的一种聚合物 PHB 合成的相关代谢途径影响。PHB 合成路径直接或间接与中枢代谢路径相关。

如图 3-15 所示，最具有影响的代谢路径是 PHB 的合成与分解，其次依次是丙氨酸、天冬氨酸和谷氨酸的代谢，甘氨酸、丝氨酸和苏氨酸的代谢，丙酮酸的代谢，甘油磷脂的代谢，乙醛酸的代谢，二羧酸盐、精氨酸和脯氨酸的代谢，三羧酸（TCA）循环的代谢。PHB 合成极大地依赖于由 TCA 循环产生的乙酰辅酶 A。但是，当营养物质受到限制时 PHB 分解为 3-HB，3-HB 可以转化为 TCA 循环中作为碳源和能源物质的乙酰辅酶 A，PHB 合成也受氨基酸代谢的影响。由乙酸产生的大部分乙酰辅酶 A 转化为丙酮酸，后转化为合成细胞膜所需的丝氨酸和脂质，另一部分乙酰辅酶 A 进入 TCA 循环产生能量促进 PHB 合成。磷酸烯醇式丙酮酸（PEP)-丙酮酸的代谢途径是通过丙酮酸脱氢酶复合物产生乙酰辅酶 A 的 PHB 前体物。除了丙酮酸与乙酰辅酶 A 的 PHB 前体物的经典代谢途径外，还存在乙酰辅酶 A 产生的另一途径，包括 PEP 羧化、苏氨酸合成和降解、甘氨酸和丝氨酸脱氨基形成丝氨酸。通过该途径，与经典的丙酮酸脱氢酶途径相比，理论 PHB 产量增加了 26%（Lin 等，2015)。

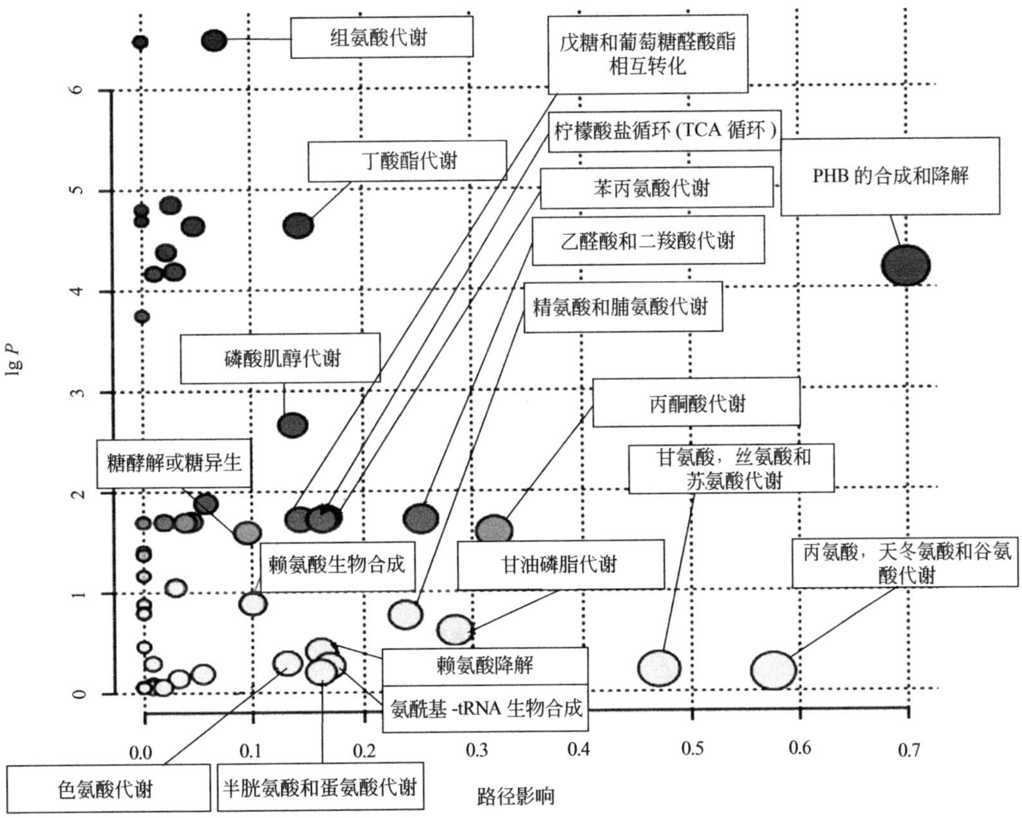

图 3-15　PHB 合成的相关代谢路径影响

3.3.3.4 微生物代谢网络途径

根据以碳源浓度为 0.5g/L、5.0g/L 的培养基培养的微生物代谢物和代谢路径制作了PHB 合成过程的代谢网络图。图 3-16 显示了微生物活动和在 PHB 合成期间与 PHB 合成相关的胞内代谢物的变化情况，代谢物主要参与细胞内糖类的合成和降解、TCA 循环、脂质合成、氨基酸代谢和 PHB 合成。

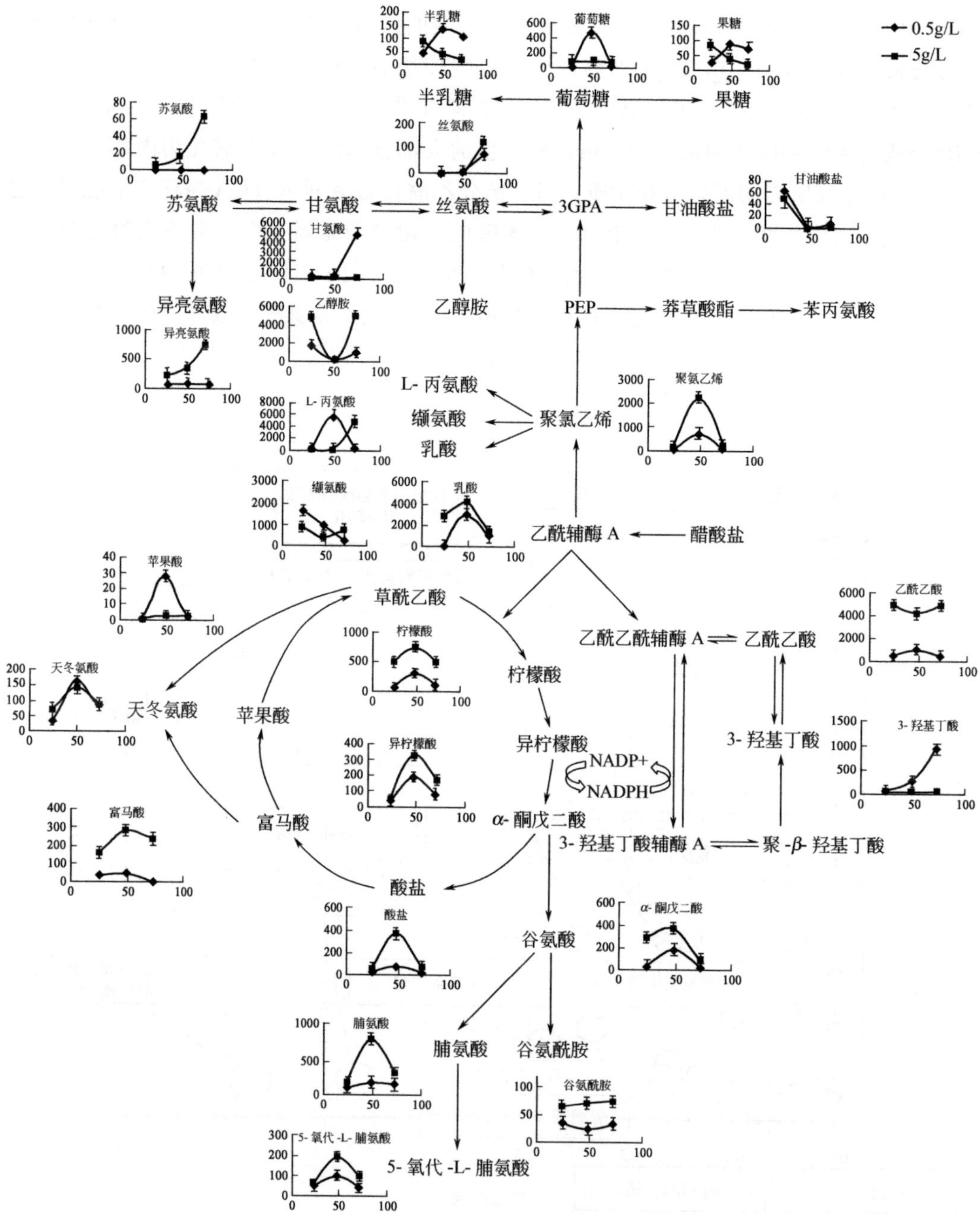

图 3-16 菌株 HY-3 中代谢物相对变化的网络图

（注：图中横坐标为时间，单位为 h；纵坐标为浓度，单位为 $\mu g/L$）

短链乙酸直接进入微生物细胞内部被消耗，微生物将细胞内的乙酸转化为乙酰辅酶A，其可以转化为丙酮酸用于细胞代谢，乙酰辅酶 A 可以转化为乙酰乙酰辅酶 A 参与PHB 合成，乙酰辅酶 A 还可以进入 TCA 循环。丙酮酸作为一种重要的代谢中间体可以转化为（PEP）、3-甘油磷酸（3PGA），以及其他可以产生葡萄糖、果糖、半乳糖的物质。3PGA 可以合成甘油酸、丝氨酸、甘氨酸、苏氨酸、异亮氨酸等。

在糖类合成和降解代谢过程中，丝氨酸和甘氨酸的含量在对数期和稳定期较低，在衰亡期增高。在对数期和稳定期检测到较低含量的丝氨酸和甘氨酸，表明细菌处于细胞生长阶段，但是在衰亡期检测到这两种氨基酸含量增高，表明细胞生长受限的同时开始合成PHA。丝氨酸是磷脂合成的重要中间代谢产物，而磷脂是合成脂质的重要物质，而脂质又是细胞膜的重要结构。在对数期，甘油酸盐含量较高，而在稳定期和衰亡期含量均较低。甘油酸是甘油的前体物，甘油属于脂质合成代谢物。

在 TCA 循环中，一些氨基酸，如天冬氨酸、富马酸、琥珀酸、脯氨酸和 5-氧代脯氨酸，在稳定期达到最高水平，然后在衰亡期降低，这种现象很可能是重编程的结果，以满足菌株 HY-3 细胞内能量平衡和合成代谢前体物的需要。一个原因是在稳定期，柠檬酸、异柠檬酸、苹果酸含量较高，会抑制丙酮酸激酶和 PEP 羧化酶，从而抑制糖酵解途径和TCA 循环。因此，在稳定期促进乙酰辅酶 A 进入 PHB 合成途径。另一个原因是苹果酸酶底物，通过催化脱羧作用产生丙酮酸和 NADPH。有报道表明高浓度 NADPH 会抑制TCA 循环，从而促进 PHB 合成。因此，高含量的 NADPH 促进了 PHB 的合成。微生物合成 PHB 时，乙酰乙酰辅酶 A 还原酶消耗一个 NADPH 或 NADP 将乙酰乙酰辅酶 A 转化为 3-β-羟基丁酸辅酶 A。当 NAD（P）H/NAD（P）比值增大时，柠檬酸合成酶和异柠檬酸脱氢酶活性被抑制，从而抑制 TCA 循环并促进 PHB 合成。因此，TCA 循环和PHB 合成是两个相互作用的代谢过程。PHB 是由 3-羟基丁素（3-HB）作为唯一单体合成的可生物降解的聚酯。有 3 条途径，即：PHB 解聚酶解聚 PHB，3-HB 脱氢酶将乙酰乙酸转化为 3-HB，辅酶 A 转移酶催化乙酰辅酶 A 再生。本章中，在碳源浓度为 0.5g/L时 3-HB 的含量从对数期到衰亡期明显增加，据推测碳源耗尽导致衰亡期没有了乙酰辅酶A 和能量，消耗掉了细胞中储能物质 PHB，致使 PHB 降解为 3-HB。

最后，PHA 是一种可生物降解的环境友好型塑料，它的广泛应用是环境保护的必然趋势，但是，目前生产过程中高成本导致的高昂价格限制了 PHA 的大量商业应用，在今后的研究中应开发利用混合菌群以有机垃圾的实际水解酸化液为碳源合成 PHA 技术，以降低生产成本同时实现有机垃圾的高值化利用。

3.4 利用餐厨废油合成 PHA 技术

餐厨废油的处置对于世界上大多数国家都是一个非常复杂的问题，它涉及生产源头、处置方式、回收利用、道德伦理等多方面因素。餐厨废油是经过反复烹饪处理后的废弃油脂，不再具有食用价值。餐厨废油直接排入水体，会影响水体 pH 值变化，消耗水中溶解氧，影响水生生物的存活，破坏水体平衡环境；若随下水管道进入污水处理管网，部分废油会黏附于管道表面，长时间与空气接触则会腐蚀管道，同时进入污水处理过程也会影响过程控制以及出水水质。此外，备受关注的“地沟油”回流餐桌问题也是由于餐厨废油的处置不当产生的。基于膳食结构的差异，2013 年，中国以 560 万吨/年的餐厨废油产量高居世界首位，随着居民消费水平的提升和新媒体行业的兴起，餐饮业发展迅速，餐厨废油的产量与日俱增。我国目前对于地沟油的监管还处于发展阶段，以四川省为例，尽管政府主体监管部门针对餐厨废油监管的现状采取了更行之有效的网格化责任制的监管模式，但是对于跨区域的废油交易黑色产业链仍具有地域间局限性，仅靠政策监管、法律制约远远达不到目的；同时违法成本小，利润空间大，依旧存在大量不法分子铤而走险，以此谋取不正当利益。依据 2018 年的报道，餐厨废油的回收价格约 0.25 元/kg，售出价格在 1.25～1.5 元/kg，非法收购者和餐厅经营者均可获利。因此，要从源头杜绝地沟油非法交易，就要使其中的过程参与者无利可图。

依据循环经济的理念，对餐厨废油回收利用进而生产高附加值的商品，是一条促进经济发展、解决食品安全困境的有效途径。从生产终点的角度分析餐厨废油回用的去向，目前主要存在生物柴油、能源/燃料、甲烷、石灰砂浆疏水添加剂、聚羟基脂肪酸酯（PHA）等几种热点的高附加值产品。其中，生物柴油和聚羟基脂肪酸酯的研究受到的关注较多，经过十几年的研究被证明是具有潜在经济性和技术可行性的方向，在市场中也占据了一定的空间。但 PHA 产品市场价值较高，利用餐厨废油生产 PHA 产品可通过市场手段将餐厨废油回收渠道引导到正确的路径上来，控制废油出口，防止餐厨废油回流至餐桌，既减少了对人民群众的身体健康的危害，避免引起群众对食品安全的恐慌，同时也维护了正常的社会秩序。

3.4.1 发酵条件研究

杀虫贪铜菌（*C. necator*）是一类能够主动降解油脂的革兰氏阴性菌，其对餐厨废油的降解是主动进行的。细菌摄入餐厨废油后先将其水解成游离脂肪酸，再通过 β-氧化途径合成 PHB 的前体物——乙酰辅酶 A。餐厨废油加入发酵培养基后，在表面张力的作用下形成连续的油膜浮在培养基表层，因此摇瓶实验中需以一定的转速振荡以增加传质，促进餐厨废油与生物反应器体系的接触。发酵条件的优化策略通常是在多种单因素实验得到较优条件的基础上，进一步研究多因素交互所用或通过响应面优化来预测最佳实验条件。

在 PHA 工业合成过程中，存在的主要问题是同时保持最合适的细菌生长条件和高水平的 PHA 积累，充足的碳源供应和优质的碳源结构能够促进细菌的生长，而氮源供应受到限制、pH 值条件改变等因素出现时，更利于 PHA 的合成。同时在发酵体系中，反应界面的大小也是影响发酵效果的重要因素。本章研究内容从餐厨废油预处理方式和过程参数方面，探讨餐厨废油加酶水解和表面活性剂乳化的原料预处理方式、氮源种类、复合碳源和初始 pH 值对发酵结果的影响；同时结合单因素实验进行响应面优化以预测最佳实验条件。

3.4.1.1 餐厨废油预处理优化结果

脂肪酶水解餐厨废油对 PHB 合成的影响如图 3-17 所示，在不添加脂肪酶的样品中，细菌干重、PHB 产量和 PHB 含量 3 个指标数值上均高于添加了脂肪酶的样品。从加入不

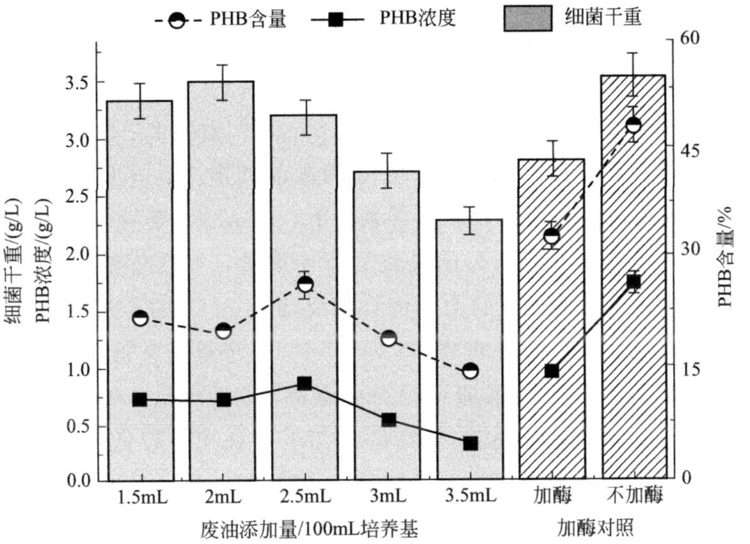

图 3-17　酶添加对 PHB 合成的影响

同体积经由脂肪酶水解后的餐厨废油的实验结果来看，细菌干重在废油添加量为 2mL/(100mL 培养基）时达到最大值 3.5g/L，但 PHB 产量和 PHB 含量的峰值则是在废油添加量为 2.5mL/(100mL 培养基）时获得；当废油添加量高于 2.5mL/(100mL 培养基）时，3 个指标均呈现下降趋势。有趣的是，在 1.5mL、2.0mL、2.5mL 三个实验组中，当细菌干重最大时 PHB 产量和 PHB 含量反而最低。实验结果表明，在加酶的实验组样品中，气相色谱检测到的 PHV 峰面基极低或在该停留时间下未出峰，并且在标准曲线范围之外，基本可以确定没有 HV 单体生成。而在菌液离心过程中，去掉菌体的液体仍旧呈现乳白色，用双缩脲试剂检测上清液，乳浊液呈紫色并出现半透明蓝色胶状沉淀，同时离心上清液上方米黄色胶状膜经双缩脲测试同样呈紫色，可以推测反应体系产生大量蛋白质性质分泌物。

实验结果显示，脂肪酶的添加在一定程度上对 PHB 的合成产生了影响，对 PHB 的合成促进效果并不明显。首先可以排除脂肪酶对细菌代谢过程的直接影响，脂肪酶作为油脂水解的催化剂，反应前后质量基本恒定，不会随着水解反应而减少，脂肪酶随餐厨废油同时经 125℃高温灭菌后，脂肪酶失活为蛋白质。大量研究结果表明，蛋白质可以作为 PHA 合成的氮源，而失活的脂肪酶被加入矿物盐培养基增加了发酵体系氮源含量，而 PHB 的合成是在氮源限制的条件下发生的，因此氮源浓度的升高抑制了 PHB 的合成，然而这个推测还需要进一步的实验研究进行验证。废油添加量 2mL/(100mL 培养基）时出现的菌体生长良好而 PHB 合成量低的原因，推测为此时发酵体系的碳氮比更适合菌体的生长，代谢通量更多流向支持细胞构建的物质，因为在相对舒适的环境中细菌无需合成 PHB 来抵御生存环境带来的压力。更进一步的研究可以针对经酶水解后餐厨废油的具体成分以及测定在不同酶添加量的情况下细菌代谢物出现的差异进行研究，从而更好地解释酶水解废油无法提高 PHB 产量的原因。另外，脂肪酶的活化时间、加入餐厨废油后的水解时间和温度也会影响酶水解餐厨废油的效果，进而影响细菌利用水解产物合成 PHB 的效果，后续的实验可以对此条件进行研究。

表面活性剂乳化餐厨废油对PHB合成的影响如下，添加吐温80预处理餐厨废油的实验结果如图3-18所示。从细菌干重的指标可见，经吐温80预处理后的餐厨废油能够明显促进*C. necator*菌体生长，最高细菌干重可达6.85g/L，远高于以往不经过水解的实验结果。空白对照组为同等条件下添加25mL/L餐厨废油的样本，并且根据发酵结束后发酵体系中依旧含有餐厨废油残余可知，在正常条件下，25mL/L餐厨废油添加方案为过量碳源添加。而同等条件下添加25mL/L的乳化后餐厨废油，则能够被全部降解同时得到高于对照组的细菌干重。与细菌干重的明显优势相反的是PHB的产量：虽然经过预处理的样本中细菌干重要大幅度优于未处理样本，但其PHB产量非常低，远小于空白对照组。经过乳化的样品在25mL/L废油添加量时得到最高PHB产量0.54g/L，而空白对照组PHB含量达到2.4g/L。同样由于相对较高的细菌干重和相对较低的PHB产量，实验组样品PHB含量最大值（15.38%）远小于空白组（72.27%）。

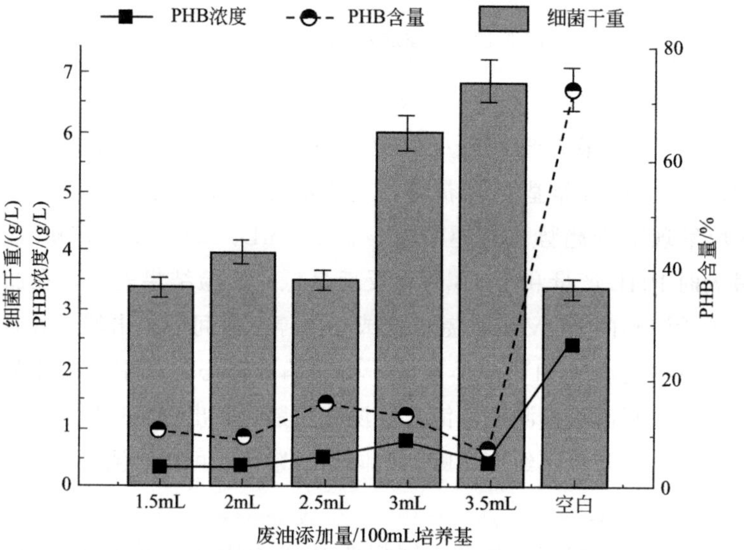

图3-18 吐温80乳化餐厨废油对合成PHB的影响

添加吐温60预处理餐厨废油的实验结果如图3-19所示。细菌干重在实验组废油添加量为20mL/L时达到最大值2.06g/L，在20mL/L之后基本呈现下降趋势，但经过吐温60乳化后的实验组的细菌干重依旧整体高于空白对照组。PHB产量的最大值（0.29g/L）在实验组餐厨废油添加量为25mL/L时获得，同时也在此得到最大PHB含量16.91%。

综合吐温80与吐温60的实验数据分析可见，在促进微生物生长方面，吐温80作用效果要优于吐温60，但吐温60对餐厨废油的乳化更利于促进合成PHB；结合发酵样品废油消耗情况（图3-20），相同条件下，吐温80对餐厨废油的乳化效果更好，*C. necator*对以吐温80乳化处理后的餐厨废油的转化率更高。而经吐温60乳化后的餐厨废油的样品则相对于未经乳化的样品在细菌干重、PHB产量和PHB含量3个方面表现出不同程度的优越性。

明显提高的细菌干重表明了吐温80和吐温60对细菌生长具有明显的促进作用，而吐温

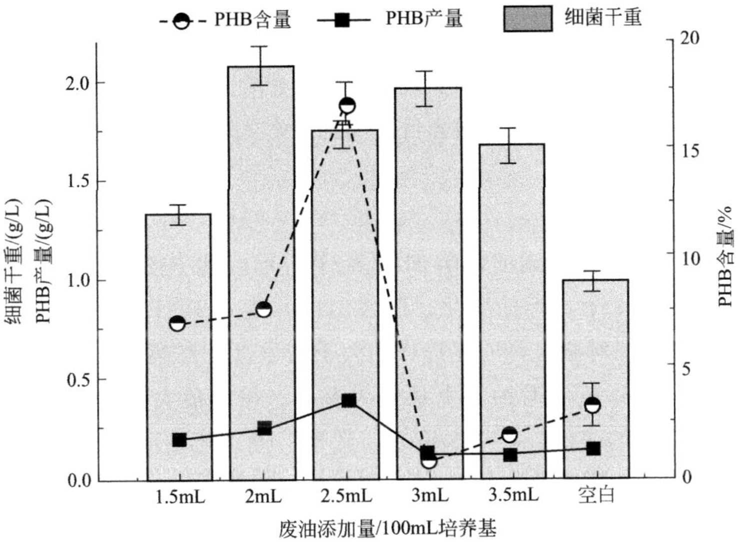

图 3-19　吐温 60 乳化餐厨废油对合成 PHB 的影响

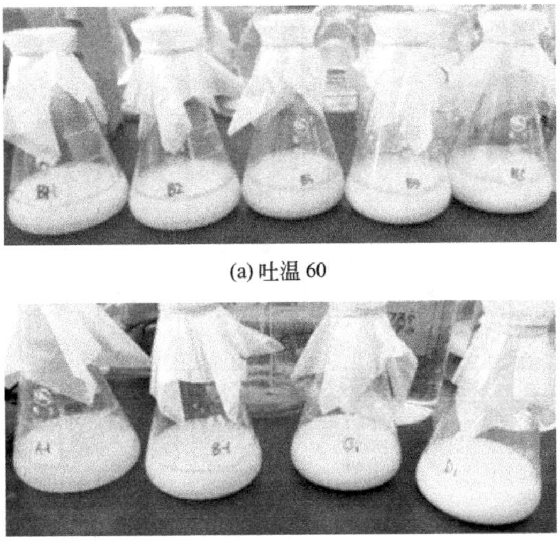

(a) 吐温 60

(b) 吐温 80

图 3-20　吐温 60 和吐温 80 发酵培养基对比

80 乳化餐厨废油的样本中 PHB 含量占细菌干重的比值则低于预期。最新的研究显示吐温 80 和吐温 60 基于其作为脂肪酸衍生物的性质而可以作为底物被 *C. necator* 利用，并且成功应用于污泥棕榈油（SPO）的乳化，解决了固体废油发酵生产 P（3HB-co-3HHx）的问题（Thinagaran 等，2019）。造成 PHB 产量低的原因初步推测为发酵培养基中碳氮比不利于 PHB 合成，而使大量底物向合成其他代谢产物方向转化，生成更高浓度的副产物以及细胞物质。由于吐温 60 和吐温 80 在实验数据上的差别，将二者按照一定比例混合后期望实现细菌干重和 PHB 产量的同步增加。提高 PHA 产量的一个重要思路是提高培养基中细菌密度，而实验结果也印证了吐温 80 和吐温 60 能够达到此效果。将表面活性剂应用于餐厨废油的乳化预处理还能够解决在分批补料培养的反应器蠕动泵进料的问题，由于餐厨废油自身不溶于矿物盐培养基，因而通过蠕动泵向反应器进料时会出现油脂黏附在输液管道上的现象而导致进料不均匀，表面活性剂的使用可以针对性地解决该问题。对于提高PHB产量，可以利用代谢工程的手段，检测发酵培养基中的代谢产物，观察使用表面活性剂前后的显著差异物，从而判断细菌的代谢方向以进行定向调控，此内容目前未见相关文献报道。

3.4.1.2 工艺参数优化结果

不同氮源种类对PHA合成的影响如图3-21所示，其中图3-21(a)表示细菌干重、PHA产量、PHA含量3个指标的变化，图3-21(b)表示PHB和PHV的相对含量。从细菌干重可见，5种氮源对微生物的促进作用大小为尿素＞亚硝酸钠＞氯化铵＞硫酸铵＞磷酸二氢铵，其中尿素作氮源对细菌生长最为有利，得到最大细菌干重3.98g/L；PHA产量的趋势与细菌干重的变化趋势基本呈现一致性，但以亚硝酸钠作氮源的样品中PHA产量（1.55g/L）高于以尿素为氮源的样品（1.08g/L），亚硝酸钠和尿素作氮源的样品

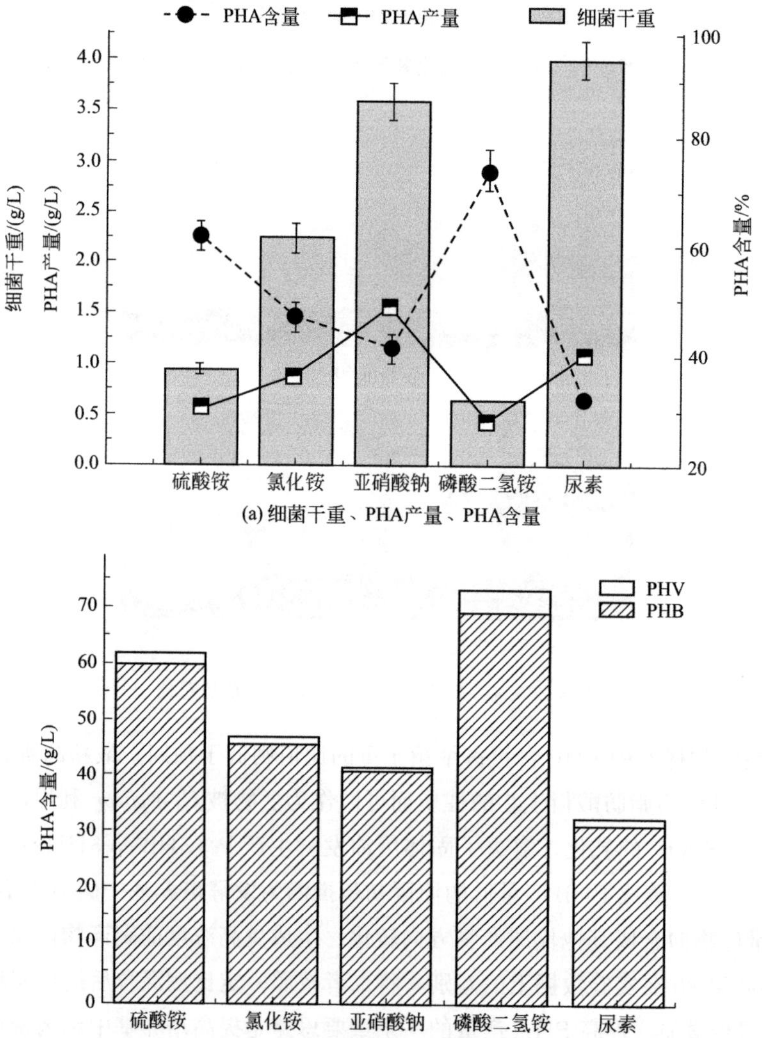

(a) 细菌干重、PHA产量、PHA含量

(b) PHB和PHV的相对含量

图3-21 不同氮源对PHA合成的影响

PHA 产量均高于其他物质；PHA 含量表示 PHA 产量占细菌干重的比例，其变化趋势与 PHA 产量变化趋势相反，PHA 含量最高（73.42%）的样品是以磷酸二氢铵作氮源，而尿素和亚硝酸钠作氮源的样品 PHA 含量（32.25%和 41.51%）低于其他指标，而以硫酸铵和氯化铵作氮源的样品则处于中间水平。PHB 和 PHV 含量的对比显示，*C. necator* 以餐厨废油为底物主要合成 PHB。

实验中氮源用量是按照含有等量氮元素的标准计算，在含有等量氮元素的情况下，消耗尿素质量约是亚硝酸钠质量的 1/2。与尿素相比，亚硝酸钠为致毒致癌物质，储存条件相对严苛；来自阿里巴巴的数据显示，2019 年尿素市场价格约为 2000 元/吨，亚硝酸钠市场价格约为 3000 元/吨。虽然以亚硝酸钠作氮源在相同条件下能得到更高产量的 PHA，但从安全系数、来源和成本的角度综合考虑，尿素作为 PHA 的氮源更具有可行性。以尿素作氮源的样品能得到更高的细菌干重，说明尿素在细菌体内降解代谢能够产生更多其他产物；若对尿素被微生物利用后的代谢途径进行研究，利用代谢工程的手段将代谢通量引入 PHB 合成方向，有希望提高 PHB 的产量。依据已知的氮代谢调控机制，氨水、天冬酰胺、谷氨酰胺等初级氮源等可以优先被酵母菌利用，这个过程主要受氮代谢抑制的调控，当初级氮源缺乏或浓度低到足以限制菌体生长时，亚硝酸盐、硝酸盐、酰胺和氨基酸等二级氮源才会被利用，但需要特异性分解代谢酶和通透酶的存在，其表达受到氮分解代谢物抑制的高度调节。岳倩倩等（2016）研究了硫酸铵、硝酸铵、硝酸钾、亚硝酸钠 4 种物质作氮源对 *Monascus* GZUM-25 的影响，实验发现 4 种物质对应的菌株的形态、颜色均有不同程度的差异，表明不同氮源对微生物影响的方向是不同的，同时实验发现铵盐能够促进菌体生长和次级代谢产物的生成，而亚硝酸盐则产生抑制作用。目前针对 *C. necator* 对尿素利用的代谢机制研究并不明晰，但尿素是合成 PHA 有潜力的氮源选择，值得进一步的研究。

复合碳源对 PHA 合成的影响结果如图 3-22 所示。在等质量药品添加下，丁酸钠复合餐厨废油作氮源得到的细菌干重（5.10g/L）略高于葡萄糖复合方式（4.81g/L），远高于乙酸钠和丙酸钠的复合方式；餐厨废油作为唯一碳源的对照组，在细菌干重指标上低于葡

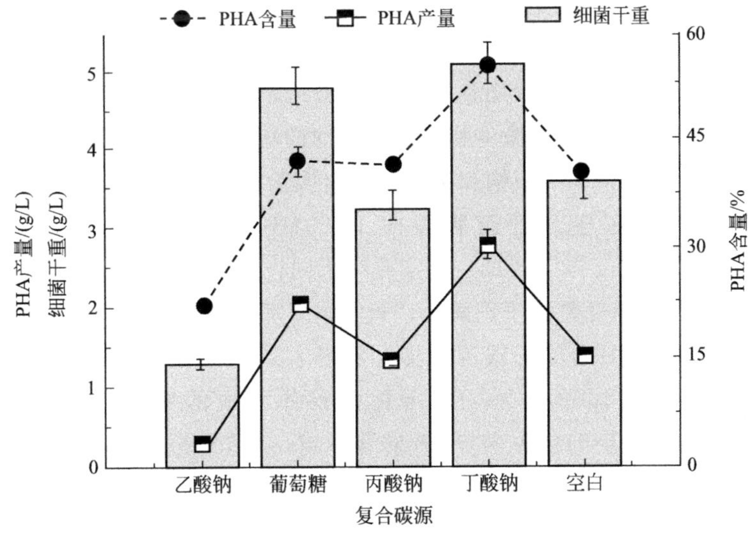

图 3-22　复合碳源对 PHA 合成的影响

萄糖和丁酸钠复合方式，高于乙酸钠复合碳源样品和丙酸钠复合碳源样品。从 PHA 产量指标分析，其变化趋势基本与细菌干重的变化规律一致，丁酸钠复合碳源样品得到最高 PHA 产量 2.84g/L，远高于同等条件下餐厨废油作唯一碳源的对照组的 PHA 产量 1.40g/L；而葡萄糖复合样品的浓度 2.05g/L 则明显低于丁酸钠复合样品，表明葡萄糖复合碳源虽然促进了细菌的生长但是对 PHA 合成的贡献度低于丁酸钠。对于 PHB 含量的指标，丁酸钠复合碳源样品同样以 56.11%的占比表现出明显的优势。由图 3-23 中 PHB 含量与 PHV 含量对比可见，对于餐厨废油为底物合成 PHA 的反应，即使加入了丙酸盐，*C. necator* 依旧以合成 PHB 为主，PHV 的含量非常低。

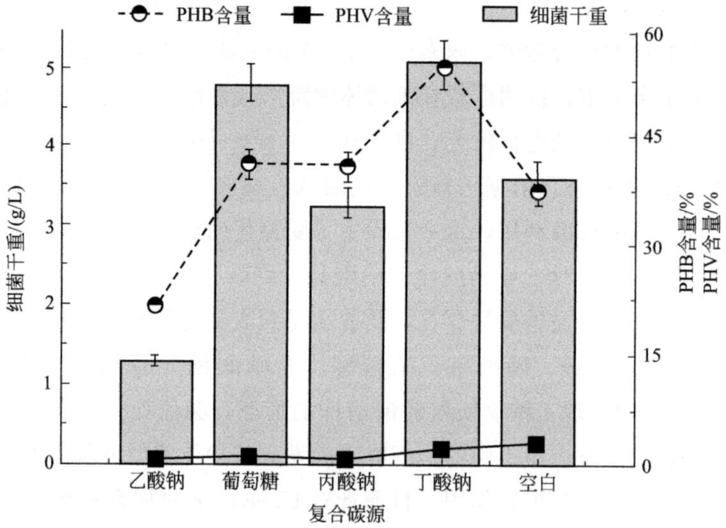

图 3-23　复合碳源对 PHB 与 PHV 含量的影响

由上述实验结果可得，丁酸钠复合餐厨废油和葡萄糖复合餐厨废油对 *C. necator* 的生长具有促进作用。研究表明，丁酸钠和葡萄糖在细菌体内的代谢路径不同，葡萄糖通过糖酵解途径生成磷酸烯醇丙酮酸后转化为丙酮酸，进而合成乙酰辅酶 A，最终得到 PHB，而丁酸盐的代谢途径则是先由丁酰辅酶 A 合成丁烯酰辅酶 A 后，再转化为（R)-3-羟基丁酰基辅酶 A 最终合成 PHB。从代谢途径结合实验结果分析，丁酸钠向 PHB 转化过程更为直接，与餐厨废油复合能增强微生物对餐厨废油的转化能力，因此能够得到更好的细菌干重和 PHB 产量。乙酸钠、丙酸钠和丁酸钠三组实验结果的差异表明，细菌对丁酸钠的利用途径更为直接，这与 3 种脂肪酸向 P（3HB-co-3HV）转化路径的长度有关（图 3-24），Leonie Marang 等（2013）的实验结果同样证明了当乙酸盐与丁酸盐同时存在时，细菌对于丁酸盐的消耗要优于乙酸盐，这与本实验的结果一致，证明丁酸钠在挥发性脂肪酸中是更优质的 PHB 合成的碳源选择。而图 3-23 表现出的 PHB 含量高于 PHV 的现象说明，即使存在可以转化为 HV 单体的前体物质的原料（乙酸盐和丙酸盐），*C. necator* 降解餐厨废油仍旧优先向 PHB 转化；Wang 等对以 VFA 作碳源的 *C. necator* 合成 PHA 的研究也印证了这一结论。

综上所述，丁酸钠作为复合碳源添加有助于提高餐厨废油合成 PHB 的能力，工业化生产则需要考虑成本因素。

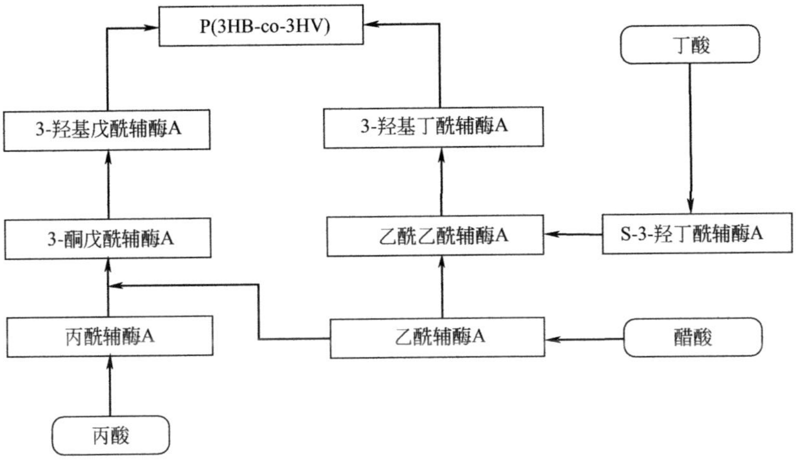

图 3-24　乙酸、丙酸、丁酸代谢途径

初始 pH 值对 PHA 合成的影响结果如图 3-25 所示，图 3-25(a) 表示 pH 梯度对

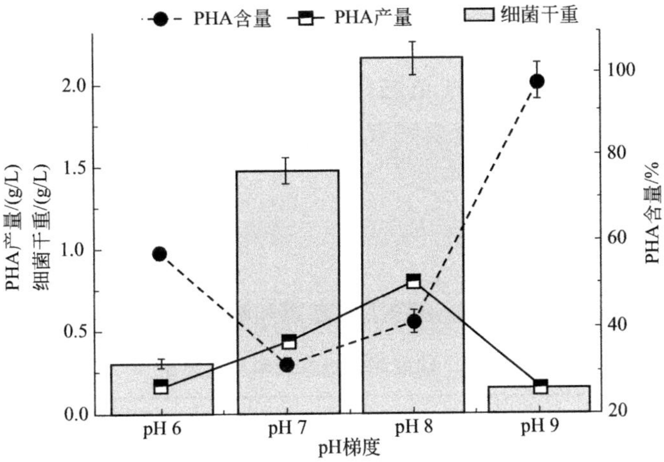

(a) pH梯度

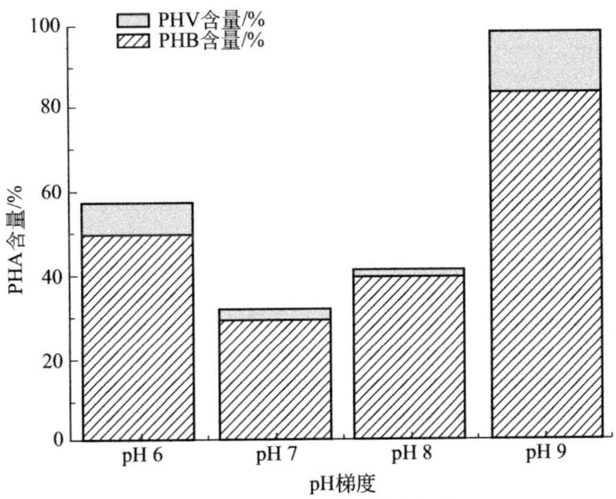

(b) PHB和PHV相对含量

图 3-25　不同 pH 值对 PHA 合成的影响

PHA 合成的影响，图 3-25(b) 表示 PHB 和 PHV 的相对含量。随着 pH 值的增加，细菌干重逐渐上升，在 pH=8 时达到最大值 2.16g/L，在 pH=9 时明显降低到最小值 0.15g/L，可见 pH=8 左右的弱碱性环境更适合细菌生长；PHA 产量的变化趋势与细菌干重的变化规呈现一致性，在 pH=8 时得到最大产量 0.79g/L；PHA 含量的变化呈现先下降后上升的趋势，pH=6 和 pH=9 时 PHB 的含量较高，原因在于细菌丁重低。在 pH=8 时 PHA 含量能够达到 40.80%，略高于 pH=7 的情况。在 pH=7 和 pH=8 的条件下，3 个指标的变化趋势是相同的，初始 pH=8 的条件对微生物生长和 PHA 的合成均表现出促进作用，对发酵的影响是有利的。从 PHV 与 PHB 的相对含量可见，*C. necator* 以合成 PHB 为主，PHV 的合成量占比在 pH=6 和 pH=9 时略高于 pH=7 和 pH=8，可以推测当细菌生长状况良好，PHA 合成旺盛的条件下，合成通量多通向产生 PHB。

对于细菌的碱性 pH 稳态，研究表明单价阳离子/质子反向转运蛋白起主导作用，同时还包括发酵代谢产酸、增加 H^+ 参与 ATP 合成等策略。在工业发酵过程中，微生物必须对发酵条件的变化有良好的耐受力，因此细菌在一定 pH 值范围内维持稳态是保证发酵活动正常进行的前提。Feng 等（2019）的研究发现 *Cupriavidus lacunae* sp. nov 能够在 pH=5～9 之间存活，最佳生长 pH 值范围在 7～8 之间，与本实验的结果一致。虽然众多研究对微生物合成 PHA 的初始 pH 值进行了研究，但对其具体的作用机制并没明确表述，pH 值作为影响 PHA 合成的重要因素，研究其在代谢途径中产生作用的方式是一个有价值的方向。

3.4.1.3 响应面优化结果

通过 Design Expert 设计的发酵条件实验方案和响应值如表 3-6 所列。

表 3-6 响应面分析方案和实验结果

序号	因素 1	因素 2	因素 3	PHB 浓度/(g/L)
	A:吐温 80/60 的比值	B:氮源添加量/(g/L)	C:碳源添加量/(mL/100mL 培养基)	
1	0.5	0.5	2	1.9174
2	2	1	2	0.4625
3	1.25	1	2.5	1.5954
4	1.25	0.5	1.5	1.3620
5	1.25	0.75	2	1.9803
6	1.25	0.75	2	2.2378
7	1.25	0.75	2	1.4645
8	1.25	0.75	2	1.6813
9	0.5	0.75	1.5	1.5120
10	0.5	0.75	2.5	1.8417
11	2	0.75	2.5	0.1028

续表

序号	因素 1	因素 2	因素 3	PHB 浓度/(g/L)
	A:吐温 80/60 的比值	B:氮源添加量/(g/L)	C:碳源添加量/(mL/100mL 培养基)	
12	1.25	0.75	2	1.9683
13	1.25	0.5	2.5	2.0343
14	1.25	1	1.5	1.1007
15	2	0.75	1.5	0.2224
16	0.5	1	2	1.0522
17	2	0.5	2	1.4235

Design Expert 对表 3-6 中的数据进行多元线性回归分析，经二项式拟合后，得到 PHB 产量的多元二次回归响应面模型，方程表达式如下所示：

$$\text{PHB 产量}=1.87-0.51A-0.32B+0.17C-0.024AB-0.11AC-0.044BC-0.63A^2-0.025B^2-0.32C^2$$

式中，A 为因素 1 数值；B 为因素 2 数值；C 为因素 3 数值。

交互影响实验结果如下，响应面回归模型的方差分析结果如表 3-7 所列。模型“Prob >F”=0.0455<0.0500，表明模型显著，实验方法可靠。失拟度“Lack of Fit” F 值为 2.78

表 3-7　方差分析

来源	总和方	df	平均方	F 值	p-value Prob >F	备注
模型	5.41745478	9	0.60193942	3.820774518	0.0455	有效
A:吐温 80/60	2.11373588	1	2.11373588	13.41681226	0.0080	
B:氮源添加量	0.797768288	1	0.797768288	5.063786564	0.0592	
C:碳源添加量	0.237039761	1	0.237039761	1.504595729	0.2596	
AB	0.002294275	1	0.002294275	0.014562776	0.9073	
AC	0.050495221	1	0.050495221	0.320515398	0.5890	
BC	0.007876217	1	0.007876217	0.049993814	0.8295	
A^2	1.660430798	1	1.660430798	10.53948532	0.0141	
B^2	0.002545102	1	0.002545102	0.016154882	0.9024	
C^2	0.427818283	1	0.427818283	2.715550999	0.1434	
残差	1.102806753	7	0.157543822			
修正	0.745713658	3	0.248571219	2.784385612	0.1739	无效
误差	0.357093095	4	0.089273274			
总和	6.520261532	16				

表示失拟项的差异不显著，说明实验中偶然误差等因素不会对实验结果造成显著影响。此外，依据软件给出的分析结果，虽然模型相关系数 $R=0.8309<0.9000$ 表示总体平均值对响应值的预测可能高于该模型，结合 Adeq Precision=5.615>4 说明模型可以用于实验设计，具有可信度。

依据方差分析，p 值代表了因素的显著性水平。影响因素按照显著性排序为：吐温 80/60（A，$p<0.01$）>氮源添加量（B，$p>0.05$）>碳源添加量（C，$p>0.05$）。方程的交互相 AB、AC、BC 均 $p>0.05$，表明交互项对 PHB 的产量影响不显著，3 个因素之间无交互作用。

响应面分析如下，依据模型的响应面三维图形和等高线图形，能够直观地解释两个变量之间对响应值的影响。Design Expert 软件给出了三组响应面（二维和三维）图形。借此可以在其中一个变量固定于中心值时，评估另外两个变量对响应值产生的影响。

① $X_1=A$：吐温 80/60；$X_2=B$：氮源添加量；C：碳源添加量=2.00。

图 3-26 表示在碳源添加量保持恒定的情况下，吐温 80/60（A）和氮源添加量（B）

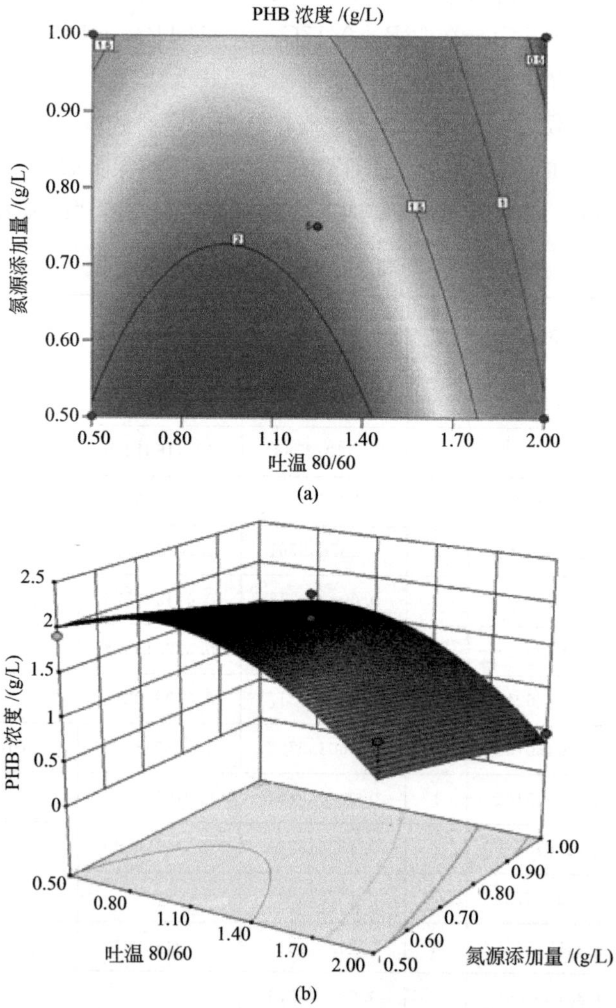

图 3-26 吐温 80/60 和氮源添加量对 PHB 浓度的影响

对 PHB 浓度的影响（见书后彩图 2）。等高线图虽近似椭圆形，但多条线近似相互平行，结合方差分析 $p>0.05$ 可表明两因素交互作用并不显著。同一条曲线上的点表示相同的 PHB 浓度，在红色区域的中心位置为预测的最大 PHB 浓度。PHB 浓度沿 X_1 轴方向自中心向两侧边缘降低，沿 X_2 轴方向随氮源添加量的降低而逐渐增大，在 0.5～0.8g/L 达到最大。响应面 3D 图开口向下，当吐温 80/60 比值在 0.8～1.1 和氮源添加量低于 0.6g/L 时得到 PHA 含量的最大值。

② $X_1=A$：吐温 80/60；$X_2=C$：碳源添加量；B：氮源添加量=0.75。

图 3-27 表示在氮源添加量保持恒定的情况下，吐温 80/60(A) 和碳源添加量（C）对 PHB 浓度的影响（见书后彩图 3）。等高线图近似圆形，表明两个因素之间没有显著交互作用，与方差分析判断结果一致。响应面 3D 图开口向下，当响应值达到极大值以后，沿 X_1 和 X_2 方向，PHB 含量逐渐降低。当吐温 80/60 在 0.83～1.02、碳源添加量在 2.10～2.30，得到 PHB 的最大值。

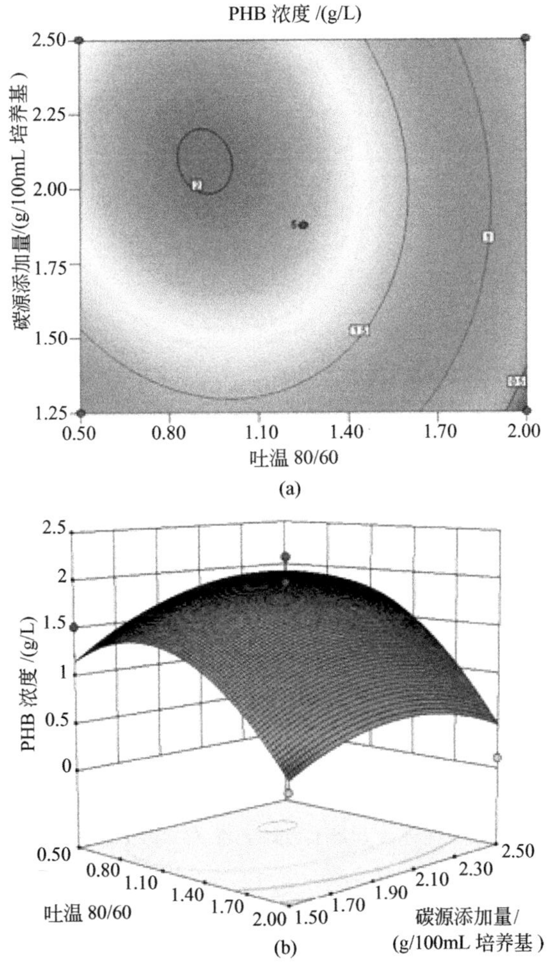

图 3-27　吐温 80/60 和碳源添加量对 PHB 浓度的影响

③ $X_1=B$：氮源添加量；$X_2=C$：碳源添加量；A：吐温 80/60=1.25。

图 3-28 表示在吐温 80/60 比值保持恒定的情况下，氮源添加量（B）和碳源添加量

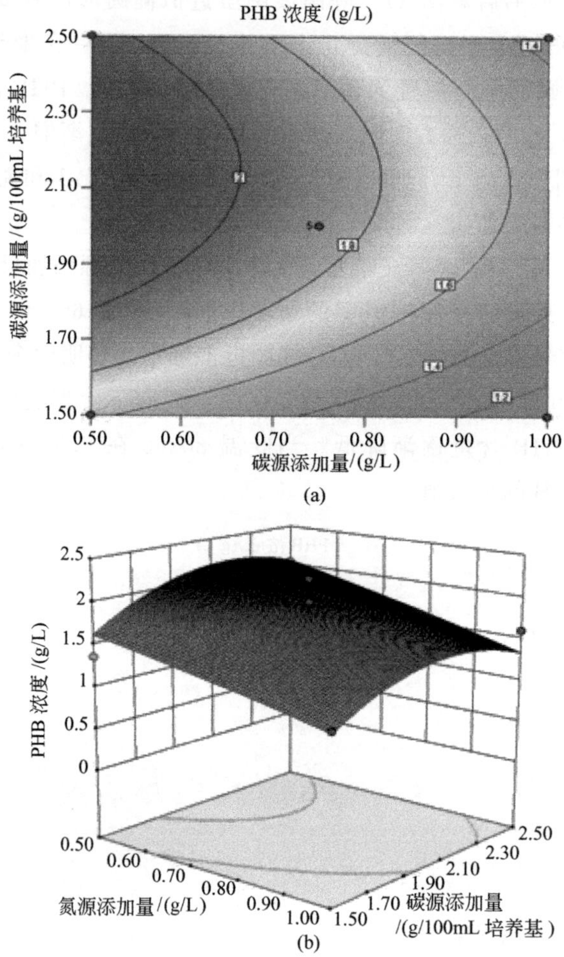

图 3-28 氮源添加量和碳源添加量对 PHB 浓度的影响

(*C*) 对 PHB 浓度的影响 (见书后彩图 4)。虽然等高线图接近椭圆形，但相邻线条彼此近乎平行，结合方差分析 $p>0.05$ 可证明两因素交互因素并不显著。响应面 3D 图形向下开口，响应值达到极大值时，沿 X_1 方向 PHB 浓度随氮源添加量的增加而降低，沿 X_2 方向，PHB 浓度向两侧逐渐减小。在碳源添加量为 2.10～2.42 (g/100mL 培养基)、氮源添加量小于 0.7g/L 的范围内得到 PHB 浓度的最大值。

结合上述实验结果进行最优实验方案的预测分析，给定吐温 80/60(*A*) 的取值范围为 0.83～1.10，氮源添加量的取值范围为 0.3～0.6g/L，碳源添加量的取值范围为 2.10～2.30g/100mL 培养基，目标 PHB 产量设置为 3g/L。预测得到的最佳实验方案为吐温 80/60 比值为 0.94、氮源添加量为 0.3g/L，碳源添加量为 2.23g/100mL 培养基，预测最大 PHB 产量为 2.51g/L。实验验证结果为 2.28g/L，与预测值相近，证明模型所给条件为最优条件。

3.4.2 代谢物分析

基于 GC/MS 测定技术的代谢轮廓分析能够检测代谢通路中不同培养组之间表现出明

显差异的标志性代谢物，不必对代谢通路中所有物质进行分析，从而缩小识别范围，通过大量研究证明是一种可靠的分析糖、脂肪酸和氨基酸等代谢物的技术，并能够准确地对代谢物进行定量分析。目前对于利用 *C. necator* 合成 PHA 的研究多关注如何改进实验条件提高 PHA 产量，关于代谢机理方面的探讨较少。Fukui 等（2017）利用代谢组学方法研究了 *Ralstonia eutropha* H16 在聚羟基链烷酸酯生产的不同生长阶段代谢物的差异；Jin 等（2018）研究了 *Halomonas* sp. KM-1 的代谢物变化与 PHB 产量之间的关系，旨在通过优化培养基和代谢工程来改善 PHB 的产生。但影响 PHA 合成的关键代谢物尚不清晰。基于初始 pH 值的单因素实验，对 pH=6、pH=7、pH=8、pH=9 四组酸碱度不同发酵样本的代谢物进行测定分析，寻找存在显著差异的代谢物，进一步探明反应机理从而提高 PHA 合成量。

3.4.2.1　统计学分析

使用 Simca-P 14.1 软件进行多元统计分析，在统计分析之前对数据进行单位方差标尺化转换（UV scaling），用 R_2 和 Q_2 值对模型质量进行检验，理论上当 R_2 和 Q_2 越接近于 1，说明模型的拟合度越好，反之则越差。通常二者值高于 0.5 则表示情况较好，同时要求两个数值差别不能太大。

首先对 pH 值为 6、7、8 和 9 的四组代谢物的 GC/MS 谱数据进行 PLS-DA 分析（偏最小二乘判别分析，图 3-29）。该模型的 R_2Y 值为 0.93，Q_2 值为 0.87，说明 PLS-DA 模型在对四组代谢物的表型差异具有一定的解释和预测能力的情况下，没有发生过拟合的现象。沿第一主成分方向，在四组样本之间得到了很好区分的同时，pH 值为 9 时与其他三组的差别最为显著。

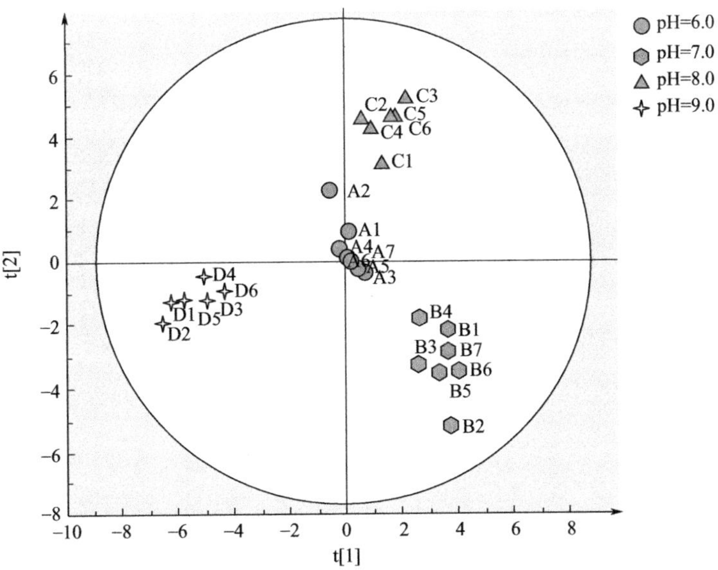

图 3-29　基于 GC/MS 分析的不同 pH 值条件下 PLS-DA 得分图

继而将 pH=6 和 pH=7、pH=7 和 pH=8、pH=8 和 pH=9 分成三组，将其代谢

数据进行比较分析，分别建立 PLS-DA 模型。由图 3-30(a) 可以看出，pH=6 和 pH=7 之间得到了良好的区分，并且 pH=6 组内差异较小，pH=7 组内出现一定差异，说明随着 pH 值的升高，*C. necator* 的体内代谢物水平发生一定程度的改变；从图 3-30(b) 和图 3-30(c) 两个模型中也能看出，pH=7 和 pH=8 之间以及 pH=8 和 pH=9 之间也都产生明显的区分，pH=9 组内差异较大，与 pH=7 类似，而 pH=8 组间差异并不明显。表 3-8 中的模型参数可以说明模型的可靠性，不存在过拟合现象，同时也印证了之前的分析。

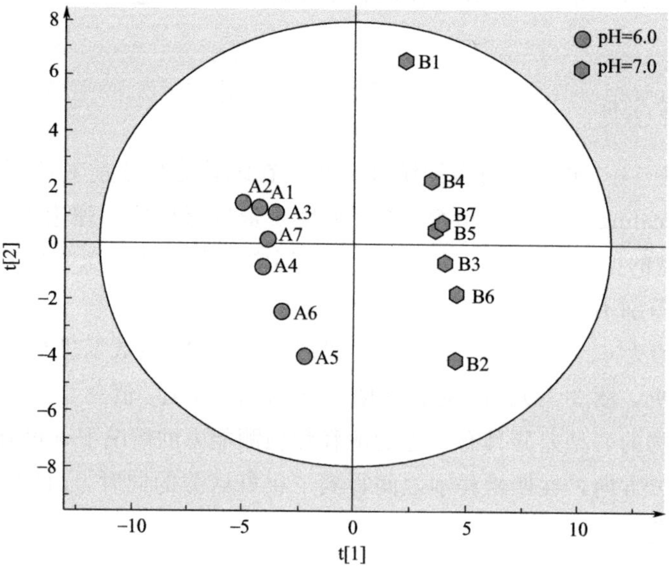

(a)

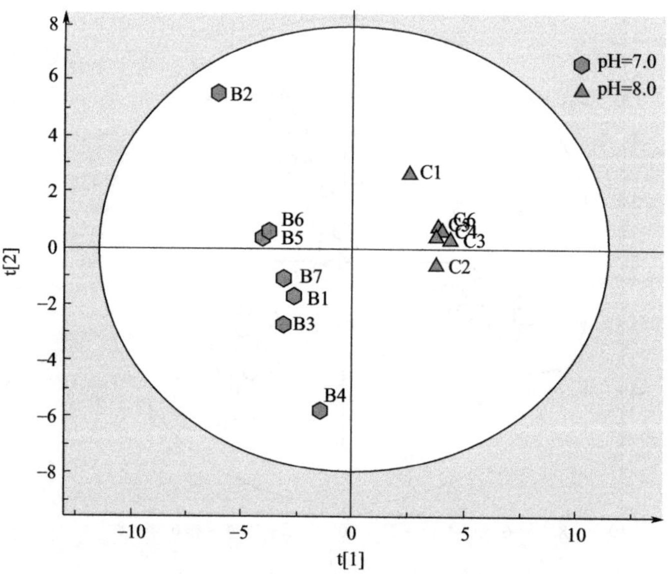

(b)

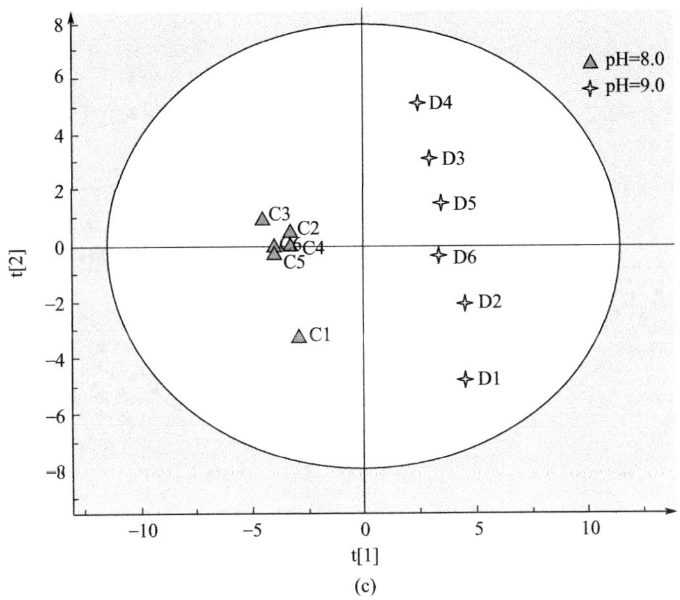

图 3-30　相邻两组之间对比的 PLS-DA 得分图

表 3-8　分组模型参数

分组	R_2Y	Q_2
pH=6、pH=7	0.989	0.864
pH=7、pH=8	0.995	0.841
pH=8、pH=9	0.991	0.980

PLS-DA 模型表明，随着 pH 值的升高，*C. necator* 体内代谢物水平发生了显著的变化，pH 值对于发酵产物的影响以及微生物的新陈代谢会产生一定的影响；同时也说明 pH 值的改变可以调控 *C. necator* 积累 PHB 的发酵过程。

3.4.2.2　差异代谢物分析

变量权重重要性排序值（VIP 值）是用以筛选对模型贡献度大的变量，一般我们将 VIP 值>1 并且在载荷图中离原点距离较大的点选为潜在影响因子。结合图 3-31 和图 3-32，经过对比分析，存在 11 种物质对代谢水平影响比较显著，分别为鸟氨酸、延胡索酸、β-D-葡萄糖、戊二酸、肌醇、丁酸、甘氨酸、L-天冬酰胺、D-葡萄糖、L-苏氨酸和缬氨酸。上述物质随着 pH 值的变化可能会出现较大幅度的变化，能够对 PHB 的积累产生较为显著的影响。

3.4.2.3　代谢途径分析

分别在初始 pH=6、pH=7、pH=8、pH=9 的情况下培养 *C. necator*，结合代谢产物检测结果以及 KEGG 数据库（http：//www.genome.ad.jp/kegg）进行代谢途径分析。图 3-33 是细菌在合成 PHB 时细胞内代谢物水平随 pH 值改变的变化情况。从图中可以看

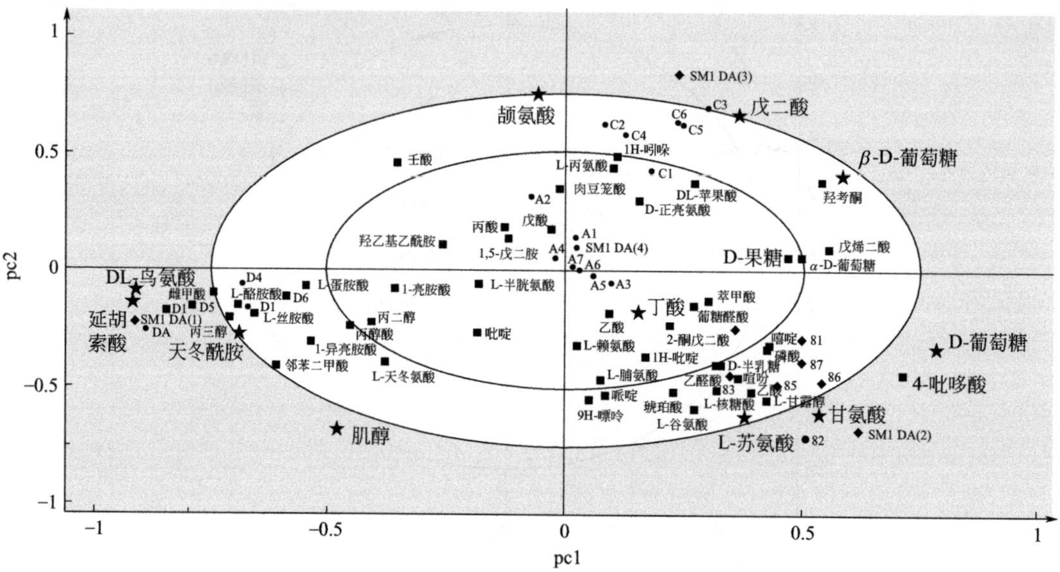

图 3-31 不同 pH 值下代谢物分布载荷

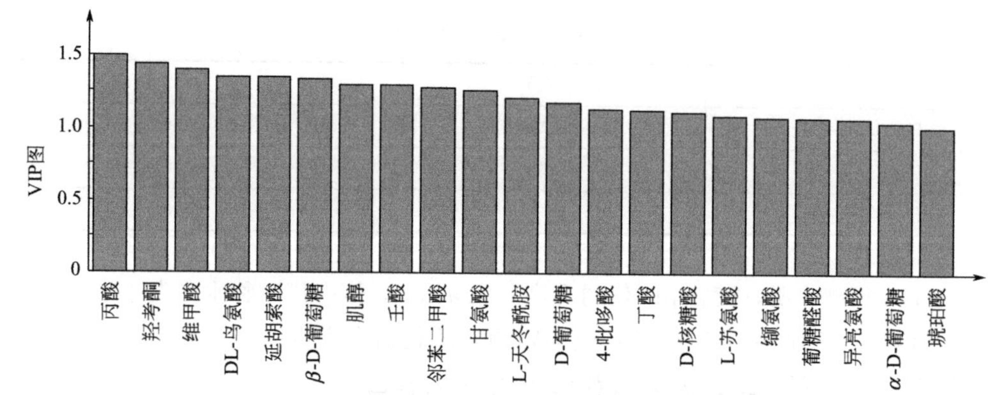

图 3-32 *C. necator* 代谢物 VIP 值分布

出，*C. necator* 代谢产生 PHB 涉及了 EMP 途径、TCA 循环、乙醛酸循环以及氨基酸的合成和代谢。

餐厨废油被微生物摄入后，经水解反应生成甘油和脂肪酸，脂肪酸发生 β-氧化反应，在脂酰 CoA 合成酶的作用下与乙酰 CoA 发生反应生成脂酰 CoA，脂酰 CoA 经脱氢和水化作用生成（R)-3-羟基脂酰 CoA，进一步催化反应生成 PHB；此外，脂肪酸存在向丁酰 CoA 转化的通路，继而合成 2-丁烯酰-CoA，再经（S)-3-羟基丁酰-CoA 生成乙酰乙酰 CoA，最终通过乙酰 CoA 合成 PHB。同时，甘油反应生成磷酸二羟丙酮，进一步生成 3-磷酸甘油酸，进入 EMP 途径，产生磷酸烯醇丙酮酸，进一步反应生成丙酮酸，丙酮酸代谢途径产生的乙酰 CoA 补充进入 PHB 合成途径。以丁酸的合成代谢为例，丁酸含量变化为随 pH 值变化降低，与 PHB 的含量相比大致呈现负相关性，由此可以推断餐厨废油在微生物体内代谢为丁酸，后又合成了 PHB。研究表明，丁酸可以作为合成 PHB 的碳源（Raza 等，2017），在 KEGG 数据库中，微生物的丁酸降解过程存在合成 PHB 的通路，

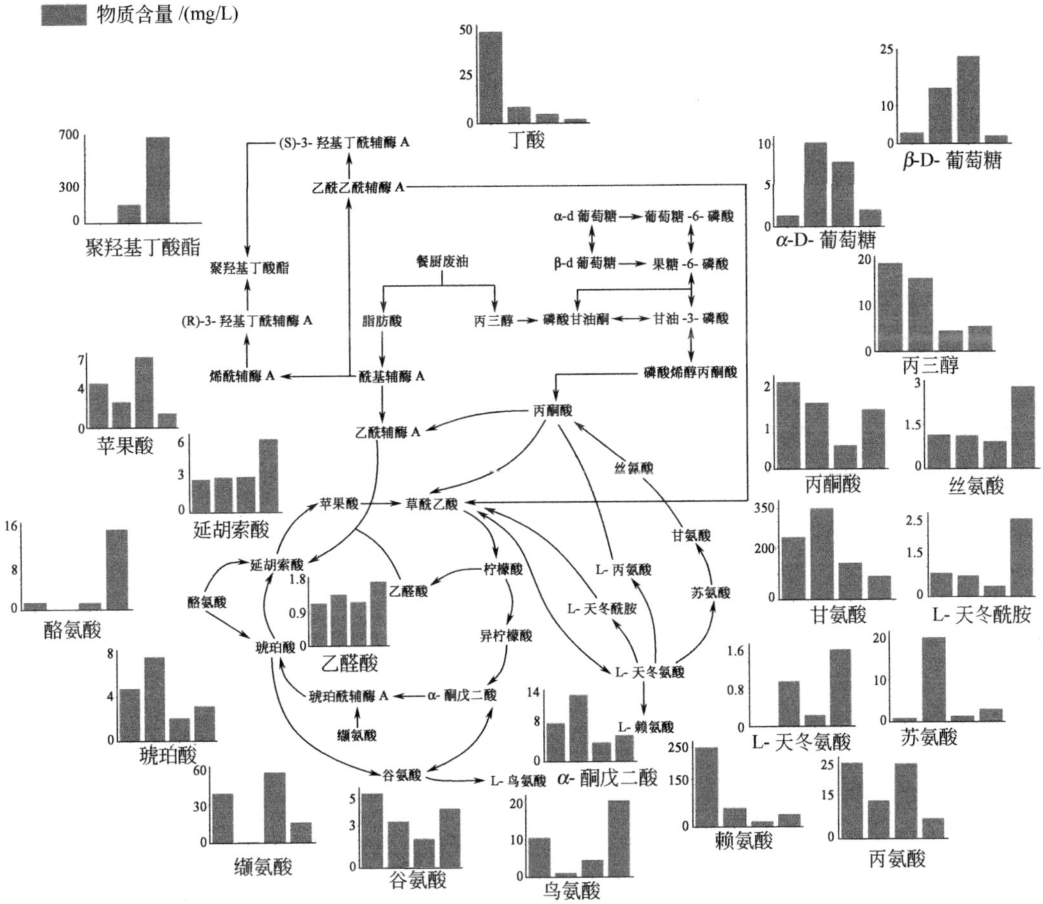

图 3-33　代谢通路模型路径分析

而脂肪酸降解途径也存在指向丁酰 CoA 的合成通路。因此可以推测，在中性偏碱的环境下，脂肪酸进入细胞后存在向丁酸合成的循环通路，碳通量总体通过丁酰 CoA 流向 PHB 合成。

对于其他中间代谢物，β-D-葡萄糖、苹果酸、缬氨酸、丙氨酸等物质随着 PHB 产量的提高而表现出同步上升，α-D-葡萄糖、甘油、L-天冬酰胺、天冬氨酸、甘氨酸、丙酮酸、赖氨酸、酪氨酸、琥珀酸、谷氨酸、鸟氨酸、α-酮戊二酸、L-苏氨酸、乙醛酸、延胡索酸、丝氨酸等物质则表现出与 PHB 变化相反的趋势。在氨基酸合成的过程中，氨基化作用涉及 α-酮酸的反应，而细胞中能够生成 α-酮酸的物质有 α-酮戊二酸、丙酮酸、谷氨酸和延胡索酸。由代谢通路分析图 3-33 可见，谷氨酸、α-酮戊二酸的含量同步下降，丙酮酸含量也基本呈下降趋势，可以推测在此阶段内丙酮酸向 TCA 循环转化通量降低，向乙酰辅酶 A 的转化增加，从而导致 PHB 合成量升高；Alagesan S 等（2018）的研究表明，NADH 和 NADPH 的含量在营养限制的条件下增加，导致异柠檬酸裂合酶和异柠檬酸脱氢酶抑制，从而将碳通量导向 PHB 合成，与当前推测一致。而苏氨酸、甘氨酸、赖氨酸、L-天冬酰胺和天冬氨酸含量也呈同步下降，这 4 种物质涉及氨基酸合成过程中的前体转化途径；同时，丙酮酸含量的降低可能导致草酰乙酸含量的降低，从而抑制了 TCA

循环与氨基酸转化的通路，相对促进了丙酮酸向 PHB 的转化。Castillo T 等（2013）的研究表明，外界环境压力存在时，由磷酸烯醇丙酮酸羧激酶催化的草酰乙酸向磷酸烯醇丙酮酸转化的补缺反应代谢通量增加，从而降低了丙酮酸向草酰乙酸的转化通量，而 NADP 依赖的苹果酸脱羧酶能够催化苹果酸向丙酮酸的反应，为合成 3C 代谢物提供 NADPH，印证了本研究物质含量的变化趋势。

作为 TCA 循环的重要物质，延胡索酸在 pH＝9 的时候表现出较高的水平，而此时 PHB 的含量非常低，在其他阶段的含量变化并不明显。由此可以推测，在利于细菌生长和 PHB 合成的情况下，延胡索酸持续转化，因此其浓度呈现稳定较低水平；在碱性环境下，微生物的生命活动受到抑制，TCA 循环通路减弱，同时乙酰辅酶 A 向 PHB 转化的通路也相应受到抑制，从而导致了延胡索酸的积累和 PHB 合成的减少。乙醛酸含量变化与 PHB 合成相反，之前的研究表明，乙醛酸循环作为 TCA 循环的回补途径，存在乙醛酸向苹果酸的合成，后在 NADP 依赖的苹果酸脱羧酶作用下催化苹果酸合成丙酮酸从而促进 PHB 的合成。

综上所述，结合 PLS-DA 分析得出的潜在影响因子，可以推测甘氨酸、鸟氨酸、L-苏氨酸、L-天冬酰胺和延胡索酸 5 种物质会对 PHB 产量产生较大程度的影响。这些物质含量的变化通过改变丙酮酸和乙酰 CoA 的合成，直接或者间接影响流入 TCA 循环的代谢通量，从而通过参与 TCA 循环、氨基酸合成代谢以及丙酮酸合成降解等途径对 *C. necator* 合成 PHB 产生影响。

本节对于餐厨废油合成 PHA 提出的优化策略均为实验室规模实验得出的结论，而工业规模涉及的参数调整更为复杂，存在 DO 浓度、过程 pH 值控制、搅拌速率、曝气速率等动态监测参数，均与摇瓶分批培养存在明显差异，需要进行更深的研究。下面对于实验中发现的问题提出进一步研究的建议。

① 众所周知 PHA 在氮限制条件下更易合成，但对微生物利用氮源的代谢机理研究并不清晰。利用代谢物分析方法对 *C. necator* 利用尿素的代谢机理进行研究，分析在尿素作氮源时碳通量的流向，从代谢中间产物或 PHA 前体物产生途径的角度展开，以求将代谢流引向 PHA 的合成，提高 PHA 颗粒在细菌细胞的占比。

② 废物流是一个有潜力的思考角度，能够在减轻环境负荷的同时得到增值产品。作为氮源添加的尿素、复合碳源添加的丁酸钠、餐厨废油乳化剂的吐温 80/60 等物质的加入均会相对提高合成 PHA 的成本，若能够从废水、废渣中得到这些物质或寻找具有同样效果的替代物质，则能够平衡成本。但废物流的引入同时会提高前处理的技术难度，增加副产物和废弃物成分的复杂程度。因此需要进行全生命周期评价。

③ 依据所研究的内容，继续深入研究详细的发酵条件对 PHA 合成的影响，以探索更成熟的发酵优化策略，例如不添加氮源发酵研究对 PHA 合成的影响。

④ 吐温 80 和吐温 60 作为增溶剂乳化餐厨废油，使油与培养基能够形成均质液体，从而可以实现利用蠕动泵进料以进行连续发酵实验。在得到高细胞密度发酵的基础上，提高 PHA 合成量是一个亟待解决的问题，基因组学和代谢组学的手段可以应用于此。

⑤ 酶催化水解餐厨废油和表面活性剂乳化餐厨废油，均会产生大量如蛋白质等的副产物，研究发酵液中的代谢副产物成分与 PHA 合成之间的关系，是了解 PHA 合成阻碍

因素的一个可行的方向。

⑥ 利用 PLS-DA 分析得到的 5 种显著差异物，可以对其具体作用方式进行研究，例如有效添加量、作用节点和方式等。代谢物分析对样本数量要求比较高，足够多的组内样本数能够降低微生物生长差异产生的误差，因此对 *C. necator* 合成 PHA 的代谢组学研究还有很多工作可以进行。

3.5 混合菌群合成 PHA 的主要工艺

3.5.1 工艺整体布局

混合菌群合成 PHA 工艺的布局基本上可分为三段式和两段式两种类型，而目前采用的多是三段式工艺。如图 3-34 所示。

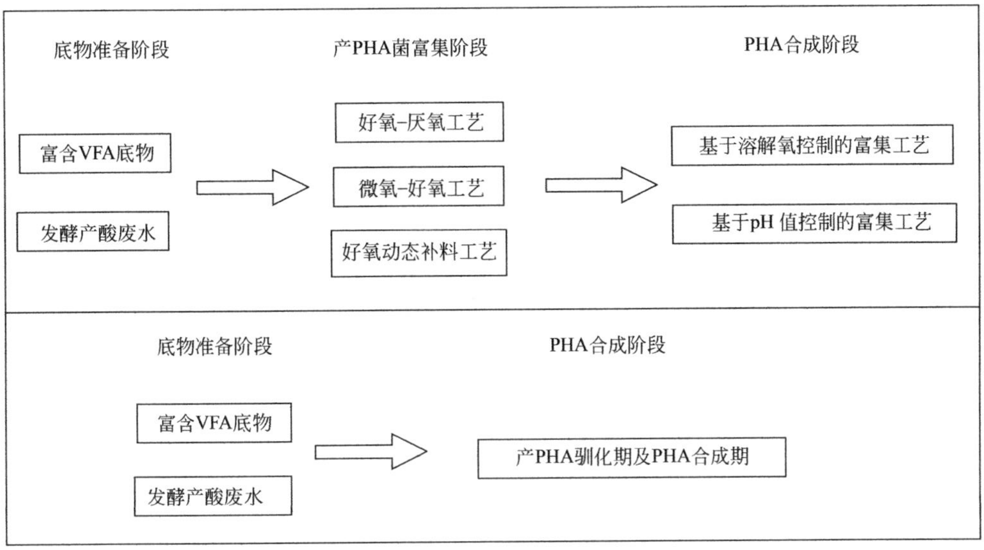

图 3-34　三段式和两段式工艺流程

（1）三段式工艺

三段式工艺流程主要由以下三阶段构成。

① 底物准备阶段。可用于产 PHA 混合菌群驯化的底物可以是富含小分子有机酸（VFA）的废水，也可以是含较大分子量有机物（如多糖）但可使用水解酸化工艺转化为 VFA 的废水，两类废水均要进行 pH 值和营养比例的调理方可进入下一阶段。

② 产 PHA 菌富集阶段。此阶段是混菌合成 PHA 的核心阶段，其目的是驯化筛选到数量尽可能多、合成能力尽可能强的混合菌群。在这一阶段，研究者运用了较多的运行策略，主要有厌氧-好氧工艺、微氧-好氧工艺、好氧动态补料工艺，它们的共同特点均是强化富集阶段的筛选力。

③ PHA 合成阶段。第二阶段富集的产 PHA 菌泥使用第一阶段的底物在限制营养元素（N、P）的条件下合成 PHA，目前 PHA 合成阶段的工艺较为成熟的主要有基于溶解氧控制的富集工艺和基于 pH 值控制的富集工艺两种，前者以溶解氧突跃时为反应终点，

整体上属于间歇性投料模式，后者通过 pH 值较低的底物连续投加，使反应体系的 pH 值维持稳定，属于连续型投料工艺。

(2) 两段式工艺

与三段式工艺相比，两段式工艺将产 PHA 混合菌群的富集与混菌 PHA 合成整合为一体，降低了工艺复杂度，并且污泥减量的意义相对于三段式工艺更加明显，但是两段式工艺的缺陷也较为明显，该工艺最终的 PHA 产量往往比三段式工艺要低。Rhu 等利用两段式工艺考察了食品加工废水的 PHA 转化潜力，将废水酸化作为驯化底物，进行 20d 左右的产 PHA 驯化阶段后限制营养转入产 PHA 模式，最终获得了占微生物细胞干重约 51%的 PHA 含量。陈玮研究建立了一套改良的两段式工艺，在富集反应器中同步进行 PHA 合成菌的富集驯化以及 PHA 的生产，周期结束后将富集体系中的菌泥全部用于 PHA 提取，起到了缩短 PHA 合成周期的目的。

3.5.2 由 EBPR 衍生的产 PHA 菌富集工艺

强化生物除磷（EBPR）系统中的 GAO 和 PAO 是两类能够合成 PHA 的混合菌群，其积累 PHA 的代谢途径前已述及。厌氧-好氧以及微氧好氧 PHA 菌驯化工艺便是由 EBPR 衍生而来。在厌氧-好氧体系中，GAO 具有摄取简单碳源转化为共聚物的能力。研究中还发现 GAO 从糖原中获得 ATP 的能力要比 PAO 弱，为了维持细胞环境中的氧化还原平衡，GAO 需要将摄取更多的糖原转化成中间代谢产物，在有底物存在的条件下，GAO 会将更多的碳源转向 PHA 合成途径。厌氧-好氧工艺中混合菌群合成 PHA 的含量一般都处于一个较低的水平，报道的最大合成比例也仅占细胞干重的 20%，Takabatake 等研发了 PHA 合成菌富集反应器，实际上就是 EBPR 的衍生系统，该系统最终获得的最大 PHA 含量为 57%。Dionisi 等采用以 SBR 为反应平台，以 VFA 和糖类组成的混合物作为底物，在厌氧-好氧条件下驯化产 PHA 混合菌群，在反应体系中发现了高基质浓度梯度以及具有产 PHA 能力的丝状细菌的存在。另外一种衍生工艺便是微氧-好氧 PHA 富集工艺，Satoh 等研发了微氧-好氧工艺，其工艺的关键是向富集反应器的厌氧段提供微量的氧气供应，该工艺获得的最大 PHA 含量可达微生物细胞干重的 62%。

3.5.3 好氧瞬时补料（ADF）工艺

好氧瞬时投料工艺在运行周期中可以分为底物充盈（Feast）阶段和底物匮乏（Famine）阶段两个阶段，两阶段循环交替，具有 PHA 合成能力的混合菌群便适应了这种环境并迅速增殖，在体系中占据绝对优势。影响 ADF 工艺 PHA 合成能力的核心指标在以往的研究中被认为是 F/F 值（Feast/Famine ration），Albuquerque 等阐述了这一指标在驯化混合菌群合成 PHA 过程中的重要作用，在底物匮乏阶段，微生物细胞降低了代谢活性，大幅度降低了酶合成速率以及 RNA 转录速率，这种细胞代谢活性的降低将会导致一种所谓的生长抑制，即在底物充盈阶段由于缺乏用于生长的胞内化合物而使细胞的生长响应受到抑制。当外在碳源充足时，生长响应受到抑制的微生物细胞会需要一段较长的时间来达到最大生长速率，在此期间摄取的底物会更多地流向 PHA 储存途径。截至目前，最高的 PHA 合成比例已超过 80%，Serafim 等在以乙酸盐为底物的条件下获得的最大 PHA 合成比例为 78.5%。

参 考 文 献

[1] Chen G Q, Hajnal I, Wu H, et al. Engineering biosynthesis mechanisms for diversifying polyhydroxyalkanoates. Trends in Biotechnology, 2015, 33 (10): 565-574.

[2] Fauzi A H M, Chua A S M, Yoon L W, et al. Enrichment of PHA-accumulators for sustainable PHA production from crude glycerol. Process Safety and Environmental Protection, 2019, 122: 200-208.

[3] 刘德江，侯凤兰，李瑜，等. 餐厨垃圾中的不同组分厌氧消化特性研究. 中国沼气，2018，36 (6)：41-44.

[4] 唐昊. 餐厨垃圾沼液发酵微生物制取生物聚酯的初步研究. 北京：北京林业大学，2015.

[5] Li Y, Jin Y, Li J. Enhanced split-phase resource utilization of kitchen waste by thermal pre-treatment. Energy, 2016, 98: 155-167.

[6] Wang Y, Zang B, Li G, et al. Evaluation the anaerobic hydrolysis acidification stage of kitchen waste by pH regulation. Waste Management, 2016, 53: 62-67.

[7] 程亚莉，毕桂灿，沃德芳，等. 国内外餐厨垃圾现状及其处理措施. 新能源进展，2017，5 (4)：266-271.

[8] Shi L, Tu B P. Acetyl-CoA and the regulation of metabolism: mechanisms and consequences. Current Opinion in Cell Biology, 2015, 33: 125-131.

[9] Passanha P, Kedia G, Dinsdale R M, et al. The use of NaCl addition for the improvement of polyhydroxyalkanoate production by Cupriavidus necator. Bioresource Technology, 2014, 163: 287-294.

[10] Vinish V, Sangeetha S H, Aravind J, et al. Optimizing the nutrient feeding strategy for PHA production by a novel strain of Enterobacter sp. International Journal of Environmental Science and Technology, 2015, 12 (8): 2757-2764.

[11] Basset N, Katsou E, Frison N, et al. Integrating the selection of PHA storing biomass and nitrogen removal via nitrite in the main wastewater treatment line. Bioresource Technology, 2016, 200: 820-829.

[12] Beun J J, Paletta F, Loosdrecht M C M, et al. Stoichiometry and kinetics of poly-β-hydroxybutyrate metabolism in aerobic, slow growing, activated sludge cultures. Biotechnology and Bioengineering, 2000, 67 (4): 379-389.

[13] Serafim L S, Lemos P C, Oliveira R, et al. Optimization of polyhydroxybutyrate production by mixed cultures submitted to aerobic dynamic feeding conditions. Biotechnology and Bioengineering, 2004, 87 (2): 145-160.

[14] Chua A S M, Takabatake H, Satoh H, et al. Production of polyhydroxyalkanoates (PHA) by activated sludge treating municipal wastewater: effect of pH, sludge retention time (SRT), and acetate concentration in influent. Water Research, 2003, 37 (15): 3602-3611.

[15] Bengtsson S, Werker A, Christensson M, et al. Production of polyhydroxyalkanoates by activated sludge treating a paper mill wastewater. Bioresource Technology, 2008, 99 (3): 509-516.

[16] Albuquerque M G E, Concas S, Bengtsson S, et al. Mixed culture polyhydroxyalkanoates production from sugar molasses: the use of a 2-stage CSTR system for culture selection. Bioresource Technology, 2010, 101 (18): 7112-7122.

[17] Reddy M V, Mohan S V. Influence of aerobic and anoxic microenvironments on polyhydroxyalkanoates (PHA) production from food waste and acidogenic effluents using aerobic consortia. Bioresource Technology, 2012, 103 (1): 313-321.

[18] Lin Z, Zhang Y, Yuan Q, et al. Metabolic engineering of Escherichia coli for poly (3-hydroxybutyrate) production via threonine bypass. Microbial Cell Factories, 2015, 14 (1): 185.

[19] Heras A M, Portugal-Nunes D J, Rizza N, et al. Anaerobic poly-3-D-hydroxybutyrate production from xylose in recombinant Saccharomyces cerevisiae using a NADH-dependent acetoacetyl-CoA reductase. Microbial Cell Factories, 2016, 15 (1): 197.

[20] Thinagaran L, Sudesh K. Evaluation of sludge palm oil as feedstock and development of efficient method for its u-

tilization to produce polyhydroxyalkanoate. Waste and Biomass Valorization, 2019, 10 (3): 709-720.

[21] 岳倩倩，倪爱欣，周礼红．无机氮源对红曲霉调控初探．中国酿造，2016，35 (12)：48-52.

[22] Marang L, Jiang Y, Van Loosdrecht M C, et al. Butyrate as preferred substrate for polyhydroxybutyrate production. Bioresource Technology, 2013, 142: 232-239.

[23] Feng T, Kim K H, Oh J, et al. Cupriavidus lacunae sp. nov., isolated from pond-side soil. Antonie van Leeuwenhoek, 2019, 112 (4): 543-551.

[24] Im D K, Yun S H, Jung J Y, et al. Comparison of metabolite profiling of Ralstonia eutropha H16 phaBCA mutants grown on different carbon sources. Korean Journal of Chemical Engineering, 2017, 34 (3): 797-805.

[25] Marudkla J, Lee W C, Wannawilai S, et al. Model of acetic acid-affected growth and poly (3-hydroxybutyrate) production by Cupriavidus necator DSM 545. Journal of Biotechnology, 2018, 268: 12-20.

[26] Raza Z A, Abid S, Banat I M. Polyhydroxyalkanoates: Characteristics, production, recent developments and applications. International Biodeterioration & Biodegradation, 2017, 126: 45-56.

[27] Alagesan S, Minton N P, Malys N. 13 C-assisted metabolic flux analysis to investigate heterotrophic and mixotrophic metabolism in Cupriavidus necator H16. Metabolomics, 2018, 14 (1): 9.

[28] Castillo T, Heinzle E, Peifer S, et al. Oxygen supply strongly influences metabolic fluxes, the production of poly (3-hydroxybutyrate) and alginate, and the degree of acetylation of alginate in Azotobacter vinelandii. Process Biochemistry, 2013, 48 (7): 995-1003.

[29] Rhu D H, Lee W H, Kim J Y. Polyhydroxyalkanoate (PHA) production from waste. Water Science and Technology, 2003, 48 (8): 221-228.

[30] 陈玮．利用活性污泥混合菌群合成聚羟基烷酸酯的研究．哈尔滨：哈尔滨工业大学，2010，3-100.

[31] Takabatake H, Satoh H, Mino T, et al. Recovery of biodegradable plastics from activated sludge process. Water Sci. Technol, 2000, 42: 351-356.

[32] Dionisi D, Majone M, Papa V, et al. Biodegradable polymers from organic acids by using activated sludge enriched by aerobic periodic feeding. Biotechnol Bioeng, 2004, 85 (6): 569-579.

[33] Satoh H, Iwamoto Y, Mino T, et al. Activated sludge as a possible source of biodegradable plastic. Water Sci Technol, 1998, 38: 103-109.

[34] Albuquerque M G E, Torres C A V, Reis M A M. Polyhydroxyalkanoate (PHA) production by a mixed microbial culture using sugar molasses: effect of the influent substrate concentration on culture selection. Water research, 2010, 44 (11): 3419-3433.

[35] Johnson K, Jiang Y, Kleerebezem R, et al. Enrichment of a mixed bacterial culture with a high polyhydroxyalkanoate storage capacity. Biomacromolecules, 2009, 10 (4): 670-676.

[36] Serafim L S, Lemos P C, Oliveira R, et al. Optimization of Ppolyhydroxybutyrate production by mixed cultures submitted to aerobic dynamic feeding conditions. Biotechnol and Bioeng, 2004, 87 (2): 145-160.

第4章 污泥处理技术

近年来，随着我国经济的迅猛发展和工业化、城市化进程的加快，我国人均生活用水量大量增加，导致废水量急剧增加，污水处理设施也随之增加。目前我国市政污水处理厂已经超过7000座，污水处理量增大的同时污水处理设施所产生的污泥量也非常庞大，2015年中国污泥产量（含水率＞80％）已超过3000万千吨，到2020年达6000多万吨，并且有进一步增长的趋势。但巨大的污泥产量中，只有不到20％的污泥总量得到了适当的处理。剩余污泥由于处理的污水源与处理工艺的不同，其污泥成分也会有所区别。剩余污泥主要由降解污水中污染物的微生物群落、部分微生物形成的菌胶团以及其吸附的污染物成分、原生动物、致病虫卵及重金属等物质组成。剩余污泥中由于存在多种有毒有害物质，因此需要通过合理的稳定化工艺以避免造成二次污染。同时污泥中含有丰富的有机物，应对其进行合理化的处理，以实现污泥处理处置的效益最大化与资源化。

4.1 概述

4.1.1 污泥好氧发酵概述

污泥好氧发酵主要是利用好氧微生物将污泥中的有机物分解，形成一种类似腐殖质土壤的物质。其发酵过程中产生热量，能使堆料层温度升高至55℃以上，能有效杀灭病原体、寄生虫卵和病毒，且提高污泥肥分。污泥好氧发酵是一种无害化、减容化、稳定化的污泥综合处理技术，在污泥处理中常被用到。污泥发酵主要用于农田、林地、园林绿化、废弃矿场修复、垃圾填埋场的覆盖土等方面。污泥好氧发酵的优点是低投资、低运行费用，适用范围广；缺点是污泥成分复杂，且易造成重金属污染等。

4.1.1.1 污泥好氧发酵分类

污泥的好氧发酵根据工艺类型、物料运行方式、发酵反应器形式、供氧方式，可分为如下几类：按工艺类型可分为一步发酵工艺和两步发酵工艺；按物料运行方式可分为静态发酵、动态发酵和间歇动态发酵等；按反应器形式可分为条垛式、仓槽式、塔式；按供氧方式可分为鼓风通风和自然通风。目前最常用的有条垛式发酵、通气静态槽式发酵、容器发酵3种方法。

（1）条垛式发酵

条垛式发酵是指用人工或堆垛机将物料堆成长条形堆垛，高度一般为1～2m，宽度一般为3～5m。其优点是靠翻堆供氧，设备简单、操作比较方便、建设及运行费用较低；缺点是发酵时占地面积较大，发酵时间较长，堆层表层温度易达不到无害化要求，且卫生条件较差。条垛式发酵一般适用于用地限制小、环境要求较低的地区。

（2）通气静态槽式发酵

通气静态槽式发酵的反应器是仓槽式，采用鼓风通风供氧。发酵仓为长槽形，发酵槽是上小下大，侧壁有5°倾角，堆高一般为2～3m。其优点是设施价格便宜，制作简单，堆料在发酵槽中，卫生条件好，无害化程度高，二次污染易控制；缺点是占地面积稍大。

（3）容器发酵

容器发酵是采用塔式筒形发酵仓，进行强制供氧。污泥由上部投入，下部排出，仓内堆高可达5～6m。其优点是占地面积小，卫生条件好，无害化程度高；缺点是设施较复杂，建设、运行费用较高，供氧能耗较大。

4.1.1.2 影响因素

（1）含水率

大量研究表明：污泥含水率低于30%时，微生物分解有机物的能力变慢；当含水率低于12%～15%时，微生物的活动几乎停止。而当含水率超过65%时，由于空气含量急剧降低，发酵由好氧状态转化为厌氧状态。一般而言，污泥脱水泥饼含水率一般为80%左右，因此必须调节到55%～60%方可进入好氧发酵工序。调节含水率的方法有脱水、添加干物料（调理剂）、成品回流、热干化、晾晒等。

（2）C/N值

碳氮比对污泥发酵过程中有机物的分解速率有重要影响。好氧发酵最适宜的C/N值为25～35。当C/N值高达40时，碳元素增多，氮元素相对缺乏，细菌和其他微生物的生长受到限制，有机物的分解速率慢，发酵过程变长；当C/N值高于40时，易导致发酵物的碳元素过高，当发酵物施入土壤后会导致土壤陷入氮饥饿状态，影响作物生长；当C/N值低于20时，碳素较少，氮素相对过剩，氮将变成氨态氮而发挥，导致氮元素大量损失而降低肥效。因此，发酵物中的C/N值应保持在适宜的范围内才能保证发酵的正常进行，若不在适宜范围内则需要对其进行调节。

（3）pH值

pH值对污泥发酵的正常进行具有重要影响。细菌和放线菌最适宜的生长条件是中性或微碱性，因此污泥发酵的pH值应控制在6～8的范围内，且最佳pH值在8.0左右。当pH≤5时会导致酸化，从而影响发酵的正常运行。污泥一般情况下呈中性，发酵时一般不必特别调节。发酵过程中由于发酵阶段的不同会导致发酵过程中pH值的变化，但发酵结束后，污泥的pH值一般都为7～8。因此可以用pH值作为发酵熟化与否的控制指标。pH值常用调理剂有$CaCO_3$、石灰和石膏等。

（4）温度

温度是反映发酵是否正常进行的重要指标，不同温度下的优势微生物的种属和数量也不相同，它们对各种有机物的分解能力不同，是影响微生物活动和发酵工艺过程的重要因素。一般分为中温发酵（30～40℃）和高温发酵（50～60℃）。发酵温度至少要达到 55℃才能杀灭病原菌和寄生虫卵，但温度过高（>70℃）则会抑制微生物降解有机物的速率，降低发酵产品的质量。然而，温度过低也不利于发酵反应的进行。有研究表明，当发酵温度在 55～65℃时发酵综合效果最佳。

（5）发酵时间

发酵时间受污泥种类、脱水时加药方式及堆料前处理方法的影响，这是因为其中易分解有机物的种类和含量有所不同，一般发酵期为 10～15d。

4.1.1.3　好氧发酵工艺流程

污泥好氧发酵工艺主要由进料、预处理、一次发酵、二次发酵、发酵产物加工等工序组成，污泥发酵反应系统是整个工艺的核心。

污泥好氧发酵的一般工艺流程如图 4-1 所示。

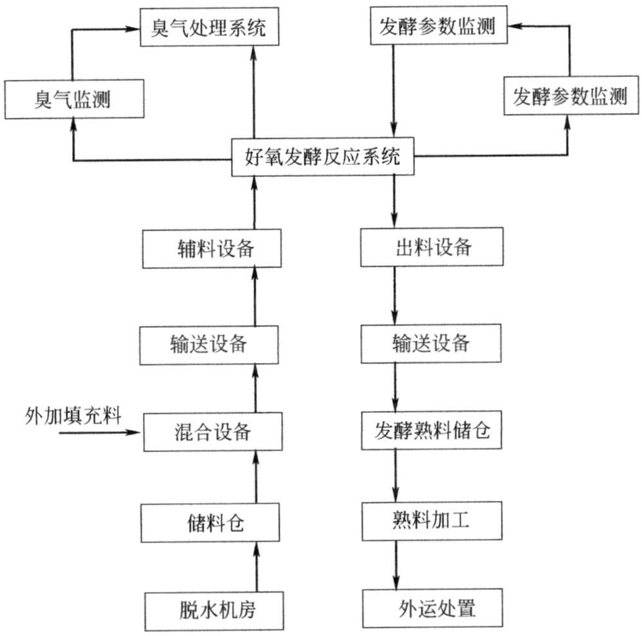

图 4-1　好氧发酵工艺流程

4.1.2　污泥焚烧技术

4.1.2.1　污泥焚烧概述

污泥焚烧是污泥处理工艺中的一种常见技术。它是利用焚烧炉将脱水污泥进行干燥，再利用高温对污泥中的有机物进行氧化，使污泥变为少量灰烬。污泥焚烧是一种常见的污泥处置方法，它能破坏污泥中全部的有机质，杀死一切病原体，并最大限度地减少污泥体积。焚烧残渣与含水率约为 75%的污泥相比，焚烧残渣体积仅为原有体积的 10%左右。

当污泥自身的燃烧热值较高，城市卫生要求较高，或污泥有毒物质含量高，不能被综合利用时可采用污泥焚烧技术进行处理。污泥在焚烧前，一般应先进行脱水和热干化，以减少负荷和能耗，还应同步建设相应的烟气处理设施，保证烟气的达标排放。

4.1.2.2 污泥焚烧分类

污泥焚烧可以分为利用垃圾焚烧炉焚烧、利用工业用炉焚烧、利用火力烧煤发电厂焚烧、污泥单独焚烧等多种方法。

(1) 利用垃圾焚烧炉焚烧

垃圾焚烧炉大都采用了先进的技术，且配有完善的烟气处理装置，可以在垃圾中混入一定比例的污泥一起焚烧，一般混入比例可达30%左右。

(2) 利用工业用炉焚烧

主要利用生产沥青或水泥的工业焚烧炉，焚烧干化后的污泥以及污泥的灰分可以完全地用于产品之中。高温焚烧至1200℃，污泥中有机物有害物质被完全分解，同时在焚烧中产生的细小水泥悬浮颗粒，这些颗粒会高效吸附有毒物质，而污泥灰粉一并熔融入水泥的产品之中。

(3) 利用火力烧煤发电厂焚烧

经过国外发电厂焚烧污泥研究证明，污泥投入量为耗煤总量的10%以内，对于烟气净化和发电站的正常运转没有不利影响。

(4) 污泥单独焚烧

污泥单独焚烧设备有多段炉、回转炉、流化床炉、喷射式焚烧炉、热分解燃烧炉等。焚烧处理污泥速度快，不需要长期储存，可以回收能量，但是，其较高的造价和烟气处理问题也是制约污泥焚烧工艺发展的主要因素。当用地紧张、污泥中有毒有害物质含量较高、无法采用其他处置方式时，可以考虑污泥的干化焚烧。

4.1.2.3 影响因素

(1) 污泥水分

污泥是一种含水率较高的复杂物质。高水分污泥直接进入焚烧炉内，对燃烧过程会产生一些不利的影响，如焚烧温度下降、着火过程延迟、炉内温度波动等。因此降低污泥含水率对降低污泥焚烧设备及处理费用是至关重要的。一般来说，将污泥的含水与挥发物之比降至<3.5可以形成自燃，节约燃料。

(2) 焚烧温度

一般来说，提高焚烧温度有利于废物中有机毒物的分解和破坏，并可抑制黑烟的产生。但是在高温情况下，污泥的升温速率快，水分和挥发分的析出速率也快，会使污泥在焚烧初始阶段易于破碎，增加飞灰损失。同时过高的焚烧温度不仅增加了燃料的消耗量，而且会使废物中氧化氮的数量增加，重金属的挥发性提高，从而引起二次污染。因此污泥焚烧需要合适的温度才能使效益最大化，合适的温度是在一定的停留时间下由试验确定的。

(3) 停留时间

停留时间与固体废物粒度的1～2次方成正比，加热时间近似地与粒度的平方成比例。

因此，确定废物在燃烧室内的停留时间时考虑固体粒度大小很重要。投泥方式不同，停留时间也会不同；停留时间越长焚烧的处理效果越好。采用连续投入污泥的方式时，污泥投入量和其在炉内的停留时间是决定焚烧量的两个重要因素。此时，辅助燃料应提供的热量和焚烧污泥量取决于污泥在炉内的停留时间。

(4) 空气量

空气是影响污泥焚烧的一个重要因素。污泥焚烧时必须有氧气助燃，氧气通常由空气供应。空气量不足会导致燃烧不充分，空气量过多时加热空气会消耗过多的热量，一般以50%～100%的过量空气为宜。

影响污泥焚烧的因素还包括挥发物含量以及泥气混合比等。污泥中挥发物含量越高，含水率越低，则越易于维持自燃，当含水与挥发物之比小于 3.5 时能维持自燃。

4.1.2.4　工艺系统

污泥焚烧的工艺系统由三个子系统组成，分别为预处理、燃烧、烟气处理与余热利用。在预处理方面，主要表现为对前置处理过程的要求和预干燥技术的应用。污泥焚烧系统的原料一般以脱水污泥饼为主，前置处理过程包括浓缩、调理、消化和机械脱水等。考虑到焚烧对污泥热值的要求，一般对焚烧的污泥不再进行消化处理。污泥脱水的调理剂选用既要考虑其对污泥热值的影响，也要考虑其对燃烧设备安全性和燃烧传递条件的影响，因此腐蚀性强的氯化铁类调理剂应慎用；石灰有改善污泥焚烧传递性的作用，需适量使用。预干燥有利于污泥达到焚烧自持燃烧条件。应用较多的污泥焚烧炉形式主要是流化床和卧式回转窑两类。前者包括沸腾流化床和循环流化床两种。其共同特点是气、固相的传递条件均十分优越；气相湍流充分，固相颗粒小，受热均匀，已成为城市污水厂污泥焚烧的主流炉型。但流化床内的气流速度较高，为维持床内颗粒物的粒度均匀性，也不宜将焚烧温度提升过高（一般为 900℃左右），因此对于有特定的耐热性有机物分解要求的工业源污水厂污泥（或工业与城市污水混合处理厂污泥）而言，在满足其温度、气相与固相停留时间要求方面会有一些困难。因此，对此类污泥的焚烧，卧式回转窑成为较适宜的选择。污泥卧式回转窑焚烧炉，结构上与水平水泥窑十分相似，污泥在窑内因窑体转动和窑壁抄板的作用而翻动、抛落，动态地完成干燥、点燃、燃尽的焚烧过程；回转窑焚烧的污泥固相停留时间长（一般大于 1h），且很少会出现“短流”现象；气相停留时间易于控制，设备在高温下操作的稳定件较好（一般水泥窑烧制最高温度大于 1300℃）；但逆流操作的卧式回转窑，尾气中含臭味物质多，另有部分挥发性的毒害物质，需配置消耗辅助燃料的二次燃烧室（除臭炉）进行处理；顺流操作回转窑则很难利用窑内烟气热量实现污泥的干燥与点燃，需配置炉头燃烧器（耗用辅助燃料）来使燃烧空气迅速升温，达到污泥干燥与点燃的目的。

污泥焚烧烟气处理子系统的技术单元组成在 20 世纪 90 年代主要包含酸性气体（SO_2、HCl、HF）和颗粒物净化两个单元。大型污泥焚烧厂酸性气体净化多采用炉内加石灰共燃（仅适用于流化床焚烧）、烟气中喷入干石灰粉（干式除酸）、喷入石灰乳浊浆（半干式除酸）3 种方法之一。颗粒物净化采用高效电除尘器或布袋式过滤除尘器。小型焚烧装置则多用碱溶液洗涤和文丘里除尘方式进行酸性气体和颗粒物脱除操作。以后为了达到对重金属蒸气、二噁英类物质和NO_2的有效控制，逐步加入了水洗（降温冷凝洗涤重金属）、喷粉末活性炭和尿素还原脱氮等单元环节。这些烟气净化单元技术的联合应用可以在污泥充分燃烧的前提下使尾气排放达到相应的排放标准。

污泥焚烧烟气的余热利用，主要方向是自身工艺过程（以预干燥污泥或预热燃烧空气）为主，很少有余热发电的实例。关键是与城市生活垃圾相比，当量服务人口的污水厂污泥的低位热值量仅为垃圾的1/30左右，余热发电缺乏必要的规模和经济条件。焚烧烟气余热用于污泥干燥等时，既可采用直接换热方式，也可通过余热锅炉转化为蒸汽或热油能量间接利用。

4.1.3 污泥厌氧发酵技术

4.1.3.1 污泥厌氧发酵概述

污泥厌氧发酵是指在无氧环境下，微生物降解污泥中可利用有机物质，最终产生甲烷、二氧化碳等的一种生物处理方法。厌氧消化由水解酸化、产乙酸、产甲烷多个阶段达到有机物的分解目的，同时污泥中的大部分致病菌和蛔虫卵被杀灭或者作为有机物被分解。污泥厌氧发酵中每个阶段主要的微生物群落有所差异。污泥中的微生物主要依靠碳水化合物和蛋白质作为厌氧消化过程中代谢活动的底物，碳水化合物比蛋白质更容易被水解和发酵细菌分解。在发酵过程中，水解发酵细菌首先将有机物中的多糖、脂肪、蛋白质等进行水解发酵产生小分子有机物质、乙酸、丙酸、丁酸等，产氢产乙酸细菌将上一步产生的物质转化为氢气、乙酸和二氧化碳，产甲烷菌利用上述产生的物质最终转化为甲烷和二氧化碳。

污泥经过厌氧消化后能够很大程度地消减污泥体积和污泥中的有毒有害物质，并产生沼气，同时发酵结束后的发酵剩余物质能够作为肥料使用。因此厌氧消化技术是目前常用的一种污泥处置方式。

4.1.3.2 影响因素

污泥厌氧消化进程涉及的微生物种类繁多，有机物质的降解过程复杂，影响发酵的因素也有很多，通常可以通过温度、pH值、营养物质与碳氮比、搅拌、污泥投配率和停留时间等方面进行调控。

（1）温度

在污泥厌氧消化过程中，温度影响发酵反应的进行。根据反应温度的不同，可分为常温厌氧消化（10～30℃）、中温厌氧消化（35～38℃）和高温厌氧消化（52～55℃）。三种厌氧消化反应中，高温厌氧消化耗时短，耗能高，常温和中温厌氧消化耗时较长。温度同时还影响厌氧消化系统中有机物的降解速率、微生物的种类等。与中温厌氧消化相比，高温厌氧消化能够提高AD的代谢水平、病原体失活率以及甲烷产量；且嗜热性微生物在高温下活性较高、生长繁殖较快，而嗜温性微生物不利于在此温度下生长繁殖，从而影响产气效果。

（2）pH 值

pH 值是厌氧消化能否正常运行的关键参数。厌氧消化过程中微生物种类繁多，不同种类的微生物适应不同的 pH 值范围。产酸菌在 pH 值范围为 5.0～6.5 时能够较好地生长繁殖，产甲烷菌的适宜 pH 值范围为 6.5～7.8。在厌氧发酵体系中大多数产酸菌和产甲烷菌能够共存，二者共存时的适宜 pH 值范围为 7.0～7.6，且能够在 5.0～8.5 的 pH 值范围内生长繁殖。因此及时调节厌氧消化系统中的 pH 值，可以防止酸化和氨抑制现象的发生。

（3）营养物质与碳氮比

充分且适宜的营养物质是厌氧发酵顺利进行的前提条件。碳素和氮素是厌氧消化过程中不可或缺的营养物质，它们对厌氧发酵系统中微生物的活动产生影响。沼气生产时适宜的碳氮比范围是 20～30，当碳氮比过高时发酵底物中碳元素含量较高，氮元素缺乏，微生物的活动会受到明显影响；但碳氮比过低时，碳元素相对缺乏，氮元素含量相对较多，会使厌氧发酵系统中的氨氮含量较高，易导致产生氨中毒。

（4）搅拌

发酵底物能否搅拌均匀是影响厌氧消化的重要因素。搅拌能使发酵底物与微生物充分接触，进而提高发酵速率。同时搅拌也能使发酵系统的温度均匀分布，微生物分布也较均匀，有利于发酵反应的进行。

（5）污泥投配率和停留时间

投配率是指每日加入消化池的新鲜污泥体积与消化池体积的比率，以百分数计。一般经验，中温消化条件下的新鲜污泥的投配率以 6%～8%较为适宜。在设计时，新鲜污泥的投配率可以在 5%～12%之间选用。若要求产气量多，采用下限值；若以处理污泥为主，则采用上限值。一般来说，投配率大，则有机物分解程度减小，产气量下降，所需消化池容积小；反之，则产气量增加，所需消化池容积大。由于产甲烷菌增殖较慢，对环境条件的变化十分敏感，因此要获得稳定的处理效果就要保持较长的污泥龄。

（6）有毒物质

污泥中含有有毒物质时会对消化作用有很大的影响，例如有毒物质会抑制甲烷的形成，从而造成酸的积累和 pH 值下降，严重时会抑制消化的进行。有毒物质主要包括重金属、Na^+、K^+、Ca^{2+}、Mg^{2+}、NH_4^+，表面活性剂以及 SO_4^{2-}、NO_2^-、NO_3^- 等，重金属离子能与酶及蛋白质结合，产生变性物质，对酶有混凝沉淀作用。多种金属离子共存时对甲烷细菌的毒性有互相对抗作用，NH_4^+ 的毒性主要是碳氮比起作用，表面活性剂 ABS（硬性洗涤剂）允许质量浓度为 400～700mg/L，软性洗涤剂 LAS 允许浓度更高些。阴离子的抑制作用主要来自于 SO_4^{2-}、NO_3^-，因硫酸还原和硝酸根反硝化都在厌氧条件下进行，且都是微生物的作用过程，反硝化菌和硫酸还原菌与产甲烷菌相比有争夺电子供体的优势，所以厌氧消化产气中可能有硫化氢和氮气的存在，有毒物质可能会促进甲烷菌的生长，也有可能会抑制甲烷细菌的生长，关键在于有毒物质的毒阈浓度。

4.1.3.3 常见厌氧发酵工艺

根据发酵温度的不同可分为常温发酵、中温发酵和高温发酵；按照投料运转方式可分为连续发酵和序批式发酵；按照发酵物料中固含量的多少可分为湿式发酵和干式发酵；按照反应是否在同一反应器进行分为单相发酵和两相发酵。

(1) 常温发酵、中温发酵和高温发酵

温度主要是通过影响对厌氧微生物细胞内某些酶的活性而影响微生物的生长速率和微生物对基质的代谢速率，从而影响厌氧生物处理工艺中污泥的产量、有机物的去除率、反应器所能达到的处理负荷、有机物在生化反应中的流向、某些中间产物的形成，各种物质在水中的溶解度，以及沼气的产量和成分等。

① 常温发酵一般是物料不经过外界加热直接在自然温度下进行消化处理，发酵温度会随着季节气候昼夜变化有所波动。常温发酵工艺简单、造价低廉，但是其缺点是处理效果和产气量不稳定。

② 中温发酵温度在30～40℃，中温发酵加热量少，发酵容器散热较少，反应和性能较为稳定，可靠性高，如果物料有较好的预处理，会提高反应速率和气体发生量；受毒性抑制物阻害作用较小，受抑制后恢复快，会有浮渣、泡沫、沉砂淤积等问题，对浮渣、泡沫、沉砂的处理是工艺难点，其诸多优点使其得到广泛的应用并有很多的成功案例。

③ 高温发酵温度在50～60℃，需要外界持续提供较多的热量，高温厌氧消化工艺代谢速率、有机质去除率和致病细菌的杀灭率均比中温厌氧消化工艺高，但是高温发酵受毒性抑制物阻害作用大，受抑制后很难恢复正常，可靠性低。高温厌氧发酵产气率比中温厌氧发酵稍有提高，提高的是杂质气体的量，但沼气中有效成分甲烷的含量并没有提高，限制了高温厌氧发酵的应用。高温发酵罐体及管路需要耐高温、耐腐蚀性能好的材料，运行复杂，技术含量高。

(2) 连续发酵和序批式发酵

连续发酵是从投加物料启动以后，经过一段时间发酵稳定以后，每天连续定量的向发酵罐内添加新物料和排出沼渣、沼液。序批式发酵就是一次性投加物料发酵，发酵过程中不添加新物料，当发酵结束以后排出残余物再重新投加新物料发酵，一般进料固体浓度为15%～40%。

研究表明，对于处理高木质素和纤维素的物料，若在动力学速率低、存在水解限制时，序批式反应器比全混式连续反应器处理效率高。且序批式发酵水解程度更高，甲烷产量更大，投资连续式进料系统约减少了40%。虽然序批式发酵进料处理系统占地面积比连续发酵进料处理系统大，但由于其设计简单、易于控制、对粗大的杂质适应能力强，投资少，适合于在发展中国家推广应用。

(3) 湿式发酵和干式发酵

湿式发酵是以固体有机废物（含固率为10%～15%）为原料的沼气发酵工艺。干式发酵是以固体有机废物（含固率为20%～30%）为原料，没有或几乎没有自由流动的条件下进行的沼气发酵工艺，是一种新生的废物循环利用方法。

湿式发酵系统与废水处理中污泥厌氧稳定化处理技术相似，但在实际设计中有很多问题需要考虑，特别是对于城市生活垃圾，分选去除粗糙的硬垃圾，及将垃圾调成充分连续的浆状的预处理过程等。为达到既去除杂质又保证有机垃圾正常处理，需要采用过滤、粉碎、筛分等复杂的处理，这些预处理过程会导致15%～25%的挥发性固体损失。浆状垃圾不能保持均匀的连续性，因为在消化过程中重物质沉降，轻物质形成浮渣层，导致反应器中形成两种明显不同密度的物质层，重物质在反应器底部聚集可能破坏搅拌器，必须通过特殊设计的水力旋流分离器或者粉碎机去除。

干式发酵系统的难点在于：

① 生物反应在高含固率的条件下进行；

② 输送、搅拌；

③ 反应启动条件苛刻，在运行中存在着很高的不稳定性。

但是在法国和德国已经证明对于机械分选的城市生活有机垃圾的发酵采用干式系统是可靠的，且与湿式发酵相比又有明显的优势：

① 干发酵 TS 通常在 15%以上，含水量较少，使得有机质浓度也较高，从而提高了容积产气率；

② 节约用水；

③ 后处理容易，几乎没有废水的排放，发酵后的剩余物中只有沼渣，可直接作为有机肥料利用；产生的沼气中含硫量低，无需脱硫，可直接利用；

④ 运行费用低，过程稳定，干发酵工艺不会存在如湿发酵中出现的浮渣、沉淀等问题。

干式发酵技术受到了国内外广大研究者的关注，使其在处理城市生活垃圾和农林残余物等方面得到了广泛的重视，也使得干式发酵技术成为厌氧发酵研究的热点。

(4) 单相发酵和两相发酵

单相发酵工艺是产酸菌和产甲烷菌在同一反应器中进行。两相发酵工艺，实现了生物相的分离，使微生物在各自最佳生长条件下发酵。

单相发酵工艺会受冲击负荷或环境条件变化的影响，导致氢分压增加，从而引起丙酸积累，而生物相分离后产酸相可有效去除大量氢，提高了整个两相厌氧生物处理系统的处理效率和运行稳定性。

相对于两相发酵工艺，单相发酵工艺投资少，操作简单方便，因而当前约 70%的发酵工艺采用的是单相发酵工艺。但是，两相发酵工艺处理城市生活垃圾有很多的优点。例如，可以单独控制两个不同反应器的条件，以使产酸菌和产甲烷菌在各自最适宜的条件下生长。也可以单独控制他们的有机负荷率（OLR）和水力停留时间（HRT）等参数，提高微生物数量和活性从而缩减 HRT，提高系统的处理效率。两相发酵工艺目前的研究多集中在如何将高效反应器和两相发酵工艺有机的结合，两相发酵工艺的反应器可以采用任何一种厌氧生物反应器，如厌氧接触反应器、厌氧生物滤器、UASB、EGSB、UBI、ABR 或其他厌氧生物反应器，产酸相和产甲烷相所采用的反应器形式可以相同，也可以不同。

目前实现相分离的途径可以归纳为化学法、物理法、动力学控制法。其中，应用最简便、最有效，也是应用最普遍的方法是动力学控制法；该方法是利用产酸菌和产甲烷菌在生长速率上的差异，控制两个反应器的有机负荷率、水力停留时间等参数，实现相的有效分离。但必须说明的是：两相的彻底分离是很难实现的，只是在产酸相产酸菌成为优势菌种，而在产甲烷相产甲烷菌成为优势菌种。

4.2 污泥厌氧消化条件优化

4.2.1 不同工艺条件对污泥厌氧消化的影响

目前，由于城市化进程的加快，导致每天会产生大量的污水，而这些污水经过污水处理厂处理后会产生大量的污泥，这些产生的污泥需要进行合理的处理才不会对环境产生危害。常用的污泥处置方式有污泥好氧发酵、厌氧发酵、堆肥等，而厌氧发酵是近些年应用比较多的一种污泥处理处置方式，它除了可以对污泥进行无害化处理外，其发酵过程中产生的沼气可以作为能源进行使用；同时，经大量的研究发现不同的发酵条件会对污泥的厌氧发酵进程以及产气效果产生影响。本研究主要是对污泥发酵过程中不同的工艺条件进行优化，以期达到较好的污泥利用以及产气效果。污泥厌氧发酵是一个较复杂的微生物过程，污泥的组成以及不同的发酵条件也会对其产生不同的影响，因此本章主要探究污泥接种比、碳氮比以及添加剂碳材料对污泥厌氧发酵的影响。

4.2.1.1 接种比对污泥厌氧消化的影响

（1）接种比对产气性能的影响

在中、高温条件下接种比对厌氧消化过程中累计产甲烷量的影响见图 4-2。

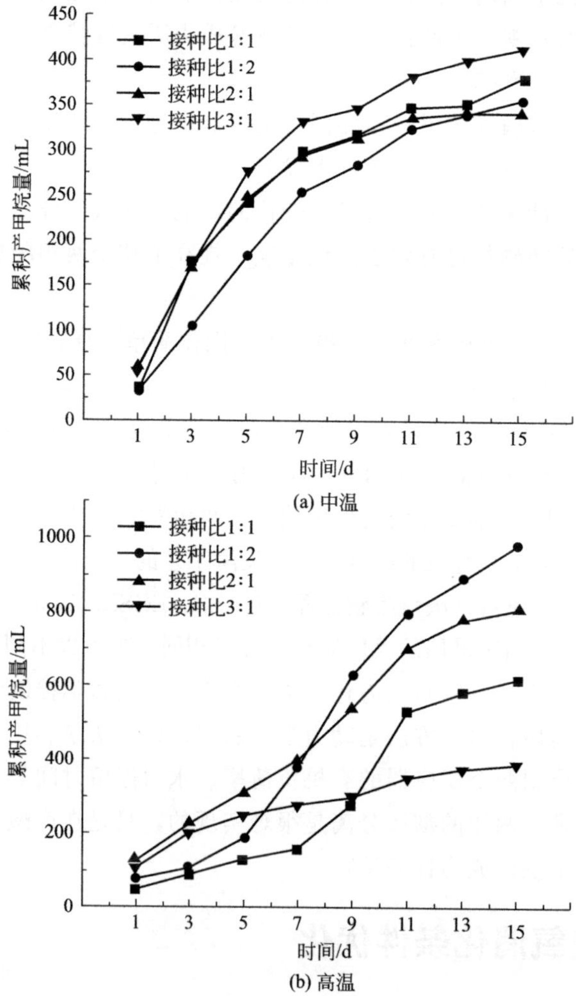

(a) 中温

(b) 高温

图 4-2 中、高温条件下接种比对污泥厌氧消化过程中累计产甲烷量的影响

从图 4-2 中可以看出，中、高温条件下，产气速率在前 3d 时上升较慢，在第 3～11

天时上升较快，后期产气速率则明显下降，这是因为在厌氧发酵初期，厌氧消化系统中的微生物通过降解有机物进行大量的生长繁殖。在发酵中期，发酵系统中的微生物群落逐渐达到稳定，产甲烷菌活性较高开始占据主导地位，促使有机物降解速率较快，利于产甲烷反应的进行。而后期由于有机物含量降低，以及有机酸的积累，会抑制部分产甲烷微生物的活性，导致产气效果逐渐下降。

从图 4-2 中可以看出，高温条件下，接种比为 1∶1、1∶2、2∶1 和 3∶1 时，对应的最大累计产甲烷量分别为 616.6mL、978.92mL、805.89mL、386.89mL。在中温条件下最大累计产甲烷量分别为 379.97mL、355.83mL、341.65mL、414.39mL。由此说明，相同接种比条件下，高温厌氧发酵体系的累积产甲烷量要明显高于中温条件下。其原因可能是大部分产甲烷菌属于嗜热型古菌，在高温条件下有利于提高产甲烷菌等微生物的活性，提高有机物的酸化和水解，从而加快产甲烷反应的进行。同时，在高温条件下，当接种比为 1∶2 时产气效果最佳，其原因可能是接种比为 1∶2 时消化体系中的有机物质较为充足，微生物能够充分利用这些有机物质进行厌氧发酵，进而利于甲烷的产生。而当厌氧消化体系中接种比为 2∶1、3∶1 时，有机物质含量相对较少，反应后期有机物质消耗殆尽，微生物由于得不到充足的有机物质限制了其活性，不利于甲烷的产生。由此可以看出高温条件下，且污泥接种比为 1∶2 时，有利于发酵体系的稳定运行。因此接下来的试验均采用高温，接种比为 1∶2 作为前提条件。

（2）SCOD 变化情况分析

SCOD 是反应厌氧消化系统产气性能的主要指标，通过 SCOD 的变化可以反映产气性能的变化。在中高温条件下污泥接种比对厌氧消化过程中 SCOD 的影响见图 4-3，从图 4-3 中可以看出，中高温条件下 8 个试验组的 SCOD 浓度总体呈现出先升高后降低的趋势。高温组在第 13 天时 SCOD 浓度达到最高为 31672.85mg/L。SCOD 的浓度趋势在第 11d 达到最大值，在高温条件下接种比为 1∶1、1∶2、2∶1、3∶1 时第 11 天的 SCOD 浓度分

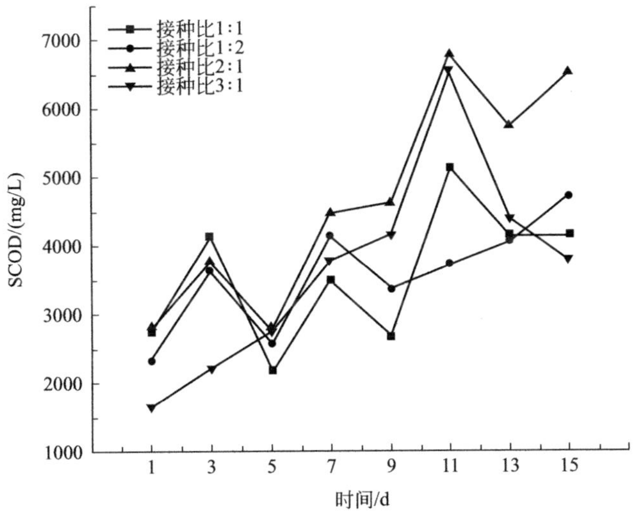

(a) 中温

图 4-3

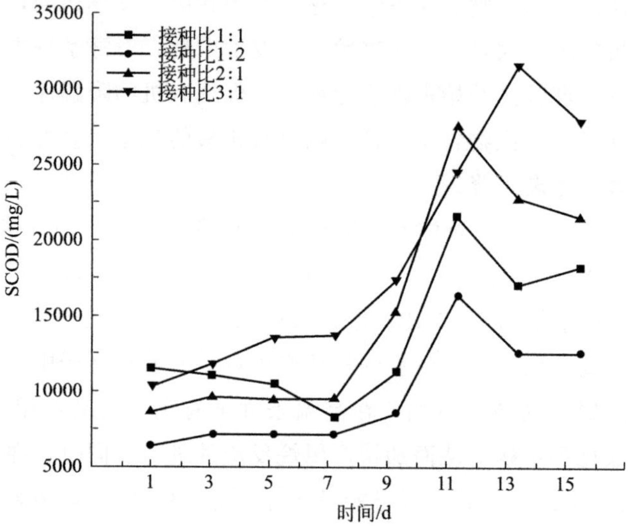

(b) 高温

图 4-3　中、高温条件下接种比对污泥厌氧消化过程中 SCOD 的影响

别为 18306.32mg/L、12459.32mg/L、21546.56mg/L、27992.26mg/L。中温条件下接种比为 1∶1、1∶2、2∶1、3∶1 时第 11 天的 SCOD 浓度分别为 4157mg/L、4680.44mg/L、6495.15mg/L、3782.14mg/L。中高温组 SCOD 浓度在第 11 天之前逐渐上升，11d 后开始逐渐下降，而在第 7～11 天，SCOD 浓度上升趋势较为明显。这是由于该时期发酵过程中有机负荷较高，有机物水解后产生大量的有机酸，反应体系 pH 值迅速下降，使得微生物活性下降，导致过量的有机酸不能被充分的消耗利用，从而出现有机酸的积累，SCOD 浓度升高。随着之后微生物对有机酸的分解，SCOD 也随之降低。

（3）NH_4^+-N 变化情况分析

NH_4^+-N 是反映厌氧消化系统产气性能的主要指标，通过 NH_4^+-N 的变化可以反映产气性能的变化。在中高温条件下污泥接种比对厌氧消化过程中 NH_4^+-N 的影响见图 4-4，从图 4-4 中可以看出中高温条件下 8 个试验组的 NH_4^+-N 浓度总体呈现出升高趋势。在中温条件下可以看出，发酵前期 NH_4^+-N 含量较低，这主要是发酵初期厌氧微生物处于适应阶段，对发酵系统中有机物质的利用不充分，厌氧微生物整体处于比较饥饿的状态。之后 NH_4^+-N 的浓度增加速度较快，主要是在初始阶段微生物开始大量生长繁殖，能够较充分的利用发酵体系中的有机物质进行厌氧发酵产气，导致 NH_4^+-N 的逐渐积累。后期 NH_4^+-N 浓度增幅较小，在该时期大部分有机物质被分解利用，产气效果下降。在高温污泥厌氧发酵体系当中，NH_4^+-N 的浓度总的趋势是上升的，这是由于厌氧发酵体系当中，随着有机物的降解，甲烷气和氢气以气体的形式释放出去，而氮素则被截留在发酵体系中。从图 4-4 可以看出，NH_4^+-N 浓度在第 3～11 天时上升较快，且在高温组 NH_4^+-N 浓度的上升速率较中温组快，这是因为在该时期产甲烷菌的活性较高，有机物的降解速率比较快，在产生甲烷的过程中导致 NH_4^+-N 大量积累。最后 NH_4^+-N 浓度的趋势也是上升的，但由于产气效果下降，则 NH_4^+-N 浓度的上升速率下降。高温组 NH_4^+-N 浓度最大值为

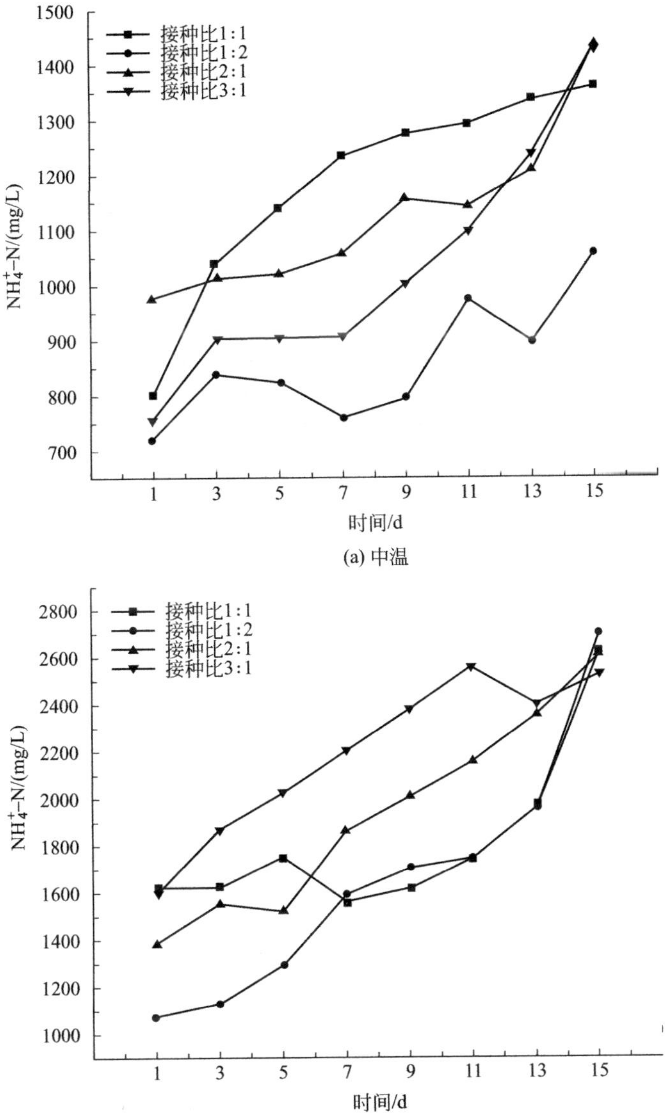

(a) 中温

(b) 高温

图 4-4 中、高温条件下接种比对污泥厌氧消化过程中 NH_4^+-N 的影响

2693.71mg/L，中温组为 1437.67mg/L。一般认为，当 NH_4^+-N 浓度为 1500～3000mg/L 时会对厌氧发酵过程产生一定的抑制作用，当 NH_4^+-N 浓度超过 3000mg/L 时对厌氧发酵过程会产生毒害抑制作用。高温条件下的 NH_4^+-N 浓度较高，对厌氧发酵过程产生了一定的抑制。

(4) 挥发性脂肪酸变化情况分析

中、高温条件下接种比对污泥厌氧消化过程中 VFAs 的影响如图 4-5 所示（见书后彩图 5）。

在中温条件下污泥接种比对厌氧消化过程中 VFAs 的影响见图 4-5(a)，从图 4-5(a) 中可以看出，厌氧消化过程主要以乙醇型、乙酸型发酵为主，在接种比为 1∶2

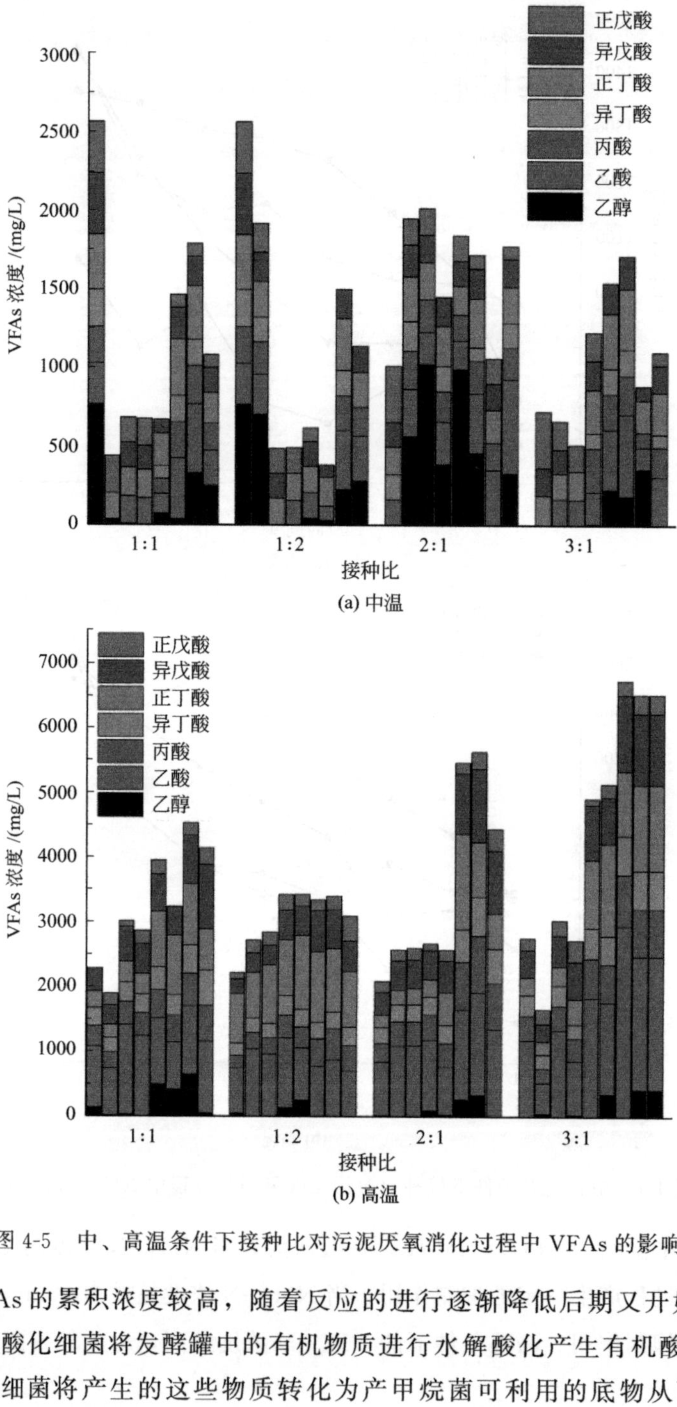

(a) 中温

(b) 高温

图 4-5 中、高温条件下接种比对污泥厌氧消化过程中 VFAs 的影响

时反应初期 VFAs 的累积浓度较高，随着反应的进行逐渐降低后期又开始增加，这主要是反应初期水解酸化细菌将发酵罐中的有机物质进行水解酸化产生有机酸和乙醇等物质，之后产氢产乙酸细菌将产生的这些物质转化为产甲烷菌可利用的底物从而降低了 VFAs 浓度，在反应后期随着可利用有机物质减少，产甲烷菌等微生物活性受到抑制，造成 VFAs 的累积，产气效果下降。

在高温条件下污泥接种比对厌氧消化过程中 VFAs 的影响见图 4-5(b)，从图 4-5(b) 中可以看出，厌氧发酵过程中的 VFAs 浓度随着反应时间的增加大体呈现升高趋势，且厌氧消化过程主要以乙酸型、丁酸型和戊酸型发酵为主。同时可以看出在接种比为 1∶1、2∶1、3∶1 的试验组 VFAs 浓度累计值要高于接种比为1∶2 的试验组，说明反应后期厌氧发酵系统水解酸化速率大于微生物消耗有机物的速率，在此条件下产甲烷菌等微生物活性受到抑制，产气效果下降，但接种比为 1∶2 的试验组产甲烷菌活性要高于其他试验组。

4.2.1.2 碳氮比对污泥厌氧消化的影响

（1）碳氮比对产气性能的影响

碳氮比对厌氧消化过程中累积产甲烷量的影响见图 4-6，从图 4-6 中可以看出，厨余垃圾和市政污泥混合协同厌氧发酵体系当中，在发酵初期，4 个试验组的产甲烷量均较低，在该时期厌氧微生物水解酸化菌活性较高，水解发酵体系中的较易水解的有机物质同时产酸并伴随着氢气的产生，而产甲烷菌的生长受到抑制，甲烷在发酵前期的产生量较少。甲烷产气速率在第 5～15 天时上升较快，在该阶段有机物质充分，产甲烷菌大量繁殖并达到稳定状态，使有机物的降解速率变快，甲烷产量增多。也可以看出甲烷含量在碳氮比不同时出现了明显差异。当碳氮比分别为 9、11、13、15 时，其累计甲烷产量分别为 1919.39mL、2795.19mL、2181.19mL、1403.19mL；在碳氮比为 11 时，累积产甲烷量出现最大值。当碳氮比较高，以厨余垃圾为主时，由于体系会出现酸败现象，导致产气量低则甲烷浓度也很低。加入适当的厨余垃圾使碳氮比适中，能够促进厌氧发酵过程中产甲烷反应的进行。

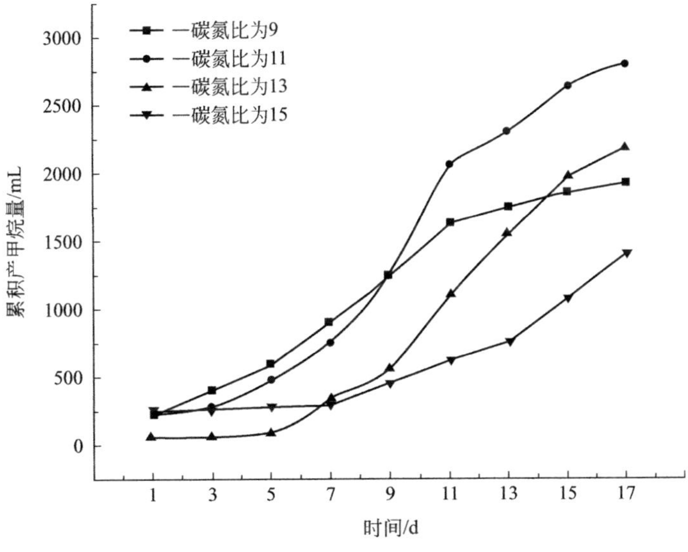

图 4-6 碳氮比对污泥厌氧消化过程中累积产甲烷量的影响

（2）SCOD 变化情况分析

碳氮比对厌氧消化过程中 SCOD 的影响见图 4-7，从图 4-7 中可以看出，不同碳氮比条件下 SCOD 浓度的变化呈现先增加后降低的趋势，其原因是厨余垃圾协同污泥厌氧发酵过程中有机负荷较高，有机物水解后产生大量的有机酸，使得反应体系 pH 值迅速下降，使得微生物活性下降，导致过量的有机酸不能被充分的消耗利用，从而出现有机酸的积累，SCOD 浓度升高。随着之后微生物对有机酸的分解，SCOD 浓度也随之降低。

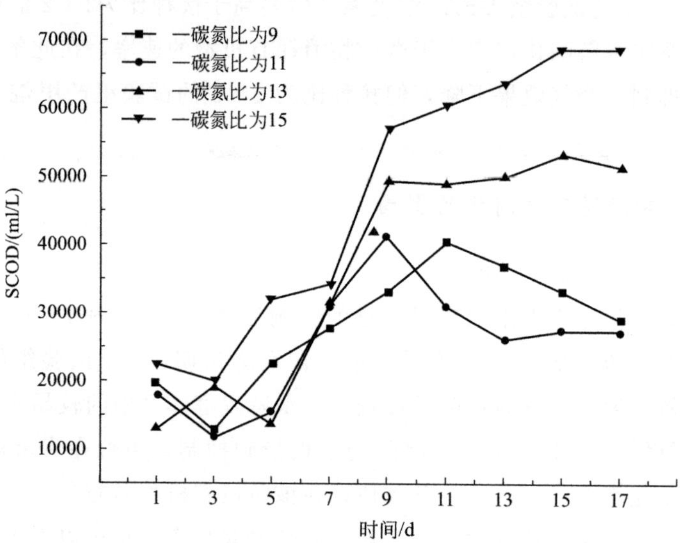

图 4-7 碳氮比对污泥厌氧消化过程中 SCOD 的影响

(3) NH_4^+-N 变化情况分析

碳氮比对厌氧消化过程中 NH_4^+-N 的影响见图 4-8。从图 4-8 中可以看出，污泥厌氧发酵体系当中 NH_4^+-N 的浓度总的趋势是上升的，并且在第 5～9 天时 NH_4^+-N 浓度明显增加，这是由于发酵体系中含有大量的有机氮，主要是以蛋白质的形式存在，在厌氧发酵过程中，蛋白质水解转化为氨基酸，进而转化为氨态氮，导致氨浓度增加。最后 NH_4^+-N 浓度的趋势也是上升的，但由于产气效果下降，则 NH_4^+-N 浓度的上升速率也下降。从图 4-8 中可以看出，在碳氮比为 9 时出现 NH_4^+-N 浓度最大值，为 2675.18mg/L；根据产气效果来看，此时 NH_4^+-N 浓度较大，产生一定程度的氨抑制。

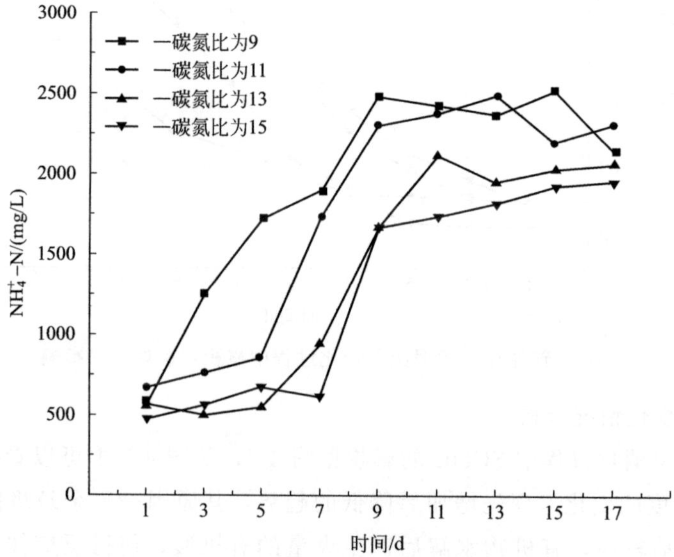

图 4-8 碳氮比对污泥厌氧消化过程中 NH_4^+-N 的影响

（4）挥发性脂肪酸变化情况分析

碳氮比对厌氧消化过程中 VFA 的影响见图 4-9，从图 4-9 中可以看出，不同碳氮比条件下 VFA 浓度随着反应时间的增加大体呈现升高趋势，说明反应后期厨余垃圾厌氧发酵系统水解酸化速率大于微生物消耗有机物的速率，在此条件下产甲烷菌等微生物活性受到明显的抑制，产气效果下降。同时也可以看出不同碳氮比的条件下，厌氧消化过程主要以乙酸和丁酸发酵为主。

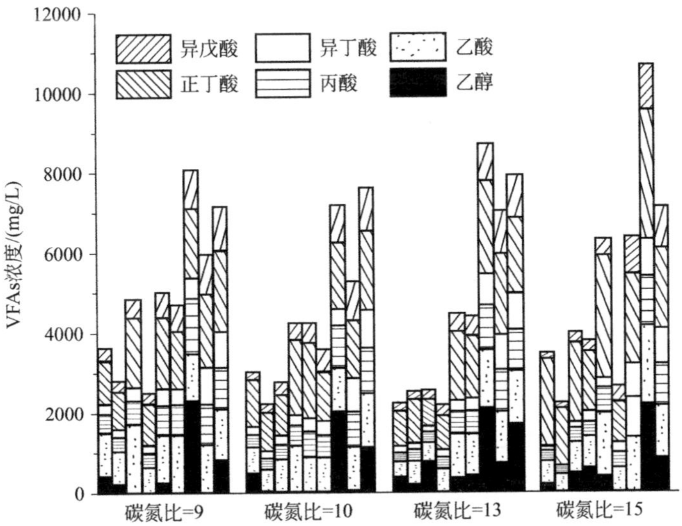

图 4-9　碳氮比对污泥厌氧消化过程中 VFA 的影响

4.2.1.3　碳材料对污泥干式厌氧消化的影响

（1）碳材料对产气性能的影响

不同种类碳材料对厌氧消化过程中累积产甲烷量的影响见图 4-10。从图 4-10 中可以看出，在反应前 15d 累积产甲烷量呈线性增长；之后由于发酵物中的有机物质被消耗殆尽，微生物活性明显受到抑制从而下降，到最后产气速率下降。从图 4-10 中也可以看出空白组与实验组累积甲烷产量有所差异。发酵结束后空白组的累积产甲烷量为 2116.78mL、与空白组相比，石墨、石墨烯、氧化石墨烯 3 种碳材料对污泥干式厌氧发酵产甲烷均具有促进作用。可以看出在碳材料为石墨烯时产气效果最佳，累积产甲烷量为 2880.78mL。而在添加石墨和氧化石墨烯条件下的累积产甲烷量为 2695.6mL、2489.62mL。碳材料可以通过促进直接种间电子转移来促进厌氧发酵条件下产甲烷菌的增值，从而促进产甲烷的进行。因此，添加适宜浓度的石墨、石墨烯、氧化石墨烯均能促进污泥厌氧消化的进行，且添加石墨烯的效果更好。石墨烯由于力学强度比较高、导电性比较好以及比表面积比较大，可以提高厌氧消化的稳定性和产气效率。

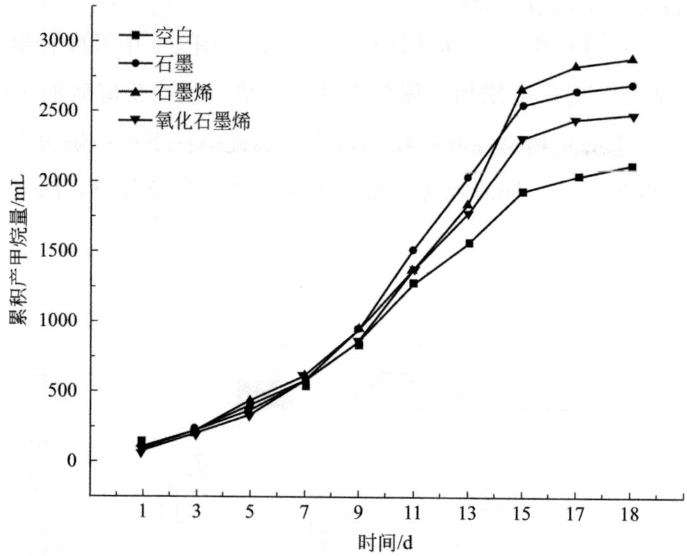

图 4-10　碳材料对污泥干式厌氧消化过程中累积产甲烷量的影响

(2) SCOD变化情况分析

不同种类碳材料对污泥干式厌氧消化过程中SCOD的影响见图4-11。从图4-11中可以看出，SCOD浓度的变化呈现先增加后降低的趋势，并且在第3～7天时SCOD浓度明显增加，之后开始不同程度的降低。其原因是厨余垃圾协同污泥厌氧发酵过程中有机负荷较高，有机物水解后产生大量的有机酸，使得反应体系pH值迅速下降，使得微生物活性下降，导致过量的有机酸不能被充分的消耗利用，从而出现有机酸的积累，SCOD浓度升高。随着之后微生物对有机酸的分解，SCOD浓度也随之降低。

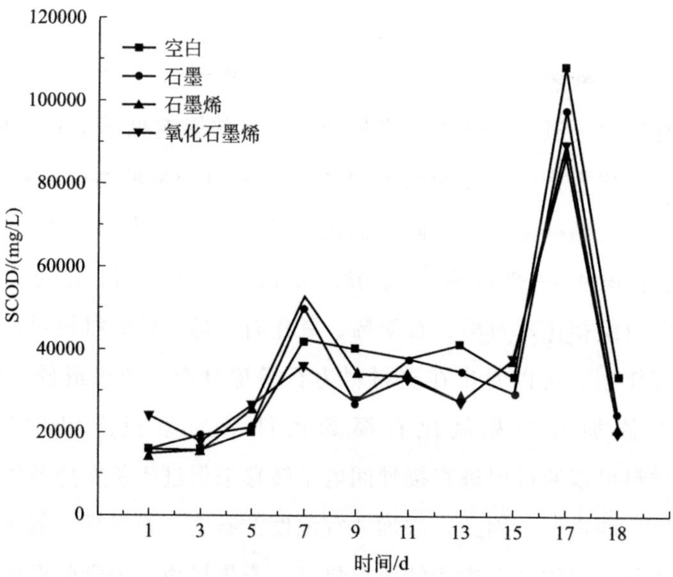

图 4-11　碳材料对污泥干式厌氧消化过程中SCOD的影响

(3) NH_4^+-N 变化情况分析

不同种类碳材料对污泥干式厌氧消化过程中 NH_4^+-N 的影响见图 4-12，从图 4-12 中可以看出，污泥厌氧发酵体系当中 NH_4^+-N 浓度总的趋势是上升的，并且在第 3～7 天时 NH_4^+-N 浓度明显增加，这是由于在厌氧发酵过程中，蛋白质水解转化为氨基酸，进而转化为氨态氮，导致氨浓度增加。后期由于产气效果下降，则水解速率放缓，NH_4^+-N 浓度的上升速率也下降。从图 4-12 中可以看出，添加不同的碳材料，NH_4^+-N 最大值大体一致，达到了 3000mg/L，此时 NH_4^+-N 浓度较大，产生一定程度的氨抑制。

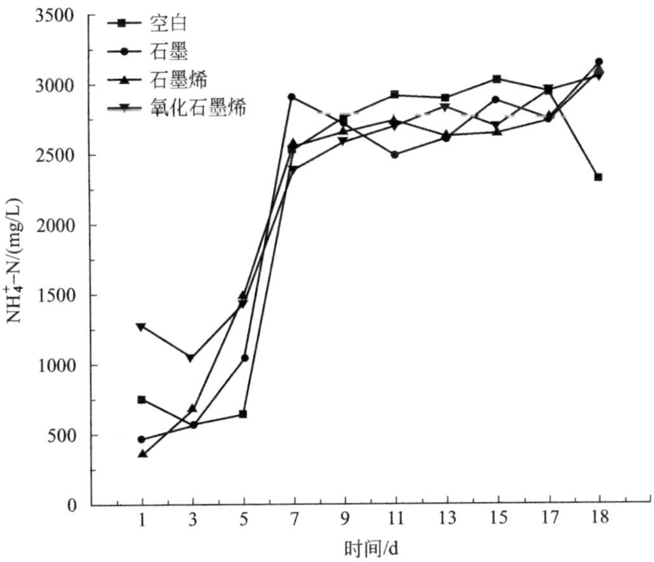

图 4-12 碳材料对污泥干式厌氧消化过程中 NH_4^+-N 的影响

(4) 挥发性脂肪酸变化情况分析

不同种类碳材料对污泥干式厌氧消化过程中 VFAs 的影响见图 4-13。从图 4-13 中可以看出，厌氧消化过程主要以乙酸型、正丁酸型发酵为主，且反应初期 VFAs 浓度较低，随着反应时间的增加，VFAs 浓度大体上逐渐上升。在反应中后期空白组的 VFAs 浓度基本保持稳定，添加石墨、石墨烯、氧化石墨烯的试验组的 VFAs 浓度在反应中后期先升后降，这说明在干式条件下反应启动较慢；之后随着反应的进行，水解酸化细菌将发酵体系中可利用的有机物质转化为有机酸等物质造成 VFAs 的累积；再后经过产氢产乙酸菌的进一步分解，产甲烷菌以这些分解的物质为底物进行发酵，降低了 VFAs 的浓度。同时也可以看出，添加石墨烯的试验组 VFAs 浓度在中期较高，在后期有一定程度的降低，而氧化石墨烯试验组 VFAs 在中后期浮动较大，这与产甲烷情况一致。

4.2.1.4 碳材料对污泥湿式厌氧消化的影响

(1) 碳材料对产气性能的影响

不同种类碳材料对污泥湿式厌氧消化过程中累积产甲烷量的影响见图 4-14。从图 4-14 中可以看出，空白组的累积产甲烷量为 1674.1mL，与空白组相比，添加氧化石墨烯对污

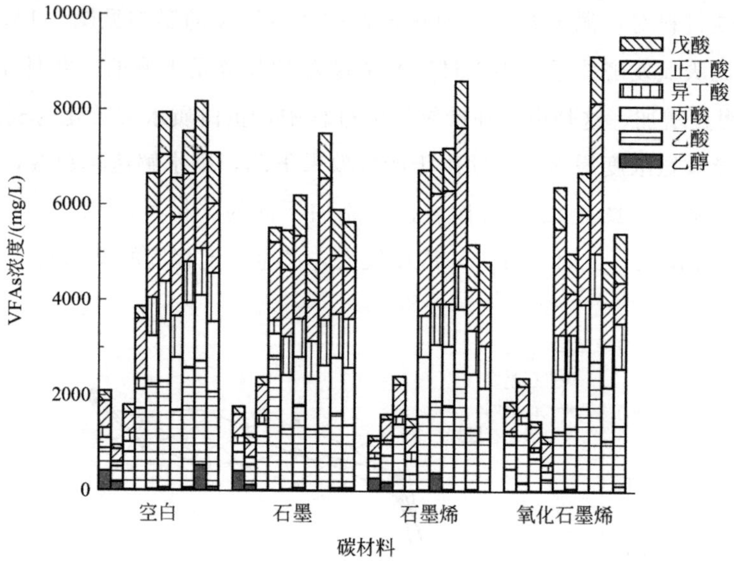

图 4-13 碳材料对污泥干式厌氧消化过程中 VFAs 的影响

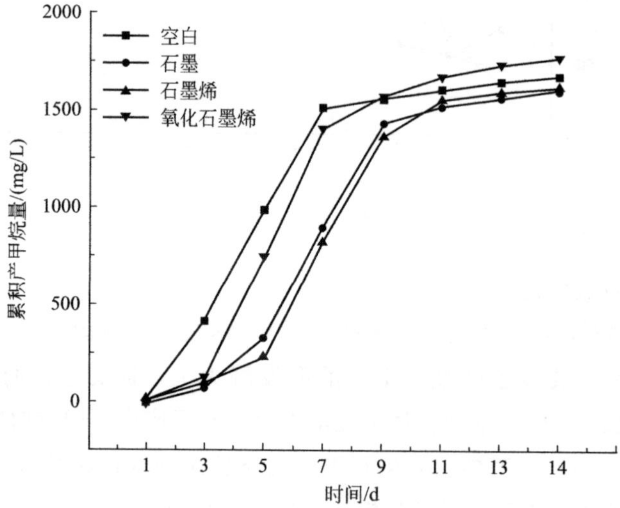

图 4-14 碳材料对污泥湿式厌氧消化过程中累积产甲烷量的影响

泥湿式厌氧发酵产甲烷具有促进作用，累积产甲烷量 1775.49mL。氧化石墨烯机械强度较好，具有丰富的含氧基团，可以作为催化剂载体降解有机物，从而利于厌氧发酵产甲烷反应的进行。而在添加石墨和石墨烯时，相比于空白组，累积产甲烷量有稍微抑制，分别1602.55mL、1622.51mL。从整体的产气图中可以看出，不同种类的碳材料对污泥湿式厌氧消化产甲烷作用不大，这可能与在湿式状态下物料中有机物含量较干式少，导致相应的菌群丰度降低，不利于产甲烷的进行有关。

(2) SCOD 变化情况分析

在高温条件下不同种类添加剂对污泥湿式厌氧消化过程中 SCOD 的影响见图 4-15，

从图 4-15 中可以看出，不同种类添加剂条件下 SCOD 浓度的整体趋势保持一致。在发酵初期 SCOD 浓度较高，之后开始不同程度的降低。污泥湿式厌氧消化过程中适宜浓度的碳材料会促进发酵体系中 SCOD 的降解。原因可能是碳材料对厌氧发酵过程中的底物具有一定的吸附作用，能够促进微生物与底物直接的接触，从而提高反应速率。碳材料能够提供厌氧消化过程中产甲烷菌所必需的碳元素，增加了发酵中特征酶的活性，从而促进了有机物的降解。碳材料能够作为种间电子转移的载体，促进了发酵体系中微生物的代谢活动，进而促进了对厌氧消化体系中 SCOD 的利用。因此添加一定浓度的碳材料能够促进厌氧发酵体系中 SCOD 的浓度。

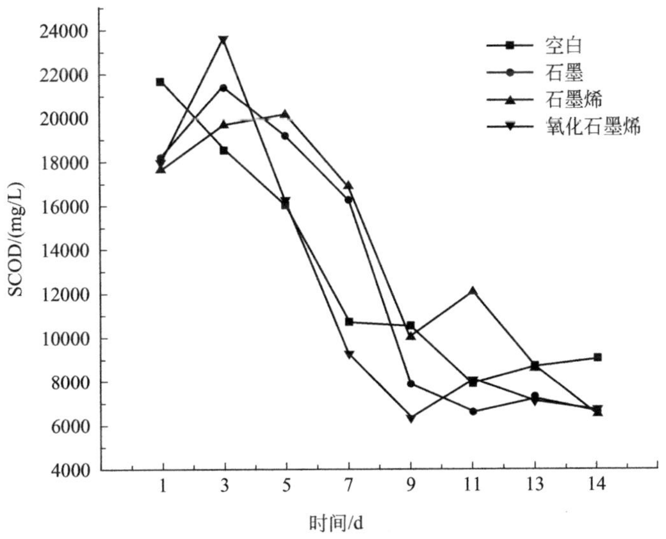

图 4-15　碳材料对污泥湿式厌氧消化过程中 SCOD 的影响

(3) NH_4^+-N 变化情况分析

不同种类碳材料对污泥湿式厌氧消化过程中氨氮的影响见图 4-16。从图 4-16 中可以看出，NH_4^+-N 浓度的变化波动较大，但整体趋势保持一致。在发酵前 5d NH_4^+-N 浓度明显增加，之后开始不同程度地降低。这可能是在湿式状态下，在反应刚开始时，由于物料混合较为充分，发酵系统中的厌氧微生物以混合物料中的有机物质为底物进行大量繁殖，反应初期与中期由于底物较为充分，发酵反应进行较快，产生大量的甲烷；同时 NH_4^+-N 浓度有一定的积累，但并未产生氨抑制。反应后期发酵体系中物料中有机物质明显减少，微生物主要利用之前累积的有机酸，从而导致 NH_4^+-N 浓度也随之降低。

(4) 挥发性脂肪酸变化情况分析

不同种类碳材料对污泥湿式厌氧消化过程中 VFAs 的影响见图 4-17。从图 4-17 中可以看出，VFA 浓度在反应初期和中期均较高，在反应后期时开始出现不同程度的降低。在反应初期由于湿式条件下物料混合较为充分，有机物质比较容易被微生物利用，水解发酵与产氢产乙酸阶段反应比较迅速，从而导致 VFAs 浓度较高，之后随着发酵体系中易被分解的有机物质消耗殆尽，发酵体系中的微生物开始利用积累的有机酸进行发酵活动，从而导致 VFAs 浓度降低。同时也可以看出，该厌氧发酵体系主要以乙醇和丁酸型发酵

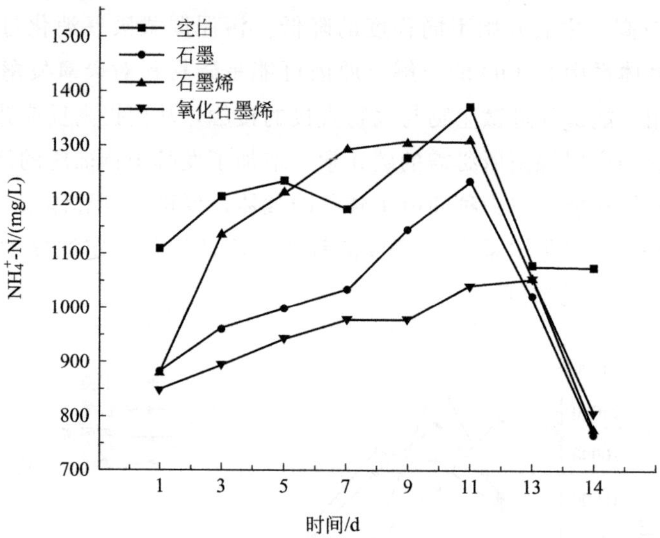

图 4-16　碳材料对污泥湿式厌氧消化过程中 NH_4^+-N 浓度的影响

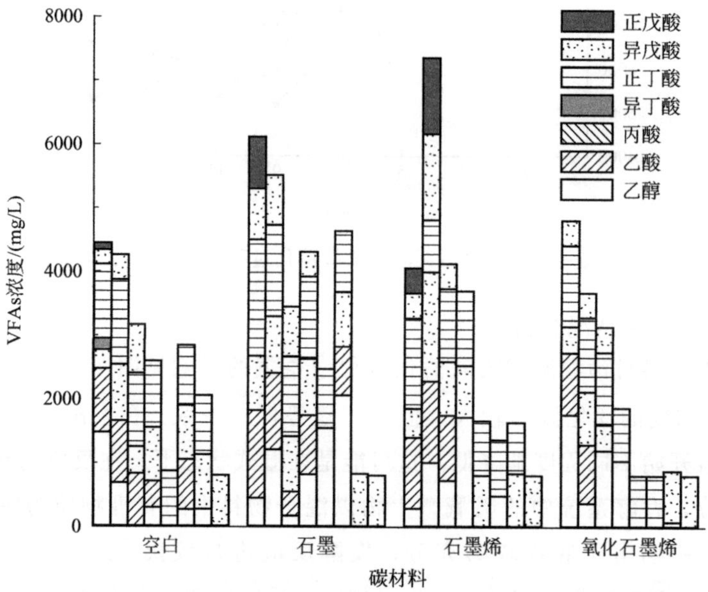

图 4-17　碳材料对污泥湿式厌氧消化过程中 VFAs 的影响

为主。

4.2.2　污泥厌氧消化过程中微生物群落结构分析

4.2.2.1　碳氮比对污泥厌氧消化过程中微生物群落结构的影响

对厌氧消化工艺进行优化得出，当碳氮比为 11 时产气效果最佳，因此本小节对调节碳氮比为 11 时的污泥厌氧消化体系中微生物群落结构的变化进行了分析。在发酵结束后获得的 3 个样品中共检测到 255427 个高质量序列，每个样本的序列范围为 84156～85881，并且以 97%的相似度聚类。稀释曲线见图 4-18，从图中可以看出，曲线逐渐趋于平坦，这说明测序数据量渐进合理，可以看出在碳氮比为 11 时，第 4 天的微生物物种丰富度较高，反应初期，底物中有机物质较充足，利于各种微生物的生长和繁殖，而随着反应的进行，微生物物种丰富度有一定程度的降低，优势菌种开始占据主要地位。

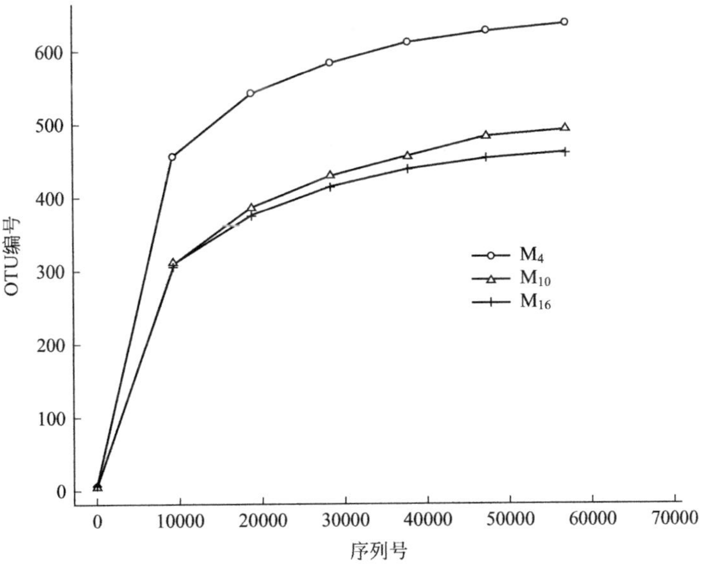

图 4-18　基于 OTU 单板样品的稀疏曲线

（注：M 为厌氧消化；下角 4、10、16 为取样时反应运行天数）

碳氮比为 11 时对微生物群落物种丰度的影响见图 4-19（见书后彩图 6），从图 4-19 中可以看出，随着厌氧发酵进程的进行，在第 4 天时的主要微生物为厚壁菌门（Firmicutes）、广古菌门（Euryarchaeota）、绿弯菌门（Chloroflexi）、变形杆菌门（Pro-

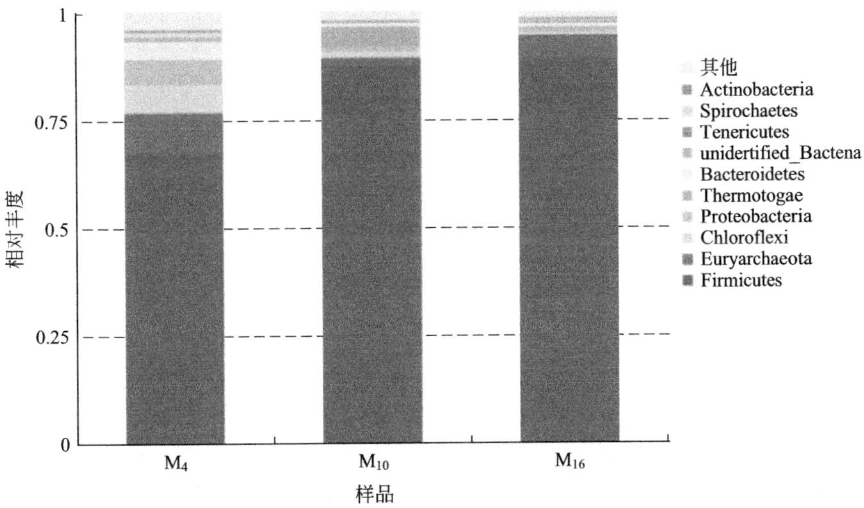

图 4-19　门水平上的微生物群落相对丰度

teobacteria)、拟杆菌门（Bacteroidetes），随着反应的进行在第 10 天时，Firmicutes 相对丰度增多，而 Euryarchaeota、Chloroflexi、Proteobacteria、Bacteroidetes 则明显减少，Thermotogae 呈现上升趋势。在第 16 天时 Firmicutes 继续增多，Euryarchaeota 也开始增多，其余的微生物群落则明显减少。可以看出，在碳氮比为 11 的发酵体系中，在发酵初期，微生物群落的种类较为丰富，Firmicutes、Euryarchaeota、Chloroflexi、Proteobacteria、Bacteroidetes 等微生物群落较为活跃，这些微生物能够将各种糖类和蛋白质转化为简单的化合物，而其他微生物群落丰度则明显降低，Firmicutes 是影响厌氧发酵的主要细菌，也是 ARGs 的主要宿主菌群之一。Firmicutes 门中的水解酸化菌随着发酵的进行，*Firmicutes* 的丰度是逐渐升高的，这是由于水解酸化的进程是一直不断进行的。而且在发酵初期到发酵中期的过程中，厚壁菌门的增长速率增幅较高，因此有可能产生酸化现象。

发酵初期，古菌中产甲烷菌门丰度较高，为 8.6%，这与发酵初期产甲烷速率是一致的，发酵初期的产甲烷速率较快。发酵中期古菌门丰度有所降低，为 1.3%，相应的甲烷产量和浓度在发酵中期有所下降。这是因为有一定的酸化现象，抑制了古菌门的微生物生长。发酵后期古菌门丰度有所回升，为 3.9%，这是因为古菌门中的产甲烷菌属降解和利用了一部分挥发性脂肪酸，使得产甲烷效果得到恢复，这说明古菌门的丰度整体是上升的。因此菌群的变化趋势与产甲烷的进程是相一致的。

碳氮比为 11 时对属水平上微生物群落物种丰度的影响见图 4-20（见书后彩图 7），从图 4-20 中可以看出，随着厌氧发酵进程的进行，发酵初期 *Herbinix*、*Tepidimicrobium*、*Ruminiclostridium*、*Methanobacterium*、*Defluviitalea* 等微生物群落的相对丰度较高，在发酵初期，*Defluviitalea* 等嗜热菌属在高温环境下生长繁殖，*Herbinix*、*Tepidimicrobium*、*Ruminiclostridium* 等梭菌菌群属于水解酸化菌，在该阶段逐渐水解厨余垃圾中的纤维素、半纤维素等进行产酸，成为优势菌群。随着水解酸化的进行，*Methanobacterium* 等一部分嗜酸产甲烷菌群也开始生长繁殖。在发酵中期 *Herbinix* 微生物菌群相对丰度最高，主要是发酵底物中含有大量的纤维素等有机物质，随着反应的进行，*Herbinix* 菌群通过降解一些难降解的纤维素、半纤维素为甲烷菌的生长繁殖提供必需的营养物质。在发酵中期出现一定的酸化失稳现象，产甲烷菌丰度有所降低，但 *Methanoculleus*、*Methanosaeta* 菌群丰度占优。在发酵后期，*Hydrogenispora*、*Methanobacterium* 丰度升高，*Methanosaeta* 丰度较低，反应体系仍然保持较高的乙酸浓度。

4.2.2.2 不同碳材料对污泥干式厌氧消化过程中微生物群落结构的影响

本小节对投加不同种类碳材料后污泥干式厌氧消化体系中微生物群落结构的变化进行了分析。在发酵结束后获得的 9 个样品中共检测到 762551 个高质量序列，每个样本的序列范围为 82156～87533，并且以 97%的相似度聚类。稀释曲线见图4-21，从图 4-21 中可以看出，稀释曲线逐渐趋于平坦，说明检测结果较为合理，可以看出空白组与 GO 组在发酵第 13 天与发酵结束后的微生物物种丰度相近。石墨组与石墨烯组的微生物物种丰度也比较接近。

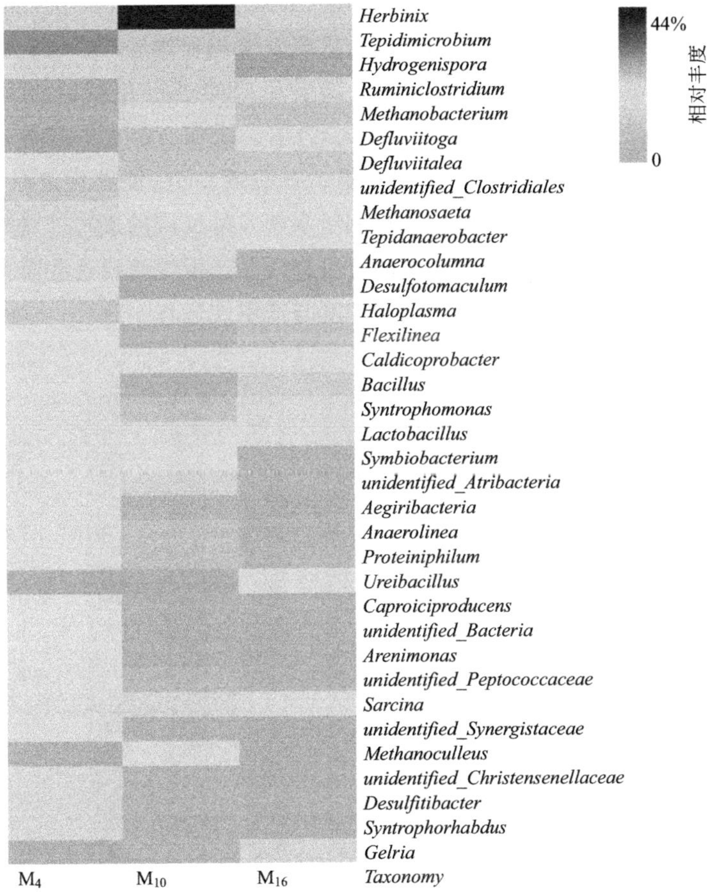

图 4-20　属水平上的微生物群落相对丰度

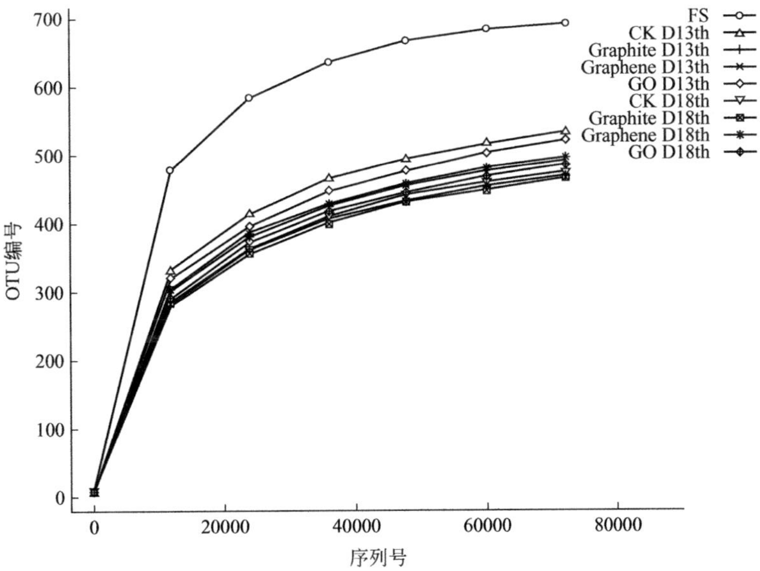

图 4-21　污泥干式厌氧发酵基于 OTU 单板样品的稀释曲线

不同种类碳材料对污泥干式厌氧发酵门水平上微生物群落物种丰度的影响见图 4-22（见书后彩图 8），从图 4-22 中可以看出，随着厌氧发酵进程的进行，反应初始时门水平的主要微生物为 Thermotogae、Bacteroidetes。随着反应的进行在第 13 天和发酵结束后，门水平微生物主要以 Firmicutes、Thermotogae 为主。添加石墨、石墨烯、GO 的试验组的 Thermotogae 要高于空白组，说明添加石墨、石墨烯、GO 能够促进厚壁菌门的增长，厚壁菌门中的水解发酵细菌也有所增长，有利于水解发酵反应的进行，这些微生物可以将物料中的各种复杂的有机物质转化为简单的有机物质，产甲烷菌以这些简单的有机物质为底物进行生长繁殖并产生甲烷。微生物菌群丰度与产甲烷进程一致。

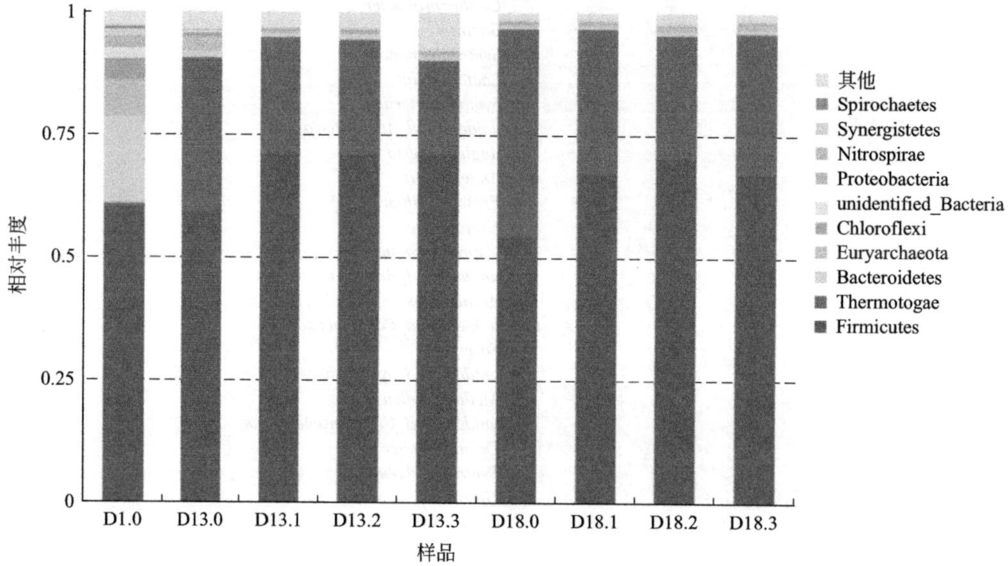

图 4-22 门水平上的微生物群落相对丰度

不同种类碳材料对污泥湿式厌氧发酵门水平上微生物群落物种丰度的影响见图 4-23（见书后彩图 9），在发酵初期，unidentified_Bacteria、Tepidimicrobium、Proteiniphilum 等门水平的微生物群落的相对丰度较高，在该时期这些微生物利用发酵物料中的有机物质进行水解酸化，并成为优势菌群。随着厌氧发酵进程的进行，Defluviitalea、Ruminiclostridium 等门水平的微生物群落的相对丰度较高，开始占据主导地位。添加石墨的试验组在第 13 天和第 18 天时，Herbinix 门水平的菌群丰度较其他试验组高，说明石墨能够促进 Herbinix 菌群降解一些难降解的有机物质并转化为产甲烷菌所必需的营养物质。

4.2.2.3 不同碳材料对污泥湿式厌氧消化过程中微生物群落结构的影响

本部分主要研究了投加不同种类碳材料对污泥湿式厌氧消化系统中的微生物群落的变化分析，在发酵结束后获得的所有样品中检测到 340757 个高质量序列，每个样本的序列范围为 82514～87795，并且以 97％的相似度聚类。稀释曲线见图 4-24，从图 4-24 中可以看出，曲线分布平缓，物种分布均匀。投加 GO 的微生物群落丰度有所增加，投加石墨烯的试验组微生物群落丰度明显小于空白试验组，投加 GO 的微生物群落性要好于投加石墨和石墨烯的试验组，微生物多样性的增加与 ARGs 的减少相关。投加不同添加剂可以维

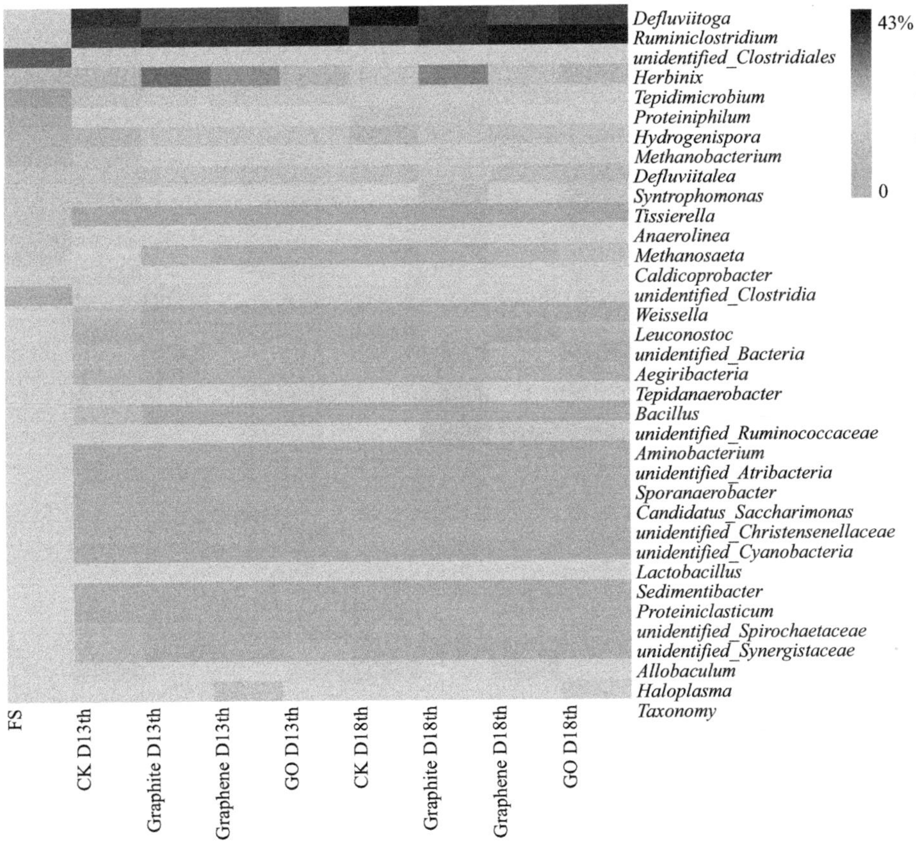

图 4-23 干式属水平上的微生物群落相对丰度

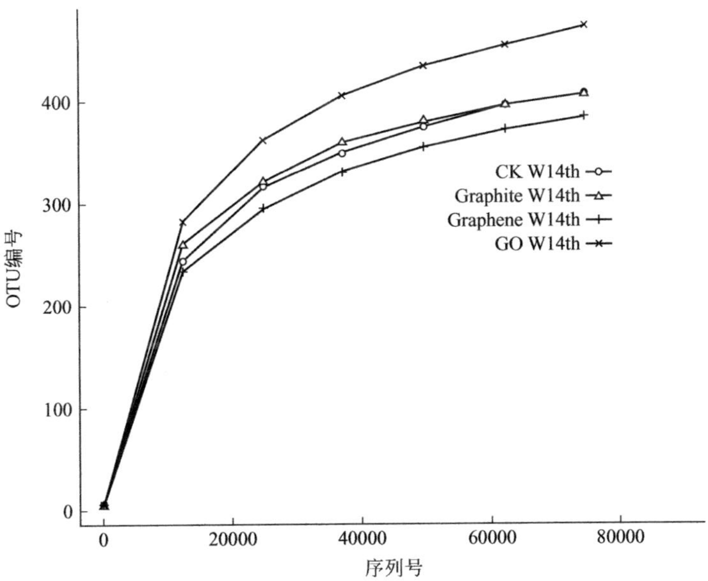

图 4-24 污泥湿式厌氧发酵基于 OTU 单板样品的稀疏曲线

持厌氧体系中的细菌多样性，利于 ARGs 的消减。

图 4-25 显示了投加不同种类碳材料对污泥湿式厌氧消化系统中的门水平上的微生物群落相对丰度变化分析（见书后彩图 10）。从图 4-25 中可以看出，发酵结束后空白组与投

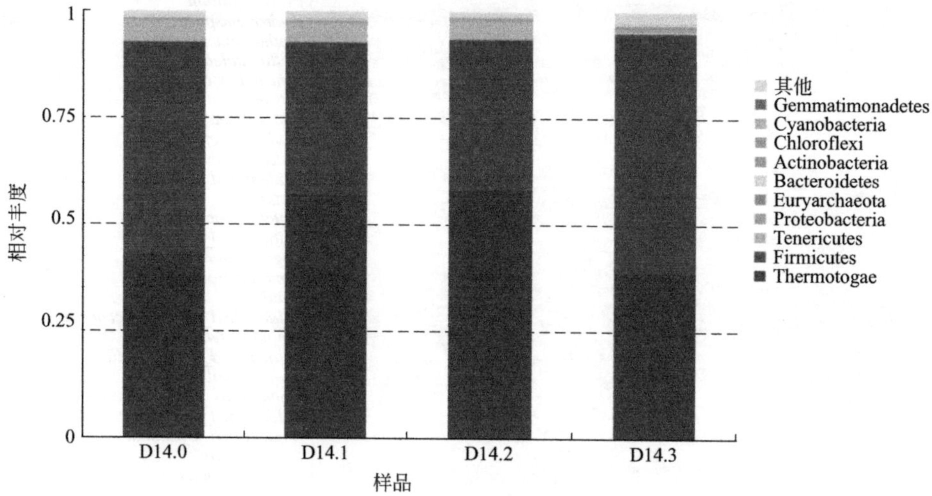

图 4-25 门水平上的微生物群落相对丰度

D14.0—空白组；D14.1—石墨组；D14.2—石墨烯组；D14.3—GO 组

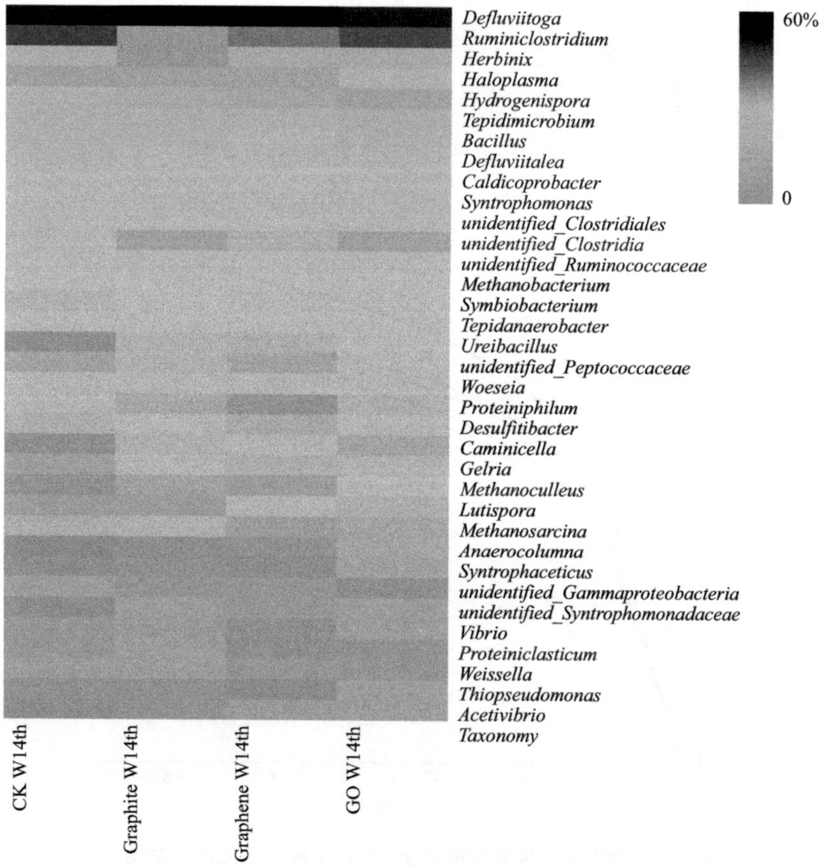

图 4-26 湿式属水平上的微生物群落相对丰度

加石墨、石墨烯、GO的试验组的主要微生物为 *Thermotogae*、*Firmicutes*、*Tenericutes*，且空白组与投加GO的试验组中 *Thermotogae* 相当，且均少于投加石墨与石墨烯的试验组。空白组与投加GO的试验组中 *Firmicutes* 相当，且均多于投加石墨与石墨烯的试验组。可以看出，空白组与投加GO组的微生物群落及丰度相近，投加石墨与石墨烯的试验组微生物群落及丰度相近。

图4-26显示了投加不同种类碳材料对污泥湿式厌氧消化系统中的属水平上的微生物群落相对丰度变化分析（见书后彩图11）。从图4-26中可以看出，发酵结束后，空白组与投加石墨、石墨烯、GO组中，*Defluviitalea*、*Ruminiclostridium* 微生物群落相对丰度较高，在高温条件下，利于 *Defluviitalea* 等嗜热菌属的生长繁殖。空白组与投加GO的试验组中 *Defluviitalea*、*Ruminiclostridium* 菌属的相对丰度相近，投加石墨与石墨烯的试验组中 *Defluviitalea*、*Ruminiclostridium* 菌属的相对丰度相一致且高于空白组和投加GO组，说明石墨、石墨烯的投加有利于水解酸化菌的生长繁殖，这与产气效果也保持一致。发酵结束后，投加GO试验组中 *Hydrogenispora*、*Methanobacterium* 相对丰度要高于其他三组，此时反应体系中乙酸浓度依旧较高，同时还有一部分甲酸，有利于甲酸型产甲烷菌的生长和繁殖。这与发酵结束后发酵的VFAs保持一致。

4.3 污泥厌氧消化过程中抗生素抗性基因控制研究

将污泥厌氧发酵结束后的沼渣进行检测均发现多种抗生素抗性基因，本节对污泥厌氧发酵反应前后的抗生素抗性基因的行为特征进行研究，包括2种β-内酰胺类（*blaOXA*-1、*blaTEM*）、3种大环内酯类（*ermB*、*ermF*、*mefA*）、2种磺胺类（*sul*1、*sul*2）、5种四环素类（*tetM*、*tetO*、*tetQ*、*tetW*、*tetX*）以及一类整合子 *intI*1。

4.3.1 不同碳材料对污泥干式厌氧消化过程中ARGs的影响

选择13种具有代表性的ARGs（*blaOXA*-1、*blaTEM*、*ermB*、*ermF*、*mefA*、*sul*1、*sul*2、*tetM*、*tetO*、*tetQ*、*tetW*、*tetX*、*intI*1）作为目标基因并通过qPCR定量。从图4-27中可以看出高温干式厌氧发酵混合物料中抗生素抗性基因丰度最高的3种抗生素抗性基因分别为大环内酯类 *mefA*、磺胺类 *sul*2、四环素类 *tetQ*，这与混合物料中ARGs主要来源于污水厂的接种污泥有关；四环素类（*tetM*、*tetO*、*tetQ*、*tetW*、*tetX*）占初始混合物料（FW）中ARGs总数的47.39%，在厌氧消化系统中的含量是最高的，是需要主要去除的ARGs。同时也可以看出除了含量最高的三组ARGs外，初始ARGs中 *ermF*、*sul*1、*tetM*、*tetQ*、*tetW* 这几种ARGs的丰度也较高。

图4-28显示了添加不同的碳材料对干式厌氧发酵ARGs的绝对丰度的影响。从图4-28中可以看出干式厌氧发酵混合物料中初始ARGs丰度最高的3种ARGs分别为大环内酯类 *mefA*、磺胺类 *sul*2、四环素类 *tetQ*，发酵结束后其ARGs得到较大程度的消减，对于空白组而言，消减最多的是 *tetQ*，为74.41%。添加石墨、石墨烯、GO时，这3种ARGs消减最多的均是四环素类，分别为91.26%、95.22%、82.14%。这与Gao等研究的厨余垃圾与接种污泥在高温条件下对厌氧发酵体系中四环素类抗生素抗性基因与Ⅰ类整

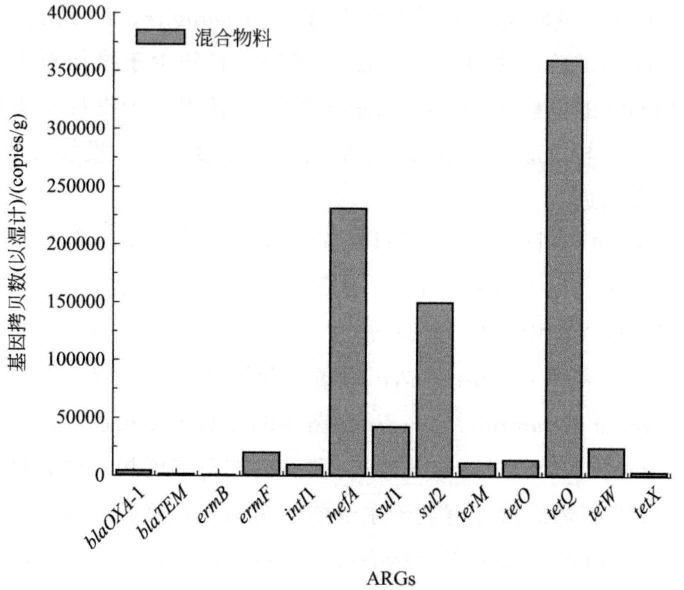

图 4-27 初始混合物料的 ARGs 丰度

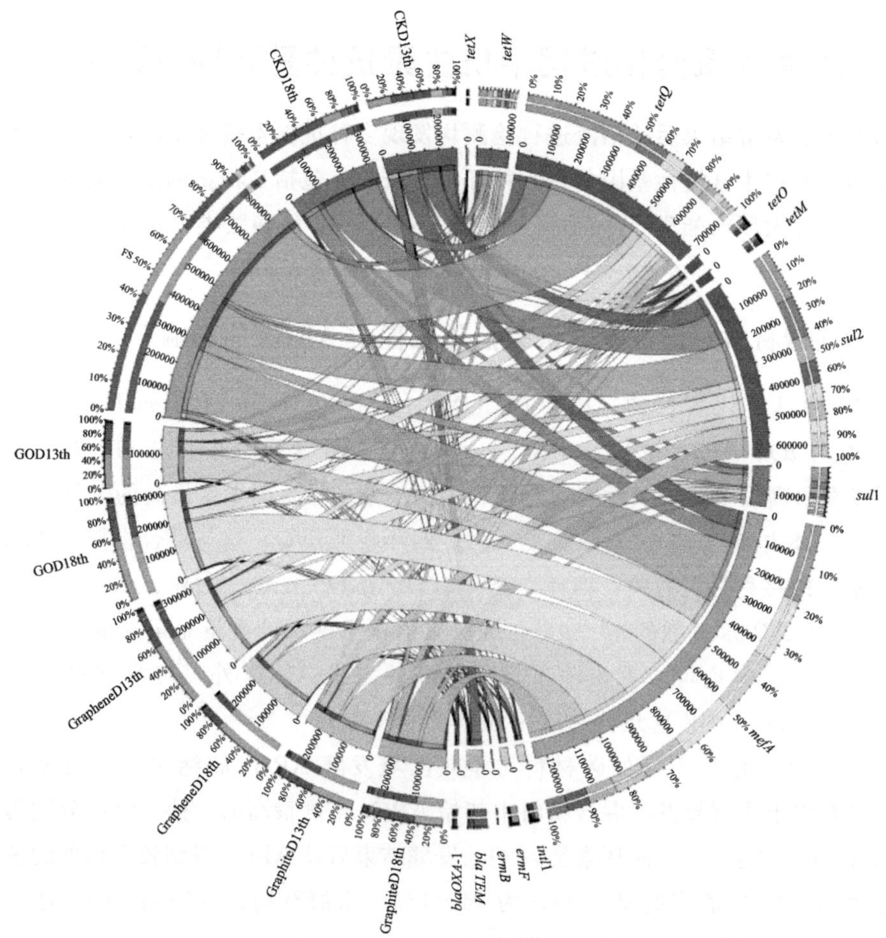

图 4-28 不同碳材料条件下污泥干式厌氧发酵过程中 ARGs 的绝对丰度（copies/g）

合子具有削减效果结果一致。同时可以看出添加石墨时，*ermF*、*sul*1、*tetX* 的消减效果也较好，分别为 93.78%、63.43%、74.92%。添加石墨烯时，*blaOXA*-1、*intI*1、*tetW* 的消减率分别为 89.90%、82.52%、64.88%，而其对应的空白组为 34.35%、58.18%、49.5%，可以看出在添加石墨烯的条件下这几种 ARGs 也得到了较大程度的消减。添加氧化石墨烯时，与空白组相比，*blaOXA*-1、*intI*1、*sul*1、*tetW*、*tetX* 等的消减率分别为 84.85%、83.22%、78.52%、75.66%、83.66%，其 ARGs 的丰度也得到了很大的消减。与添加石墨与石墨烯的试验组相比，消减率高的 ARGs 的种类较二者高，这可能与氧化石墨烯能迅速地消除各种形式和类别的 ARGs 有关。

初始混合物料中总的 ARGs 的丰度为 8.74×10^5 copies/g，在厌氧消化第 13 天时，其空白组总的 ARGs 的丰度消减了 69.59%，添加石墨、石墨烯、氧化石墨烯后总的 ARGs 的丰度分别消减了 70.86%、63.74%、77.13%。在厌氧消化结束（第 18 天）后，其空白组总的 ARGs 的丰度消减了 62.21%，添加石墨、石墨烯、氧化石墨烯后总的 ARGs 的丰度分别消减了 72.13%、69.91%、64.55%。可以看出添加石墨、石墨烯、氧化石墨烯后，总的 ARGs 的丰度均得到一定程度的消减，在第 13 天时添加氧化石墨烯对 ARGs 的

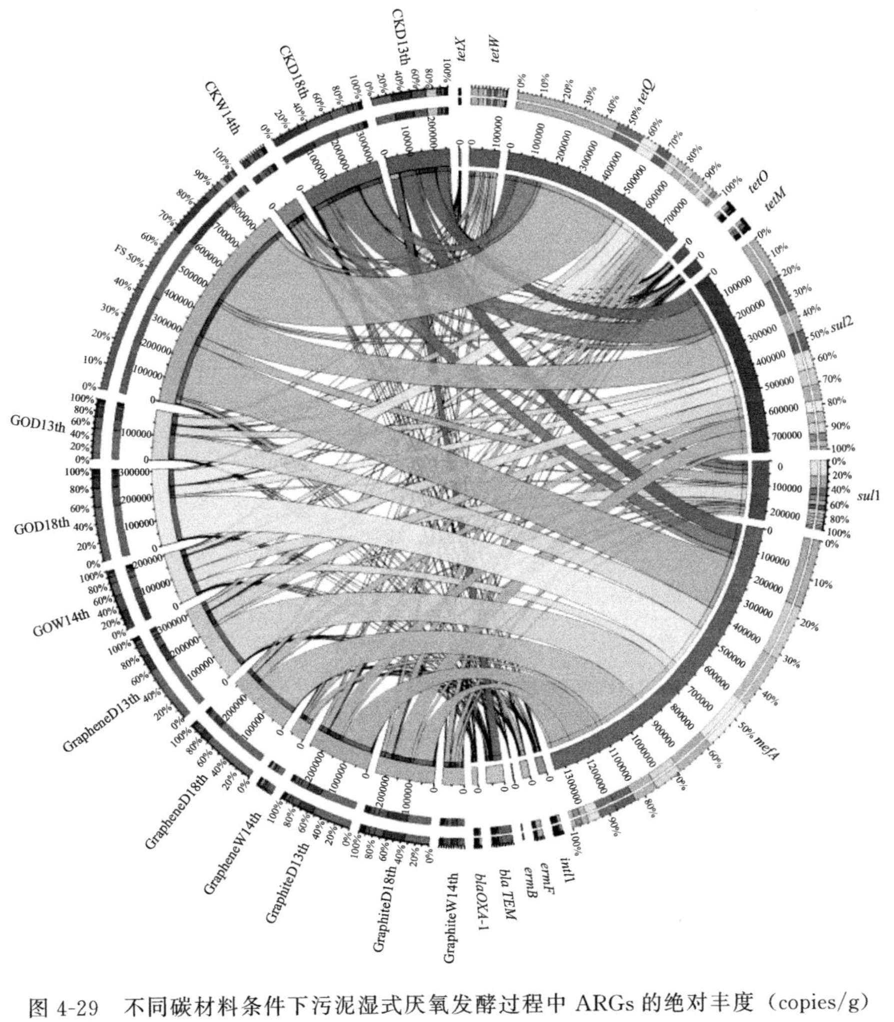

图 4-29　不同碳材料条件下污泥湿式厌氧发酵过程中 ARGs 的绝对丰度（copies/g）

去除效果较好，而发酵结束后添加氧化石墨烯组总的 ARGs 的丰度较第 13 天增加。这说明 ARGs 的消减率并未随着厌氧消化时间的增加而明显地减少，总的 ARGs 的丰度在第 13 天与厌氧消化结束后有一定程度的波动，这可能与厌氧消化过程中的微生物变化有关。添加石墨与石墨烯的试验组在发酵结束后总的 ARGs 的丰度较第 13 天减少，随着反应的进行，ARGs 的消减效果较好。

4.3.2 不同碳材料对污泥湿式厌氧消化过程中 ARGs 的影响

实验所用接种污泥源自于干式厌氧消化结束后的发酵物，因此初始物料的 ARGs 的丰度与干式发酵结束后 ARGs 的丰度保持一致。从图 4-29 中可以看出在添加不同碳材料条件下初始物料 ARGs 丰度最高的 4 种 ARGs 分别为大环内酯类 *mefA*、磺胺类 *sul*1、*sul*2 和四环素类 *tetQ*。发酵结束后这 4 种 ARGs 得到较大程度的消减，对于空白组而言，消减最多的是 *tetQ*，为 63.52%。添加石墨、石墨烯进行厌氧消化后，ARGs 消减最多的是大环内酯类（*ermF*、*mefA*）、四环素类（*tetM*、*tetO*、*tetW*、*tetX*）和一类整合子类（*intI*1）。同时可以看出添加石墨时，*ermB*、*mefA*、*tetM*、*tetQ* 的消减效果也较好，分别为 83.12%、82.95%、79.95%、89.24%。添加石墨烯时，*ermF*、*mefA*、*intI*1、*tetO*、*tetW* 的消减率分别为 89.35%、82.18%、87.92%、70.68%、85.33%，而其对应的空白组为 81.03%、66.79%、63.52%、70.68%、66.34%，在添加石墨、石墨烯的条件下这几种 ARGs 也得到了较大程度的消减。

初始混合物料中空白组、石墨组、石墨烯组、氧化石墨烯组总的 ARGs 的丰度为 3.30×10^5 copies/g、2.44×10^5 copies/g、2.63×10^5 copies/g、3.10×10^5 copies/g，在厌氧消化结束后，其空白组总的 ARGs 的丰度消减了 70.72%，添加石墨、石墨烯、氧化石墨烯后总的 ARGs 的丰度分别消减了 64.77%、77.52%、33.74%。可以看出，添加石墨烯对污泥湿式厌氧消化过程中的 ARGs 消减效果较好，而添加 GO，与空白组对比，总的 ARGs 反而增加，添加 GO 在一定程度上增加了 ARGs 的丰度，这可能与 ARGs 在宿主细胞中进行垂直转移直接遗传给子代有关。在湿式状态下物料混合充分，有利于微生物的繁殖，GO 可以通过增加细胞膜通透性促进 ARGs 从细胞内到细胞外的渗透，随着微生物的生长繁殖从而导致消化装置中 ARGs 丰度上升进而积累有关。

不同碳材料条件下污泥干式和湿式厌氧发酵全过程中 ARGs 的绝对丰度变化见图4-30（见书后彩图 12）。从图 4-30 中可以看出，在整个连续的发酵周期中，*mefA*、*tetQ*、*sul*2、*sul*1 这 4 种 ARGs 初始的 ARGs 丰度较高，在发酵中期和发酵结束后均能得到一定程度的降低，其中在湿式发酵结束后，投加石墨烯的试验组这 4 种 ARGs 消减程度较大。初始的四环素类总的 ARGs 丰度较高的，对 *tetX*，可以明显地看出高温发酵有利于其 ARGs 丰度的消减，在干式湿式状态下均是如此。对 *ermF*，厌氧发酵也有利于其 ARGs 丰度消减。

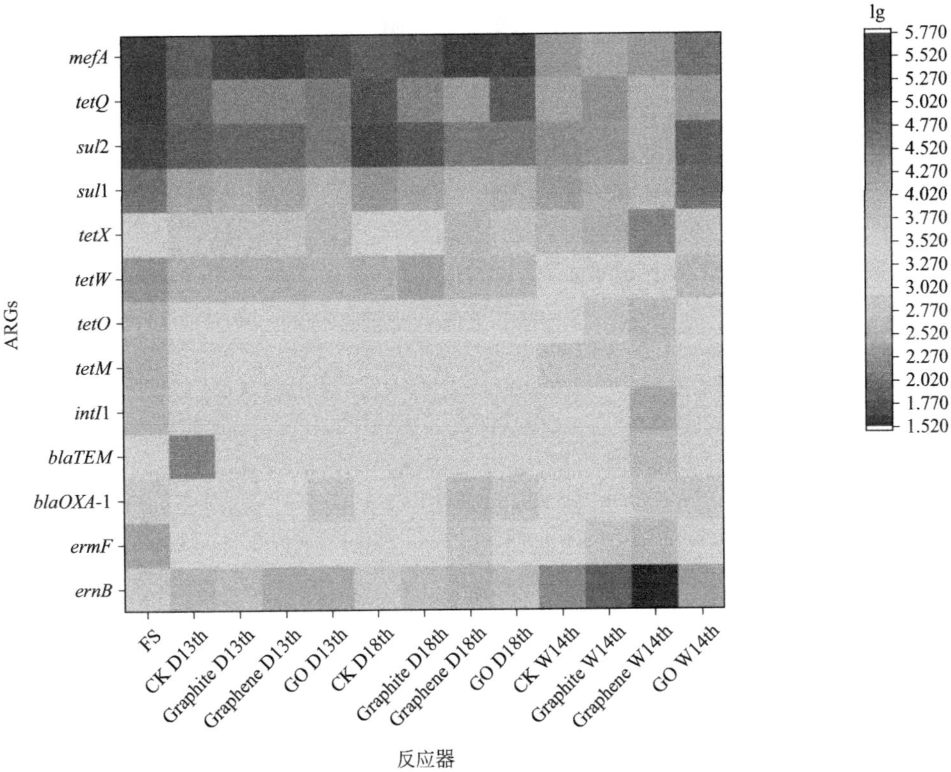

图 4-30 不同碳材料条件下污泥干湿式厌氧发酵过程中 ARGs 的绝对丰度（copies/g）

4.4 污泥厌氧发酵的案例介绍

典型的污泥厌氧发酵处理工程采用的处理工艺为热水解-厌氧消化-沼气利用。热水解单元的目的是加强污泥的生物可降解性，提供厌氧发酵过程的产气率，同时可杀死致病菌和蛔虫卵等，实现污泥的无害化。湿热水解后的污泥冷却后进入厌氧发酵系统，一般采用中温厌氧发酵。大中型污泥处理工程的厌氧发酵罐多为圆柱形，一般采取上下两个口进泥，底部出泥的方式。

污泥厌氧发酵的典型工艺流程如图 4-31 所示。

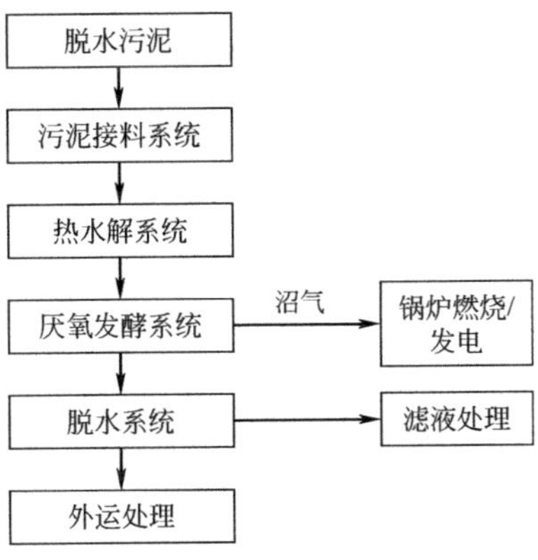

图 4-31 污泥厌氧发酵的典型工艺流程

参 考 文 献

［1］ Jha A K，Li J Z，Nies L，et al. Research advances in dry anaerobic digestion process of solid organic wastes. Afr J，Biotechnol，2011，10 (65)：14242-14253.

［2］ Yang G，Zhang G M，Wang H C. Current state of sludge production，management，treatment and disposal in China. Water Research，2015，78：60-73.

［3］ Yang G，Zhang G M，Zhang Y Y，et al. Degradation properties of protein and carbohydrate during sludgeanaerobic digestion. Bioresource Technology，2015，192：126-130.

［4］ Liu C，Wang W，Anwar N，et al. Effect of organic loading rate on anaerobic digestion of food waste under mesophilic and thermophilic conditions. Energy Fuels，2017，31 (3)：2976-2984.

［5］ 张海东．城市生活垃圾厌氧发酵过程产生沼气的净化及利用．昆明：昆明理工大学，2005.

［6］ Wu B，Wang X，Deng Y Y，et al. Adaption of microbial community during the start-up stage of a thermophilic anaerobic digester treating food waster. Biosci Biotechnol Biochem，2016，80 (10)：2025.

［7］ Caporaso J G，Lauber C L，Walters W A，Berg-Lyons D，Lozupone C A，Turnbaugh P J，Fierer N，Knight R. Global patterns of 16S rRNA diversity at a depth of millions of sequences per sample. Proceedings of the National Academy of Sciences，2011，108 (01)：4516-4522.

［8］ Youssef，Noha，et al. Comparison of species richness estimates obtained using nearly complete fragments and simulated pyrosequencing-generated fragments in 16S rRNA gene-based environmental surveys. Applied and environmental microbiology，2009，75 (16)：5227-5236.

［9］ Hess，Matthias，et al. Metagenomic discovery of biomass-degrading genes and genomes from cow rumen. Science，2011，60 (16)：463-467.

［10］ Lundberg，Derek S，et al. Practical innovations for high-throughput amplicon sequencing methods. Nature，2013，10 (10)：999-1002.

［11］ Song Z L，Zhang C. Anaerobic codigestion of pretreated wheat straw with cattle manureand analysis of the microbial community. Bioresource Technology，2015，186：128-135.

［12］ Tian Z，Zhang Y，Yu B，et al. Changes of resistome，mobilome and potential hosts of antibiotic resistance genes during the transformation of anaerobic digestion from mesophilic to thermophilic. Water Research，2016，98：261-269.

［13］ Sun W，Qian X，Gu J，et al. Mechanisms and effects of arsanilic acid on antibiotic resistance genes and microbial communities during pig manure digestion. Bioresource Technology，2017，234：217-223.

［14］ Han Il，Congeevaram Shankar，Ki Dong-Won，et al. Bacterial community analysis of swine manure treated with autothermal thermophilic aerobic digestion. Applied microbiology and biotechnology，2011，89 (3)：835-842.

［15］ Ziganshin A M，Liebetrau J，Pröter J，et al. Microbial community structure and dynamics during anaerobic digestion of various agricultural waste materials. Applied Microbiology and Biotechnology，2013，97 (11)：5161-5174.

［16］ Mahnert A，Moissl-Eichinger C，Zojer M，et al. Man-made microbial resistances in built environments. Nature Communications，2019，10 (1)：968-980.

［17］ Wang H，Yuan XZ，Wu Y，et al. In situ synthesis of In2S3@MIL-125 (Ti) core-shell microparticle for the removal of tetracycline from wastewater by integrated adsorption and visible-light-driven photocatalysis. Environmental，2016，186：19-29.

［18］ Jiang L B. Yuan X Z，Zeng G M，et al. Phosphorus and Sulfur-Codoped g-C3N4：Facile Preparation，Mechanism Insight，and Application as Efficient Photocatalyst for Tetracycline and Methyl Orange Degradation under Visible Light Irradiation. ACS Sustainable Chemistry & Engineering，2017，5 (7)：5831-5841.

［19］ Xu R，Yang Z，Wang H，et al. Rapid startup of thermophilic anaerobic digester to remove tetracycline and sulfonamides resistance genes from sewage sludge. Science of the Total Environment，2018，612：788-798.

[20] Gao P，Gu C，Wei X，et al. The role of zero valent iron on the fate of tetracycline resistance genes and class 1 integrons during thermophilic anaerobic co-digestion of waste sludge and kitchen waste. Water Research，2017，111：92-99.

[21] Yu Wenchao，Zhan Sihui，Shen Zhiqiang，et al. Efficient removal mechanism for antibiotic resistance genes from aquatic environments by graphene oxide nanosheet. Chemical Engineering Journal，2017，313：836-846.

[22] Zhang Jingxin，Zhang Le，Loh，et al. Enhanced anaerobic digestion of food waste by adding activated carbon：Fate of bacterial pathogens and antibiotic resistance genes. Biochemical Engineering Journal，2017，128：19-25.

[23] Bai Y，Xu R，Wang Q，et al. Sludge anaerobic digestion with high concentrations of tetracyclines and sulfonamides：Dynamics of microbial communities and change of antibiotic resistance genes. Bioresource Technology，2019，276：51-59.

第5章 酒糟资源化利用技术

随着经济和酒文化的快速发展，人们对白酒的需求量亦呈逐渐递增趋势，酿酒行业在给人们生活带来便利的同时，也产生了越来越多的固体废弃物，如易腐、易臭白酒酒糟的生成。面对数量巨大而产生集中的酒糟废弃物，探究其资源化有效利用的新途径，对于践行经济型、节约型以及环保型的发展理念具有重大的推动作用。本章主要论述了白酒酒糟的利用方式和其资源化技术途径。

5.1 概述

5.1.1 白酒酒糟的产生和影响

随着我国白酒产业的快速发展，酿酒之后产生的固体废弃物白酒酒糟的产量呈逐年递增趋势。白酒酒糟主要是以小麦、玉米、高粱等谷物为原料经发酵、蒸馏后残存的固体残渣，是酿酒行业的主要副产物。近年来，我国白酒产业发展迅速，白酒酒糟的年产量已突破1亿吨。白酒酒糟中所含的营养组分主要来自其因发酵不完全和糖化而剩余的原料残渣以及微生物菌体自溶和代谢活动而产生的物质，其中除包括粗脂肪、蛋白质、粗纤维、维生素以及微量元素等营养物质外，还含有丰富的微生物菌体自溶所产生的不同类型的嘧啶、嘌呤以及脂类化合物等。鲜酒糟中因含有丰富的蛋白质、粗脂肪、纤维素、酶类、有机酸以及各种营养元素，而被视为一种很有价值的可回收资源。然而，由于鲜酒糟具有含水率高、酸度高、不易储存放置、易腐烂变质等特点，高湿的白酒酒糟在运输和处理过程中存在着很大的困难。面对数量巨大而产生集中的酒糟废弃物，如果不能得到有效及时的处理，便会腐烂变质，产生有毒有害的物质，这不仅会造成资源上的浪费，还会引起严重的环境污染，危害人体身心健康。因此，通过预处理降低鲜酒糟的含水率对后续白酒酒糟能源化资源化利用具有非常重要的意义。

5.1.2 生物质资源的利用状况

化石资源的开发与利用虽为人类社会创造了大量的物质财富，满足了人类的物质生活需求，但随着人民生活水平的逐年提高以及社会发展多元化需求的增加，我们应清楚地认识到化石能源的利用已不能满足当下社会发展的需求。此外，化石能源的利用也给人类社会带来了一系列生存危机，如生态环境的污染与破坏、资源能源的枯竭、臭氧层空洞、酸雨、温室效应以及自然灾害的突发等，其严重危害了人类的生存。由传统的不可再生化石经济的发展转向可再生生物质资源绿色低碳经济的发展已是大势所趋。我国生物质资源丰富，主要包括以下几种。

① 林业资源：森林生长和林业生产过程中产生的木屑、锯末、树枝以及林业副产品的废弃物等。

② 农业资源：田间农作物以及农业生产和加工过程中产生的废弃物，如农作物秸秆、稻壳等。

③ 城市固体废弃物：城镇生产和生活过程中产生的生活垃圾、商品服务业垃圾以及建筑垃圾等。

④ 畜禽粪便。

据估算，我国每年农业生产过程中产生的农作物秸秆就有 10 亿吨，然而其利用率还不足 10%，大部分的秸秆被直接焚烧或堆置起来，这不仅造成了资源上的流失，还严重污染了大气。如果把这些生物质废弃物妥善地利用起来，对于保护环境和缓解能源紧张都有一定的推动作用。近年来，利用农作物秸秆和城市园林废弃物等生物质资源生产燃料和化学品的研究日益增多，取得了一定的成效，为可再生能源的开发利用提供了新的方向。

5.2 白酒酒糟的利用现状

5.2.1 利用白酒酒糟生产有机肥

有机肥是以城市生活垃圾、农作物秸秆、畜禽粪便以及农产品加工的有机废弃物为原料，采用一定的处理技术，如物理处理、化学处理、生物处理或者以上处理技术的结合；再加入功能性微生物菌剂，经过生物物质、动植物废弃物、植物残体等加工处理，从而消除其中的有毒有害物质，达到无害化处理得到的一类功能性有机肥料。

有机肥含有大量的有益物质，如多种有机酸、肽类以及包括氮、磷、钾在内的丰富的营养元素。它不仅能为农作物提供全面的营养物质，而且肥效长，可增加和更新土壤中的有机质，促进微生物繁殖，改善土壤的理化性质和生物活性，是绿色食品生产的主要养分。利用白酒酒糟生产有机肥，不仅可以改善农作物土壤环境，提高农作物产量，给酿酒行业产生的酒糟废弃物提供一个再利用的途径，进行小规模的生产，还可带来一定的经济效益。

5.2.2 利用白酒酒糟生产饲料

白酒酒糟中含有丰富的蛋白质、氨基酸以及维生素等成分，它可以作为饲料饲喂畜禽。酒糟饲喂畜禽的方式主要有 3 种：a. 直接饲喂新鲜的白酒酒糟；b. 经加工处理制成酒糟蛋白饲料进行饲喂；c. 经养殖成高蛋白昆虫后进行饲喂。直接将酒糟饲喂给畜禽或者是简单将酒糟烘干处理后饲喂给畜禽是最传统的饲喂畜禽方式。这种方法虽然简单、成本低廉，但白酒酒糟中稻壳的含量较高，稻壳中的木质素和半纤维素物质结构稳定，不易降解，直接饲喂给畜禽后动物难以消化，影响动物的生长。近年来，研究者们正逐渐通过微生物发酵的方式来处理白酒酒糟从而生产蛋白饲料用于畜禽的饲喂，这种方式可以更有效地利用白酒酒糟中的营养物质，使动物得到更好的生长。利用白酒酒糟生产高蛋白昆虫也是其资源化利用的有效途径。生产出的昆虫都含有较高的蛋白质和氨基酸等，同时饲喂畜禽后的残渣也是一种含氮量较高的有机肥料，可制成复合肥进行产业化生产。

5.2.3 利用白酒酒糟生产食用菌

食用菌中含有丰富的蛋白质、糖类以及维生素等营养物质，是一类具有保健功能的绿色营养食品，具有很高的营养价值。因此，食用菌越来越得到人们的青睐，对其需求量也大为增加。利用白酒酒糟培养食用菌，不仅可以降低生产食用菌的成本，而且也为酿酒行业产生的副产物白酒酒糟的资源化利用提供了一个可行的途径，减轻了环境污染。

5.2.4 利用白酒酒糟生产食醋

白酒酒糟中含有大量的粗蛋白，并且还有一定量的淀粉和糖类物质，因此，利用白酒酒糟生产酿制食醋也是其资源化利用的一种途径。用白酒酒糟代替大豆、玉米等酿制食醋的原料，不仅可以降低食醋的生产成本，也为白酒酒糟的资源化利用提供了有效途径。利用白酒酒糟酿醋时，酒糟在酒精发酵过程中产生的甘油、脂肪酸等风味物质也会随发酵进入醋中，使酿出来的醋更具风味。

5.3 生物干化技术研究概况

5.3.1 生物干化的来源

对于酿酒行业过程中产生的白酒酒糟，物理法（烘干）是其降低含水率的主要方式，但此法能耗高、处理成本高，不是一种经济有效的预处理方法，相比之下，依靠自身体系中有机物的好氧生物降解而产生能量，无需外源加热的生物法（生物干化）具有更好的经济效益和社会效益，这也是生物干化区别于其他干燥工艺的不同之处。

生物干化是20世纪90年代首次被提出作为固体废弃物预处理的一种方法，它起源于堆肥，但又不同于堆肥。生物干化与堆肥的主要区别在于两者的目的不同，前者的主要目的是在短时间内实现最高的水分去除率，而后者则侧重于堆肥原料的生物稳定性和腐熟度，即通过堆体中好氧微生物的作用将其易降解的有机质不断转化为稳定的腐殖质的过程，从而使堆体达到减量化、资源化、无害化的效果，但这一过程的周期往往较长，通常需要20～30d。与堆肥相比，生物干化则更注重于堆体的快速除水，使固体废弃物减量化，为后续的处理处置节约成本，而对干化产物是否达到高度腐熟要求不高。另外，生物干化的发酵周期比较短，约为堆肥周期的1/3～1/2；投资成本较低，具有相当可行的工艺运行性。作为一种经济、节能的生物质废弃物的处理方式，生物干化是利用有机物好氧降解产生的微生物热最大限度地去除生物质废弃物中水分的技术。干化体系本身产生的能量可使堆体温度迅速升高，通常可达55℃，有的则高达70℃以上，温度升高，堆体中的水分转化为水蒸气，在外加曝气泵的作用下被携带出体系，从而使干化物料不断脱水。生物干化过程中水分的减少主要表现在：水分子从干化基质表面蒸发到空气中，然后通过气流除去蒸发后的水分。生物干化的主要机制是对流蒸发，它是利用有机物的生物降解产生热量，可通过机械控制曝气来促进这一过程。以微生物活性除水为目标的生物干化技术被认为是降低高湿有机废弃物水分含量的有效方法。除此之外，生物干化还可以抑制有机物的降解，为后续有机质的利用储存能量。目前，生物干化已被用于干燥各种基质，例如城市固体废弃物、可生物降解的废弃物、猪粪、污泥以及纸浆和二次污泥。然而，很少有研究注重于酿酒废弃物（白酒酒糟），其生物干化特性有待探究。

5.3.2 生物干化的影响因素

温度、初始含水率、物料的孔隙度、通风方式以及通风速率等都影响着生物干化的进程。废弃物的含水率是评价生物干化效率的一个关键参数，高初始含水率会限制基质内氧的输送，水分含量过低则会抑制微生物的活性，从而降低生物干化性能。对城市固体废弃物、垃圾残渣和污泥的研究表明，生物干化过程中最佳初始含水率的范围是50%～70%。Zhao和Cai研究了气流和翻堆频率对污泥生物干化的影响，结果表明，强制曝气促进了污泥中水分的蒸发，而频繁的翻堆则阻碍了生物干化的进程。通风速率影响着堆体的温度和干化效率，高通风量能增加水的去除率，但是过量的气流会使堆体冷却，影响生物干化效果。Zhao等比较了两种通风速率 $0.0909m^3/(h \cdot kg)$ 和 $0.0455m^3/(h \cdot kg)$ 下的生物干化效果，他们发现高气流作用下并不能显著地有利于水分的去除，尤其是在翻堆频率比较频繁的条件下。生物干化是一高动态的过程，其中微生物起着至关重要的作用，通过细菌和真菌对有机组分的生物降解产生热量，从而降低水分含量，同时维持生物能。研究表明，在生物干化嗜热阶段，芽孢杆菌是优势菌属，水的蒸发速率、产水率和有机质的降解均达到了峰值。在嗜热阶段前期，干化基质中细菌多样性通常较高，一旦进入嗜热阶段，其多样性就会降低，一些微生物便占据了主导地位。在生物干化进程后期其多样性会有一个适度的回升。分析生物干化不同时期微生物群落的变化更有助于我们认识其菌群的生物多样性。

5.4 生物质热解技术应用研究

5.4.1 生物质废弃物的热化学转化

随着各国经济的快速发展以及人口基数的增长，不可再生的化石能源已不能满足社会发展的需求，与此同时，化石燃料的使用也给环境带来了负面影响，如酸雨的形成、全球气候变暖而导致的冰川融化等。因此，大量研究人员已将目光集中在可持续发展的能源上，以此替代不断减少的化石能源。由于世界范围内能源的减少以及环境的恶化，利用可再生资源生产燃料和化学品已引起广泛的关注。生物质是一种很有前景的可再生资源，具有很好的经济性和社会性。生物质是各种有生命并且可以生长的有机物质的总称，在其生长过程中可通过光合作用有效地将太阳能储存为化学能，是自然界中最具有发展意义的可再生资源。木质纤维素生物质具有碳中性的优点，可实现全球二氧化碳排放的减少。生物质资源包括农作物及其副产品、木材和木材废弃物、城市固体废弃物以及食品加工废弃物等。然而，大多数生物质被当作废弃物直接丢弃，不能得到有效的利用。生物质的利用对于保护环境免受废弃物的影响具有重要的意义。据预测，每年可利用的生物质的潜在估计量高达 1.08×10^{11}t（石油当量吨），几乎是当前世界能源需求的 10 倍。

通过热化学、生物或机械过程的转换，可以将废弃的生物质原料用作能源或化学品使用。热化学过程是将生物质废弃物经济有效地转化为能源的最有前景的方式，它可应用在不同的领域，发展潜力巨大。将生物质废弃物转化为能源的热化学技术主要包括燃烧、热解和气化。燃烧虽然是最简单的热化学转化方法，并且在商业上得到了广泛的应用以提供热量和动力，但由于其效率低，产生灰分、恶臭气体以及其他环境污染物，因此它并不是一种绿色可持续发展的技术。热解气化以其产物的环境友好性被视为是生物质废弃物热化学转化最具发展前景的技术。生物质热解具有悠久的发展历史，它最初被用于生产生物炭。生物质热解通常被定义为生物质有机质在缺氧条件下的热分解，从而生成液体生物油、固体生物炭以及不可冷凝的热解气。根据反应条件的不同，生物质热解通常可以分为 3 种主要的类型，包括慢速热解、快速热解和闪蒸热解。慢速热解是在较低的反应温度、较低的加热速率以及较长的反应时间下的热分解，在这种情况下有利于焦炭的生成，因此慢速热解也被称为碳化，其最早应用于生产木炭。由于较长的停留时间（持续时间为数小时至数天）、相对低的热解温度（一般为 300～700℃），生物质的热分解（主要是木质纤维素类生物质）在很低的加热速率下进行，它有足够的时间进行再聚合反应，以最大限度地提高固体生物炭的产率。闪蒸热解是在极高的加热速率和极短反应时间（1s 甚至更短）下的热分解过程，从而导致高的生物油产率，可高达75%～80%。快速热解是在较高的反应温度和加热速率下的热分解，在同等条件下它更有利于热解气的产生。相较之下，快速热解技术具有相对较低的投资成本和较高的能源效率，特别是对于小规模的工艺，具有较小的投资成本、较高的能效以及环境可接受性。

热解产物的产率和组成受多种因素的影响，在不同的热解条件下其产物的组成和比例有显著的差异，其中热解温度、加热速率、反应时间、载气流速、生物质的预处理方式、生物质的类型以及生物质的颗粒尺寸是主要的影响因素。生物质包含木质素、纤维素、半纤维素以及少量的无机物质组分，对于不同类型的生物质其组成百分含量有所差异。高木质素类生物质产生较低含量的生物油。木质素分解困难，结构稳定性较高，提高热解温度和加热速率在一定程度上能促进该物质的降解。生物质原料在其热解前往往需要某种形式的预处理，预处理的目的是改变甚至是破坏其中难降解的组分，从而使生物质废弃物在合适的条件下进行反应，以便提高热解效率。生物质预处理的技术主要有：

① 物理法，如研磨、挤压等；

② 热处理法，如干燥、高温蒸汽、微波辐射等；

③ 化学法，如酸洗、碱洗、离子液体处理等；

④ 生物法，如真菌、细菌群、酶处理等；

⑤ 上述方法的组合。

与物理法、化学法以及热处理法相比，生物法虽然较慢，但其能耗低，具有更好的环境性。细菌微生物通常被用来预处理木质纤维素类生物质，以提高热解气的产率。温度对热解产物的分布和性能有重大的影响。热解过程中温度的作用是为生物质键的断开提供必要的热量。通常而言，当热解温度在400～550℃时生物油的产量达到了峰值；随着温度的继续升高，其产量下降。当温度超过600℃时，由于挥发物的二次裂解反应，生物油和固体焦炭被转化为热解气，气体产率增加。加热速率是热解反应过程中的另一重要参数，在高加热速率条件下有助于生物质的快速破碎，产生更多的气体和少量的焦炭。反应时间是生物质在特定热解温度下的持续时间，在较长的反应时间内，热解蒸气会发生二次反应，如炭化、气化和热裂解，从而降低生物油的产量。

白酒酒糟作为木质纤维素类生物质的一个重要来源，由于它的大量存在且易集中收集，它可作为微生物转化的有效基质，也可通过热化学技术转化为燃料以作能源使用，目前国内外对木质纤维素类生物质能源化、资源化利用的研究主要集中在农作物秸秆以及林业废弃物上，对于轻工行业产生的生物质废弃物白酒酒糟的热化学转化特性的研究却少之又少。

5.4.2 影响热解行为的因素

随着热化学技术的发展与成熟，热解在生物质热化学转化过程中扮演着越来越重要的角色。作为一种关键的生物质热转化技术，生物质的热解多联产（生物油、生物炭、热解气）已被提出和认可。其中，生物油可用作生物燃料或用于化学增值品的生产。生物炭作为生产活性炭的前体物质和污染物的吸收剂，可用来提高土壤肥力。热解气可以燃烧以回收能源。

热解产物的产率和分布在很大程度上取决于原料的组成和操作条件，主要包括温度、加热速率、反应时间、载气流速等。Lim 和 Egashira 研究了橡胶木质废弃物的热解过程，他们发现随着反应温度的升高，热解气和生物油的产率随之增加，焦炭的产率下降，当热解温度在500～600℃时生物油的产量保持在42%左右，继续增加温度，其产率下降。随着热解温度的升高，气体产率随之增加，尤其是在强高温情况下这种变化更为明显，这主要取决于挥发物的二次裂解反应。在热解过程中温度（700～900℃）强烈改变了焦炭的形态和挥发性物质的组成，影响产气特性，热解温度升高，氢含量增加，同时降低了气流中CO_2和焦油的含量。Li 等研究了 7 种不同生物质（稻壳、稻草、玉米秸秆、棉花秸秆、椰子纤维、木屑和鸡粪）的热解特性，分析了温度和反应时间对热解气组成和稻壳炭转化率的影响。结果表明，随着温度从500℃升高到900℃，热解气中H_2含量迅速增加，而CO 和CO_2的含量有所降低。分析不同热解温度（700℃、800℃、900℃）和不同反应时间（10min、20min、30min）下甘蔗渣热解产物的分布，根据方差分析结果可知，反应温度对甘蔗渣热解的影响大于反应时间，在900℃、反应时间为20min的条件下，热解所得H_2产率最高，热解温度升高，反应时间增加，有利于甘蔗渣的热解，从而导致富氢气体的生成。在高温条件下热解生物质，结合适当高的加热速率可以获得高产率、高热值的气体。在相同的温度下，与低加热速率相比，高加热速率条件下的热解挥发性物质含量更多，由于挥发物的二次裂解反应，从而产生含量更高的热解气。Efifika 等利用固定床反应器研究了废木材在800℃、不同加热速率（5℃/min、90℃/min、350℃/min）下的热解情况，结果表明，随着加热速率的增加，气体和液体的产率分别急剧上升和下降，而固体产物的产率则随着加热速率的增加而逐渐下降。

生物质热解产生液体生物油、固体生物炭以及不可冷凝的热解气。由于生物油成分复杂，其有机物种类繁多，有的则高达数百种，且生物油中既含有轻质组分又含有重质组分，不易分离，在当今世界能源日益减少的情况下，大量的研究工作将焦点放在了热解气上。生物质热解得到的气体主要包括 H_2、CO、CO_2 和 CH_4。热解气具有多种潜在的应用，如直接用于生产热能或电能，也可以直接与煤共燃，用于生成单组分的氢气。作为一种清洁、高效和高热值的气态燃料，氢能源的开发与利用越来越受到科研工作者的青睐，通过条件优化以提高生物质热解产物中 H_2 的产率是今后研究工作的重点。

5.5 白酒酒糟生物干化预处理技术

生物干化过程受多种因素的影响，其中微生物起着至关重要的作用，本书以白酒酒糟作为生物干化的基质，探究不同条件下筛选所得的嗜热菌对白酒酒糟生物干化成效的影响，并与市面上出售的 EM 菌进行效果比对，分析不同干化时期微生物群落的变化，阐明白酒酒糟干化过程中起主要作用的微生物。

5.5.1 嗜热菌的分离与筛选

经多次富集培养与分离后，得到 10 株纯化后的菌株，记作 L1～L10，模拟生物干化过程，在 300g 的白酒酒糟中加入质量分数为 4%的 10 种不同的菌悬液，空白实验加入等量的无菌水，在 30℃、自然通风条件下恒温振荡 5d，测定反应前后含水率和挥发性固体含量的变化，结果如图 5-1 所示。

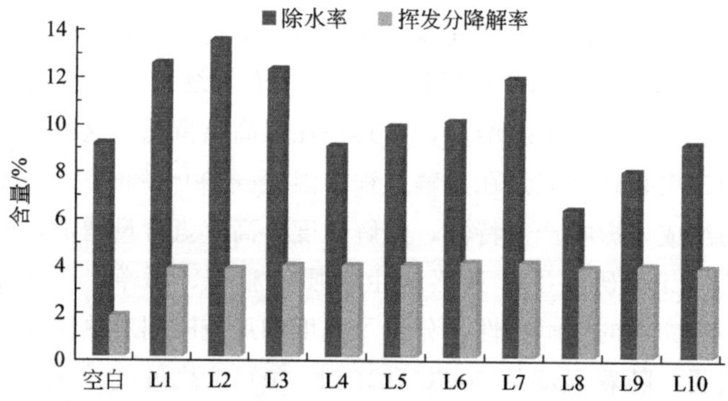

图 5-1　生物干化后菌株 L1～L10 的除水率和挥发分降解率

实验开始前测定白酒酒糟的初始含水率和挥发性固体（VS）含量分别为 64.83%和 91.65%，经过 5d 的生物干化，由图 5-1 可以看出，从白酒酒糟中筛选出来的 10 株菌株均有不同程度的除水率和 VS 降解率，在未添加任何菌液的情况下，经生物干化后，空白实验组的除水率为 6.11%，VS 降解率为 1.68%；添加菌液后，相对于对照组除水率均有不同程度的提高，范围在 6.26%～13.36%，其中菌株 L2 的干化效果最好，除水率达到了最高值 13.36%，生物干化的目的是利用较少有机质的降解达到最佳的除水效果，10 株菌株经干化后，VS 的降解率在 3.72%～4.0%，其中菌株 L2 的 VS 降解率为 3.74%，相对较少。综合考虑除水效果和 VS 的降解，菌株 L2 的干化效果最佳，是实验所需的功能嗜热菌。

5.5.2　嗜热菌细胞形态与菌落形态的观察

将嗜热菌 L2 涂布在 NB 固体培养基上放置在 50℃的恒温培养箱中培养 48h，其菌落形态如图 5-2(a) 所示，菌株 L2 在培养基上可形成 2～4mm 的菌落，菌落呈淡黄色，形状为圆形，表面光滑。将菌株 L2 活化后进行革兰氏染色，在显微镜下观察其细胞形态，如图 5-2(b) 所示，菌株 L2 呈红色短杆状，即说明 L2 为革兰氏阴性菌。

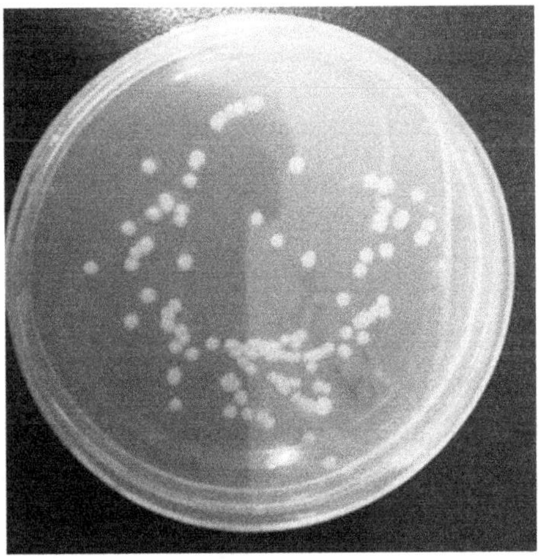

(a) 菌落形态

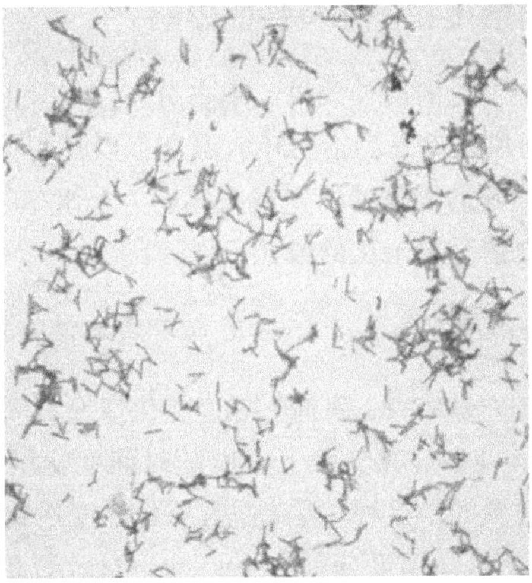

(b) 细胞形态

图 5-2　菌株 L2 的菌落形态和细胞形态

5.5.3　嗜热菌的生长与鉴定

嗜热菌的生长能力关系着生物干化效果的好坏，在分析菌株本身性质时，其生长曲线是一个比较重要的指标。以菌体吸光度值的变化代表菌株细胞增长的变化。将 L2 活化后的菌液放置在 50℃、150r/min 的气浴振荡器中培养，在 600nm 吸收波长下每隔 2h 用紫外-可见光分光光度计测其吸光度值，即为 OD_{600} 值。菌株 L2 的生长曲线如图 5-3 所示。由图5-3可知，L2 的生长迟缓期较长，在培养的第 6 小时开始进入对数生长期，在培养的第 22 小时后进入稳定期。

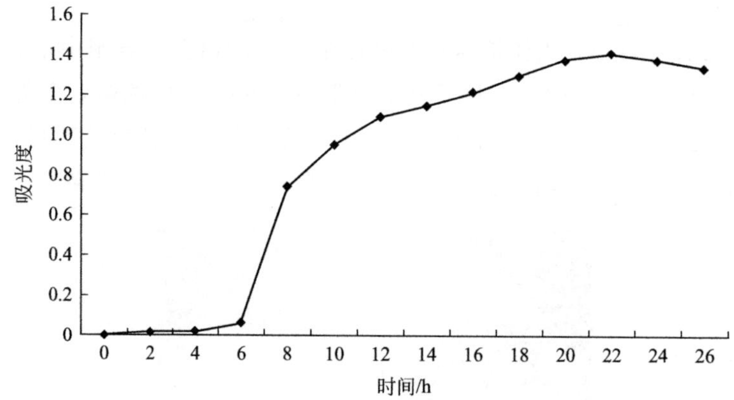

图 5-3 菌株 L2 的生长曲线

对提取的菌株 L2 的 16S rRNA 进行 PCR 扩增，扩增产物用通用引物进行三个测序反应，将三个序列结果拼接为完整的 16S rRNA 序列，即为最终所需序列。将 L2 所得 16S rRNA 序列与 NCBI 数据库中 Blast 进行对比分析，发现菌株 L2 的 16S rRNA 序列与 *Aeribacillus pallidus* 为同一簇，同源性高达 99.93%，因此可将菌株 L2 定义为苍白芽孢杆菌（*Aeribacillus pallidus*）。

5.5.4 嗜热菌对白酒酒糟生物干化特性的影响

为了探究白酒酒糟生物干化的最佳效果，本书分析了在不同添加量的菌剂下（*Aeribacillus pallidus*）、不同通风速率下、不同环境温度下以及不同 *Aeribacillus pallidus* 菌剂与 EM 菌剂配比下白酒酒糟的干化特性，阐明温度、含水率、VS 和热值与生物干化的相关关系，以期找出白酒酒糟生物干化的最佳条件。

5.5.4.1 不同添加量 *Aeribacillus pallidus* 菌剂下白酒酒糟的干化特性

不同添加量 *Aeribacillus pallidus* 菌剂下温度变化情况如图 5-4 所示。由图 5-4 可知，4 种菌剂添加量（4%、6%、8%、10%）下温度随时间变化的趋势基本一致。温度是判断生物干化效果好坏的关键参数，接种 6%菌剂时干化温度达到最高为 45.9℃，菌剂添加量为 4%、8%和 10%时干化最高温度分别为 40.8℃、41.7℃和 40.5℃。4 种菌剂添加量下最高温度之所以没有达到高温（>55℃）要求，这主要是由于干化物料较少以及自然通风所引起的。结合图 5-1 的实验结果可知，相比于空白对照组，添加菌剂组在生物干化不同时期温度增幅较高，相对高温时间持续较长，这说明添加菌剂有利于白酒酒糟生物干化过程中温度的提高。这主要是因为嗜热菌的加入加快了白酒酒糟中有机质的降解，产生了微生物热，从而使干化物料温度升高。生物干化过程中温度随时间的变化趋势与好氧堆肥过程相似，均经历了升温、高温维持以及降温 3 个阶段。在生物干化初期，随着有机质的降解温度逐渐升高，达到最高温度后维持一段时间；之后可利用的有机质逐渐被降解完，

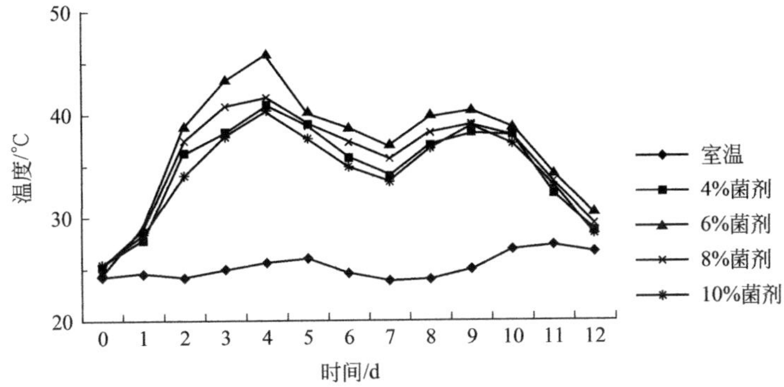

图 5-4 不同添加量 *Aeribacillus pallidus* 菌剂下温度的变化情况

温度也逐渐降低，最后接近环境温度。

含水率是衡量生物干化效果最直接、最重要的参数。不同添加量的 *Aeribacillus pallidus* 菌剂下的含水率变化情况如图 5-5 所示。由图 5-5 可知，4 种菌剂添加量（4%、6%、8%、10%）下含水率随时间的变化均呈下降趋势。经过 12d 的生物干化，当 *Aeribacillus pallidus* 菌剂添加量为 6%时，白酒酒糟的含水率从初始的 66.79%降到了最终的 56.67%，除水率为 15.15%，根据生物干化前后含水率的变化可知，菌剂添加量为 4%、8%和 10%时，相应的除水率分别为 10.55%、14.38%和 10.45%。相较对照组（图 5-1）而言，接种菌剂时干化物料的除水率均比未添加菌剂时要高得多。这主要是由于干化物料中微生物数量的增加加快了有机物的分解，产生更多的热量，促进了水分的蒸发，从而降低了干化物料的含水率。生物干化前期，有机质降解迅速，水分的蒸发量大于其产生量，含水率快速降低，随着有机质降解速率的逐渐减小，水分的蒸发量和其产生量趋于平衡，含水率缓慢下降，干化后期可降解的有机质趋于平缓，含水率无明显变化。

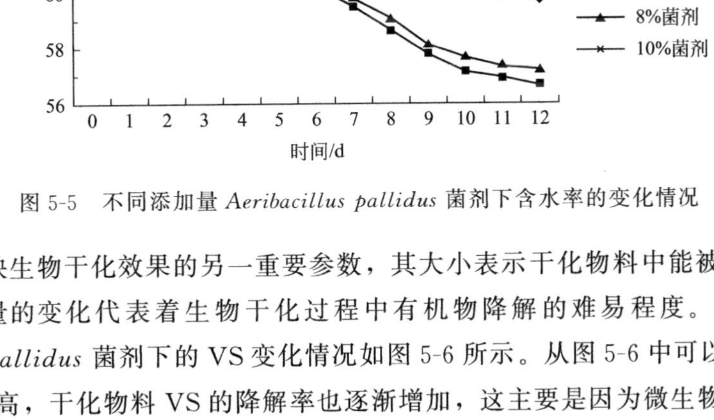

图 5-5 不同添加量 *Aeribacillus pallidus* 菌剂下含水率的变化情况

VS 是反映生物干化效果的另一重要参数，其大小表示干化物料中能被微生物利用的能量，VS 含量的变化代表着生物干化过程中有机物降解的难易程度。不同添加量的 *Aeribacillus pallidus* 菌剂下的 VS 变化情况如图 5-6 所示。从图 5-6 中可以看出，随着菌剂添加量的升高，干化物料 VS 的降解率也逐渐增加，这主要是因为微生物数量增多消耗了更多的有机质。4 种菌剂添加量（4%、6%、8%、10%）下有机质的降解率分别为 5.06%、5.87%、6.23%和 6.28%，其中接种 6%的菌剂其 VS 降解率相对较低，数值为 5.87%。由图 5-1 的实验结果可知，与空白组相比，添加菌剂组 VS 的降解率较高，这表明接种菌剂后干化物料中微生物活动剧烈，有机质分解速率快，从而导致有机质降解率的增加。生物干化初期，有机质降解缓慢，这主要是因为微生物还处于生长适应期；之后易降解的有机质快速被降解，产生大量的生物热，使得干化物料温度升高，有机质含量下降快，生物干化后期难降解的有机质不易被分解，VS 降解速率慢，有机质含量缓慢下降。

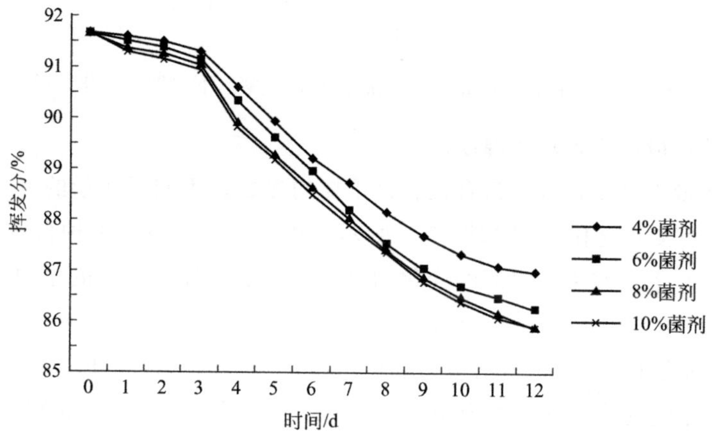

图 5-6 不同添加量 *Aeribacillus pallidus* 菌剂下 VS 的变化情况

生物干化是利用有机物好氧降解产生的微生物热最大限度地去除生物质废弃物中水分的技术，生物干化的目的是以较少量有机质的降解达到最大程度的除水率。综合考虑不同添加量菌剂下（*Aeribacillus pallidus*）温度、含水率和 VS 的变化情况，可以得出：当菌液添加量为 6%时生物干化效果最好。

5.5.4.2 不同通风速率下白酒酒糟的干化特性

不同通风速率下温度的变化情况如图 5-7 所示。由图 5-7 可知，3 种通风速率［W-1：0.18L/(min·kg)，W-2：0.20L/(min·kg)，W-3：0.25L/(min·kg)］下温度随时间的变化均呈先上升再平稳最后下降的趋势。在最适 *Aeribacillus pallidus* 菌剂添加量下，各通风速率的温度均在 1d 内达到了 50℃以上，这说明通风有助于有机质的快速降解，产生大量的热量，从而使干化物料的温度迅速升高。W-2 在第 3 天时温度达到最高为 64℃，高温期（>55℃）时间为 5d；W-1 条件下干化温度在第 5 天达到最高为 54.9℃，高温期为 0d；W-3 条件下干化温度在第 3 天达到最高为 63.2℃，高温期为 3d。由于 W-1 通风量较小，不能满足微生物好氧所需，因此其温度最值较低，达到最高温度的时间相对滞后。与 W-2 相比，虽然在温度最值上 W-3 与其相差不大，但 W-3 高温期时间持续较短，这说明过量的通风量加快了干化物料热量的散失，抑制生物干化效果，从而使温度降低。生物干化前期，翻堆和通风保证了微生物好氧所需，有机质迅速降解，高温时间持续较长，经过一段时间后，易降解有机质降解完全，难降解有机质降解速率缓慢，温度逐渐降低，最后接近环境温度。

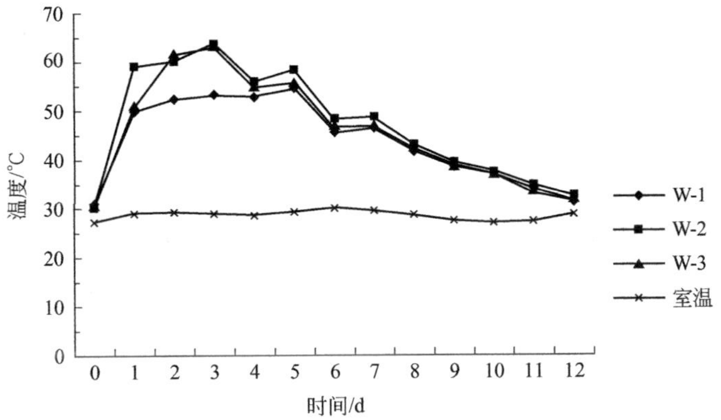

图 5-7　不同通风速率下温度的变化情况

不同通风速率下含水率和 VS 的变化情况如图 5-8 所示。由图 5-8(a) 可知，经过 12d 的生物干化，W-2 条件下，白酒酒糟的含水率从初始的 64.38%降到了最终的 47.47%，除水率为 26.27%；W-1 和 W-3 的最终含水率为 51.09%和 48.86%，相应的除水率分别为 20.64%和 24.11%。生物干化前期，有机质降解迅速，温度在较短的时间内达到了较高的数值，合适的通风供氧使得高温时期持续时间较长，干化物料的含水率迅速降低，干化后期，温度较低，含水率下降缓慢。由图 5-8(b) 可知，经过 12d 的生物干化，W-1、W-2 以及 W-3 挥发性固体的最终含量分别为 87.25%、88.18%和 87.53%，相应的 VS 降

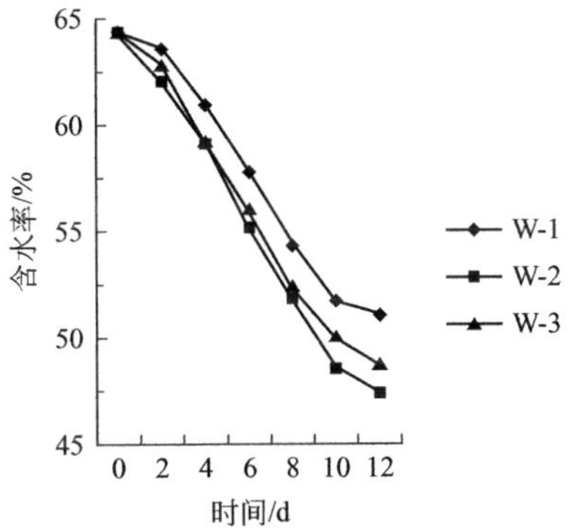

(a) 含水率

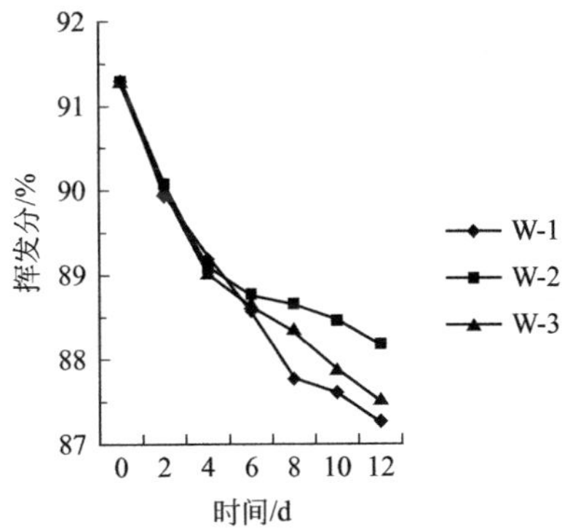

(b) VS

图 5-8　不同通风速率下含水率和 VS 的变化情况

解率分别为4.43%、3.41%和4.12%，W-2条件下白酒酒糟的VS降解率最低。相比于W-1和W-3，W-2条件下VS的减幅较小，降解率相对较低，这说明在合适的通风速率下有助于有机质的降解并使有机质得到了最大程度的利用，以较少量有机质的降解产生较多的生物热，从而促进了生物干化过程。

不同通风速率下低位热值的变化情况如图5-9所示。生物干化过程中低位热值的大小与干化物料的含水率密切相关。低位热值表示干化物料的实际发热量，由图5-9可知，各通风速率下低位热值随干化时间的变化趋势一致，均是不断升高的过程。经过12d的生物干化后，W-2条件下低位热值从最初的16546kJ/kg增加到最终的18862kJ/kg，高于W-1和W-3条件下的18449kJ/kg和18574kJ/kg。这与W-2条件下最终含水率最低相一致。

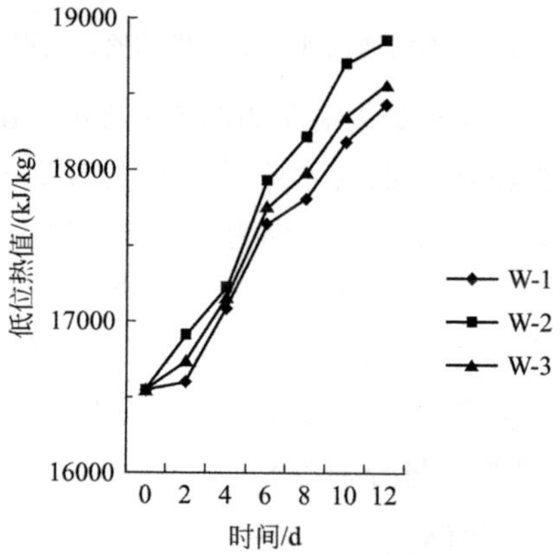

图5-9 不同通风速率下低位热值的变化情况

综合考虑不同通风速率下温度、含水率、VS以及干化物料热值的变化情况，可以得出：当W-2条件下通风速率为0.20L/(min·kg)时生物干化效果最好。

5.5.4.3 不同环境温度下白酒酒糟的干化特性

微生物在生物干化过程中起着至关重要的作用，每种微生物都有其生长的最适温度范围，本章探究了不同环境温度下白酒酒糟的干化效果，以期找出白酒酒糟干化过程中微生物生长的最适环境温度。如图5-10所示，当环境温度为40℃时，干化物料在1d内温度上

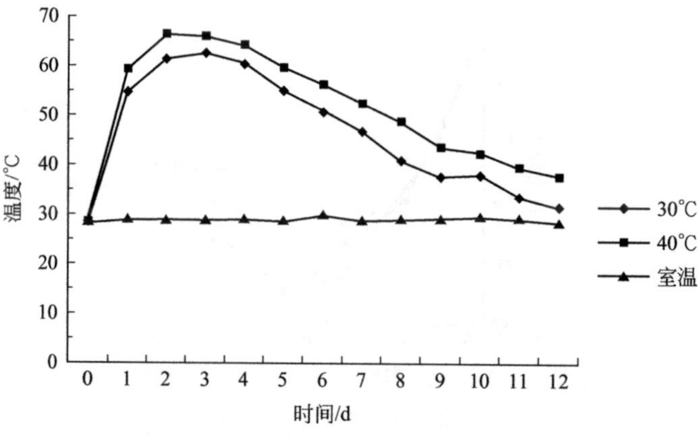

图5-10 不同环境温度下干化系统内温度的变化情况

升到 59.2℃，达到高温要求，随着生物干化过程的进行，第 2 天达到最高温度 66.5℃，高温期持续 6d，在环境温度为 30℃的条件下，干化物料在第 3 天达到最高温度 62.7℃，高温期持续 4d。这表明在 40℃条件下白酒酒糟中微生物活动更为活跃，有助于生物干化的进行。

不同环境温度下含水率和 VS 的变化情况如图 5-11 所示。由图 5-11(a) 可知，经过 12d 的生物干化，当环境温度为 40℃时，白酒酒糟的含水率从初始的 64.62%降到最终的 40.11%，除水率为 37.93%；在环境温度为 30℃的条件下，白酒酒糟的最终含水率为 47.52%，除水率为 26.46%，含水率降幅与 40℃相比较慢。这表明微生物活性在环境温度为 40℃时较高，快速降解有机质，产生大量的微生物热，使得水分蒸发量远大于其产生量，含水率快速降低。由图 5-11(b) 可知，当环境温度为 40℃时，经过 12d 的生物干化，白酒酒糟最终的 VS 为 89.06%，VS 降解率为 2.70%；当环境温度为 30℃时，白酒酒糟最终 VS 及其 VS 降解率分别为 88.3%和 3.53%，VS 降解率与 40℃相比较高。这说明在环境温度为 40℃时，微生物充分利用有机质，以少量有机质的降解产生更多的生物热。

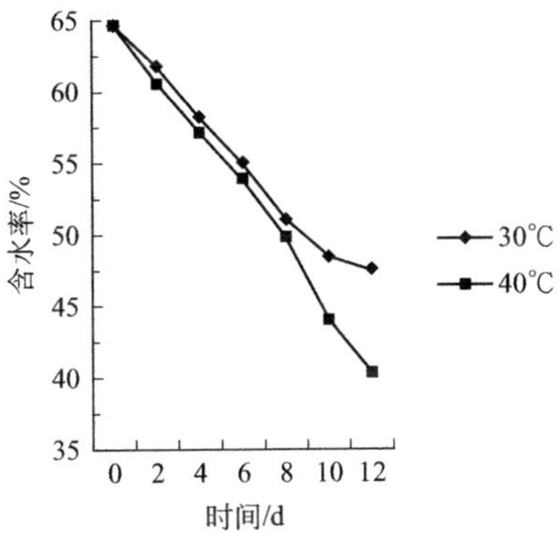

(a) 含水率

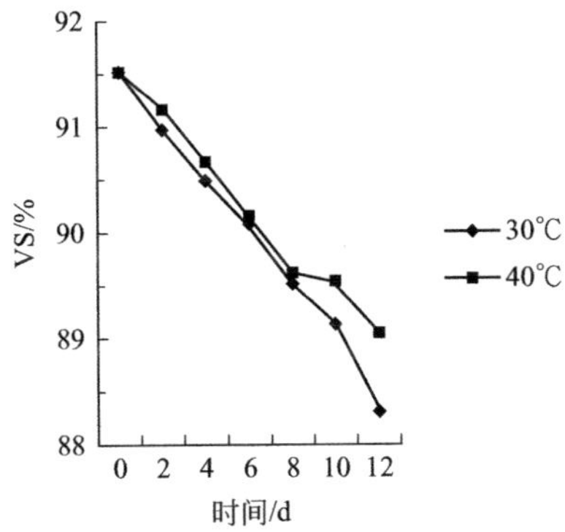

(b) VS

图 5-11　不同环境温度下含水率和 VS 的变化情况

不同环境温度下低位热值的变化情况如图 5-12 所示。由图 5-12 可知，随着生物干化过程的进行，各环境温度下的低位热值均不断升高，经过 12d 的生物干化后，环境温度为

40℃下低位热值从最初的16756kJ/kg增加到最终的19764kJ/kg，高于环境温度为30℃下的18912kJ/kg。这表明在环境温度为40℃时，更有利于生物干化过程的进行，干化物料的实际发热量更高。

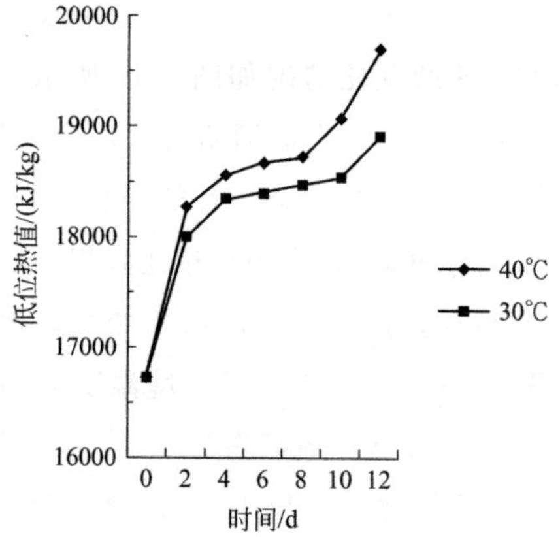

图5-12　不同环境温度下低位热值的变化情况

5.5.4.4　不同配比嗜热菌剂下白酒酒糟的干化特性

为了比较从干化物料白酒酒糟中筛选而来的 *Aeribacillus pallidus* 嗜热菌与市面上常用的EM菌的干化能力，本书探究了不同配比菌剂下白酒酒糟的干化效果，其中N-1：单一 *Aeribacillus pallidus* 菌剂，N-2：单一EM菌剂，N-3：*Aeribacillus pallidus* 菌剂与EM菌剂的配比为1∶2，N-4：*Aeribacillus pallidus* 菌剂与EM菌剂的配比为1∶1，不同配比条件下干化物料的温度变化情况如图5-13所示。从图5-13中可以看出，N-1在第2天的温度便达到了高温55.4℃，同期高于N-2、N-3和N-4；随着干化过程中有机质的降解，干化物料的温度继续升高并保持一段时间，最高温度可达60.9℃，高温期时间5d；N-2条件下干化温度最高可达55.8℃，高温期时间2d；N-3条件下干化温度最高为58.4℃，高温期时间3d；N-4条件下干化温度最高为55.9℃，高温期时间2d。在升温和高温持续阶段，N-1的升温幅度高于N-2、N-3和N-4，但在降温腐熟阶段，即从第9天开始，N-1的降温幅度相对较高，这可能是由于菌剂本身的属性造成的。总体来说，在相

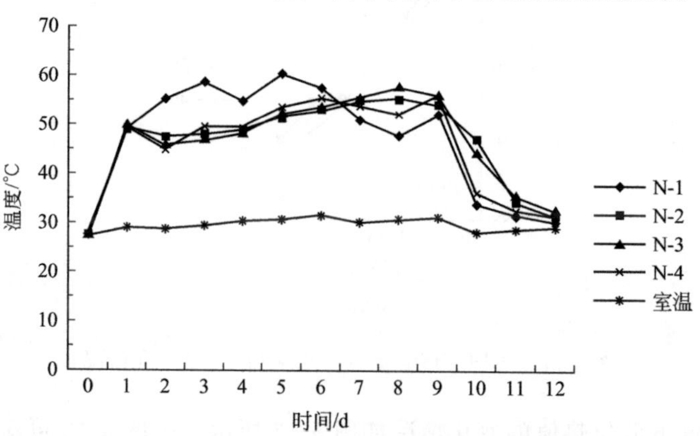

图5-13　不同配比嗜热菌剂下温度的变化情况

同有效活菌数同等的条件下，*Aeribacillus pallidus* 菌剂的升温效果要优于 EM 菌剂，一定比例的 *Aeribacillus pallidus* 与 EM 混合的升温效果相对高于 EM 菌剂，但还是低于单一的 *Aeribacillus pallidus* 菌剂。

不同配比嗜热菌剂下含水率和 VS 的变化情况如图 5-14 所示。由图 5-14(a) 可以看出，经过 12d 的生物干化，在 N-1 条件下，白酒酒糟的含水率从初始的 64.75%降到了最终的 42.40%，除水率为 34.52%；N-2、N-3 和 N-4 条件下的最终含水率分别为 44.19%、43.30%和 45.20%，相应的除水率分别为 31.84%、33.07%和 30.34%。由图 5-14(b) 可知，经过 12d 的生物干化，N-1、N-2、N-3 和 N-4 条件下 VS 的最终含量分别为 87.02%、87.42%、86.80%和 86.82%，相应的 VS 降解率分别为 3.72%、3.12%、3.97%和 3.86%，虽然 N-2 条件下白酒酒糟的 VS 降解率低于 N-1，但其除水率也相对较低，综合而言，N-1 条件下的干化效果最好。

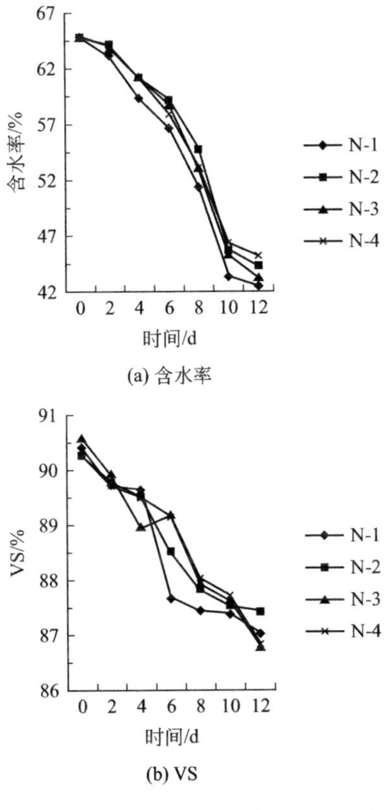

图 5-14 不同配比嗜热菌剂下含水率和 VS 的变化情况

不同配比嗜热菌剂下低位热值的变化情况如图 5-15 所示。从图 5-15 中可以看出，N-1条件下的低位热值同期高于 N-2、N-3 以及 N-4 条件下的数值，随着生物干化过程的进行，不同配比嗜热菌剂下低位热值均呈不断升高的趋势，经过 12d 的生物干化，N-1 条件下的低位热值从最初的 16696kJ/kg 增加到最终的 19342kJ/kg，N-2、N-3 和 N-4 条件下最终低位热值分别为 18945kJ/kg、18605kJ/kg、18843kJ/kg，均小于 N-1 下的数值，这表明 N-1 条件下干化物料的实际发热量更高，干化效果更好。

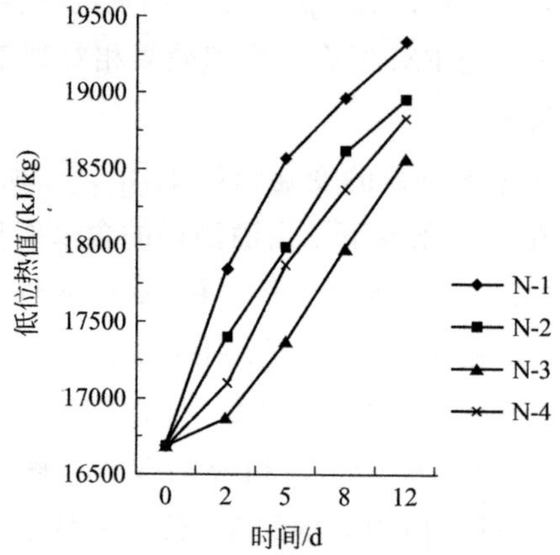

图 5-15 不同配比嗜热菌剂下低位热值的变化情况

5.5.5 微生物群落变化与基因功能分析

5.5.5.1 微生物群落的相似性和多样性

生物干化过程类似于堆肥，均经历了升温期、高温期和降温腐熟期。在不同阶段起主导作用的微生物有所差异，本书分析了生物干化初期（D_0）、高温期（D_5）和降温腐熟期（D_{12}）3 个阶段过程中微生物群落的变化情况，其相似性和多样性如图 5-16 所示。生物干化整个过程从白酒酒糟样品中总共获得了 239604 个高质量序列，得到的样品序列范围在 78548～80165，并聚集在 97%的相似水平。由图 5-16(a) 可以看出，从白酒酒糟 3 个干化阶段获得的细菌序列聚集在 203 个细菌 OTUs 中，原始白酒酒糟中细菌的 OTUs 为 64 个，经过 5d 的生物干化，细菌 OTUs 为 145 个，相比于干化前细菌 OTUs 数增加了 81 个，干化结束时期（第 12 天）细菌 OTUs 为 167 个，这说明经生物干化后细菌多样性显著增加。这可能是由于环境条件（通风速率和菌剂添加）促进了干化过程中生态位的变化，从而使得微生物群落多样性的增加。在整个生物干化过程中共有细菌 OTUs 数 47

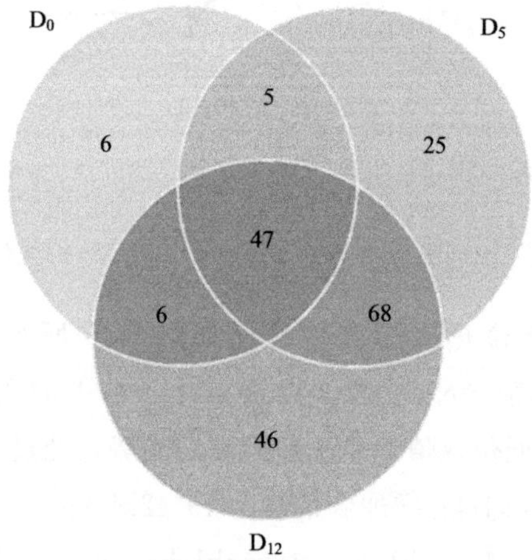

(a) 多样性

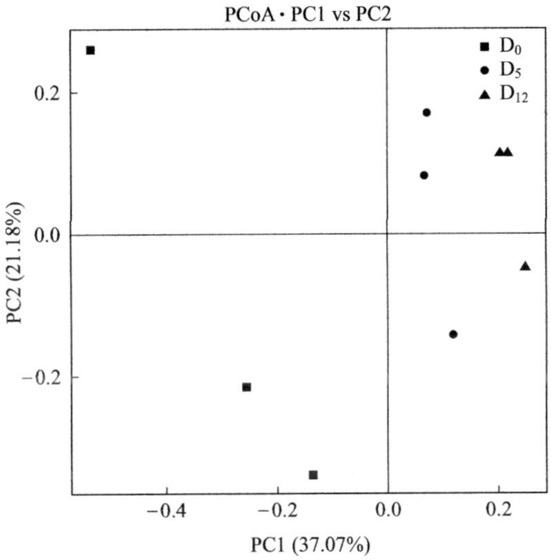

(b) 相似性

图 5-16　微生物群落多样性和相似性

个，第 0 天和第 5 天共有细菌 OTUs 数 52 个，第 0 天和第 12 天共有细菌 OTUs 数 53 个，而第 5 天和第 12 天共有细菌 OTUs 数 115 个，表明两者有较高的细菌群落相似性。图 5-16(b) 是 PCoA 分析图，图中样本距离的远近程度表示其群落组成的相似性，可知 D_5 和 D_{12} 微生物群落相似性较高。

5.5.5.2　微生物群落的演替

白酒酒糟生物干化过程中门水平下起主导作用的微生物主要有 4 种，如图 5-17 所示（见书后彩图 13），这 4 种微生物分别是 Proteobacteria、Firmicutes、Actinobacteria 和 Bacteroidetes。干化前白酒酒糟中的微生物主要是 Proteobacteria，相对丰度高达 99.69%，经过 5d 的生物干化，Proteobacteria 的相对丰度迅速降低至 0.48%，12d 干化结束时又逐渐升高到 14.79%。Firmicutes 相对丰度的变化趋势与 Proteobacteria 相反，在整个生物干化过程中，Firmicutes 的相对丰度从初始的 0.17%迅速升高到第 5 天的 79.84%，又逐渐降低至第 12 天的 52.55%，这说明在白酒酒糟生物干化高温期时 Firmicutes 是主导优势菌种，这与前人的研究结果一致。Actinobacteria 和 Bacteroidetes 相对丰度均逐渐升高，分别从初始时的 0.08%和 0.03%升高到干化结束时的 24.57%和 8.06%。Actinobacteria 可以产生木质纤维素水解酶，因此它对木质纤维素起到很好的降解作用，此外它在分解有机质方面也起着很重要的作用。

在属水平上随着生物干化的进行白酒酒糟中微生物群落发生了显著的变化，干化过程中属水平下占比前十微生物的相对丰度如图 5-18 所示（见书后彩图 14）。属水平下原始白酒酒糟中优势种为 *Acetobacter*，其相对丰度高达 99.63%，随着干化时间的增加，*Acetobacter* 的相对丰度迅速降低，5d 后优势种 *Acetobacter* 消失。*Bacillus*（48.16%）、*Streptomyces*（12.48%）和 *Paenibacillus*（11.17%）是生物干化进行到第 5 天时白酒酒糟中的主要优势菌种。*Bacillus* 由于其嗜热性而在木质纤维素堆肥系统中普遍存在，当温

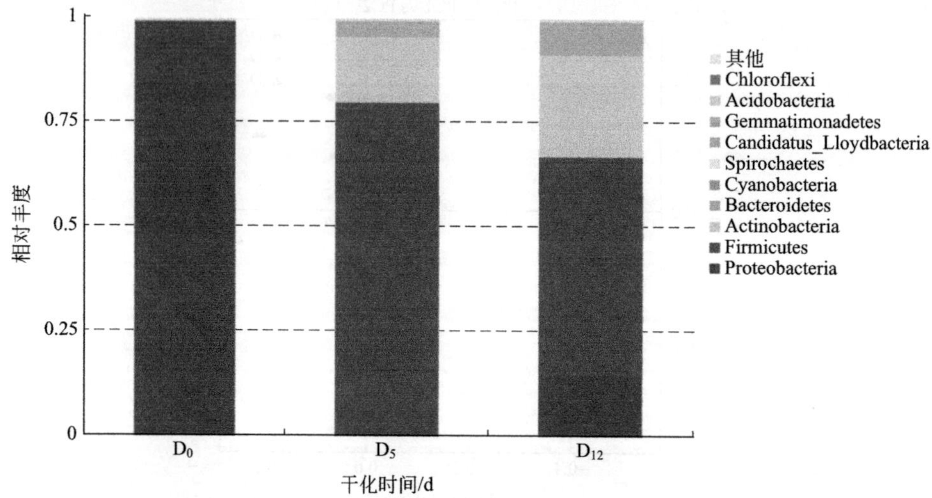

图 5-17 不同干化时间门水平下占比前十微生物的相对丰度

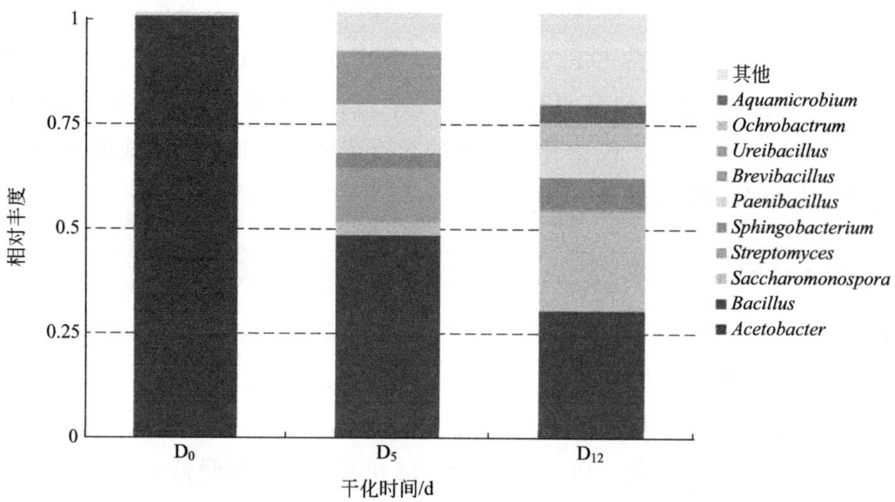

图 5-18 不同干化时间属水平下占比前十微生物的相对丰度

度达到 50℃时，它也能促进堆肥固体废弃物中有机质的降解。生物干化进行到第 12 天时，白酒酒糟中主要优势种为 *Bacillus*、*Saccharomonospora* 和 *Sphingobacterium*，其相对丰度分别为 30.30%、23.45%和 7.58%。*Sphingobacterium* 能降解脂肪酸和其他复杂的有机物，是生物干化结束时属水平下的主要微生物。优势种微生物从初始的 *Acetobacter* 转变为高温期以及降温腐熟期的 *Bacillus*，有效促进了白酒酒糟的干化过程，细菌群落结构的演变可以解释生物干化过程中特有的微生物种群对木质纤维素生物质独特的适应性。

5.5.5.3 微生物群落基因功能预测

应用 PICRUSt 预测白酒酒糟中微生物群落的基因功能，其生化代谢途径如图 5-19 所示（见书后彩图 15）。从图 5-19 中可以看出，在不同的生物干化阶段中新陈代谢是最主要的生化代谢途径，占比 49.94%～53.76%；其次是遗传信息处理、环境信息处理和细胞进程，占比分别为 15.64%～17.72%、12.86%～15.84%和 3.62%～7.35%。氨基酸代谢、糖类代谢和能量代谢是生物干化过程中的主要代谢途径，对于细菌的存活至关重要。在生物干化整个阶段，糖类代谢和氨基酸代谢的相对丰度较高，说明它们对降解含碳和含氮化合物有着至关重要的作用，是微生物代谢的主要能量来源。在生物干化过程中，易降解的有机物优先被微生物降解利用，随着干化过程的进行，纤维素和半纤维素被降解，难以降解的有机物逐渐才被微生物利用，这也可以推测糖类的代谢对于纤维素的降解起着重要作用。随着干化时间的增加，与新陈代谢相关的序列通常会增加，而在本书的研究中，代谢的相对丰度却略有降低，但新陈代谢仍然是其主导的生化代谢途径，这可能是由于添加 *Aeribacillus pallidus* 菌剂后可生物降解的氨基酸和糖类略有减少所致。

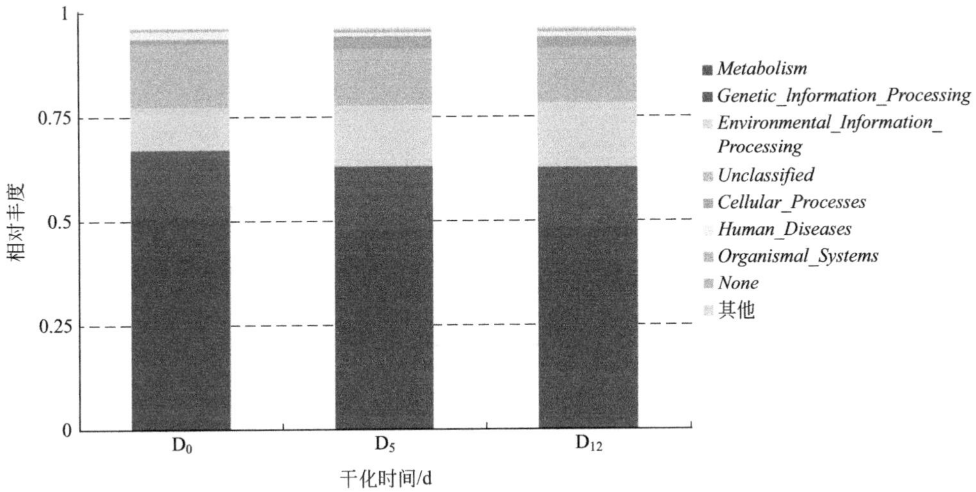

图 5-19 PICRUSt 预测生化代谢途径

5.6 白酒酒糟热解制气技术

热解被认为是生物质废弃物热化学转化生产能源最具发展意义的途径，将生产生活过程中产生的固体废弃物作为热解的原料，这对于减轻环境污染和缓解能源紧张有着积极的意义。本书对生物干化预处理后的白酒酒糟进行热解产物的分析，旨在为其能源化、资源化的有效利用提供基础依据。

5.6.1 热解方案

生物质的热解受多种因素的影响，热解产物的分布与温度、加热速率、生物质预处理方式、生物质类型、反应时间以及载气流速等密切相关，其中，热解温度、加热速率、生物质类型等单因素变量对生物质热解的影响已被大多数研究者充分论证，而多因素实验条件的优化组合对生物质热解产物的分布影响尚未得到广泛研究。本书在前人研究论证的基础上分析总结了不同的单因素变量对生物质热解的成效，结合实验室自身条件最终选取了热解温度、加热速率以及反应时间三个实验变量进行白酒酒糟热解实验的优化组合。

通过响应面分析法（Box-Behnken 试验设计）进行热解实验方案的设计，以热解气中 H_2 和 CO 的产量为响应目标值，选取热解温度（*A*）、加热速率（*B*）和反应时间（*C*）三个试验因素，进行三因素三水平的响应面优化实验，并通过热解所得实验数据拟合出多元二次回归响应面模型，从而得到热解气中 H_2 和 CO 产量最大值的最优实验条件并在此条件下进行实验验证。响应面设计的试验因素和因素水平具体情况如表 5-1 所列。

表 5-1 响应面分析试验因素及水平

试验	因素水平		
因素	−1	0	1
A：热解温度/℃	800	900	1000
B：加热速率/(℃/min)	80	90	100
C：反应时间/min	6	8	10

根据选取的试验因素和水平进行实验设计，通过响应面分析法（Box-Behnken 试验设计）设计出了 15 组热解实验方案，不同因素间的具体组合情况以及热解所得 H_2 和 CO 的产量数值如表 5-2 所列。

表 5-2 不同操作条件下的实验方案及气体产量结果

实验序号	热解温度 *A* /℃	加热速率 *B* /(℃/min)	反应时间 *C* /min	H_2 产量 /(mL/g)	CO 产量 /(mL/g)
1	800	80	6	80.3	137.7
2	800	80	10	105.2	162.7
3	800	100	6	130.1	185.4
4	800	100	10	137.2	196.4
5	800	90	8	154.1	231
6	900	80	8	217	274.6
7	900	100	8	226.6	252.6
8	900	90	6	250.4	220.4
9	900	90	10	300.4	242
10	900	90	8	292.3	259.2
11	1000	80	6	301.1	282.5
12	1000	80	10	320.9	298
13	1000	100	6	349.6	314.1
14	1000	100	10	372.3	325.2
15	1000	90	8	433.2	358.8

注：反应条件中，温度为 800～1000℃，加热速率为 80～100℃/min、反应时间为 6～10min。

5.6.2　白酒酒糟热解状况分析

5.6.2.1　不同实验操作条件下热解产物分布状况

生物质热解产物主要包括液态焦油、固态焦炭以及不可冷凝的热解气，15 组不同温度、加热速率和反应时间下白酒酒糟热解产物的分布情况如图 5-20 所示。由图 5-20 可知，不同实验操作条件下白酒酒糟热解产物中热解气的含量最多，其次是焦炭，热解所得焦油含量最低，并且热解气的含量均比焦油和焦炭含量要高得多，而焦油和焦炭含量相差不大。在高温和较高加热速率下更有利于热解气的生成，在较低温度和较低加热速率下热解气的含量有所降低而相应增加了焦油和焦炭的含量。由于液态焦油成分极为复杂、各成分间难以分离、不易转化，因此焦油作为热解产物对于产业化的需求相较于热解气和固体焦炭来说相对较弱。目前，越来越多的研究人员将更多的焦点集中在热解气上，致力于通过条件优化将焦油和焦炭最大化地转化为热解气。

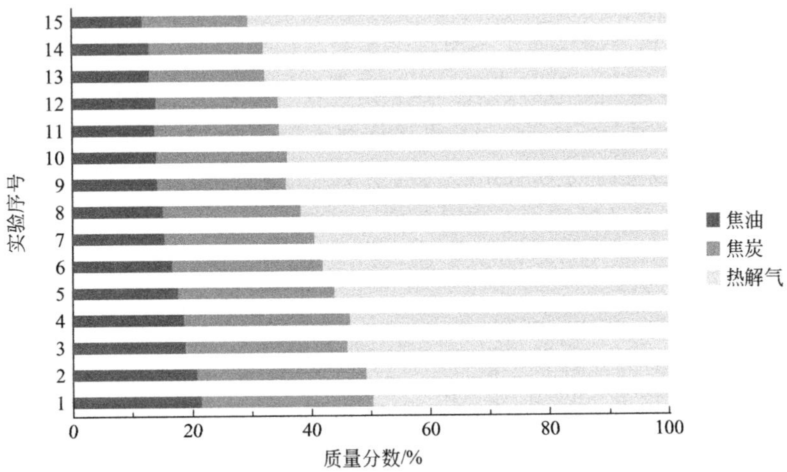

图 5-20　不同实验条件下热解产物分布情况

[温度（800～1000℃）、加热速率（80～100℃/min）、反应时间（6～10min）]

由表 5-2 的实验设计方案和图 5-20 的热解产物分布情况可以看出，当热解温度为 800℃、加热速率为 80℃/min、反应时间为 6min 时，白酒酒糟热解所得产物中焦油的含量为 21.66%、焦炭的含量为 28.73%、热解气的含量为 49.61%，此时焦油和焦炭的含量最高，热解气的含量最低，但仍远高于焦油和焦炭的含量；当热解温度为 1000℃、加热速率为 90℃/min、反应时间为 8min 时，热解气的含量增至为 70.36%，达到了最高值，焦油和焦炭的含量分别降至为 12.02%和 17.62%，为所有实验操作条件下的最低值。由此可以看出，热解温度对白酒酒糟热解产物的分布至关重要。对比分析 15 组热解实验方案可以看出，当热解温度从 800℃提高到 1000℃时，白酒酒糟热解所得热解气的含量不断上升，而焦油和焦炭的含量均呈递减趋势，在热解温度一定的情况下，适当提高加热速率和反应时间有利于热解气的形成。这主要是因为高温和高加热速率条件下，白酒酒糟热解产物中的焦油和焦炭发生二次裂解反应从而生成更多的热解气，这一实验结果与前人的研究成果类似。

5.6.2.2 不同实验操作条件下热解气分布状况

生物质热解产物中热解气的成分复杂，可能包括 H_2、CO、CO_2 以及包括 CH_4 在内的低碳数的碳氢化合物，此外还可能含有氮氧化合物和硫氧化合物等对人类环境健康有害的气体分子。本书在载气（N_2）流速为 30mL/min 的条件下，探讨了 15 组不同实验操作条件对白酒酒糟（4.0g）热解产气的影响，其热解气的组成分布情况如图 5-21 所示。结合表 5-2 的实验设计方案，从图 5-21 中我们可以看出，当热解温度从 800℃提高到 1000℃时，白酒酒糟热解气中 H_2 的占比基本呈不断递增的趋势，CO 的占比基本呈逐渐递减趋势，而 CH_4 和 CO_2 的占比基本保持不变，上下浮动在 5 个百分点以内，其中 CH_4 的占比最高值达到了 17.28%，CO_2 的占比最高值达到了 9.11%；当热解温度保持不变时，适当提高加热速率和反应时间有助于 H_2 的形成。当热解温度为 800℃、加热速率为 80℃/min、反应时间为 6min 时，白酒酒糟所得热解气中 H_2 占比为 29.26%、CH_4 的占比为 14.93%、CO_2 的占比为 5.83%、CO 的占比为 49.98%，此时 CO 的占比达到了最高值，占热解气总量的 1/2，白酒酒糟属于木质纤维素类生物质，而木质素结构稳定难以降解，在此条件下的温度可能还未达到白酒糟中化学键的分解所需要的热能，因此导致 H_2 的产率较低。当热解温度升至 1000℃时，H_2 占比达到了最高值 45.12%，此时热解反应的加热速率为 90℃/min、反应时间为 8min。综合分析 15 组热解实验结果可以看出，热解温度是生物质热解产氢的最关键因素，高温条件下可减少热解气中 CO 的占比而提高 H_2 的含量。

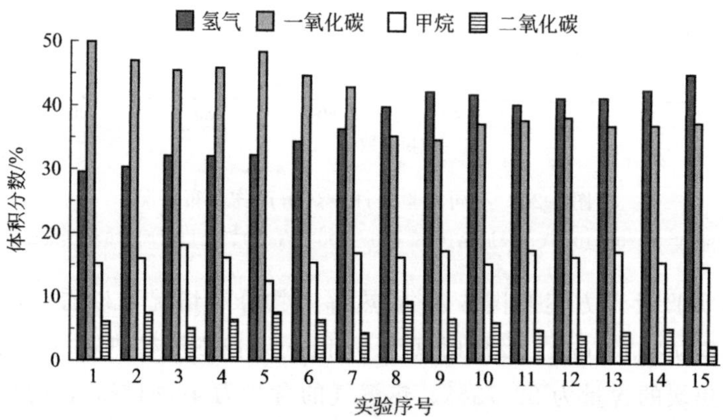

图 5-21 不同实验条件下热解气分布情况

[温度（800～1000℃）、加热速率（80～100℃/min）、反应时间（6～10min）]

5.6.2.3 不同实验操作条件下热解气产量状况

白酒酒糟在不同热解温度、加热速率和反应时间下的热解气产量情况如图 5-22 所示。从图 5-22 中可以看出，H_2 和 CO 是白酒酒糟热解气中最主要的气体成分，其次是 CH_4 和 CO_2。当热解温度从 800℃提高到 1000℃时，H_2 的产量逐渐增加，CO 和 CH_4 的产量基本也呈逐渐递增的趋势，而 CO_2 的产量基本是先上升而后下降。当热解温度为 800℃、加热速率为 80℃/min、反应时间为 6min 时，白酒酒糟所得热解气中 H_2 的产量为 80.3mL/g，CO 的产量为 137.7mL/g，CH_4 的产量为 40.4mL/g，CO_2 的产量为 16.0mL/g，此时各气体产量均是各组实验操作条件下的最低值。当热解温度为 1000℃、加热速率为 90℃/min、反应时间为 8min 时，H_2 的产量达到了最高值 433.2mL/g，相较于热解温度为 800℃、加热速率为 80℃/min、反应时间为 6min 时的 H_2 产量提高了 352.9mL/g，同样的 CO 的产量也在此条件下达到了最高值，其值为 358.8mL/g，CO 的产量提高了 221.1mL/g。

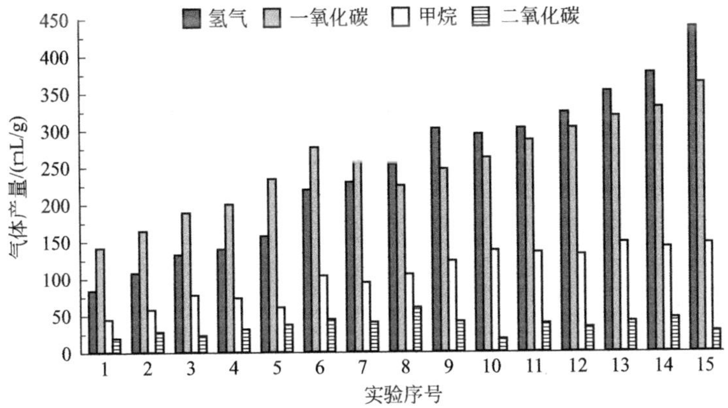

图 5-22　不同实验条件下热解气产量情况

[温度为 800～1000℃、加热速率为 80～100℃/min、反应时间为 6～10min]

当热解温度为 1000℃、加热速率为 100℃/min、反应时间为 6min 时，CH_4 产量达到了最高值 145.9mL/g，与温度为 800℃、加热速率为 80℃/min、反应时间为 6min 时的 CH_4 产量相比，其值提升了 105.5mL/g。当热解温度为 900℃、加热速率为 90℃/min、反应时间为 6min 时，CO_2 的产量达到了最高值 57.4mL/g，相较于 800℃ 条件下的 16.0mL/g 仅仅提高了 41.4mL/g。热解气的产生受多种反应的影响。作为热解气的主要组成气体，H_2 的产生主要是碳碳双键以及烃基在高温条件下的二次分解和重整所引起的。由此可以看出，高温条件下加快了焦油和焦炭中化学键的断裂从而促进了热解气的生成。

5.6.3　回归模型和方差分析

用 Design-Expert 软件对白酒酒糟热解所得 H_2 和 CO 的产量结果进行线性回归分析，经二项式拟合后，获得 H_2 和 CO 产量的响应面回归模型，H_2 和 CO 产量的回归方程如下：

$$H_2\text{产量} = 285.78 + 117.02A + 19.13B + 12.45C + 2.26AB + 1.31AC - 1.86BC + 9.50A^2 - 62.35B^2 - 8.75C^2$$

$$CO\text{产量} = 271.13 + 66.54A + 11.82B + 8.42C - 2.83AB - 1.18AC - 2.30BC + 20.79A^2 - 10.51B^2 - 42.91C^2$$

式中，A 为热解温度；B 为加热速率；C 为反应时间。

通过响应面回归模型得到的方差分析结果如表 5-3 所列。从表 5-3 中可以看出，H_2 和

CO 产量的模型 P 值分别为 0.0005 和 0.0024，两者数值均小于 0.05，说明模型的拟合效果显著，实验设计方法可行。H_2 和 CO 产量模型的决定系数 R^2 分别为 0.9855 和 0.9715，校正相关系数 Adj-R^2 分别为 0.9593 和 0.9202，两者模型的 R^2 和 Adj-R^2 均接近 1，并且 R^2 和 Adj-R^2 均相互接近，表明回归方程效果好，实验数据相关性较好。

表 5-3 方差分析结果

项目	H_2 产量/(mL/g)			CO 产量/(mL/g)		
方差来源	平方和	自由度	P 值	平方和	自由度	P 值
Model	1.554×10^5	9	0.0005	52686.98	9	0.0024
A:热解温度	1.369×10^5	1	<0.0001	44275.72	1	<0.0001
B:加热速率	3659.57	1	0.0368	1397.12	1	0.0868
C:反应时间	1550.02	1	0.1252	708.96	1	0.1903
AB	40.95	1	0.7769	63.85	1	0.6685
AC	13.78	1	0.8691	11.04	1	0.8575
BC	27.75	1	0.8153	42.32	1	0.7265
A^2	232.07	1	0.5083	1111.31	1	0.1164
B^2	9996.49	1	0.0055	284.10	1	0.3817
C^2	196.88	1	0.5410	4734.93	1	0.0112
残差	2289.47	5		1545.09	5	
总误差	1.557×10^5	14		54232.07	14	
R^2	0.9855			0.9715		
Adj-R^2	0.9593			0.9202		

根据方差分析结果可知，各试验因素对 H_2 和 CO 产量影响显著性排序为：热解温度(A)>加热速率(B)>反应时间(C)。各试验因素间的交互项 AB、AC、BC 的 P 值均>0.05，表明交互项对 H_2 和 CO 产量的影响不显著，三个试验因素之间无明显的交互作用。

5.6.4 响应面及条件优化分析

5.6.4.1 响应面结果分析

为了更直观地反应多因素变量对白酒酒糟热解产气量的影响，本书通过 Design Expert 软件给出了不同实验操作条件下各热解气产量的三维响应面图和等高线图，以此评估一个变量固定在中间值时，其他两个变量对热解气产量的影响。不同热解温度和加热速率对 H_2 产量的影响如图 5-23 所示（见书后彩图 16）。由图 5-23(a) 可知，热解温度和加热速率的升高对 H_2 的产量有明显的促进作用，但在不同的条件下又有着不一样的规律。当热解温度一定时，H_2 产量随加热速率的升高呈先增加后减少的趋势，这说明在热解温度和反应时间恒定的情况下，适当提高加热速率有利于 H_2 的产生，当加热速率过大时 H_2 产量又逐渐降低，这可能是由于生物质热解产生的挥发分有所减少引起的。在加热速率一定的情况下，随着热解温度的升高，H_2 产量呈不断递增的趋势，这说明热解温度对 H_2 产量的影响尤为重要。由图 5-23(b) 可知，H_2 产量等高线图虽近似呈椭圆形，但多

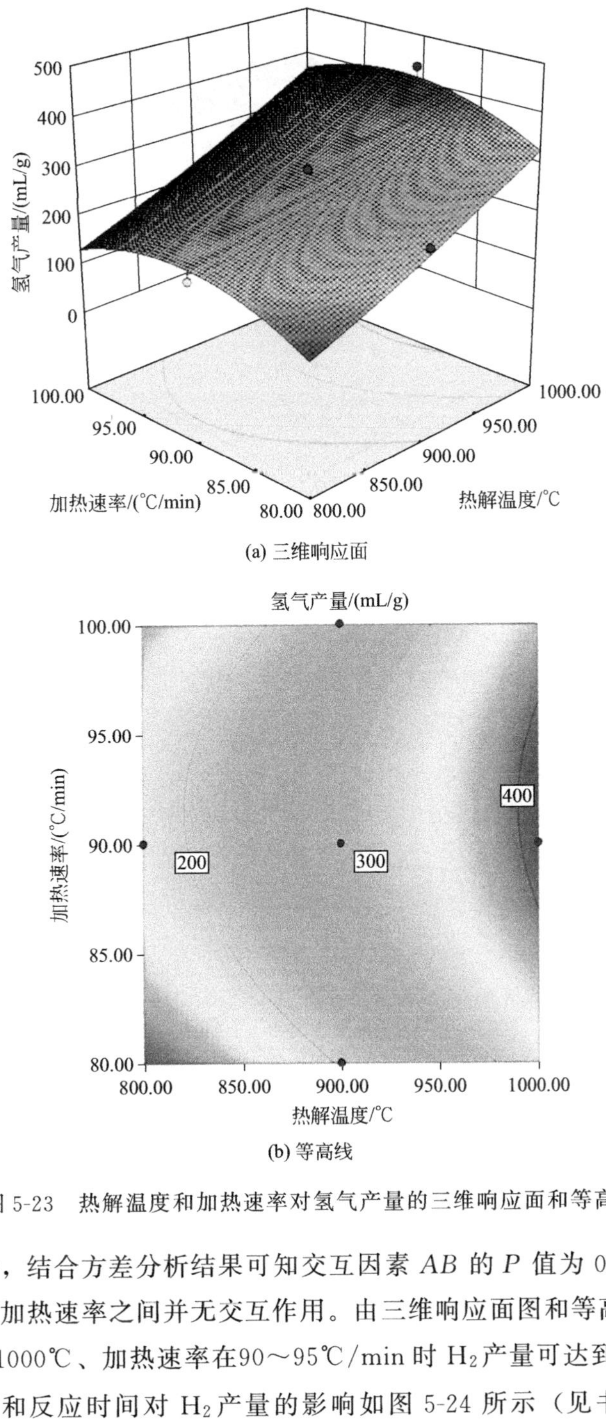

图 5-23　热解温度和加热速率对氢气产量的三维响应面和等高线

条线之间趋于平行，结合方差分析结果可知交互因素 *AB* 的 *P* 值为 0.7769＞0.05，由此可知，热解温度和加热速率之间并无交互作用。由三维响应面图和等高线图可以看出，当热解温度在 980～1000℃、加热速率在90～95℃/min 时 H_2 产量可达到最高值。

不同热解温度和反应时间对 H_2 产量的影响如图 5-24 所示（见书后彩图 17）。由图 5-24(a) 可知，热解温度对 H_2 产量的影响非常显著，H_2 产量随热解温度的升高不断增加，而在反应时间方向上 H_2 产量基本没有发生变化，这表明在加热速率一定的情况下，随热解温度的升高，反应时间对 H_2 产量基本没有影响。由图 5-24(b) 可知，H_2 产量等高线图中多条线之间趋于平行，这说明热解温度和反应时间之间并没有交互作用。结合三维响应面图和等高线图可知，当热解温度在 980～1000℃、反应时间在 8～10min 时 H_2 产量

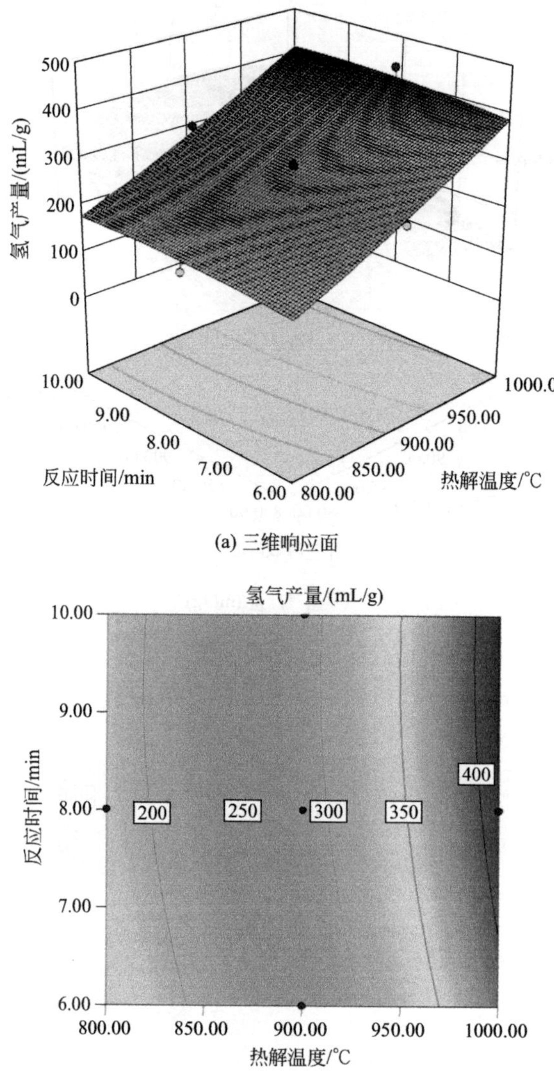

(a) 三维响应面

(b) 等高线

图 5-24 热解温度和反应时间对氢气产量的三维响应面和等高线

可达到最高值。

不同加热速率和反应时间对 H_2产量的影响如图 5-25 所示（见书后彩图 18）。由图 5-25(a) 可知，加热速率对 H_2产量的影响较为显著，H_2产量随加热速率的升高呈先增加后逐渐减少的趋势，而 H_2产量在反应时间方向上基本没有发生明显的变化，这说明在热解温度一定的情况下，随加热速率的升高，反应时间对 H_2产量基本没有影响。由图 5-25 (b) 可以看出，H_2产量等高线图虽近似呈椭圆形，但多条线之间趋于平行，结合方差分析结果可知交互因素 BC 的 P 值为 $0.8153>0.05$，由此可知，加热速率和反应时间之间无交互作用。结合三维响应面图和等高线图可知，当加热速率在 90～93℃/min、反应时间在 8～10min 时 H_2产量可达到最高值。

不同热解温度和加热速率对 CO 产量的影响如图 5-26 所示（见书后彩图 19）。由图 5-26(a) 可知，热解温度和加热速率对 CO 产量的影响较为显著。当热解温度一定时，

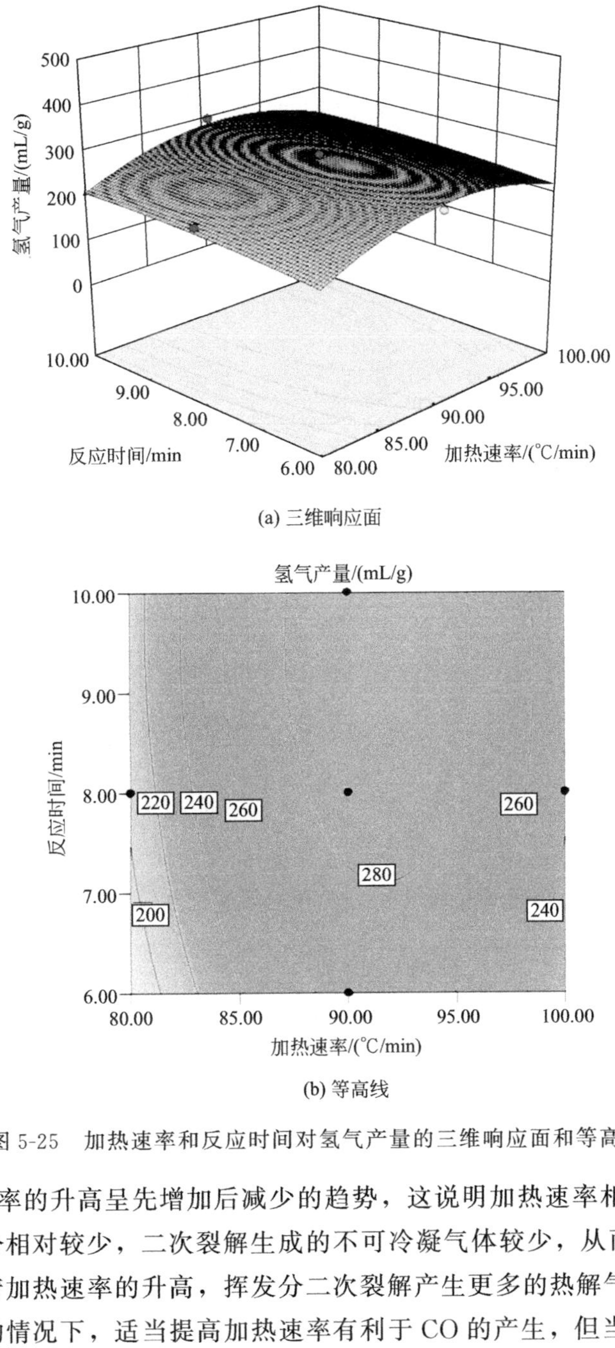

图 5-25　加热速率和反应时间对氢气产量的三维响应面和等高线

CO 产量随加热速率的升高呈先增加后减少的趋势，这说明加热速率相对较低时，生物质热解产生的挥发分相对较少，二次裂解生成的不可冷凝气体较少，从而导致热解气中 CO 的产量较少，随着加热速率的升高，挥发分二次裂解产生更多的热解气，因此在热解温度和反应时间恒定的情况下，适当提高加热速率有利于 CO 的产生，但当加热速率过于大时 CO 的产量又逐渐降低，这可能是由于生物质在热解过程中没有热解完全从而导致挥发分有所减少引起的。在加热速率一定的情况下，热解温度对 CO 产量的影响十分明显，随着热解温度的升高，CO 的产量不断递增，这说明热解温度是影响 CO 产量生成的关键因素。由图 5-26(b) 可以看出，CO 产量等高线图形中多条线之间趋于平行，结合方差分析结果可知交互因素 AB 的 P 值为 0.6685>0.05，由此可知热解温度和加热速率之间并无交互作用。由三维响应面图和等高线图可以看出，当热解温度在 980～1000℃、加热速率在 90～95℃/min 时 CO 产量可达到最高值。

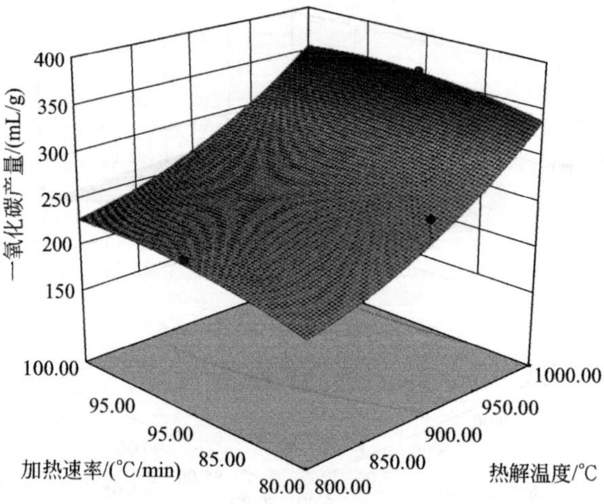

(a) 三维响应面

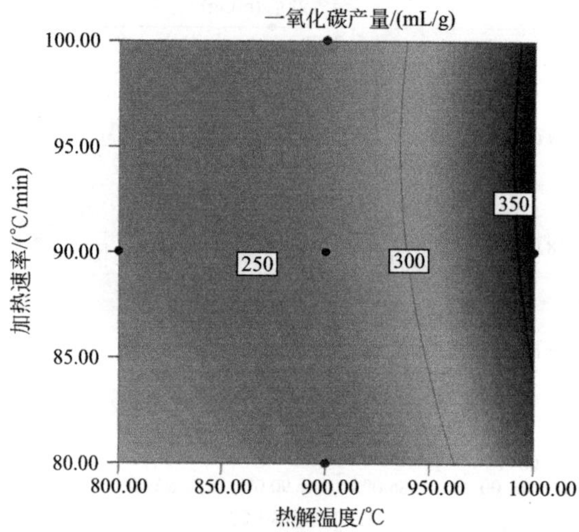

(b) 等高线

图 5-26　热解温度和加热速率对一氧化碳产量的三维响应面和等高线

不同热解温度和反应时间对 CO 产量的影响如图 5-27 所示（见书后彩图 20）。由图 5-27(a) 可知，热解温度和反应时间对 CO 产量的影响较为显著。当热解温度一定时，CO 产量随反应时间的增加呈先增大后减小的趋势，这说明在反应时间较短的条件下，生物质热解产生的挥发分发生二次裂解的概率有所降低，热解产物中热解气的含量相对较低，从而引起热解气中 CO 的产量较少；随着反应时间的增加，生物质热解产生的挥发分二次裂解概率增大，产生更多的热解气，因此在热解温度和加热速率一定的情况下，适当增加反应时间有利于 CO 的产生，但当反应时间较长时，CO 的产量又逐渐降低。在反应时间一定的情况下，随着热解温度的升高，CO 的产量不断递增，这说明热解温度对 CO 产量的影响十分明显，对 CO 的生成至关重要。由图 5-27(b) 可以看出，CO 产量等高线图虽近似呈椭圆形，但多条线之间趋于平行，结合方差分析结果可知交互因素 AC 的 P 值为 $0.8575>0.05$，由此可知，热解温度和反应时间之间并无交互作用。由三维响应面

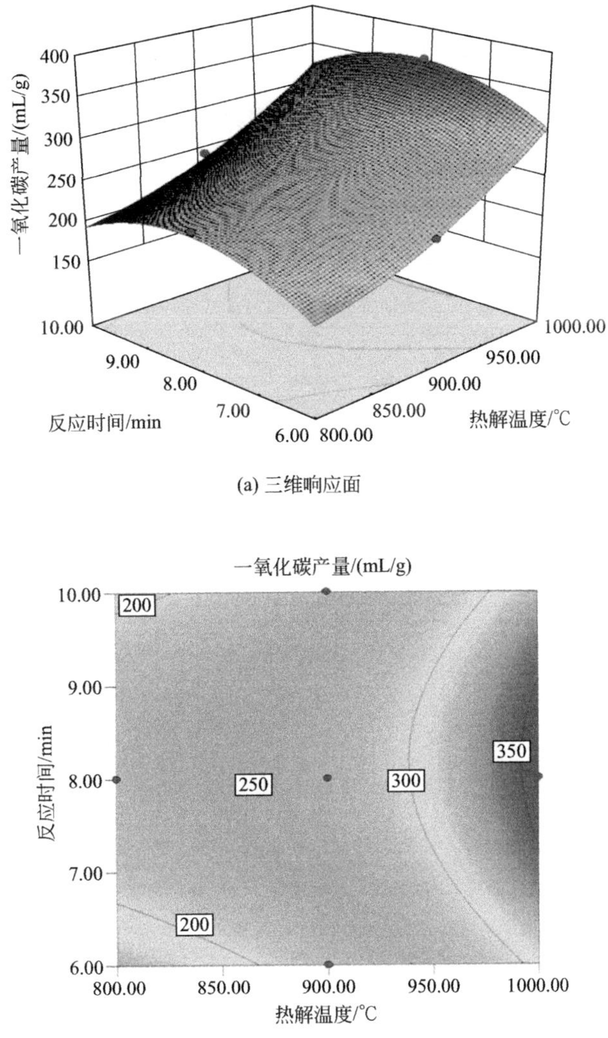

(a) 三维响应面

(b) 等高线

图 5-27 热解温度和反应时间对一氧化碳产量的三维响应面和等高线

图和等高线图可以看出，当热解温度在 980～1000℃、反应时间在 8～9min 时 CO 产量可达到最高值。

不同加热速率和反应时间对 CO 产量的影响如图 5-28 所示（见书后彩图 21）。由图 5-28(a) 可知，在加热速率一定的情况下 CO 产量随反应时间的增加呈先增大后减小的趋势，在反应时间一定的情况下，CO 产量随加热速率的升高基本也呈先增大后减小的趋势，这说明在热解温度一定的情况下适当提高加热速率和反应时间有利于 CO 的生成。由图 5-28(b) 可以看出，CO 产量等高线图虽近似呈椭圆形，但多条线之间趋于平行，结合方差分析结果可知交互因素 *BC* 的 *P* 值为 0.7265>0.05，由此可知，加热速率和反应时间之间无交互作用。结合三维响应面图和等高线图可知，当加热速率在 90～95℃/min、反应时间在 8～9min 时 CO 产量可达到最高值。

不同热解温度和加热速率对 CH_4 和 CO_2 产量的影响如图 5-29 所示（见书后彩图 22）。

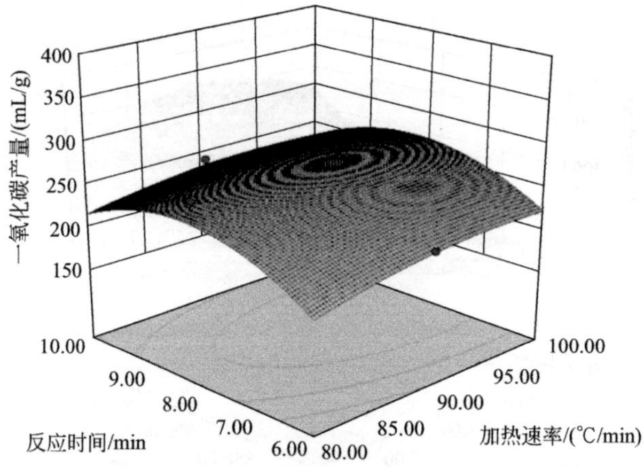

(a) 三维响应面

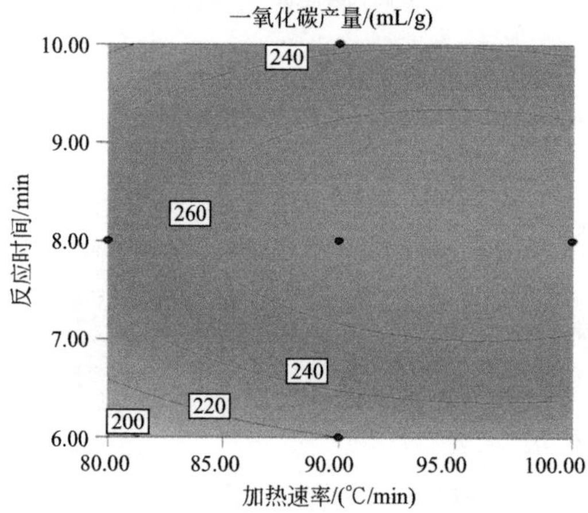

(b) 等高线

图 5-28 加热速率和反应时间对一氧化碳产量的三维响应面和等高线

由图 5-29(a) 可以看出，CH_4产量随热解温度的升高不断增加，在加热速率方向上 CH_4产量基本没有发生变化，这表明在反应时间一定的情况下，随热解温度的升高，加热速率对 CH_4产量基本没有影响。由图 5-29(b) 可知，CO_2的产量随加热速率的升高逐渐增加，在温度方向上基本没有发生变化，这表明在反应时间一定时，随着加热速率的升高，热解温度对 CO_2产量基本没有影响。

5.6.4.2 条件优化验证

通过响应面优化实验结果得到了白酒酒糟热解产 H_2和 CO 的最佳实验条件为：当热解温度为 1000℃、加热速率为 91.0℃/min、反应时间为 9.5min 时 H_2产量取得最大值，在该条件下进行实验验证，得到的 H_2产量为 422.80mL/g，与预测值 425.3mL/g 相近，表明该模型可行；当热解温度为 1000℃、加热速率为 92℃/min、反应时间为 8.3min 时 CO 产量取得最大值，在该条件下进行实验验证，得到的 CO 产量为 358.6mL/g，与预测值 359.9mL/g 相近，表明该模型可行。

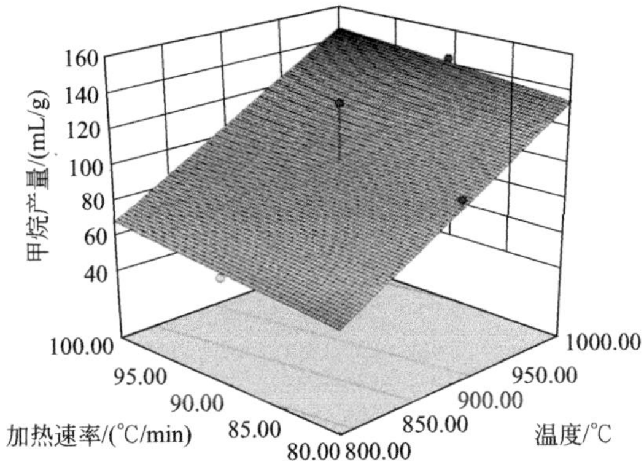

(a) 甲烷

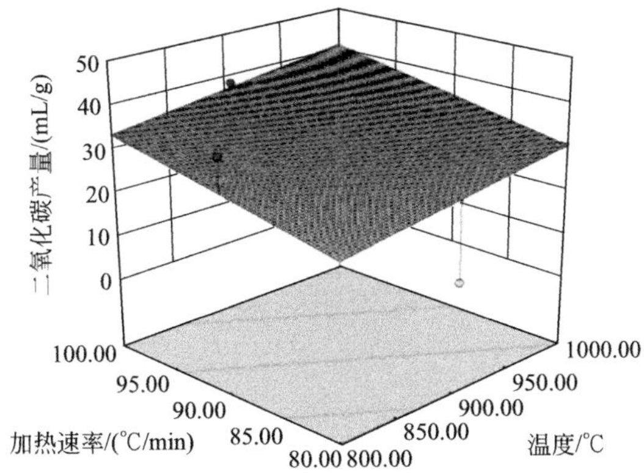

(b) 二氧化碳

图 5-29　热解温度和加热速率对甲烷和二氧化碳产量的三维响应面

参 考 文 献

[1]　左上春，杨海泉，邹伟．白酒酒糟资源化利用研究进展．食品工业，2016，37 (1)：246-249.

[2]　沈怡方．白酒生产技术全书．北京：中国轻工业出版社，1998，10-11.

[3]　Winkler M H，Bennenbroek M H，Horstink F H，et al. The biodrying concept：An innovative technology creating energy from sewage sludge. Bioresource Technology，2013，147：124-129.

[4]　Yuan J，Zhang D，Li Y，et al. Effects of adding bulking agents on biostabilization and drying of municipal solid waste. Waste Management，2017，62：52-60.

[5]　Navaee-Ardeh S，Bertrand F，Stuart P R. Development and Experimental Evaluation of a 1D Distributed Model of Transport Phenomena in a Continuous Biodrying Process for Pulp and Paper Mixed Sludge. Drying Technology，2011，29 (2)：135-152.

[6]　Navaee-Ardeh S，Bertrand F，Stuart P R. Key variables analysis of a novel continuous biodrying process for drying mixed sludge. Bioresource Technology，2010，101 (10)：3379-3387.

[7]　Tom A P，Pawels R，Haridas A. Biodrying process：A sustainable technology for treatment of municipal solid waste with high moisture content. Waste Management，2016，49：64-72.

[8]　Huiliñir C，Villegas M. Biodrying of pulp and paper secondary sludge：Kinetics of volatile solids biodegradation. Bioresource Technology，2014，157：206-213.

[9] Mohammed M, Ozbay I, Durmusoglu E. Bio-drying of green waste with high moisture content. Process Safety and Environmental Protection, 2017, 111: 420-427.

[10] Bilgin M, Tuluns. Biodrying for municipal solid waste: volume and weight reduction. Environmental Technology, 2015, 36 (13): 1691-1697.

[11] Sen R, Annachhatre A P. Effect of air flow rate and residence time on biodrying of cassava peel waste. Environmental Technology and Management, 2015, 18 (1): 9-29.

[12] Yang B, Zhang L, Jahng D. Importance of Initial Moisture Content and Bulking Agent for Biodrying Sewage Sludge. Drying Technology, 2013, 32 (2): 135-144.

[13] Zhao L, Gu W, He P, et al. Effect of air-flow rate and turning frequency on bio-drying of dewatered sludge. Water Research, 2010, 44 (20): 6144-6152.

[14] Cai L, Chen T, Gao D, et al. Bacterial communities and their association with the bio-drying of sewage sludge. Water Research, 2016, 90: 44-51.

[15] Guedes R E, Luna A S, Torres A R. Operating parameters for bio-oil production in biomass pyrolysis: A review. Journal of Analytical and Applied Pyrolysis, 2018, 129: 134-149.

[16] Kabir G, Hameed B H. Recent progress on catalytic pyrolysis of lignocellulosic biomass to high-grade bio-oil and bio-chemicals. Renewable and Sustainable Energy Reviews, 2017, 70: 945-967.

[17] Kan T, Strezov V, Evans T J. Lignocellulosic biomass pyrolysis: A review of product properties and effects of pyrolysis parameters. Renewable and Sustainable Energy Reviews, 2016, 57: 1126-1140.

[18] Guedes R E, Luna A S, Torres A R. Operating parameters for bio-oil production in biomass pyrolysis: A review. Journal of Analytical and Applied Pyrolysis, 2018, 129: 134-149.

[19] Bridgwater A V. Review of fast pyrolysis of biomass and product upgrading. Biomass and Bioenergy, 2012, 38: 68-94.

[20] Maity S K. Opportunities, recent trends and challenges of integrated biorefifinery: part II. Renewable and Sustainable Energy Reviews, 2015, 43: 1446-1466.

[21] Akhtar J, Saidina Amin N. A review on operating parameters for optimum liquid oil yield in biomass pyrolysis. Renewable and Sustainable Energy Reviews, 2012, 16 (7): 5101-5109.

[22] Bartoli M, Rosi L, Giovannelli A. Production of bio-oils and bio-char from Arundo donax through microwave assisted pyrolysis in a multimode batch reactor. Journal of Analytical and Applied Pyrolysis, 2016, 122: 479-489.

[23] Onwudili J A, Williams P T. Reaction of different carbonaceous materials in alkaline hydrothermal media for hydrogen gas production. Green Chemistry, 2011, 13: 2837-2843.

[24] Lim K G, Egashira R. Pyrolysis and characterization of the products for recycle of rubberwood residues. Journal of Applied Science, 2005, 5: 104-107.

[25] Prasertcharoensuk P, Bull S J, Phan A N. Gasification of waste biomass for hydrogen production: Effects of pyrolysis parameters. Renewable Energy, 2019, 143: 112-120.

[26] Li W, Wu S, Wu Y. Gasification characteristics of biomass at a high-temperature steam atmosphere. Fuel Processing Technology, 2019, 194.

[27] Efika C E, Onwudili J A, Williams P T. Influence of heating rates on the products of high-temperature pyrolysis of waste wood pellets and biomass model compounds. Waste Manag, 2018, 76: 497-506.

[28] Hossain A K, Davies P A. Pyrolysis liquids and gases as alternative fuels in internal combustion engines: A review. Renewable and Sustainable Energy Reviews, 2013, 21: 165-189.

[29] 袁京，张地方，李赟，等．外加碳源对厨余垃圾生物干化效果的影响．中国环境科学，2017，37 (2): 628-635.

[30] Wei H, Wang L, Hassan M. Succession of the functional microbial communities and the metabolic functions in maize straw composting process. Bioresource Technology, 2018, 256: 333-341.

[31] Taha M, Foda M, Shahsavari E. Commercial feasibility of lignocellulose biodegradation: possibilities and challenges. Current Opinion in Biotechnology, 2016, 38: 190-197.

[32] López-González J A, Suárez-Estrella F, Vargas-García M C. Dynamics of bacterial microbiota during lignocellulosic waste composting: Studies upon its structure, functionality and biodiversity. Bioresource Technology, 2015, 175: 406-416.

第6章

中药渣资源化利用技术

6.1 中药渣废弃物概况

6.1.1 来源

中药渣的来源多为中药材提取残体、中成药生产、中药材加工与炮制、原料药生产、医院与药店煎药剩余物、含中药的轻化工产品生产等几个方面。其中，以中成药生产过程中产生的中药渣较多，占总量的70%，且中药生产中植物类中药材中可被提取的有效成分平均只占5%。近年来，随着中药产业的快速发展，中药渣的排放量也在逐年增加，年排放量达3000万吨。

6.1.2 中药渣的组成

我国的中药材资源主要包括植物药、动物药、矿物药三大类，大多是由植物的根、茎、叶、花、实、皮，以及禽兽的肢体、脏器、外壳组成，还有部分属于矿物质，它含有丰富的有机物和无机物质。其中植物类中药材占87%，植物类药渣中含有的主要成分有纤维素、半纤维素、木质素、核酸、蛋白质、多糖类等，另外还含有Ca^{2+}、Fe^{3+}、Mg^{2+}、Zn^{2+}、Cu^{2+}等多种人体必需的矿物质元素及微量元素，资源比较丰富。大部分植物药渣纤维素含量在25%～40%，粗蛋白含量在4%～15%，且不同的植物还会含有特定的高含量物质，如三七中的三七多糖、淫羊藿中的黄酮类物质等，其再利用价值较高。

6.1.3 环境危害

中药渣多为极易腐败的湿物料，目前中药渣大多采用露天堆放、填埋、焚烧等方式处理，其中以堆放为主，露天堆放不仅造成土地资源浪费严重，而且在高温天气下易发霉腐烂、散发恶臭，极易造成周边大气环境质量下降。药渣堆体经雨水的冲淋后极易污染周围环境尤其是水资源环境，给人民的生产生活带来影响。另一方面，中药生产中原材料与产品多种多样，产生的药渣也各不相同，因而使得药渣的同步处理存在较大困难。

6.1.4　利用途径

6.1.4.1　植物培养

中药渣中含有丰富的营养物质，如 N、P、K 及有机质，施到土壤中后，随着加入中药渣含量不同比例的增加，提高了土壤的孔隙度，促进了土壤的团粒结构形成，使土壤的理化性能得到很大的提高。在种植玉米的土壤中，加入一定比例的中药渣，提高了玉米植株吸收营养的速度，使植株的长势较旺；改善了玉米的根系生长环境，促使玉米根系生长发达；增加了玉米的产量，同时提高了玉米的品质。在土壤中加入中药渣，土壤速效氮、速效磷、速效钾均得到明显提高，当春玉米收割后其有机质仍在增加。

用中药渣改良土壤，不但改善土壤性状，增多土壤团粒结构，提升植物根系生长条件；而且促进作物对 N、P、K 等营养成分的吸收，使作物生长健壮，增加了作物的产量，提高了作物的品质。

6.1.4.2　育苗

中药渣做育苗基质能满足蔬菜苗期营养需求，改善植物根际微环境，促进根系对养分的吸收，提高幼苗的壮苗指数及光合能力。已有研究表明利用中药渣和其他基质（珍珠岩和蛭石）共同培育盆栽植物，可以促进其生长，提高生长量，改善盆花品质。在中药渣中添加不同比例的无机基质（珍珠岩和蛭石）对番茄和玉米进行培养，能显著提高作物产量，改善作物品质。中药渣配成的育苗基质物理性状更为优良，养分含量相对较高，对蔬菜增产幅度达 5.5％～30％，对茄果类、瓜类效果尤为显著。

6.1.4.3　食用菌培养

中药渣含有丰富的纤维素、木质素以及大量营养元素，且湿度适中，性质均一稳定，适于食用菌栽培。中药渣作为栽培基料和培养基添加剂，综合考量中药渣的成分组成及其对菌种生长的影响，正确地选择中药渣栽培出来的食用菌长势好，可正常出菇，菇外形比常规原料栽培出来的好，且抗逆能力强，生物效益高，栽培成本低。研究表明，栽培基质中混合中药渣，使茶树菇营养成分更全面，营养价值更高；使草菇菌丝生长势加强，生长速度加快，出菇整齐；平菇的生物转化率提高，使灵芝菌质含有丰富的生物活性成分，重金属含量低，毒副作用小。

中药渣栽培食用菌的方法是将中药渣趁热倒入干净的塑料袋中，冷却至室温，喷液态菌种，再进行培养，则可长出食用菌。像夏枯草、益母草等一些草本植物的药材，其药渣主要成分是纤维素，纤维素经过加工以后，组织结构疏松，能够给食用菌中的酶分解利用，完全可以替代食用菌栽培过程中像棉籽壳等一些物料进行食用菌的栽培。这样不仅可以解决传统的棉籽壳栽培料缺乏的情况，而且其中的营养价值对于食用菌营养价值的提升也有好处。目前国内某些城市（山东省城阳、胶州等）已推广中药渣以一定比例替代传统栽培料进行食用菌（平菇、鸡腿菇、香菇、草菇、杏鲍菇和灵芝等）栽培，取得良好的经济效益、生态效益和社会效益。

6.1.4.4 饲料

中药渣中含有的多种活性物质，集药用和营养作用，但已经不再适合人们服用，经过研究，可以添加到饲料中，作为养殖饲料日粮中的添加剂。在养殖饲料中添加经过处理的中药渣，可以增强动物的体质状况，减少疾病，能够起到其他添加剂所达不到的药用功能；提取有效成分后的药渣可直接开发成饲料或饲料添加剂，还可以降低精饲料的用量，方法简单，成本低廉。

已有研究表明，在獭兔粮中添加入少量藿香正气药渣，可以提高獭兔采食量，提高免疫力，并改善了皮毛品质；在猪的饲料中添加特定药渣，能够提高瘦肉率，降低了胴体脂肪率，提高了猪肉品质；在奶牛饲料中添加少量药渣，可以提高牛奶的产量；添加黄芪、党参等药渣在肉羊的饲料中，有助于肉羊的日增重；将黄连、木香、吴茱萸以及五味子等药渣投入鱼饲料中，能够预防和治疗鱼类的肠胃病、烂鳃病等；在禽类饲料中添加茯苓、麦冬等药渣，可提高禽类的机体免疫力，调节代谢，对预防各种疾病有一定的效果。

6.1.4.5 用作絮凝剂

中药渣含有大量天然高分子物质，这类物质对有机废水具有一定的絮凝作用，特定的中药渣还可以对重金属进行吸附，如板蓝根药渣可吸附水中的铅离子。之前的研究表明，利用中药渣作絮凝剂处理废水，与有机絮凝剂、无机絮凝剂处理进对比，发现自制中药渣具有良好的絮凝效果，并且作为天然高分子絮凝剂的中药渣制备简单，对造纸废水具有良好的处理效果。

6.1.4.6 复合材料

将特定中药渣进行了蒸汽爆破处理，并以不同的物质为界面相容剂，可以制备不同的中药渣复合材料。经研究表明，中药渣/PP 复合材料、中药渣/ABS 复合材料、中药渣/HDPE 复合材料等已有学者较为深入地研究。

将特定中药渣［如猴耳环药渣与聚乙烯醇（PVA）充分混合］进行了蒸汽爆破处理，药渣中的纤维素从细胞结构中解离出来，药渣纤维可以成为良好的增强体，PVA 羟基与药渣纤维素形成氢键，通过原位增容，提高了猴耳环药渣与 PP 的界面结合力；木质化程度越高、半纤维素以及杂细胞越少的药渣制备的复合材料的综合性能相对较好，以 MAPP 为界面相容剂，制备了中药渣/PP 复合材料。之前的研究结表明，可以利用叶片挤出机制备了猴耳环药渣/回收 ABS 复合材料，添加适量的界面相容剂可以提升复合材质的拉伸强度和弯曲强度。对猴耳环药渣进行蒸汽爆破处理，并以偶联剂 M603 为相容剂，制备了猴耳环药渣/HDPE 复合材料，采用多次蒸汽爆破处理，可降低中药渣中半纤维素含量，提升木质素含量，对猴耳环药渣/HDPE 复合材料起到了很好的增强效果。

6.1.4.7 中药渣造纸

中药渣是一种重要的植物纤维废弃物，含有丰富的纤维素含量，占 35%～50%，植物纤维含量高的资源是制浆造纸工业的理想原料。中药渣废料用于制浆造纸可以保护森林资源，在一定程度上缓解纸浆原料紧张的局面，还可以有效地将中药渣资源化利用。之前已有关于中药渣用于造纸业的可行性研究，结果表明浆料适用于制备纸浆及纸浆模型产品。此外，日本众多纸业公司均在研究用药渣造纸技术，可将产品用于中成药包装纸。药渣制纸不但可以使废物循环利用、保护环境，而且可以节省费用、提高药物包装的抗菌防虫能力。

6.1.4.8　中药渣制备活性炭

中药渣制备的活性炭疏松多孔，具有较高的实际吸附效果。利用中药渣为原料，采用合适的活化剂，且制得的活性炭具有较好的吸附性能。通过一定的活化方法可利用中药渣制取活性炭，产品性能能满足工业应用要求。中药渣作为来源广泛的含碳物质，可以用来制作活性炭。

6.2　中药渣处理技术研究现状

一直以来，中药渣一般地处理方式是堆放、焚烧与填埋，这些处理方式不仅在很大程度上对水体、空气、土壤造成污染，而且不利于药渣的资源化利用。本章重点介绍一些中药渣废弃物高效利用的技术手段，以提高药渣的资源化利用性。

6.2.1　热解技术

生产过程主要包括的工段有提取、浓缩、醇沉等。药渣热解资源化利用的过程是把中药生产、药渣裂解供能和乙醇回收利用 3 个工艺过程组合在一起，形成一个物质充分循环利用的系统。药渣催化裂解后得到的生物质油具有很高的热值，可以用来为中药生产的提取、二效浓缩工段提供能量，裂解后剩余的残渣只占原来药渣的 24%，这样大大降低了企业生产过程产生的固体废弃物的量，而且得到的生物质油替代了部分生产用煤，降低了不可再生能源的消耗，减少了 CO_2 的排放。

中药渣热解资源化工艺流程如图 6-1 所示。

6.2.2　水解技术

丹参中药渣含有丰富的纤维素（32.24%）、半纤维素（28.05%）和木质素（25.67%），由于其纤维素含量较高所以还可采用水解的方法将其利用，使其转化为化学平台化合物5-羟甲基糠醛（HMF）。水解法适合纤维素和半纤维素含量高的生物质，因为 HMF 是由纤维素水解生成葡萄糖，再由葡萄糖脱水而得到；与此同时半纤维素可水解产生戊糖，再由戊糖生成糠醛，糠醛也是一种非常重要的化工原料，被广泛用于石油工业、化学工业、医药、食品及合成橡胶、合成树脂等行业，迄今为止糠醛只能由植物纤维原料通过水解制得。因此，水解法可充分利用废弃中药渣中所占比重较高的纤维素和半纤维，实现废物的高附加值转化。药渣的水解工艺流程见图 6-2。

6.2.3　焚烧技术

生物质直接燃烧是将生物质直接作为燃料燃烧，主要分为炉灶燃烧和锅炉燃烧。传统

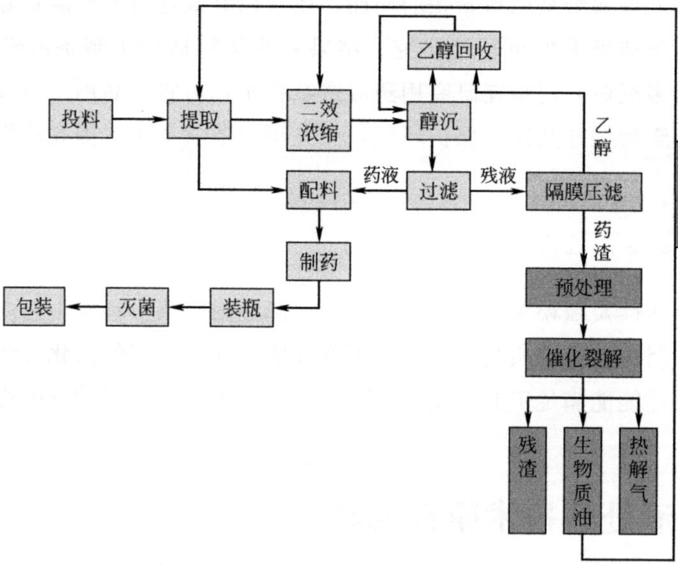

图 6-1　中药渣热解资源化工艺流程

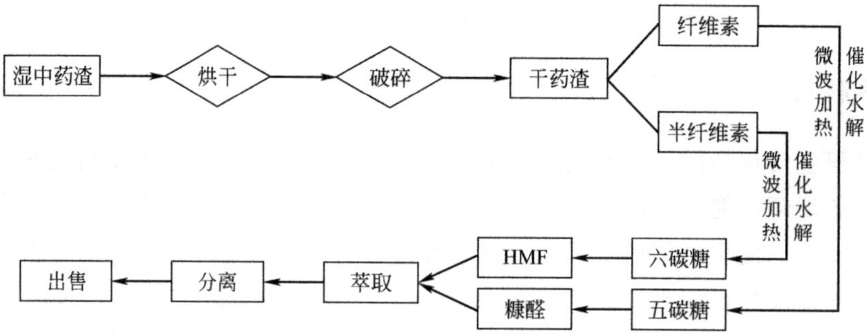

图 6-2　中药渣水解工艺流程

的炉灶燃烧方式燃烧效率极低，热效率只有 10%～18%，即使是目前大力推广的节柴灶，其热效率也只有 20%～25%。生物质锅炉燃烧采用先进的燃烧技术，把生物质作为锅炉的燃料，以提高生物质的利用效率，适应于相对集中、大规模利用生物质资源。中药渣的燃烧处理适合于锅炉燃烧技术。燃烧产生的热量用于供热或发电，因此，燃烧也是一种可同时实现废弃物无害化、减量化、资源化的简单易行的处理技术。结合中药厂的实际情况，药渣燃烧的热量适于直接为厂内供能。

大量的实验研究结果表明，生物质燃料的热值与中质煤相当，和煤炭相比，生物质燃料挥发分很高，易于点燃，容易燃烧；灰分含量很低，容易燃尽；硫含量低于煤，燃烧后排放的 SO_x 等有害气体很少；生物质生长和利用的整个周期中 CO_2 的净排量接近为零，有助于缓解地球的温室效应。但生物质燃料也有一些不利于燃烧利用的特性，如生物质燃料中大量的挥发分析出后，如果空气不足或温度较低，挥发分易裂解析出炭黑，出现冒黑烟现象；生物质燃料燃烧后期主要是固定碳的燃烧，而其本身固定碳含量较低，因此，其燃烧过程持续时间较短，不耐烧；生物质水分一般含量较高，进入锅炉后需要消耗较多的热量进行干燥，导致生物质低位发热量下降，另外较多的水分也增加了烟气体积，使排烟热损失增加；生物质含有较多的氯和碱性物质，燃烧时容易产生二噁英和灰渣，灰渣会在受热面上形成沉积腐蚀问题。

生物质在锅炉中的燃烧过程包括：

① 预热与干燥，当潮湿生物质送入炉膛后，本身温度升高到100℃左右时所含的水分首先被蒸发出来，变为干物料；

② 挥发分析出燃烧及木炭形成，在气体挥发物燃烧时生物质中的固定碳被包着，不易与氧气接触，因此在生物质燃烧初期，木炭不会燃烧；

③ 木炭燃烧阶段，当挥发分燃烧殆尽时木炭便开始燃烧，这时，由于挥发物基本燃尽，进入炉膛的氧气可以直接扩散到木炭表面并与之反应；

④ 燃尽，木炭在燃烧过程中不断产生灰分，这些灰分会将剩余的木炭包裹住，减缓木炭的燃烧速度，炉膛的温度降低，此时适当抖动、加强通风使灰分脱落，余炭才能充分燃尽，最后剩下的便是灰烬。

6.2.4 堆肥技术

中药渣中纤维素、木质素的量较高，腐殖化速度较快，可以用于堆肥。将中药渣适当粉碎，高温灭菌，在适宜条件经微生物好氧发酵处理后，可加工出无害、无味、较好的肥料原材料，针对花卉、苗木、蔬菜、果树等需肥特性及生长要求，再配以有机肥料和无机肥料，制作成高肥效低成本的优质复合肥料。中药渣含有丰富的氨基酸、糖类、抗生素、少量微生物等活性物质，而且还有植物必需的营养元素磷、钾、氮养分，能满足蔬菜苗期所需养分。同时中药渣还具有孔隙度、基质容重、pH 值适中等特点，提高蔬菜幼苗的壮苗指数及光合能力，促进蔬菜根系对养分的吸收；此外中药渣堆肥比一般的食物垃圾具有更强的抗病原体的特性，可以减少抗菌剂的使用。

已有研究发现中药渣可以直接进行堆肥处理，也可以与其他有机废弃物共同堆肥处理制成复合肥料。板蓝根药渣可以腐熟后种植菠菜，配制的蔬菜育苗基质可以提高蔬菜的产量。中药渣与玉米秸秆、牛粪皆可进行共同堆肥处理，产生的复合肥料可以种植番茄、萝卜等农作物，使其植株旺盛，根茎增大，肉质提升。中药渣发酵生产的单一生物有机肥不含任何化学成分，适合于有机农业生产，但其营养成分含量低、施用时需要量大，不利于大面积推广，可以作为一种能够有效改良土壤、为作物提供充足养分及提高土壤品质的优质环保肥料。

6.2.5 汽爆技术

中药渣汽爆技术是将植物中药渣在一定的压强和温度的水蒸气下蒸煮，使植物中淀粉、半纤维素等成分部分水解生成可溶性糖，同时使复合胞间层的木质素软化和部分降解，细胞壁破碎的一项技术。汽爆技术主要步骤如下所述。

① 蒸汽在高压的作用下温度升高到200℃以上，部分纤维素降解产生醋酸，高温和弱酸共同作用，促进了纤维素的进一步降解，使小分子物质更易溶出，纤维束的变疏松。

② 压力降低，纤维内部的热蒸汽释放，物料中原有的液态水暴沸迅速膨胀。此时形成的冲击力使得纤维素大分子中的化学键和氢键发生断裂，无定形区和部分结晶区也发生

一定程度的破坏。

③ 高温高压下，纤维素内部的氢键断裂，游离羟基与水蒸气重新形成氢键。氢键的变化提高了纤维素链的可动性，使其更易向有序结构变化。

生物质原料经过汽爆处理后，可以打破纤维素、半纤维素和木质素紧密的屏障结构，不仅有利于活性物质的提取，还有利于后续的酶解发酵以生产乙醇、丁醇等能源。此技术可以利用残渣制备饲料、肥料和复合材料等。

6.2.6 微生物转化技术

微生物转化技术是利用微生物产生的酶对中药渣进行结构修饰的生物化学过程。微生物转化过程中会产生各种酶（纤维素酶、木质素酶、淀粉酶等）促使中药渣中组织细胞破壁，从而有利于中药渣中剩余有效物质的溶出；微生物还可以分解并转化中药中的成分，使之产生次级代谢产物。利用微生物菌群联合降解中药渣，可以将纤维素、木质素等成分转化为小分子物质，释放药渣中残留的活性物质，有利于药渣中大分子物质的降解，实现二次利用的价值。单一菌种的分解能力有限，用单一菌种实现中药渣中大分子物质的彻底降解难度较大，在实际过程中可利用微生物复合菌群，菌群中各个菌种之间相互影响、相互促进，可提升中药渣中纤维素及木质素类成分完全降解效率。微生物转化技术可以将中药渣转化为具有较高利用价值的资源型物质，提升中药渣的利用价值，实现中药渣的资源化利用。

6.2.7 固态发酵技术

固态发酵是微生物在无水或基本没有游离水的固态基质上，自然底物作为碳源与能源，利用微生物而进行的生物反应过程。其可将大分子物质分解为易吸收的小分子物质，且降低毒性。目前以木质纤维素原料基质使用最广泛，中药渣中含有丰富的木质素类成分，经固态发酵后可以制备成动物饲料及发酵食品等。

6.3 中药渣理化性质（丹参药渣）

为了有效地利用植物中药渣，首先要掌握其化学组成，对其进行工业分析和元素分析，为选择药渣转化方式、分析反应机理提供必要的基础信息。生物质是复杂的高分子聚合物，其化学组成主要包括纤维素、半纤维素和木质素等。生物质的组成对其热解行为影响很大，一般情况下，纤维素含量高的物质在快速热解时更容易得到液态油产物。工业分析是分析化学的一个重要组成部分，是分析化学在工业生产中的具体应用。根据工业分析测定植物药渣中水分、灰分、挥发分、固定碳的含量可初步判断中药渣的热解特性、利用效果及资源化利用途径。生物质的元素组成将影响生物质的热解状态和产物性质，例如氢含量高的生物质受热后析出的挥发分较多。

由于目前国内大部分中药企业都是采取浸取浓缩工艺进行批量生产，所以药渣一般含水率较高。本研究中从药厂采来的丹参药渣含水率在 80%（质量分数）左右，极容易腐烂和变质，因此需进行干燥处理。实验中所用药渣均在 105℃烘干至恒重。物料粒径对药渣热解和水解过程影响较大，为了便于实验结果的分析和比较、方便进料并保持物料均匀性，将烘干后的药渣进行粉碎过筛，取粒径小于 80 目的物料进行实验研究。

6.3.1 丹参理化性质

丹参药渣中含有纤维素 32.24%、半纤维素 28.05%、木质素 25.67%、可溶物 13.02%和灰分 1.02%。丹参药渣的纤维素、半纤维素和木质素的含量较高，与其他高纤维素类生物质基本接近，可以通过热化学转化技术将其资源化利用。由于其纤维素含量较高所以还可采用水解的方法将其利用，产物为化学平台化合物 5-羟甲基糠醛（HMF）。水解法适合纤维素和半纤维素含量高的生物质，因为 HMF 是由纤维素水解生成葡萄糖，再由葡萄糖脱水而得到；与此同时半纤维素可水解产生糠醛，糠醛也是一种非常重要的基础原料，被广泛用于石油、化工、医药、食品及合成橡胶、合成树脂等行业，迄今为止糠醛只能由植物纤维原料经过水解反应制得。因此，水解法可充分利用生物质中所占比重较高的纤维素和半纤维，是一种非常有前景的生物质资源化技术。

6.3.2 元素分析和热值测定

生物质中各元素的含量反映出其进行热化学转换的潜力。生物质主要由 C、H、O、N 和 S 等元素组成，其中 C、H 和 O 是主要成分。

元素分析结果见表 6-1。从表中可看出药渣中 S 的含量非常低，与农业秸秆中 S 含量相当。由于丹参本身的组成及代谢情况与其他生物质不同，其 N 含量稍微偏高（一般农作物秸秆和木质植物中 N 的含量为 0.5%～1%）。C、H 和 O 三种元素含量是决定药渣热值及热解反应强弱的重要因素。从表 6-1 中可看出丹参药渣的 H/C 值与 O/C 值均高于煤，说明以丹参药渣为代表的木质中药渣热解反应活性很强，有利于强化反应过程。

表 6-1 丹参药渣的元素和热值分析

元素分析/%							高位热值
C	H	O	N	S	H/C（原子比）	O/C（原子比）	MJ/kg
43.31	5.84	44.15	1.66	0.12	1.62	0.68	18.20

热值是指单位质量的物质燃烧释放出来的热量，分为高位热值和低位热值。生物质热值是衡量生物质能量的重要特性指标之一。生物质高位热值是指其完全燃烧时释放出来的全部热量，即在燃烧生成物中的水蒸气凝结成水时的发热量。由于生物质中普遍含有少量的不可燃物质（如水和灰等不可燃惰性物质），在燃烧过程中也吸收热量而升温，从而消耗部分热量，水吸收热量后气化，以蒸汽形式挥发。高位热值减去惰性物质吸收的热量以及水气化吸收的热量即为低位热值。

两者的换算公式：

$$LHV=HHV\left[\frac{100-(I+W)}{100-W_{L}}\right]\times 5.85W$$

式中 LHV——低位热值，kJ/kg；

HHV——高位热值，kJ/kg；

I——惰性物质含量，%；

W——物料的表面湿度，%；

W_L——剩余物和吸湿性物质的湿度，%。

经测量得出药渣的高位热值为18.20MJ/kg，与农作物秸秆的热值相当。

6.3.3 丹参药渣工业分析

表6-2表明丹参中药渣的挥发分较高（74.21%），固定碳较低（21.15%），说明药渣比较适合采用热解方法处理。

表 6-2 丹参药渣的工业分析

单位：%

空气干燥基水分(M_{ad})	空气干燥基挥发分(V_{ad})	空气干燥基灰分(A_{ad})	空气干燥基固定碳(FC_{ad})
3.62	74.21	1.02	21.15

6.3.4 丹参药渣中重金属含量分析

表6-3表示丹参药渣中的重金属含量，Cr的含量大于《饲料卫生标准》（GB 13078—2017）中规定的≤5μg/g，其他重金属含量均符合标准。由于Cr的含量较高，不易作为饲料应用。

表 6-3 丹参药渣中的重金属含量

项目	浓度/(μg/g)						
	Cd	Cu	Cr	Pb	Zn	As	Hg
丹参药渣	0.10	11.41	25.39	1.47	33.09	0.37	0.03

6.4 中药渣热解技术

随着化石能源的逐渐耗竭，具有可再生性和清洁性的生物质对世界能源生产越来越重要。热解是生物质能源高效利用的主要方法之一，生物质热解制取生物油技术能以连续的工艺和工业化的生产方式将农业（秸秆等）、林业（木屑等）及工业（中药渣、甘蔗渣等）产生的废弃生物质转化为易储存、易运输、能量密度高的液体燃料——生物油。植物中药渣是一种典型的废弃生物质，含有丰富的纤维素、半纤维和木质素，非常适于进行资源化利用。

生物质热解过程中产生的固、液、气三种产物的比例取决于热解工艺和反应条件，如何进行工艺参数优化从而达到较高目标产物的收率成为目前国内外研究者共同关注的课题。影响生物质热解过程、产物分布及组成的最重要的因素包括热解终温、停留时间、物料粒度、升温速率及反应体系压力等；其中热解终温是关键因素，根据热解温度可将热解分为低温热解（<400℃）、中温热解（400～700℃）和高温热解（>700℃），温度不同主产物也不同，低温热解主产物为焦炭，中温热解主产物为生物油，高温热解主产物为燃气。因为生物油比较便于储存和运输，因此本研究主要关注中药渣热解产生生物油的研究，即以提高生物油产率和油品为目的。

生物质中一般都含有氧，导致热解油中氧含量很高，所以直接热解得到的生物油存在稳定性弱、含氧量高、热值低和腐蚀性强等缺点，需要对油品进行精制。生物油精制的核心是除去生物油中的氧，提高氢碳比。生物油的升级途径主要有加氢裂解和催化热解等，催化加氢是指在高压（10～20MPa）和存在供氢溶剂条件下，以 Co-Mo、Ni-Mo 等为催化剂对生物油进行加氢处理。催化热解是指在催化剂的作用下将生物油中的大分子催化裂解为小分子，同时将油中的氧元素以 H_2O、CO 和 CO_2 等的形式去除。两者相比，催化热解操作条件相对简单，处理成本较低，对生物油的品质有一定的改善，受到了广泛应用。因此，本章试验了不同种类的介孔分子筛作为催化剂，考察其对生物油产率及油品的影响。

6.4.1　药渣热解特性

6.4.1.1　不同升温速率热解特性

药渣在不同升温速率下热解的热重（TG）和微分热重（DTG）曲线见图 6-3 和图 6-4，其热解过程可分为预热干燥、主热解和碳化三个阶段。

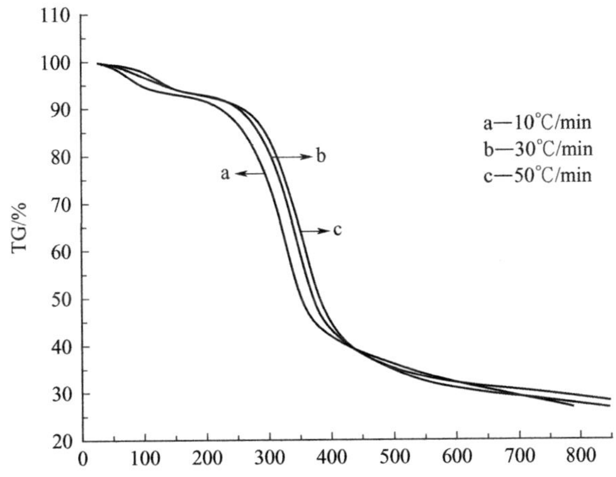

图 6-3　不同升温速率下药渣热解的 TG 曲线

不同升温速率下药渣热解的特征参数见表 6-4。

表 6-4　药渣热解各阶段失重量及残留率

升温速率/(℃/min)	各阶段失重量/%			残留率/%
	预热干燥阶段	主热解阶段	碳化阶段	
10	7.47	50.68	14.87	26.98
30	6.67	55.36	10.63	27.34
50	7.54	55.35	11.24	25.87

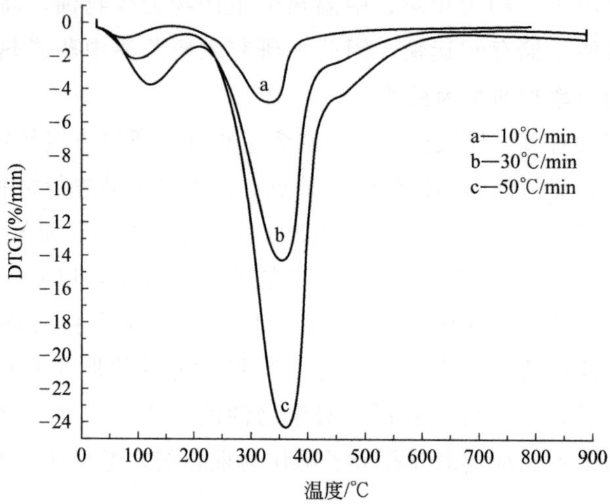

图 6-4 不同升温速率下药渣热解的 DTG 曲线

以升温速率为 10℃/min 时药渣热解的 TG 和 DTG 曲线（见图 6-3 和图 6-4）为例，200℃以前为失水预热解阶段，药渣失去自由水分并发生解聚和玻璃化转变。随着升温速率增加，失水速率也增加，但当升温速率大于 30℃/min 时水分在短时间内不能完全析出，出现失水过程滞后现象。200～400℃是热解过程的主要阶段，药渣的大部分失重发生在该区域，失重率在 50%以上。此阶段的微分值急剧变化，微分曲线出现明显的峰，主要为半纤维素和纤维素的热解。在 400℃之后为炭化阶段，失重曲线变化缓慢，此区间为木质素缓慢分解的过程。

从图 6-3 还可以看出：升温速率分别为 10℃/min、30℃/min 和 50℃/min 情况下，TG 曲线形状基本相同，但随升温速率的升高，主热解阶段的失重曲线向高温侧移动。升温速率为 10℃/min 时，265℃开始出现急剧反应；升温速率为 30℃/min 时，285℃开始出现急剧反应；升温速率为 50℃/min 时，298℃开始出现急剧反应。从图 6-4 可以看出，随着升温速率的增加，最大失重速率显著增加，最大失重速率对应的温度升高，DTG 曲线也向高温区移动。这说明不同的升温速率影响了生物质热解的进程。

6.4.1.2 不同粒径热解特性

颗粒粒径是影响生物质热解的一个非常重要的因素，粒径的改变影响颗粒的升温速率以及挥发分的析出速率，从而改变生物质的热解行为。粒径在热质传递过程中起着重要的作用，如果粒径过大，那么反应的进程将会更多地受到热质传递以及扩散的影响，由此得出的动力学参数将会有较大的偏差。Maschio 等研究了颗粒粒径对生物质热解特性的影响，他们认为当粒径小于 1mm 时，生物质的热解过程主要受内在动力速率控制，可以忽略颗粒内部热质传递的影响；而当粒径大于 1mm 时，热解过程将同时受到热质传递和化学动力学的控制。

图 6-5、图 6-6 为不同粒径药渣热解的 TG 和 DTG 曲线。从图中可以看出粒径大小对药渣热解特性影响较大，小粒径物料的失重量和最大失重速率大于较大颗粒；大颗粒的碳

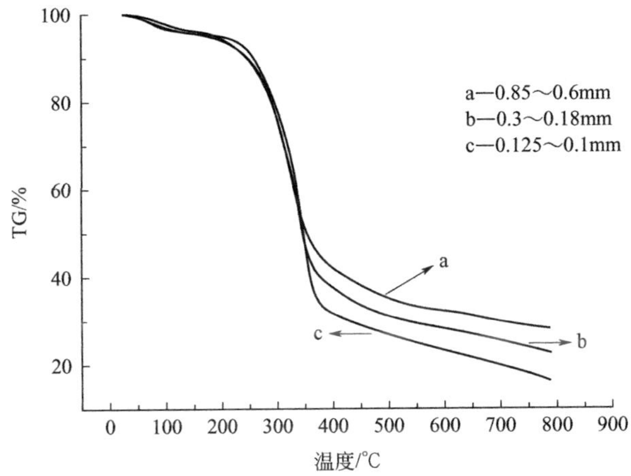

图 6-5　不同粒径药渣的 TG 曲线（升温速率：10℃/min）

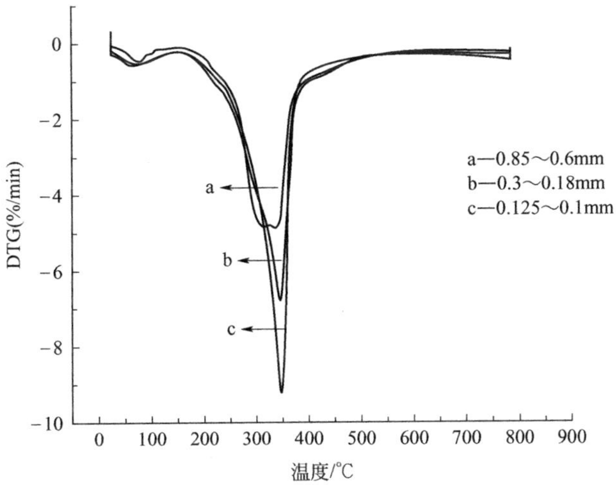

图 6-6　不同粒径药渣的 DTG 曲线（升温速率：10℃/min）

化程度高于较小颗粒。这是因为：一方面粒径的大小影响颗粒内部热量传递的过程，大颗粒物料需要较长的加热时间；另一方面，大颗粒的热解产物溢出阻力较大，从而一次产物发生二次反应增加，析炭沉积会增加，造成热解产物析出量少于小颗粒物料。

6.4.2 药渣热解动力学参数

生物质热解过程的动力学分析对掌握其热化学转化过程和机理、预测反应速率以及反应的难易程度、控制其热化学转化的工艺参数具有重要的意义。

6.4.2.1 热解动力学

生物质的热解过程非常复杂，产物种类较多，研究表明很难研究清楚其详细反应机理，而使用表观热解失重动力学可以有效地了解包括生物质在内的各种复杂高聚物的热解行为。对生物质表观热解失重动力学的研究，已有不少学者提出了各种模型，大致可以分为以下两类：

① 单组分全局反应模型，这种模型将生物质看成是单一组分，用单一组分在全局温度区间上的固-气反应动力学描述生物质整体的热解失重过程；

② 多组分的全局反应模型，这种模型将生物质失重过程看成是其各种伪组分在全局温度区间上分别的热解过程的加权叠加。这里的伪组分可以代表单一的真实组分，也可以代表几种真实组分的混合物。

通过动力学分析可了解药渣的反应过程和机理，计算动力学参数可预测反应的难易程度。药渣热解过程中的反应可假设为：

$$A(\mathrm{s}) \longrightarrow B(\mathrm{s}) + C(\mathrm{g}) \tag{6-1}$$

式中 $A(\mathrm{s})$——中药渣；

$B(\mathrm{s})$——热解后的残留固体物质；

$C(\mathrm{g})$——热解产生的气体。

由于在实验过程中热解产生的挥发性气体被氮气及时带走，所以没有逆反应发生。在生物质热解失重的过程中，常采用式(6-2) 所示的简单动力学方程来模拟生物质失重过程。

$$\frac{\mathrm{d}\alpha}{\mathrm{d}t} = kf(\alpha) \tag{6-2}$$

式中 α——转化率，$\alpha=(m_0-m)/(m_0-m_\infty)$，$m$ 代表样品的质量，下脚标 0 与∞分别代表反应初始与终止状态；

$f(\alpha)$——反应动力学机理函数的微分形式，表示物质反应速率与 α 之间遵循的某种函数关系；

t——分解时间；

k——速率常数。

k 与反应温度 T 之间的关系服从 Arrhenius 方程：

$$k = A\exp(-E/RT) \tag{6-3}$$

由式(6-2) 和式(6-3) 可得

$$\mathrm{d}\alpha/\mathrm{d}t = A\exp(-E/RT)f(\alpha) \tag{6-4}$$

式中 A——频率因子，min^{-1}；

E——表观活化能，J/mol；

R——气体常数，J/(K · mol)。

对式(6-4) 分离变量积分：

$$G(\alpha) = \int_0^\alpha \frac{\mathrm{d}\alpha}{f(\alpha)} \tag{6-5}$$

许多学者已基于式(6-4) 和式(6-5) 研究了多种动力学分析方法，这些方法都是基于实验中获得的 TG 和 DTG 曲线，从而导出反应动力学参数 E 和 A，并确定最适合反应的函数 $f(\alpha)$ 的形式。这些求解动力学参数的方法总体上可以归为微分法和积分法两种。微分法就是结合 DTG 曲线来进行动力学分析；积分法则是结合 TG 曲线来进行动力学分析。由于目前热重分析仪信号输出部分都有一个微商线路单元，因此 TG 和 DTG 曲线均容易获得。总体来看，目前应用积分法进行动力学分析的理论比较成熟，所以本书采用积分法求解相关动力学参数。

6.4.2.2 热解动力学参数的求解

本书采用两种近似积分法对动力学参数进行求解：一种是 Coats-Redfern 法；另一种是 Flynn-Wall-Ozawa 法。

(1) Coats-Redfern（近似积分法）

对于积分法，$G(\alpha)=kt$，$\beta=\mathrm{d}T/\mathrm{d}t$，则由式(6-5) 求积分得：

$$G(\alpha)=\int_0^{\alpha}\frac{\mathrm{d}\alpha}{f(\alpha)}=\frac{A}{\beta}\int_{T_0}^{T}\exp(-E/RT)\mathrm{d}T=\frac{A}{\beta}\int_0^{T}\exp(-E/RT)\mathrm{d}T$$

$$=\frac{AE}{\beta R}\int_{\infty}^{u}\frac{-\mathrm{e}^{-u}}{u^2}\mathrm{d}u=\frac{AE}{\beta R}p(u)=\frac{AE}{\beta R}\times\frac{\mathrm{e}^{-u}}{u}\pi(u)$$

式中 $p(u)=\dfrac{\exp(-u)}{u}\pi(u)$；

$u=\dfrac{E}{RT}$。

由分步积分得：
$$P(u)=\frac{\mathrm{e}^{-u}}{u^2}\left(1-\frac{2!}{u}+\frac{3!}{u^2}-\frac{4!}{u^3}+\cdots\cdots\right) \tag{6-6}$$

取式(6-6) 右端括号内前两项，得一级近似的第一种表达式 Coats-Redfern 近似式：

$$\int_0^{T}\mathrm{e}^{-E/RT}\mathrm{d}T=\frac{E}{R}\times p(u)=\frac{E}{R}\times\frac{\mathrm{e}^{-u}}{u^2}\left(1-\frac{2}{u}\right)=\frac{E}{R}\mathrm{e}^{-u}\left(\frac{u-2}{u^3}\right)$$

$$=\frac{RT^2}{E}\left(1-\frac{2RT}{E}\right)\mathrm{e}^{-E/RT} \tag{6-7}$$

式中：

$$P_{\mathrm{CR}}(u)=\mathrm{e}^{-u}\left(\frac{u-2}{u^3}\right)=\mathrm{e}^{-u}\left(\frac{1}{u^2}\right)\left(1-\frac{2}{u}\right) \tag{6-8}$$

并设 $f(\alpha)=(1-\alpha)^n$，则有

$$\int_0^{\alpha}\frac{\mathrm{d}\alpha}{(1-\alpha)^n}=\frac{A}{\beta}\times\frac{RT^2}{E}\left(1-\frac{2RT}{E}\right)\mathrm{e}^{-E/RT} \tag{6-9}$$

积分方程式(6-9)，整理，两边取对数，得：

当 $n\neq1$ 时，
$$\ln\left[\frac{1-(1-\alpha)^{1-n}}{T^2(1-n)}\right]=\ln\left[\frac{AR}{\beta E}\left(1-\frac{2RT}{E}\right)\right]-\frac{E}{RT} \tag{6-10}$$

当 $n=1$ 时，
$$\ln\left[\frac{-\ln(1-\alpha)}{T^2}\right]=\ln\left[\frac{AR}{\beta E}\left(1-\frac{2RT}{E}\right)\right]-\frac{E}{RT} \tag{6-11}$$

上述两个方程都称为 Coats-Redfern 方程。

总体可以简化为：

$$\ln\left[\frac{G(\alpha)}{T^2}\right]=\ln\left[\frac{AR}{\beta E_{\mathrm{a}}}\left(1-\frac{2RT}{E_{\mathrm{a}}}\right)\right]-\frac{E_{\mathrm{a}}}{RT} \tag{6-12}$$

由于对一般的反应温区和大部分的 EBaB 值而言，$\dfrac{E_{\mathrm{a}}}{RT}\gg1$，$\left(1-\dfrac{2RT}{E_{\mathrm{a}}}\right)\approx1$，方程式

(6-12) 右端第一项几乎都是常数，得到 $\ln[G(\alpha)/T^2]=\ln(AR/\beta E)-E/RT$，因而作 $\ln[G(\alpha)/T^2]-1/T$ 曲线就可以求出相应的 E、A。

通常动力学分析都是针对失重最为剧烈的热解过程主反应区进行的。本书选用表 6-5 中常用的固态反应动力学模型进行拟合分析，以升温速率为 10℃/min 为例，为药渣在其剧烈热解区（250～380℃）的热解失重行为选择最合理的反应机理函数，结果见表 6-6。从表 6-6 中可看出除 A_3、P_2、P_3 和 P_4 四种模型拟合结果的相关性较差，用其他模型拟合的相关系数 R 均大于 0.98，但是通过这些模型求得的动力学参数 E 值相差很大。理论上，对同一体系，用不同的方法获得的动力学结果应该在某个范围内基本一致，但实际上并非如此。良好的线性并不能保证所选机理函数的合理性，有时候同一组数据可能有几种机理函数与之相匹配。所以，本书还选用 Flynn-Wall-Ozawa（FWO）法对机理函数进行验证。

表 6-5 常用的固态热解反应动力学机理函数

模型	反应机理	代号	机理函数 $G(\alpha)$
化学反应	$n=1$	F_1	$-\ln(1-\alpha)$
	$n=2$	F_2	$(1-\alpha)^{-1}-1$
	$n=3$	F_3	$[(1-\alpha)^{-2}-1]/2$
扩散	一维扩散	D_1	α^2
	二维扩散	D_2	$\alpha+(1-\alpha)\ln(1-\alpha)$
	三维扩散(Jander 方程)	D_3	$[1-(1-\alpha)^{1/3}]^2$
	三维扩散(Ginstling-Brounshtein 方程)	D_4	$1-2\alpha/3-(1-\alpha)^{2/3}$
随机成核及增长	二维	A_2	$[-\ln(1-\alpha)]^{1/2}$
	三维	A_3	$[-\ln(1-\alpha)]^{1/3}$
相界反应	一维	R_1	α
	圆柱形对称	R_2	$1-(1-\alpha)^{1/2}$
	球形对称	R_3	$1-(1-\alpha)^{1/3}$
指数型成核	幂级法则，$n=1/2$	P_2	$\alpha^{1/2}$
	幂级法则，$n=1/3$	P_3	$\alpha^{1/3}$
	幂级法则，$n=1/4$	P_4	$\alpha^{1/4}$

表 6-6 药渣热解动力学参数

代号	拟合方程	R	E/(kJ/mol)	$\ln A$/min^{-1}
F_1	$y=-6.738-4.091x$	−0.994	34.013	3.881
F_2	$y=-4.626-5.193x$	−0.996	43.175	6.232
F_3	$y=-2.235-6.446x$	−0.995	53.592	8.839
D_1	$y=-2.383-7.458x$	−0.992	62.006	8.837
D_2	$y=-1.951-8.038x$	−0.994	66.828	9.344
D_3	$y=-2.209-8.684x$	−0.995	72.199	9.163
D_4	$y=-3.041-8.253x$	−0.994	68.615	8.28

续表

代号	拟合方程	R	E/(kJ/mol)	$\ln A$/min^{-1}
A_2	$y=-10.741-1.461x$	−0.988	12.147	−1.152
A_3	$y=-12.076-0.585x$	−0.966	4.864	−3.402
R_1	$y=-8.564-3.145x$	−0.989	26.148	1.792
R_2	$y=-8.38-3.598x$	−0.992	29.914	2.111
R_3	$y=-8.477-3.758x$	−0.993	31.244	2.057
P_2	$y=-11.654-0.988x$	−0.969	8.214	−2.456
P_3	$y=-12.684-0.269x$	−0.836	2.236	−4.787
P_4	$y=-13.2+0.09x$	0.544	−0.748	−6.398

(2) Flynn-Wall-Ozawa (FWO)

FWO 法是一种近似积分法，避开了反应机理函数的选择而直接求出活化能值。与其他方法相比，它避免了因反应机理函数的假设不同而可能带来的误差。因此，可用来检验用其他假设反应机理方法求得的活化能值。

将 $\beta=\mathrm{d}T/\mathrm{d}t$ 代入式(6-5) 并分离变量积分整理可得

$$\int_0^\alpha \frac{\mathrm{d}\alpha}{f(\alpha)}=\frac{A}{\beta}\int_{T_0}^{T}\exp\left(-\frac{E}{RT}\right)\mathrm{d}T \tag{6-13}$$

式(6-13) 左边，

$$G(\alpha)=\int_0^\alpha \frac{\mathrm{d}\alpha}{f(\alpha)} \tag{6-14}$$

式(6-13) 右边，令 $u=E/RT$，则

$$\frac{A}{\beta}\int_{T_0}^{T}\exp\left(-\frac{E}{RT}\right)\mathrm{d}T=\frac{AE}{\beta R}p(u) \tag{6-15}$$

其中

$$P(u)=\frac{\exp(-y)}{u^2}\left(1-\frac{2!}{u}+\frac{3!}{u^2}-\frac{4!}{u^3}+\cdots\cdots\right) \tag{6-16}$$

把式(6-16) 取前两项近似，当 $20\leqslant u\leqslant 60$ 时，式(6-17) 成立

$$\mathrm{Lg}p(u)\approx -2.315-0.4567u \tag{6-17}$$

把式(6-14) 和式(6-15) 代入式(6-13) 得

$$G(\alpha)=\frac{AE}{\beta R}P(u) \tag{6-18}$$

式(6-18) 经整理得

$$\beta=\frac{AE}{RG(\alpha)}P(u) \tag{6-19}$$

对式(6-19) 两边取对数得

$$\lg\beta=\lg\frac{AE}{RG(\alpha)}+\lg P(u) \tag{6-20}$$

把式(6-17) 代入式(6-20) 得升温速率 β、转化率 α 与 E 值之间存在以下关系：

$$\lg\beta=\lg\frac{AE}{RG(\alpha)}-2.315-0.4567\frac{E}{RT} \tag{6-21}$$

由于不同 β 下各热谱峰顶温度 T 处各 α 值近似相等，因此 α 可看作常数，不管 $G(\alpha)$ 形式

如何，$G(\alpha)$ 也是常数。因此，可用 $\lg\beta$-$1/T$ 作图，其斜率为（$-0.4567E/R$），从而求出反应的活化能。通过这种方法计算得到活化能为 62.84kJ/mol，与用 D_1 机理函数拟合分析得到的结果最接近，所以药渣热解的机理可以用 D_1 模型来很好的描述，即 $G(\alpha)=\alpha^2$。

选用 D_1 模型对药渣不同升温速率下的剧烈裂解区进行动力学分析，得到表 6-7 中的热解动力学参数。从表 6-7 中可看出在不同升温速率下选用 D_1 模型拟合结果都有较好的相关性，相关系数 R 都大于 0.99。从表 6-7 中还可以看出，药渣热解反应的活化能较低，为 62～72kJ/mol，说明药渣热解反应较易进行。但不同升温速率下得到的活化能不同，随着升温速率的增大，活化能也增大，这与张晓东等对玉米秸秆的研究以及 Grønli 等对纤维素的研究所得热解规律一致，这是因为升温速率越高，反应物颗粒内部的传热阻力就越大，在外部就表现为反应所需能级就越高。

表 6-7　不同升温速率下药渣的热解动力学参数

β/(℃/min)	拟合温度/℃	拟合方程	R	E/(kJ/mol)
10	523～653	$y=-2.383-7.458x$	−0.992	62.006
30	543～673	$y=-1.685-8.186x$	−0.994	68.058
50	548～678	$y=-1.043-8.737x$	−0.996	72.639

6.4.3　热解条件及催化剂对热解产物产率的影响

6.4.3.1　热解温度对热解产物产率的影响

温度是影响生物质热解产物的重要因素，通过实验考察了热解温度分别为 350℃、400℃、450℃、500℃和 550℃时温度对液体、固体、气体、水产率的影响。由图 6-7 可知，温度较低时固体产物焦炭的产率较大，随温度的升高焦炭产率呈现降低的趋势；液体产物（生物油）的产率随温度的升高而增加，但当温度达到 450℃时液态产物开始随温度的升高而降低，其最大产率为 32.7%；不可冷凝气体的产率一直随温度的升高而增加（产率从 21.4%提高到 32.3%）。在低温时，生物质裂热解不完全，故焦炭产率较高。普遍认为，适合生物质热解的温度范围为 450～550℃，当温度过高时热解气体中的长链液相分子将发生二次热解而成为不可冷凝小分子气体，使液体产率下降；当温度过低时，反应中形成的某些自由基缩合变成焦炭，进而降低液体产率。水的产率在 450℃以下时随温度升高而降低，超过 450℃时又开始上升，这一规律与 Ateş 和 Işıkdağ所研究的玉米芯热解产生水的规律相似。

6.4.3.2　反应时间对热解产物产率的影响

反应时间直接影响产物中油、焦炭、气体及水的产率。在 450℃下丹参药渣热解反应不同的时间后 4 种产物的产率如图 6-8 所示。从图 6-8 中可以看出，热解 10min 后热解燃油产率趋于平衡。因此，确定最佳的反应时间为 10min。

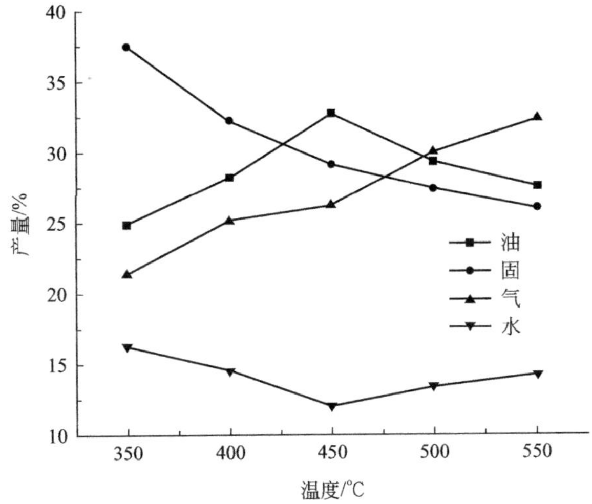

图 6-7　热解温度对产物分布的影响

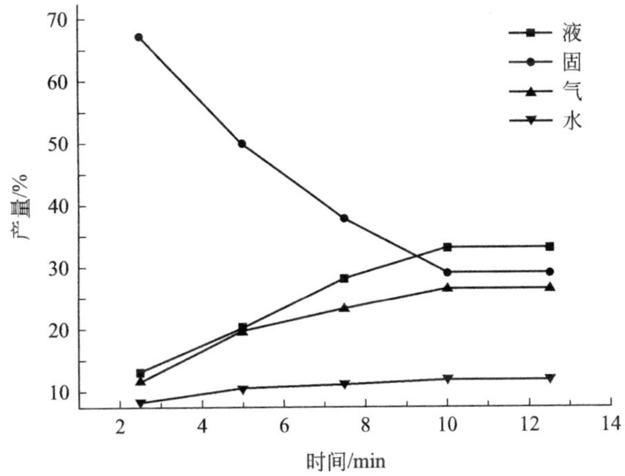

图 6-8　热解时间对产物分布的影响

6.4.3.3　催化剂对热解产物产率的影响

因为植物中药渣含有氧元素，直接热解得到的生物油中氧含量较高，导致油的品位较低，主要表现为具有酸性和腐蚀性、热稳定性和化学稳定性差、不能和化石燃油互溶等。因此，需要对油品进行精制，以脱除多余的氧，使油品得到升级。生物油的升级途径主要有加氢裂解和催化热解等，其中，催化热解操作条件相对简单，处理成本较低，对生物油的品质有一定的改善，受到广泛应用。目前热裂解所用的催化剂多为孔径为 0.3～1.0nm 的微孔材料，较大的分子（多于 6 个碳的分子）难以进入具有催化活性的微孔内，阻碍了大分子在孔内发生进一步的催化裂解反应，限制了中、重质油的催化裂解和大分子物质的吸附分离等。鉴于以上原因，本节主要研究介孔催化剂对热解油性质的影响。

(1) TiO_2 及掺杂金属的 TiO_2 对热解产物产率的影响

介孔 TiO_2 不仅是一种优良的光催化剂，其较大的比表面积和孔容也为其在催化领域的应用提供了条件。本部分选取 TiO_2 以及掺杂不同原子半径金属（Al、Cu、La）的 TiO_2 作为催化剂，考察不同催化剂对丹参药渣热解的影响。实验条件均为热解温度 450℃，催化剂投加量为 5%（质量分数）。

图 6-9 为添加催化剂与无催化剂时热解产物分布的比较，从图 6-9 中可看出添加 TiO_2 后中药渣热解产物的产率与无催化剂时相比几乎没有变化，说明 TiO_2 对药渣热解的催化活性较低。添加负载金属的 TiO_2 作为催化剂后，固态焦炭产率都有所下降，油中水的产率增加，其中负载 La 时热解产物中水的产率最高，说明 La/TiO_2 的催化脱氧性能最好。但使用 La/TiO_2 催化剂时，油的产率由无催化时的 32.7%降为 31.7%，以 Cu/TiO_2 和 Al/TiO_2 为催化剂时，油的产率分别降为 28.5%和 29.0%，原因可能是由于催化热解使油中的大分子物质进一步裂解为小分子的气态物质和水，所以油的产率降低。

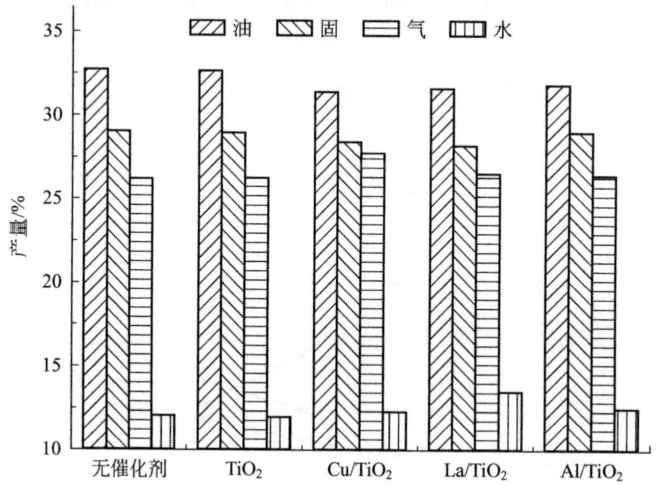

图 6-9 TiO_2 及掺杂金属的 TiO_2 热解温度对产物分布的影响

热解油经过正戊烷萃取后进行 GC/MS 分析，其组分非常复杂，包含脂肪族（包括烯烃、烷烃等）、芳香族（包括苯、甲苯以及苯的烷基化衍生物）和其他含氧化合物（包括酚、羧酸、醛、酮、醇和呋喃类等）。图 6-10 将油中组分分类进行比较，从该图中可看出使用 La/TiO_2 作为催化剂时，热解油中的脂肪族（Aliphatics）和芳香族（Aromatics）化合物含量较多，导致这一结果的原因可能是 La/TiO_2 具有较大的孔径足以使较大的分子进入孔道内发生催化裂解反应。另外，从这几种催化剂的特征参数来看，La/TiO_2 的比表面积和孔容也相对较大，这两个因素也有利于大分子的断裂。

通过对产油率和油的品质这两项指标进行考查，在 TiO_2 系催化剂中 La/TiO_2 的催化效果最好。

(2) SBA-15 及 Me-SBA-15 对热解产物产率的影响

图 6-11 显示了热解温度为 450℃时，催化剂投加量为 10%时，中药渣在无催化剂和催化剂分别为 SBA-15、Al-SBA-15、Sn-SBA-15、Ni-SBA-15、Cu-SBA-15、Mg-SBA-15 时热解得到的油、固态焦炭、气体和水的产率。从图 6-11 可以看出，添加催化剂后热解油的产率都有所降低，一方面的原因是催化剂对脱除油中的氧起到了一定作用，从而使油的质量降低；另一方面的原因是在催化剂的作用下，油中的大分子化合物裂解为小分子的

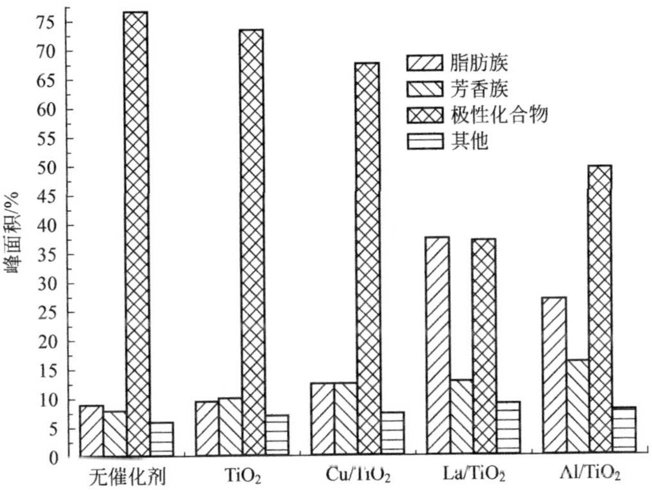

图 6-10　TiO_2及掺杂金属的TiO_2对热解油组分的影响

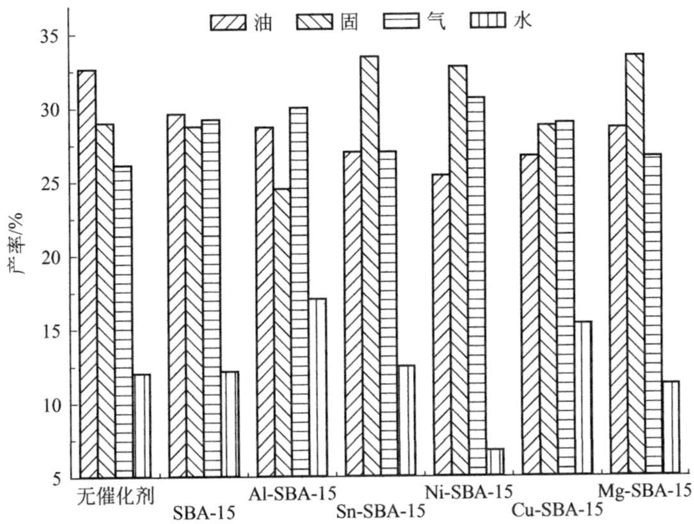

图 6-11　SBA-15 类催化剂对热解产物分布的影响

不可冷凝气态物质。在相同的反应条件下，Al-SBA-15 催化效果较好，油的产率较高（为28.7%），而且脱氧效果较好（水的产率最高），其次是 Cu-SBA-15。这与催化剂的特征参数相一致，Al-SBA-15 的孔径最大，所以较大分子物质可进入孔径内进行催化热解反应，另外其具有较大的比表面积，有更多的机会对热解气体产生催化作用。而 Cu-SBA-15 虽然比 Al-SBA-15 的孔径小，但是其比表面积最大，所以催化效果也较好。添加质量分数为5%的催化剂与无催化剂时相比，液体产率都有所下降，而气体产率都有所提高，所得结果与 Samolada 等使用 Fe/Cr、Al_2O_3和 H-ZSM-5 等催化剂催化生物质热解得到的结果一致。

生物油的热值受氧含量（氧质量分数）的影响，氧质量分数越低，热值越高；氧质量分数越高，热值越低。因此，催化热解脱除生物油中的氧是提高生物油热值的重要途径。采用无催化剂和催化剂分别为 SBA-15、Al-SBA-15、Sn-SBA-15、Ni-SBA-15、Cu-SBA-

15、Mg-SBA-15热解得到的生物油的元素分析结果见表6-8。中药渣催化热解与直接热解相比，氧质量分数都有不同程度的下降，其中，Al-SBA-15催化效果最好，生物油中氧质量分数降低最多，为30.14%，比直接热解时降低了10%左右。使用不同催化剂时，所测生物油的氧质量分数与生物油的热值结果呈反比例关系，即当生物油中氧质量分数低时其热值较高，反之热值较低（见图6-12）。

表6-8 中药渣热解生物油的元素分析

催化剂类型	元素分析/%			
	C	H	O[①]	N
无催化剂	51.70	7.04	40.12	1.14
SBA-15	61.70	7.42	30.17	0.71
Al-SBA-15	62.41	7.21	30.14	0.24
Sn-SBA-15	56.56	6.79	35.84	0.81
Ni-SBA-15	56.88	7.24	35.10	0.78
Cu-SBA-15	59.26	6.78	33.09	0.87
Mg-SBA-15	59.49	7.27	32.75	0.49

① 根据差值计算。

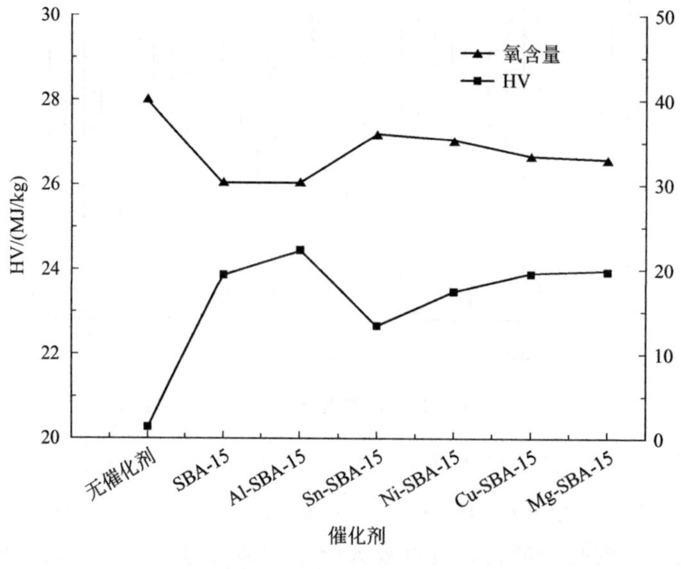

图6-12 生物油的氧质量分数和热值的关系

6.4.3.4 催化剂量对热解产物的影响

(1) 催化剂量对热解产物产率的影响

选取TiO_2系催化剂中催化活性较高的La/TiO_2、SBA-15系催化剂中催化效果较好的Al-SBA-15和介孔Al_2O_3进行比较，通过对产油率和油的品质这两个指标进行考察，选出最优催化剂。图6-13~图6-15为改变3种催化剂的投加量时热解产物中油、焦炭、气体及水的变化趋势。从图中可看出当使用La/TiO_2和Al-SBA-15时，随着催化剂量的增

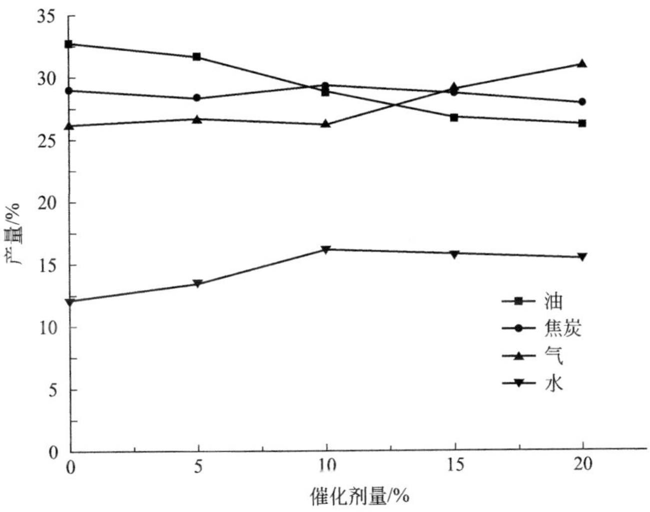

图 6-13　La/TiO_2的投加量对热解产物产率的影响

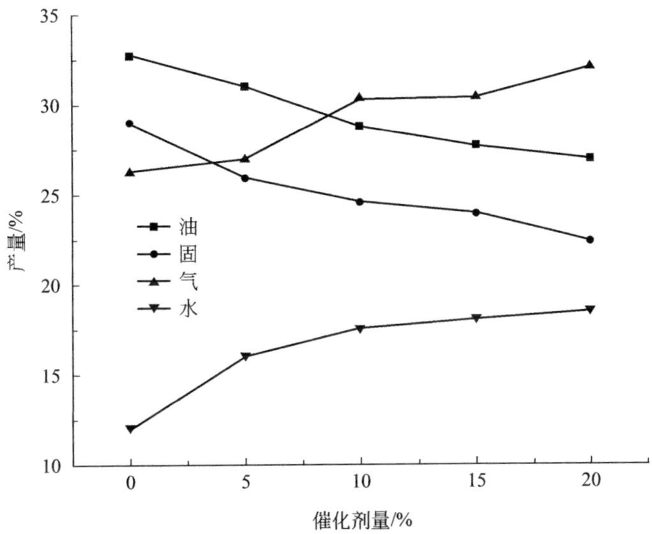

图 6-14　催化剂 Al-SBA-15 投加量对热解产物产率的影响

加热解油的产率逐渐降低，而使用介孔 Al_2O_3作为催化剂时，热解油产率在催化剂量为10%（质量分数）时油的产率达到最高（34.26%），之后又随催化剂量的增加而降低。催化剂量过多会导致大分子的化合物进一步裂解为小分子物质，从而使固体产物和油的产率降低，而气体产率增加。使用这三种催化剂时油中水的产量都随催化剂量的增加而升高，有文献报道水的生成主要是生物质催化热解脱氧所导致。

（2）催化剂量对热解油品质的影响

为考察 La/TiO_2、Al-SBA-15 及介孔 Al_2O_3这三种催化剂的投加量脱氧效果的影响，对热解油的元素组成和热值进行了测试和计算，结果见表 6-9。从表6-9中可以看出，生物油中 C、H 的含量以及热值都随催化剂量的增多而提高，而氧含量都随催化剂量的增多而下降。3 种催化剂相比使用 Al_2O_3 时脱氧效果最为显著，添加 20%（质量分数）

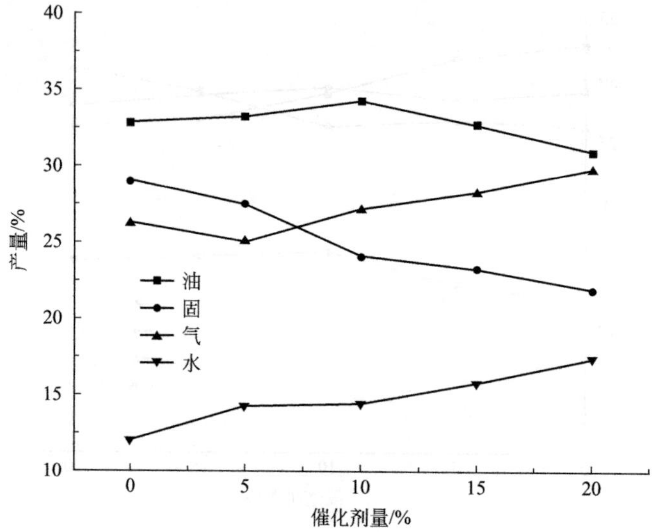

图 6-15 催化剂 Al_2O_3 投加量对热解产物产率的影响

Al_2O_3时，生物油中的氧含量由 40.12%降低到 26.71%，热值由 18.66MJ/kg 提高到 25.94MJ/kg，但是从图 6-15 可看出催化剂量增多后生物油的产率也降低，综合考虑产油率、油的热值以及催化剂的成本三方面因素，10%（质量分数）为 Al_2O_3的最佳添加剂量。

表 6-9 热解油的元素分析和热值测定

生物油	C	H	N	O①	热值/(MJ/kg)
无催化剂	51.70	7.04	1.14	40.12	18.66
La/TiO_2(5%)	58.43	7.16	2.28	32.43	22.12
La/TiO_2(10%)	59.52	7.44	2.19	31.25	23.43
La/TiO_2(15%)	60.28	7.85	3.02	30.55	23.55
La/TiO_2(20%)	61.21	8.21	2.93	29.85	23.87
Al-SBA-15(5%)	61.21	7.41	1.24	30.14	23.44
Al-SBA-15(10%)	62.36	7.69	1.05	28.90	23.71
Al-SBA-15(15%)	62.78	7.80	0.98	28.44	23.83
Al-SBA-15(20%)	62.50	8.22	1.01	28.27	24.54
Al_2O_3(5%)	58.60	7.39	1.34	32.67	24.41
Al_2O_3(10%)	60.10	8.15	0.96	27.90	24.91
Al_2O_3(15%)	62.83	8.47	1.33	27.37	25.37
Al_2O_3(20%)	63.12	8.89	1.28	26.71	25.94

① 计算差额。

(3) 催化剂对热解油组成的影响

对热解油进行 GC/MS 分析，表 6-10 和表 6-11 给出了中药渣在无催化剂和催化剂为 La/TiO_2、Al-SBA-15 和 Al_2O_3时生物油中的主要组分和峰面积所占比例。在保证每次反应时加料量相同的情况下，热解产物的峰面积可以反映相应产物产率的高低，因此，在试验过程中丹参药渣投加量都为 5.0g，并且每次实验反应条件相同。从表中可以看出，催化热解得到的燃油中脂肪族化合物产率明显增加，无催化剂时脂肪族化合物总的峰面积百分比为 9.21%，使用 La/TiO_2、Al-SBA-15 和 Al_2O_3后脂肪族化合物总的峰面积百分比分别为 37.43%、42.13%和 41.89%。芳香族化合物产率也呈增加趋势，但增加量较小。脂肪族化合物和芳香族化合物含量的升高有利于生物油热值的提高。在无催化剂热解时，产物中含氧化合物总的峰面积百分比较高，为 76.59%，而使用 La/TiO_2、Al-SBA-15 和 Al_2O_3催化剂后，热解产物中含氧化合物总的峰面积百分比明显降低，分别为 40.99%、38.3%和 35.28%，说明使用催化剂达到了较好的脱氧目的。在含氧化合物中有机酸的含量较高，催化热解和无催化剂热解相比，所得有机酸分子量减小，而使用介孔 Al_2O_3作为催化剂时，油中没有有机酸组分。有机酸的存在是导致热解油 pH 值较低，并且具有腐蚀性的主要原因。综合比较热解油的产率、油的元素组成、热值以及油中所含主要组分，La/TiO_2、Al-SBA-15 和 Al_2O_3三种催化剂中 Al_2O_3对丹参药渣热解油品质的提升最为明显。

表 6-10　无催化和添加 La/TiO_2时热解油中的主要组分峰面积百分比

项目	无催化剂时的主要成分	含量/%	MW	添加 La/TiO_2催化剂的主要成分	百分比含量/%	MW
脂肪族组分	1-氮杂双环[3,1,0]己烷	2.76	4	1,3-环戊二烯	4.87	66
	1,3,5,7-环辛四烯	3.05	9	癸烷	9.38	142
	二甲基十九烯			正十一烷	9.55	170
				正十三烷	7.90	184
				正十四烷	5.73	198
		3.40	24			
合计		9.21			37.43	
芳烃组分	甲苯	5.05	1	甲苯	1.39	92
	乙苯	1.30	6	乙苯	1.13	106
	对二甲苯	1.67	8	对二甲苯	3.95	106
				萘	5.17	128
				1-丁酰-苯	1.15	130
合计		8.02			12.79	
含氧组分	苯酚	1.09	14	苯酚	2.44	94
	4-甲基-苯酚	6.42	16	2-甲氧基-苯酚	2.11	124
	2,4-甲基-苯酚	2.10	19	2-甲氧基-4-(1-丙烯基)-苯酚	2.53	164
	2-甲氧基-苯酚	2.61	17			
				2-环戊烯-1-酮	2.94	82

续表

项目	无催化剂时的主要成分	含量/%	MW	添加 La/TiO_2 催化剂的主要成分	百分比含量/%	MW
含氧组分	糖醛	1.21	2	3-甲基-2-丁酮	2.61	86
	环戊烯-3-酮	2.08	3	2-甲基-2-环戊烯-1-酮	2.42	96
	2-呋喃甲醇	3.4	5	3-甲基-2-环戊烯-1-酮	2.98	96
	1,2-乙二醇二乙酸酯	0.77	7	2,3-二甲基-2-环戊烯-1-酮	2.59	110
	2-甲基-2-环戊烯-1-酮	1.58	10			
	1-(2-呋喃基)-乙酮	2.30	11	2-乙基-5-甲基-呋喃	3.56	110
	3,3-二甲基-2-丁酮	1.19	12	苯丙醛	1.70	134
	5-甲基-2-呋喃甲醛	1.60	13	十三烷酸	4.34	214
	3-甲基-1,2-环戊二酮	3.41	15	9,12-十八碳二烯酸	4.38	280
	3-乙基-2-羟基-2-环戊烯-1-酮	1.70	18	弥罗松酚	6.39	286
	2-甲氧基-4-乙烯基苯酚	1.49	20			
	2-甲氧基-4-(1-丙烯基)-苯酚	1.44	21			
	十三烷酸	14.52	22			
	9,12-十八碳二烯酸	8.18	23			
	9,17-烯醛	8.17	24			
	弥罗松酚	11.33	25			
合计		76.59			40.99	
其他		6.18			8.79	

表 6-11 以 Al-SBA-15 和 Al_2O_3 为催化剂时热解油中的主要组分峰面积百分比

项目	Al-SBA-15 催化的主要成分	面积百分比/%	MW	Al_2O_3 催化的主要成分	面积百分比/%	MW
脂肪族组分	丙烯	1.14	42	丙烯	0.94	42
	1-氮杂双环[3,1,0]己烷	2.85	83	1,3,5,7-环辛酸酯	1.91	104
	苯乙烯	3.62	104	1-甲基环庚烯	0.88	110
	双环[2,1,0]戊烷	2.25	165	4-辛炔	0.97	110
	2-溴-2-甲基丙烷	2.53	136	1,4-戊二烯	1.52	68
	乙炔基环丙烷	1.23	66	十四烷	11.91	198
	3-亚甲基戊烷	4.03	84	1-十六烷	13.96	222
	2,4-二甲基-1-庚烯	1.47	126	十二碳二烯	9.80	166
	[(十二烷基氧基)甲基]-环氧乙烷	1.86	242			
	降莰烷	12.47	96			
	3-丁烯基环氧乙烷	6.05	96			
	3,6-二甲基-1,5-庚二烯	2.63	124			
合计		42.13			41.89	
芳香族组分	甲苯	8.30	92	甲苯	6.04	92
	乙苯	1.56	106	乙苯	2.08	106
				对二甲苯	2.81	106

续表

项目	Al-SBA-15 催化的主要成分	面积百分比/%	MW	Al_2O_3 催化的主要成分	面积百分比/%	MW
合计		9.86			10.93	
含氧组分	环戊酮	3.86	84	4-甲基苯酚	2.44	108
	2-氧杂双环[2,2,0]-5-己烯-3-酮	5.43	96	2,6-二甲基苯酚	1.05	122
				丙烷	0.71	58
	四氢-3-甲基-4-甲基呋喃	3.34	86	2-环戊烯-1-酮	3.13	82
				环戊酮	2.55	84
	5-己烯-2-酮	4.83	98	5-甲基-2-(5H)-呋喃酮	2.04	98
	2-呋喃基甲基酮	0.86	110	2-甲基-2-环戊烯-1-酮	2.66	96
	4-重氮-2,5-环己二烯-1-酮	0.89	120	2-呋喃甲醇	4.81	82
				1-(2-呋喃基)-乙酮	2.35	110
	草酸异丁酯	0.91	162	1-(乙酰氧基)-2-丙烷	2.18	86
	己酸	15.18	116	2-甲基-3-戊酮	3.16	100
	草酸丁酯	3.00	162	1-(乙酰氧基)-2-丁酮	2.81	130
				3-甲基-2-环戊烯-1-酮	2.60	96
				3,5,5-三甲基-2-环戊烯-1-酮	3.07	124
				1-环己基-乙酮	2.78	126
				草酸新戊异己酯	0.43	230
合计		38.30			35.28	
其他		9.71			8.41	

图 6-16 给出了以 Al_2O_3 为催化剂时热解油中正戊烷不溶组分的 FT-IR 谱图（波数为 4000～700cm^{-1}）。

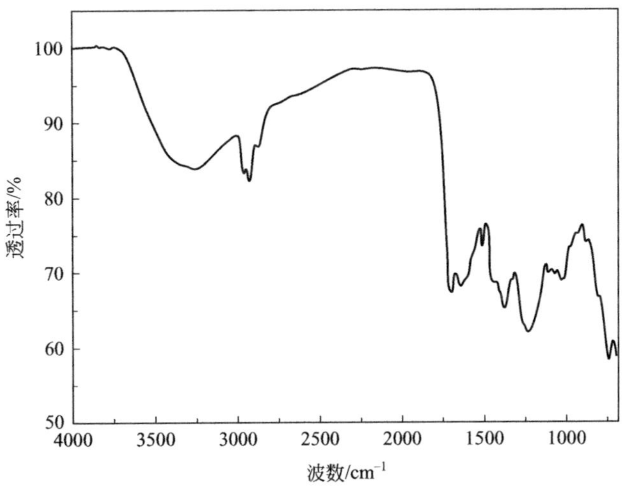

图 6-16 以 Al_2O_3 作为催化剂时热解油中正戊烷不溶组分的 IR 谱图

从图 6-16 中可以看出，在 3400～3200cm^{-1} 出现吸收带，这是由于酚或醇中 O—H 的伸缩振动形成的。在 3000～2840cm^{-1} 出现的 C—H 伸缩振动吸收峰以及 1450～

$1375cm^{-1}$出现的由甲基和亚甲基中的C—H弯曲振动引起的吸收峰说明存在烷烃类物质。$1750\sim1650cm^{-1}$的吸收峰是由C═O伸缩振动形成的，说明有醛和酮的存在。$900\sim700cm^{-1}$以及$1625\sim1575cm^{-1}$的吸收带是由于芳香族化合物的吸收所引起的。$1300\sim950cm^{-1}$出现的吸收带是由于醇和酚类中的C—O键的伸缩振动以及O—H键的变形振动引起的。可见热解油中的正戊烷不溶物是酚、醇、酮、烷烃、芳香烃等的复杂混合物。

6.4.3.5 Al_2O_3作为催化剂的重复利用实验

绿色化学要求催化剂可再生、可重复利用。Al_2O_3回收后，在500℃进行活化，然后进行重复利用实验，催化新鲜中药渣热解。催化剂经过活化后对其特征参数进行表征，得到比表面积为$200m^2/g$，孔容为$0.31cm^3/g$，孔径为5.11nm，与催化剂使用之前的特征参数相比几乎没有变化。催化丹参中药渣热解得到的产油率为34.18%，对油的组分进行GC/MS分析，得到脂肪族化合物总的峰面积百分比为39.55%，芳香族化合物总的峰面积百分比为9.71%。从催化剂的特征参数和其对药渣的催化效果两个方面可看出催化剂能进行重复利用。

6.4.3.6 Al_2O_3作为催化剂时的热解气体分析

为了考察生物质热解不可冷凝气体的可燃性，将热解产生的气体进行收集，采用日本岛津生产的GC-9A气相色谱进行检测。以N_2作为载气，使用TCD检测器、TDX01色谱柱进行分析，其结果见图6-17和表6-12。

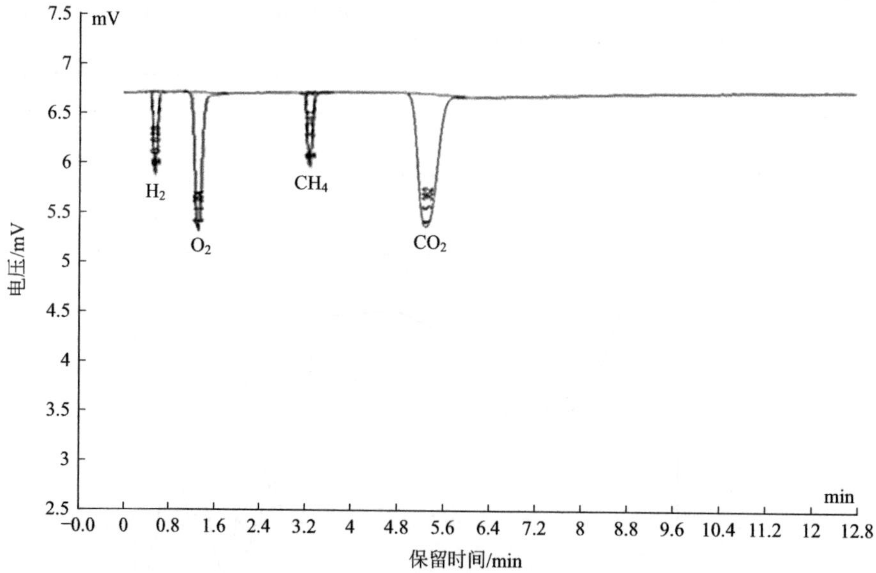

图6-17 药渣热解气体气相色谱图

表6-12 药渣热解气体气相色谱分析结果

组分	峰面积	浓度(体积分数)/10^{-6}	热值/(MJ/m^3)
H_2	2460	629.87	—
CH_4	1225	614.52	—
CO_2	17486	19378	—
混合气体			0.41

由图 6-17 可看出气体样品中含有 H_2、CH_4、O_2 以及 CO_2，药渣热解是在无氧环境下进行的，产物中检测到氧气，原因可能是进样针气密性不好，导致样品中混入空气。表 6-12 中列出了这几种气体的峰面积，并根据峰面积和标准气体浓度计算出各种组分的浓度。从表 6-12 中可以看出，丹参中药渣的热解混合气体中以 CO_2 含量较高，为19378×10^{-6}，但还含有一定量的 H_2 和 CH_4；这主要是由于植物有机体中氧含量相对比较高，根据元素守恒定律，在热解以后氧元素在气体中的含量也就相对较大，主要转变成 CO_2。

计算结果表明，丹参中药渣热解的不可冷凝气体热值为 5.44MJ/m^3，气体有一定的利用价值，可以将其燃烧供能，从而使热解产物得到充分利用。

6.4.3.7　药渣热解固态焦炭分析

生物质的三大主要成分纤维素、半纤维素和木质素热解过程中都会生成焦炭，木质素热解得到的焦炭产量最高，其次是半纤维素，纤维素热解产生的焦炭最少。目前，热解焦炭的利用主要有燃烧、回收炭黑、用作吸附剂三种方式。现对热解焦炭的特性进行分析，为选择合适的利用方式提供依据。表 6-13 为药渣热解的工业与元素分析。从表 6-13 中可以看出，焦炭中仍含有一定量的挥发分，较高的挥发分含量能降低热解焦炭的着火温度，使炭变得容易燃烧；但是，当热解焦炭作为炭黑用于橡胶工业中，挥发分含量过高则会使热解炭的稳定性变差。

表 6-13　药渣热解焦炭的工业分析及元素分析

项目	工业分析/%				元素分析/%					热值/(MJ/kg)
	W_{ad}	A_{ad}	V_{ad}	FC_{ad}	H	S	N	C	O	
焦炭	5.43	10.25	38.06	46.26	4.78	0.05	1.52	67.36	16.23	25.46

添加 Al_2O_3 催化剂时药渣热解前和热解后的照片如图 6-18 所示。

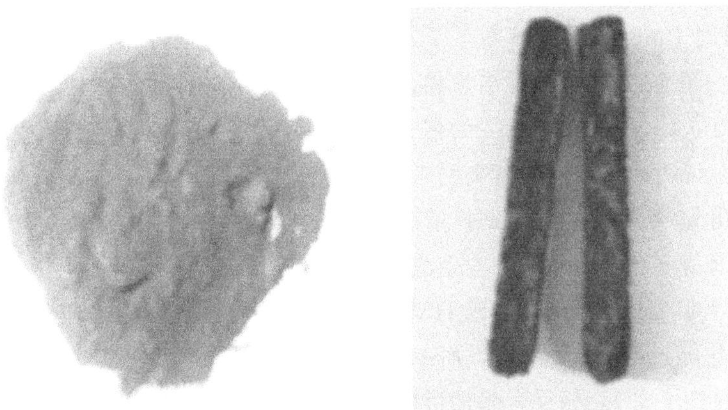

(a) 热解前　(b) 热解后

图 6-18　添加 Al_2O_3 催化剂时药渣热解前和热解后的照片

6.5 中药渣水解制取化学平台化合物技术

如前面所述，水解也是一种有效的、发展前景较好的生物质转化技术，它可以将生物质转化为化学平台化合物，如5-羟甲基糠醛（HMF）。木质纤维素类生物质主要由纤维素、半纤维素和木质素组成，其中纤维素含量较高，占40%～60%。植物中药渣是一类生物质，它不仅含有纤维素、半纤维素和木质素，还含有其他含量比较低的物质，如蛋白质、核酸、酚类、甾类等。因此，首先以微晶纤维素为模型化合物进行水解实验研究，获取纤维素水解制取HMF的最佳工艺条件，然后再将其应用于丹参药渣的水解。反应过程采用离子液体为溶剂，以微波加热为热源，研究不同类型催化剂、离子液体、催化剂用量、反应时间、反应温度等过程参数对HMF产率的影响。反应溶剂和催化剂的可重复利用性是绿色化学的基本要求，因此本章还对离子液体和催化剂的重复利用实验进行了研究。

6.5.1 实验参数对水解产物的影响

影响纤维素水解的主要因素有催化剂种类、催化剂投加量、反应温度、反应时间、离子液体类型、加水量等。下面分别考察这些因素对纤维素在微波加热条件下水解转化为HMF的影响。

6.5.1.1 催化剂种类的影响

纤维素水解为单糖以及单糖脱水生成HMF的反应过程需要在酸（包括Brønsted酸和Lewis酸）的催化条件下进行，催化剂是影响HMF产率的关键因素之一。本章考察了无机酸（HCl、H_3PO_4和H_2SO_4）、杂多酸（$H_3PW_{12}O_{40}$、$Cs_{2.5}H_{0.5}PMo_{12}O_{40}$）、分子筛（HY）、强酸性阳离子交换树脂（NKC-9）、Lewis酸、酸性离子液体［1-丁基-3-甲基咪唑硫酸氢盐（[BMIM]HSO_4），*N*-磺酸丁基-3-甲基咪唑硫酸氢盐（[C_3SO_3HMIM]HSO_4）以及其他固体酸［SO_4^{2-}/TiO_2、$Ce(SO_4)_2$/SBA-15、SO_4^{2-}/ZrO_2/SBA-15］作为催化剂对微晶纤维素水解转化为HMF以及还原糖的影响。实验条件为：反应温度140℃，反应时间10min，反应溶剂1-丁基-3-甲基咪唑氯盐（[BMIM]Cl）。

从图6-19～图6-21中可以看出液体酸中H_2SO_4的催化效果较好，固体酸中NKC-9的催化效果较好，Lewis酸中$CrCl_3$的催化效果较好。由H_2SO_4和NKC-9催化产生的还原糖产率较高，说明其在溶液中解离的H^+可进入生物质的内部打破聚合大分子间的苷糖键，从而释放出D-葡萄糖。Binder曾报道纤维素在离子液体中的降解过程中首先转化为葡萄糖，然后葡萄糖经过异构化反应生成果糖，果糖再经过脱水反应生成HMF。与果糖相比，葡萄糖较难发生脱水反应生成HMF。这种现象的原因可能是葡萄糖可形成比较稳定的环状结构不利于进行开环反应，而HMF的生成首先要经过开环反应然后经过烯醇化和脱水反应（见图6-22）。相反，果糖形成较不稳定的环状结构，在溶液中容易以开环状态存在，有利于发生烯醇化和脱水反应，所以果糖容易转化为HMF。Kuster也认为烯醇异构化是六碳糖生成HMF的关键步骤。H_2SO_4和NKC-9作催化剂时纤维素水解生成的

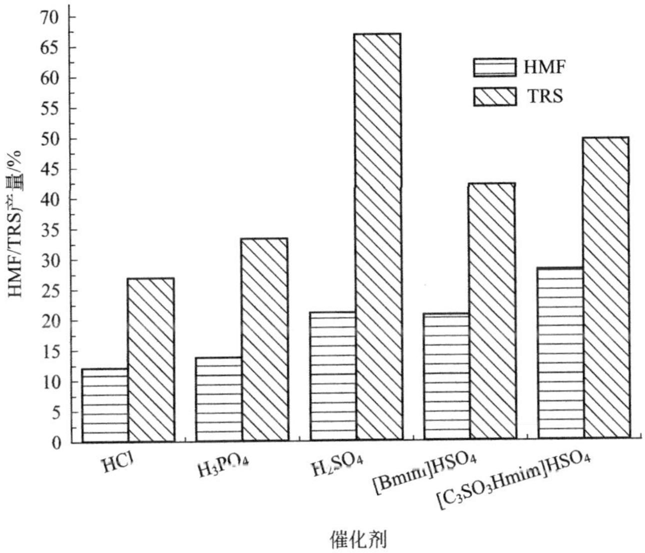

图 6-19　液体酸对 HMF 和 TRS 产率的影响

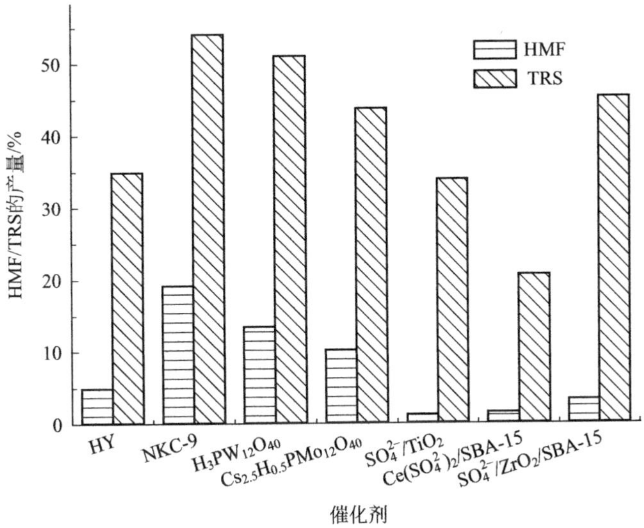

图 6-20　固体酸对 HMF 和 TRS 产率的影响

还原糖产率较高，但是 HMF 产率较低，说明其对葡萄糖异构化生成果糖的催化活性很低。然而在几种 Lewis 酸催化纤维素水解的实验中 $CrCl_3$ 表现出很高的催化活性。Zhao 首先发现 $CrCl_2$ 对吡喃葡萄糖转为为呋喃葡萄糖（即葡萄糖转化为果糖）有很好的催化效果；之后有研究将 $CrCl_2$ 和 $CrCl_3$ 催化纤维素水解生成 HMF 的效果进行了比较，发现 $CrCl_3$ 与 $CrCl_2$ 具有同等的催化作用，而且三价铬比二价铬的稳定性好，所以 $CrCl_3$ 有比较广泛的应用前景。

我们通过实验发现当投加催化剂总摩尔数相同时（即催化剂总摩尔数与纤维素中所含葡萄糖单元的摩尔比都为 1∶1），添加其他金属氯化物与 $CrCl_3$ 混合作为催化剂与单独使用 $CrCl_3$ 相比可提高 HMF 的产率（见表 6-14）。但是 $CrCl_3$ 所占的比例对 HMF 的产率影

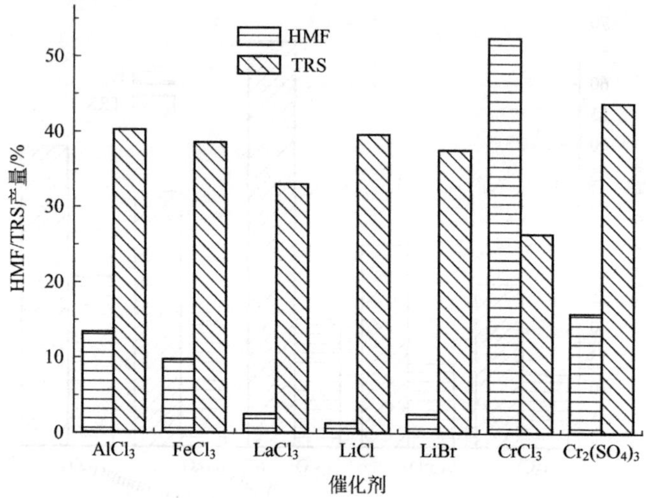

图 6-21 Lewis 酸对 HMF 和 TRS 产率的影响

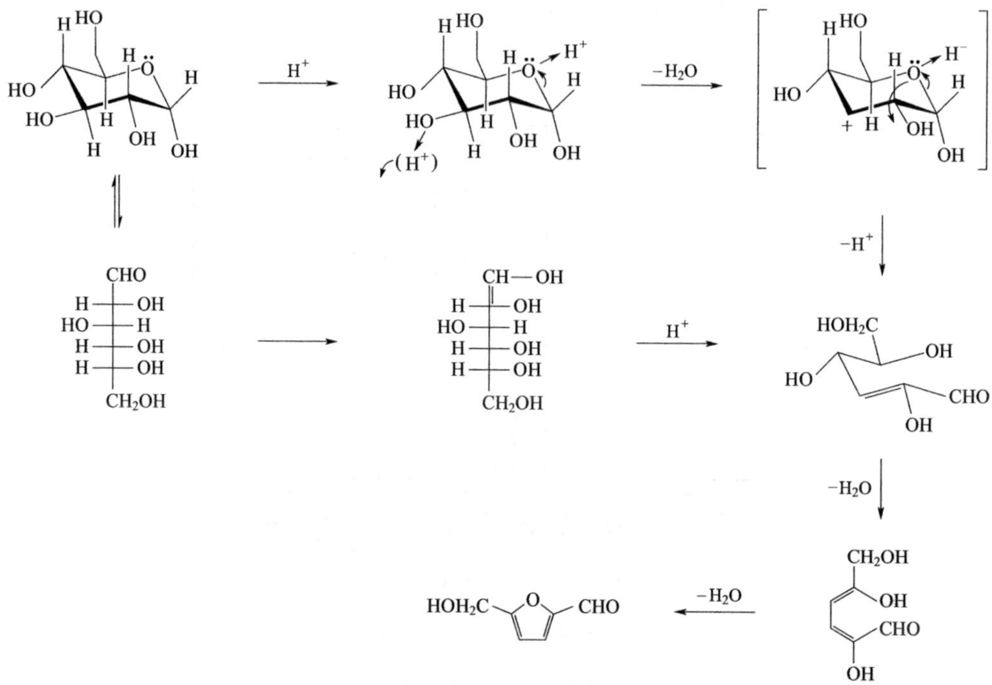

图 6-22 葡萄糖生成 HMF 的推测机理

响较大。当反应温度为 140℃、反应时间为 40min、催化剂全部为 $CrCl_3$ 时，HMF 的产率为 52.6%，TRS 的产率为 26.3%。混合催化剂中，$CrCl_3$/LiCl 的催化活性高于 $CrCl_3$/$LaCl_3$ 和 $CrCl_3$/LiBr。当 LiCl 所占的摩尔比小于 50%时，HMF 和 TRS 的产率随 LiCl 比例的增加而增加，超过 50%之后两者的产率又随 LiCl 的增加而减少。当催化剂完全为 LiCl 时，HMF 的产率仅为 2.5%，略高于无催化时的产率。通过改变不同混合催化剂中各组分的比例得到 $CrCl_3$ 与 LiCl 的摩尔比为 1∶1 时催化活性最高，此时 HMF 产率为 61.9%，TRS 产率为 30.3%。已有研究证明在烷基咪唑离子液体中，铬盐作为催化剂可将葡萄糖转化为 HMF，但是 LiCl 对此反应表现出很低的催化活性。Li 和 Onda 曾经报道，在 Brønsted 酸或 Lewis 酸催化作用下纤维素可在离子液体中水解为葡萄糖单元。在离子液体（[BMIM]Cl）中 $CrCl_3$ 催化纤维素水解的机理可推测为 $CrCl_3$ 与离子液体中的 Cl 形成 $[CrCl_{3+n}]^n$ 配合物，这种配合物中的氯离子可通过氢键作用与糖类中的羟基结合，促使 α-吡喃葡萄糖转化为 β-吡喃葡萄糖。之后，$[BMIM]CrCl_x$ 催化吡喃葡萄糖转化为呋喃果糖，而果糖经过脱水生成 HMF 比较容易进行。实验证明当只有 LiCl 作为催化剂时不能将纤维素和葡萄糖转化为 HMF。然而，溶解 LiCl 的 N，N-二甲基乙酰胺（DMAc）经常作为纤维素化学反应的溶剂。所以 $CrCl_3$/LiCl 作为催化剂与单独使用 $CrCl_3$ 相比可提高 HMF 产率，原因可能是在实验过程中，$CrCl_3$ 和 LiCl 首先溶解于离子液体中并在 100℃下加热 5min 以混合均匀，然后加入纤维素在 105℃下加热、搅拌一定时间，在这个过程中 LiCl 起到了加速纤维素降解的作用，所以 LiCl 与 $CrCl_3$ 混合能进一步促进纤维素的水解反应。

表 6-14 以氯盐为催化剂时纤维素的水解结果

序号	催化剂/%（摩尔分数）	产率/%	
		HMF	TRS
1	无催化剂	0.9	24.3
2	$CrCl_3$,100	52.6	26.3
3	$CrCl_3$,90;$LaCl_3$,10	56.9	27.5
4	$CrCl_3$,70;$LaCl_3$,30	57.9	30.0
5	$CrCl_3$,50;$LaCl_3$,50	55.4	29.6
6	$CrCl_3$,30;$LaCl_3$,70	52.9	28.6
7	$CrCl_3$,10;$LaCl_3$,90	30.2	25.4
8	$LaCl_3$,100	2.5	33.1
9	$CrCl_3$,90;LiCl,10	56.4	27.1
10	$CrCl_3$,70;LiCl,30	57.6	28.7
11	$CrCl_3$,50;LiCl,50	61.9	30.3
12	$CrCl_3$,30;LiCl,70	59.2	28.4
13	$CrCl_3$,10;LiCl,90	33.5	27.5
14	LiCl,100	1.3	39.5
15	$CrCl_3$,90;LiBr,10	58.6	30.7
16	$CrCl_3$,70;LiBr,30	60.8	34.1
17	$CrCl_3$,50;LiBr,50	59.3	32.7
18	$CrCl_3$,30;LiBr,70	57.4	29.6
19	$CrCl_3$,10;LiBr,90	31.8	27.2
20	LiBr,100	2.4	37.6

6.5.1.2 催化剂量对 HMF 产率的影响

通过试验多种催化剂对 HMF 产率的影响，得出 $CrCl_3$/$LaCl_3$[$CrCl_3$,50%(摩尔分数)；LiCl，50%（摩尔分数)] 混合催化剂的催化活性最高。图 6-23 给出了这两种混合催化剂的用量对 HMF 产率的影响。催化剂 $CrCl_3$/LiCl 的总量与纤维素所含葡萄糖单元的摩尔比（R）分别为 0.5∶1、1∶1 和 1.5∶1。从图 6-23 可以看出 HMF 的产率随催化剂投加量的增加而增加。然而，当反应时间超过 40min 时，摩尔比为 1∶1 和 1.5∶1 产生的催化效果相当。原因可能是较多的催化剂（R=1.5∶1 时）一方面可促使 HMF 的生成，另一方面又加速了 HMF 与其他小分子物质的聚合反应以及 HMF 再水化生成乙酰丙酸，从而抵消了 HMF 产率的提高。所以，在后续的实验中选择催化剂的投加量为 R=1∶1。

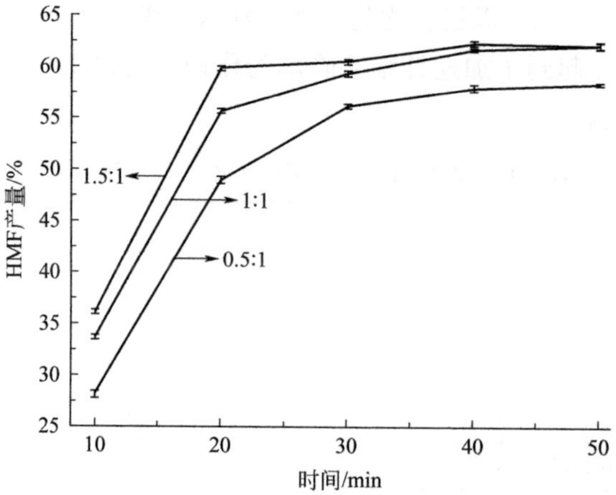

图 6-23　催化剂量对 HMF 转化率的影响

实验条件：[BMIM]Cl 2g，纤维素 50mg，温度 140℃，$CrCl_3$/LiCl[$CrCl_3$,50%（摩尔分数)；LiCl，50%（摩尔分数)] 的总摩尔数与葡萄糖（纤维素中含有的葡萄糖单元）摩尔数之比分别为 0.5∶1，1∶1 和 1.5∶1。

6.5.1.3　反应温度对 HMF 产率的影响

考察了不同反应温度（140℃、150℃、160℃和 170℃）对纤维素水解生成 HMF 产率的影响，图 6-24 给出了 HMF 产率在不同温度下随反应时间变化的规律。实验条件：[BMIM]Cl 2g，纤维素 50mg，催化剂 [$CrCl_3$，50%（摩尔分数)；LiCl，50%（摩尔分数)]，催化剂与葡萄糖（纤维素中含有的葡萄糖单元）的摩尔比为 1∶1。

从图 6-24 中可以看出反应温度对 HMF 的产率有很大的影响。反应温度为 140℃、反应时间为 40min 时，HMF 的产率达到 61.9%。而当反应温度为 170℃时，HMF 的产率达到 61.5%仅需要 7.5min。从图 6-24 中还可看出随反应温度的升高反应速率也提高，HMF 产率在不同温度下达到峰值的时间缩短。在所试验的温度范围内，HMF 产率在 160℃反应 10min 时达到最高，最高值为 62.2%。有研究表明较高的反应温度会导致副反应的发生，所以 HMF 产率在 170℃时的峰值低于 160℃时的峰值。通过对反应温度的研究得到在 160℃下反应 10min 是纤维素水解为 HMF 的最佳反应条件。

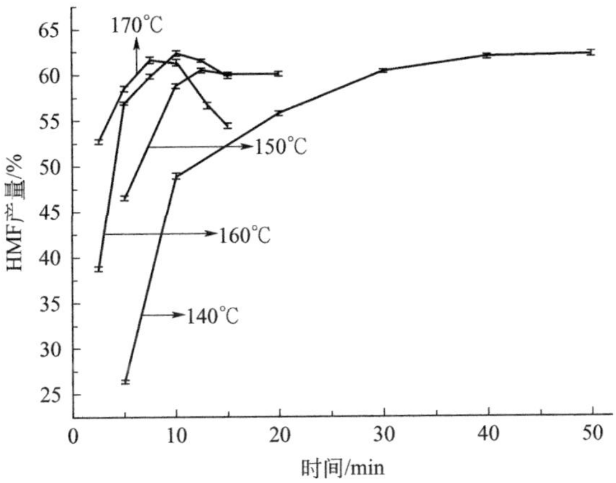

图 6-24　反应温度对 HMF 产率的影响

6.5.1.4　离子液体种类对 HMF 产率的影响

2002 年美国 Alabama 大学的 Swatloski 等首次报道了天然纤维素在 1-丁基-3-甲基咪唑氯盐（[BMIM]Cl）中有较高的溶解度。他们还发现不同的阴阳离子影响纤维素的溶解度，例如，阴离子为 Cl^-、Br^- 和 SCN^- 的离子液体能够溶解纤维素，而阴离子为 BF^{4-} 和 PF^{6-} 的离子液体不能溶解纤维素；随着阳离子中烷基链的增长，纤维素溶解度下降。Swatloski 等的研究为纤维素溶剂体系的开发研究开辟了一个新领域，之后可溶解纤维素的新型离子液体不断涌现。2003 年任强等合成了一种新的离子液体——1-烯丙基-3-甲基咪唑氯化物（[AMIM]Cl），发现其对纤维素也有较强的溶解能力。2005 年，罗慧谋等合成了氯化 1-(2-羟乙基)-3-甲基咪唑([HeMIM]Cl）离子液体，研究发现在 70℃时经活化处理过的微晶纤维素在 [HeMIM]Cl 中的溶解度达到 7%左右。在相同的溶解条件下，[HeMIM]Cl 对纤维素的溶解性能优于 [BMIM]Cl 和 [AMIM]Cl。但是由于含羟基的季铵盐的热稳定性与常规季铵盐相比较低，含羟基的季铵盐温度超过 80℃有可能发生分解，因此，[HeMIM]Cl 的应用受到了限制。

离子液体溶解纤维素时用微波加热代替普通加热可以显著提高离子液体溶解纤维素的溶解度。相同条件下，当微波加热时纤维素（$DP \approx 1000$）在离子液体 [BMIM]Cl 中的溶解度可以达到 25%，而在普通加热条件下纤维素（$DP \approx 1000$）在 [BMIM]Cl 中的溶解度仅为 10%。这是由于微波加热属于材料的内部加热，与传统热传导的加热方式不同。微波加热与物质的分子极化度有密切的关系，极性溶剂能够强烈地吸收微波而快速升温，非极性溶剂不吸收或极少吸收微波所以不被加热。离子液体是由阴阳离子组成的液体，具有很高的极性，因此对微波辐射有很好地吸收，可以快速升温。

综合考虑离子液体对纤维素的溶解性、离子液体本身的稳定性及成本问题，本文选取了 [BMIM]Cl 和 [AMIM]Cl（结构式见图 6-25）作为溶剂研究不同种类离子液体对纤维素水解转化为 HMF 的影响。图 6-2 所示反应条件：离子液体 2g，纤维素 50mg，反应温度 160℃，时间 10min，催化剂 [$CrCl_3$，50%（摩尔分数）；LiCl，50%（摩尔分数）]，催化剂与纤维素中葡萄糖单元的摩尔比为 1∶1。

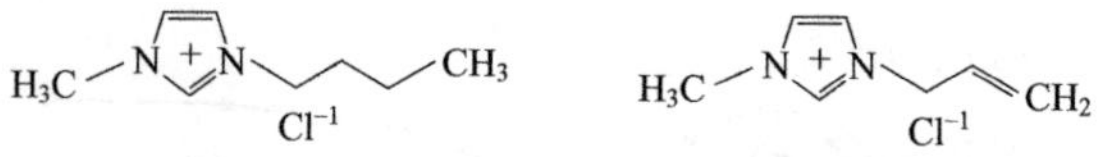

[BMIM]Cl　　　　[AMIM]Cl

图 6-25　离子液体的化学结构

有研究表明具有双键官能团的［AMIM]Cl 离子液体对纤维素的溶解性能明显优于直链烷基咪唑氯盐离子液体［BMIM]Cl。在 70℃下，［AMIM]Cl 离子液体完全溶解占其质量 3%（质量分数）的纤维素仅需 1h，而［BMIM]Cl 则需要 24h。但从图 6-26 看出在相同条件下，以这两种离子液体为溶剂得到的 HMF 和 TRS 产率相当。因为在本实验中纤维素占离子液体质量的 2.5%（质量分数），在微波加热条件下纤维素和完全溶解于两种离子液体，所以，不同离子液体对 HMF 和 TRS 产率影响不大。［BMIM]Cl 与［AMIM]Cl 相比价格低廉，所以选择［BMIM]Cl 作为溶剂进行后续实验。

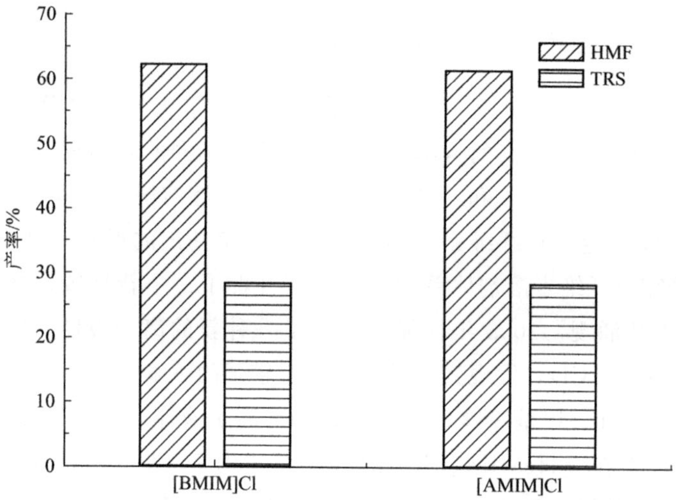

图 6-26　不同离子液体作为溶剂对 HMF 和 TRS 产率的影响

6.5.1.5　加水量对 HMF 产率的影响

以离子液体作为溶剂是一个无水的体系，而纤维素水解为单糖需要水分子的参与，因此需要在体系中加入一定量的水。然而单糖生成 HMF 是一个脱水的过程，每生成一分子的 HMF 同时产生三分子的水。纤维素本身不溶于水，如果反应体系水量过大会导致纤维素的析出，从而不利于反应的进行，所以本书考察了水的初始添加量对纤维素转化为 HMF 的影响。从图 6-27 中可以看出，当加水量小于 10μL 时 HMF 产率较低；加水量为 10～40μL 时，HMF 产率变化不大；再继续增加水量产率降低。图 6-27 所示反应条件：离子液体 2g，纤维素 50mg，反应温度 160℃，时间 10min，催化剂［$CrCl_3$，50%（摩尔分数）；LiCl，50%（摩尔分数）］，催化剂与纤维素中葡萄糖单元的摩尔比为 1∶1。Zhao 等研究了在离子液体中加入水和其他有机溶剂（如丙三醇），结果表明体系催化活性降低，可能是由于这些物质的加入导致溶剂的介电常数降低，从而降低催化剂的催化活性。HMF 产率降低另一个可能的原因是水量过多导致部分纤维素析出，不利于反应的进行。

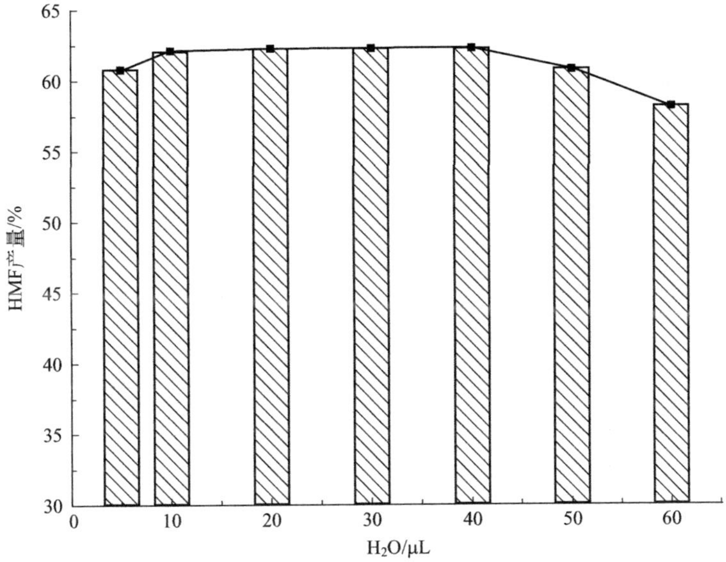

图 6-27　水的添加量对 HMF 产率的影响

因此，水的最佳添加量为 10μL。

6.5.1.6　初始纤维素投加量对 HMF 产率的影响

各样品在反应前均在 105℃加热搅拌一定时间，以使纤维素溶解于离子液体中。当反应条件为催化剂 $CrCl_3$/LiCl [$CrCl_3$，50%（摩尔分数）；LiCl，50%（摩尔分数）]、催化剂投加量与纤维素中葡萄糖单元的摩尔比为 1∶1、反应温度 160℃、反应时间 10min、离子液体为 [BMIM]Cl 时，改变纤维素初始投加量，研究其对 HMF 产率的影响。从图 6-28可看出，当纤维素初始投加量小于 100mg 时，初始投加量的变化对 HMF 产率影响不

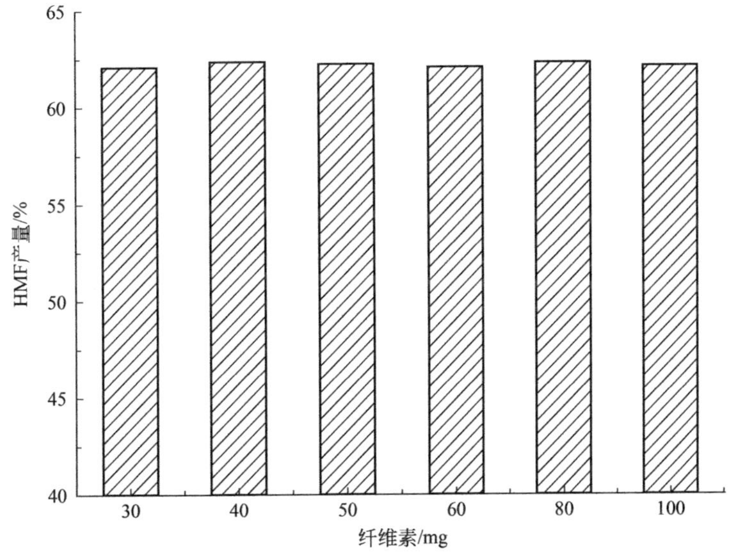

图 6-28　纤维素初始添加量对 HMF 的影响

大，原因可能是在此反应条件下，纤维素都可完全溶解于离子液体中，不影响反应的进行。

6.5.1.7 丹参药渣水解转化为 HMF 的研究

植物中药渣中纤维素含量较高，因此将植物中药渣水解制取平台化合物 HMF 是实现其资源化利用的技术手段之一。从药厂采取的新鲜药渣经过烘干、粉碎之后进行水解反应。反应条件采取纤维素水解转化为 HMF 的最优反应条件，即反应温度 160℃、催化剂量 $R=1:1$、水添加量 10μL。从表 6-15 中可看出，当反应时间为 10min 时 HMF 产率为 57.2%（产率基于药渣中纤维素的含量计算所得）。表6-15中反应条件：[BMIM]Cl 2g，丹参药渣 50mg，160℃，催化剂 [$CrCl_3$，50%（摩尔分数）；LiCl，50%（摩尔分数）]，催化剂与纤维素中葡萄糖单元的摩尔比为 1∶1。反应时间延长至 15min 时，HMF 的产率达到最高值 60.6%，与纤维素水解所得 HMF 最高值相当，这表明药渣中含有的其他物质（如木质素、蛋白质等）对纤维素的水解影响很小。然而药渣水解达到 HMF 产率最高值所需时间大于微晶纤维素，这是因为木质素-纤维素-木聚糖的互相结合所构成的稳定结构阻碍了木质纤维素类生物质的降解。丹参中药渣含有半纤维素，其水解主产物为糠醛，因此，我们同时还检测了糠醛产率的变化。由于半纤维素与纤维素相比分子结构稳定性低，所以糠醛产率在 12.5min 时到达最高值，比 HMF 提前。

表 6-15 由丹参药渣水解得到的 HMF、TRS 和糠醛的产率

序号	时间/min	产率/%		
		HMF	TRS	糠醛
1	10	57.2	24.5	41.3
2	12.5	58.3	25.8	43.5
3	15	60.6	26.7	43.1
4	17.5	60.1	27.1	41.6

6.5.1.8 离子液体 [BMIM]Cl 和催化剂的重复利用

水解反应完后把 HMF 经过萃取与反应体系分离，然后将离子液体和催化剂作为一个整体而不进行分离处理，最后去除反应液中残留的水分，考察离子液体和催化剂的重复利用性。

在本实验中纤维素水解反应完后向反应液中加入 2g 超纯水，然后加入乙酸乙酯进行萃取，每次加入量为 5mL，共萃取 10 次。经 HPLC 检测，可萃取出 95%以上的 HMF。因为离子液体和 $CrCl_3$/LiCl 都不溶于乙酸乙酯，仍然存在于反应液中，所以将萃取 HMF 之后的反应液在 65℃真空干燥 12h 以去除体系中的水分，在回收的离子液体和催化剂中直接加入新鲜物料，进行重复利用实验。表 6-16 列出了离子液体和催化剂重复利用三次的实验结果，HMF 的产率变化不大，结果表明 $CrCl_3$/LiCl 在 [BMIM]Cl 中催化微晶纤维素和中药渣水解的活性没有降低。

表 6-16　[BMIM]Cl 和催化剂的重复利用结果①

物料②	时间/min	HMF 产率/%
C 第 1 次	10	62.5
C 第 2 次	10	63.5
C 第 3 次	10	62.9
HR 第 1 次	15	61.1
HR 第 2 次	15	61.7
HR 第 3 次	15	62.2

① [BMIM]Cl 2g，纤维素 50mg，丹参药渣 50mg，160℃，催化剂 [$CrCl_3$，50%（摩尔分数）；LiCl，50%（摩尔分数）]，催化剂与纤维素中葡萄糖单元的摩尔比为 1∶1。

② 纤维素（C），丹参药渣（HR）。

6.5.2　中药渣水解机理

生物质水解后的液相产物成分复杂，包括可溶性糖类以及单糖降解的小分子产物。本节分析了不同生物质（纤维素、木聚糖、葡萄糖）的水解产物，并探讨其水解机理。由于丹参药渣成分复杂，而其资源化利用的主要有效成分是纤维素和半纤维素，所以本节选取纯度较高的纤维素和木聚糖模拟中药渣的水解过程，进行水解机理的探讨。

纤维素是由 β-D 葡萄糖单元通过 1,4-糖苷键连接而成的线状高分子聚合物，在纤维素水解过程中糖苷键断裂生成小分子糖类物质，如葡萄糖、果糖、纤维二糖、三糖、四糖、五糖、六糖、脱水葡萄糖等。单糖继续降解会生成糠醛、5-羟甲基糠醛、乙酰丙酸、乙酸、甲酸等小分子物质。

半纤维素是一些复合聚糖的总称，复合聚糖组分随不同原料而不同，而且半纤维素是生物质三大主要组分中最不稳定的一种，不能直接从自然界获取。因此，对半纤维素水解机理的研究一般采用木聚糖作为其模化对象，模拟半纤维素的水解过程。木聚糖同样由糖苷键连接而成，在水解过程中可生成低聚木糖和木糖，同时还有木糖降解生成的小分子物质，如糠醛、呋喃、乙酰丙酸、乙酸等。

6.5.2.1　纤维素水解

(1) 纤维素的化学结构

纤维素是地球上最古老、最丰富的天然高分子，为植物细胞壁的主要组成部分，一般在木质纤维素类生物质中的含量为 50%左右，是人类最宝贵的天然可再生资源。纤维素由碳、氢、氧三种元素组成，它是由 D-吡喃型葡萄糖单元通过β-1,4-糖苷键相连而构成的多分散性的线性均聚物，一般可用通式 $(C_6H_{10}O_5)_n$ 表示，n 为聚合度（结构见图 6-29）。

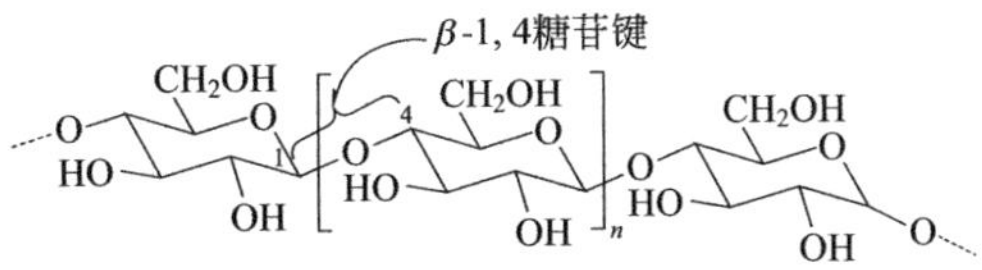

图 6-29　纤维素的分子结构

D-葡萄糖具有羟基和羰基的化学性质，醇羟基能酯化、成醚、氧化及发生分子内脱水反应等；半缩醛羟基能与含羟基、氨基等有活泼氢的化合物（如醇、酚等）反应生成缩醛而成糖苷，相应的连接（一般通过氧原子连接）则称为糖苷键。D-葡萄糖通过醛基和羟基的作用在分子内通过半缩醛结构形成环状的β-吡喃葡萄糖，β-吡喃葡萄糖通过糖苷键连接形成无分支的链状大分子，即纤维素。纤维素的葡萄糖单元上存在极性很强的三个醇羟基，羟基中的氢原子与相邻键上电负性很大的氧原子之间距离$<0.28\sim0.30$pm 时，容易发生孤对电子的相互吸引从而形成氢键，所以纤维素分子链间、链内以及分子链与表面水分子间都形成了氢键，致使纤维素大分子非常稳定，很难进行水解反应。

纤维素分子内的β-1,4-糖苷键是一种缩醛键，其对酸的稳定性很低，在适当的氢离子浓度、温度和反应时间等工况条件下，糖苷键断裂，聚合度下降，形成小分子的糖（如葡萄糖、果糖、纤维二糖）、糠醛（如糠醛、羟甲基糠醛）、有机酸（如乙酸、甲酸）等。

天然纤维素的结晶度较高，而且分子内存在大量的氢键，使其不溶于水及一般有机溶剂，从而阻碍了纤维素的资源化利用。目前研究的纤维素溶剂中离子液体有着巨大的开发潜力，它不易挥发而且无毒无污染，所以纤维素在离子液体中的溶解将大大拓展其工业应用范围。

（2）纤维素水解机理

对生物质水解产物的分析是探讨生物质水解机理不可缺少的步骤，图 6-30 是纤维素在最佳实验条件下水解产物的 HPLC 谱图。

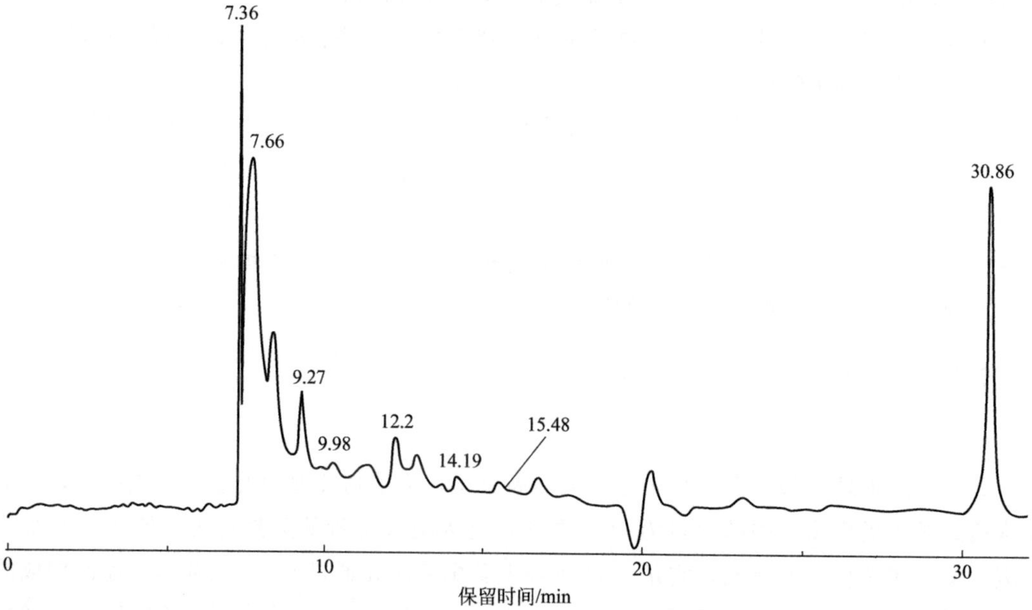

图 6-30 纤维素水解产物的 HPLC 谱图

图 6-30 中实验条件：催化剂 $CrCl_3$/LiCl［$CrCl_3$，50%（摩尔分数）；LiCl，50%（摩尔分数）］，温度 140℃，时间 40min。

产物保留时间：纤维三糖（$RT=7.36$min），纤维二糖（$RT=7.66$min），葡萄糖（$RT=9.27$min），果糖（$RT=9.98$min），脱水葡萄糖（$RT=12.2$min），甲酸（$RT=14.19$min），乙酰丙酸（$RT=15.48$min），HMF（$RT=30.86$min）。

从图 6-30 中可以看出水解产物包括纤维三糖、纤维二糖、葡萄糖、果糖、脱水葡萄糖、甲酸、乙酰丙酸和 HMF。纤维素中的 1,4-β-糖苷键是一种缩醛键，在酸性条件下不稳定，在一定的氢离子浓度、适当的温度和反应时间等条件下糖苷键断裂生成低聚糖或单糖。在酸性条件下溶液中的氢离子和氧原子相结合，从而使糖苷键不稳定，容易和水反应。美国可再生能源实验室的 Lee 等研究表明纤维素在低酸性条件下的水解可以分为 4 个步骤：

① 溶液中的 [H^+] 在纤维素晶体中的扩散；

② [H^+] 与纤维素中糖苷键上的 O 结合，同时将糖苷键打破；

③ 糖苷键上的正电荷转移至 C_1 上，C—O 键断裂之后形成一个碳正离子，并在 C_4 原子上生成羟基（见图 6-31）；

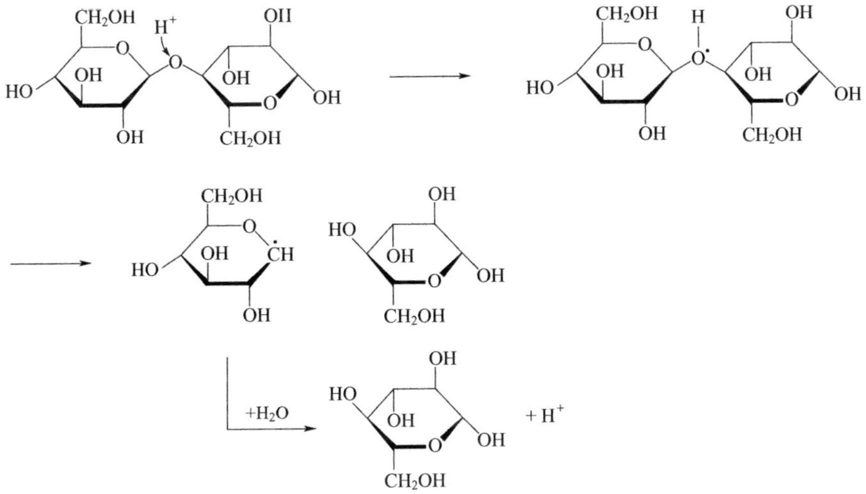

图 6-31　稀酸条件下纤维素反应机理

④ 由于水参加反应，单糖和一个 [H^+] 被释放出来，[H^+] 继续参加催化反应。

传统的纤维素超低酸水解是固液非均相反应，传质和传热速率较慢。本书以离子液体（[BMIM]Cl）为溶剂，纤维素可完全溶解于其中，反应过程为均相反应，大大提高了反应速率。程凌燕等研究发现离子液体可与纤维素中的 1,4-β-糖苷键和羟基发生较强的相互作用，破坏纤维素结构的稳定性。本实验中所用催化剂为路易斯酸 $CrCl_3$/LiCl[$CrCl_3$，50%(摩尔分数);LiCl,50%(摩尔分数)]，其催化纤维素水解的机理为金属离子与糖苷键作用，从而导致糖苷键的断裂，使纤维素水解为葡萄糖（见图 6-32）。葡萄糖降解为 HMF 首先需要异构为果糖，果糖再经脱水反应生成 HMF。$CrCl_3$/LiCl 在 [BMIM]Cl 中催化葡萄糖生成 HMF 的机理为金属离子与糖生成配合物，促使葡萄糖发生旋光异构，由 α-吡喃葡萄糖端机异构体转化为 β-吡喃葡萄糖端机异构体（见图 6-33）。之后 β-吡喃葡萄糖端机异构体在催化剂的作用下经过烯醇式转化为果糖（见图 6-34）。[BMIM]Cl 与 $CrCl_3$生成配合物 [BMIM] $CrCl_4$ 中的 $CrCl_4^{-1}$ 可以起到传递质子的作用，从而催化葡萄糖发生旋光异构，促进甲酰基中的氢转移，形成烯醇式，然后完成从葡萄糖到果糖的异构化。果糖为呋喃糖在催化剂作用下很容易发生脱水反应生成 HMF。

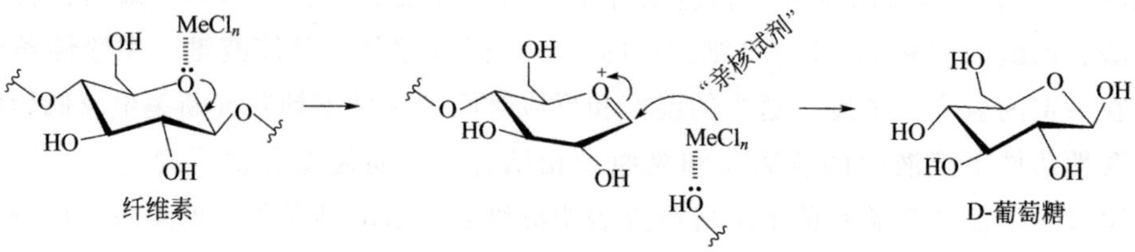

图 6-32 $CrCl_3$/LiCl 催化纤维素水解机理

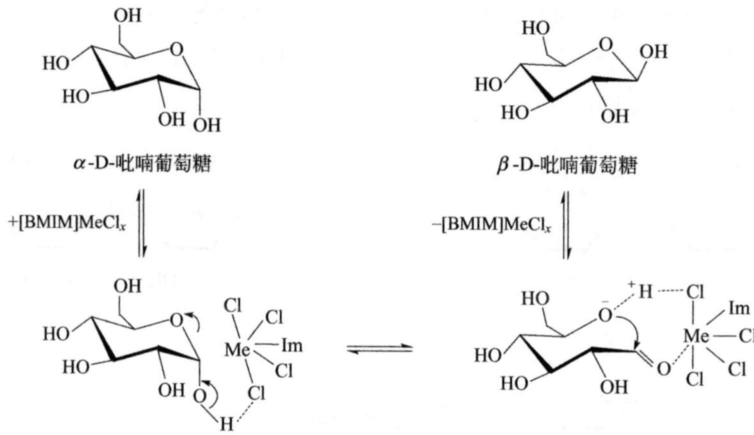

图 6-33 葡萄糖的变旋反应

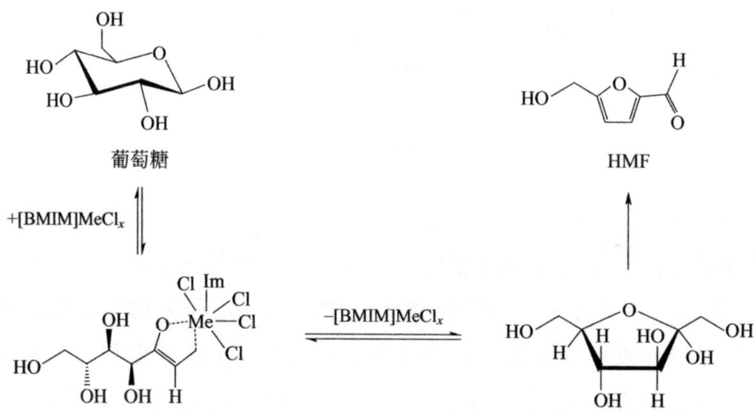

图 6-34 葡萄糖与果糖的异构与果糖脱水反应

纤维素水解生成单糖，单糖再经过脱水反应生成 HMF，在这个反应的同时还有其他副反应发生，例如葡萄糖的脱水反应、单糖间的聚合反应、HMF 的再水化反应以及单糖直接断裂为小分子有机物的反应（见图 6-35）。为了确定副反应的类型，我们将一定量的葡萄糖溶于［BMIM］Cl 中在微波加热下进行反应，温度为 160℃，催化剂为 $CrCl_3$/LiCl［$CrCl_3$，50%（摩尔分数）；LiCl，50%（摩尔分数）］，催化剂投加量与葡萄糖的摩尔比为 1∶1。当反应时间为 2.5min 时 HMF 产率达到最大值，之后随时间的延长 HMF 产率下降。反应液的颜色也随时间的延长由浅黄色逐渐变为深棕色，而且不容物（Humins）生成量逐渐增多。Humins 成棕黑色，分子量较小的 Humins 可溶于离子液体中，分子量

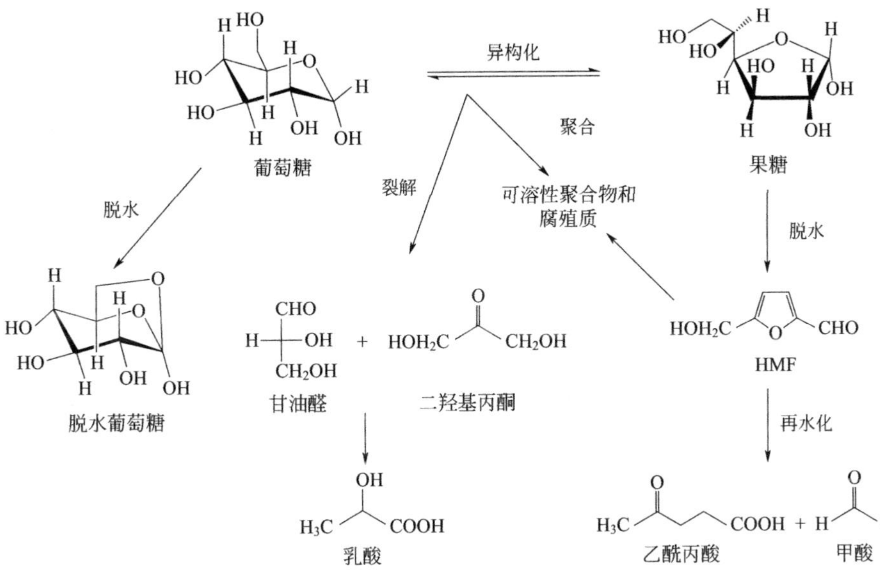

图 6-35 纤维素水解生成 HMF 过程中的副反应

较大的 Humins 则不溶于离子液体，表现为棕黑的沉淀。经 HPLC 检测产物中含有脱水葡萄糖（Anhydrogulose），还有微量的乙酰丙酸（Levulinic Acid）和甲酸（Formica Acid）。因为实验中以离子液体（[BMIM]Cl）为溶剂，体系中水分较少，HMF 不易发生再水化反应生成乙酰丙酸和甲酸。我们对反应后的产物进行 GC/MS 检测，除了目标产物 HMF 没有检测到其他酮类、醛类的副产物，结合 HPLC 和 GC/MS 的结果说明纤维素在离子液体中的副产物主要为糖类物质。所得结果与纤维素在水溶液中的反应区别很大，庄新姝的研究表明，纤维素水解产物包括糠醛类、呋喃类、酸类、酮类和醇类。纤维素在稀酸水溶液中的水解反应一般反应温度在 200℃以上，这时水的离子积较大，再加上酸解离出来的氢离子，使溶液中氢离子浓度较高，容易导致副反应的发生。可见，微波辅助加热并以离子液体为溶剂、路易斯酸为催化剂的实验条件使纤维素转化为 HMF 的选择性较高。

6.5.2.2 半纤维素水解

(1) 半纤维素的化学结构

半纤维素是植物纤维中另一种重要的组成部分，其与纤维素不同，不是均一聚糖，而是多种复合聚糖的总称，而且原料不同，复合聚糖的组分也不同。构成半纤维的糖基结构单元主要有 D-木聚糖、D-甘露糖基、D-葡萄糖基、L-阿拉伯糖基、D-半乳糖基、D-半乳糖醛酸基、4-O-甲基-D-葡萄糖醛酸基和 D-葡萄糖醛酸基等，还有少量的 L-鼠李糖基、L-盐藻糖基以及各种带有氧-甲基、乙酰基的中性糖基。半纤维素聚糖可分为均多糖和杂多糖，只由一种糖基组成的称为均多糖，如木葡聚糖、阿拉伯半乳聚糖、葡萄甘露聚糖等。在不同种属、成熟程度的植物中半纤维素分布差异很大，如针叶材含 15%～20%、阔叶材和禾本科草类含 15%～35%。针叶材的主要半纤维素是聚半乳糖和葡萄甘露糖类，而阔叶材和禾本科草类的半纤维素却是聚木糖类。

半纤维素与纤维素之间化学结构存在较大区别，主要区别表现在：a. 前者由不同的糖单元组成；b. 分子链比较短；c. 分子中存在支链；d. 其主链可由一种糖单元构成均一的聚糖，如聚木糖类半纤维素，也可由两种或多种糖单元构成非均聚糖，如聚葡萄糖甘露糖类半纤维素；e. 有些糖单元有时会以支链形式链接到主链上，例如 4-氧-葡萄糖醛酸和半乳糖等。

半纤维素也是生物质重要的组成成分，具有很大的利用价值。例如，半纤维素直接热解可以制取氢气和烷烃、半纤维素首先水解然后发酵生产燃料乙醇、制备木糖醇、水解制取工业原料糠醛和乙酸等。

木聚糖是半纤维素中主要的结构形式，由 β-D-木吡喃糖以 1-4 键连接，因此本节对半纤维素水解特性的研究中采用木聚糖为模型化合物。木聚糖由美国 Sigma 公司提供，它是从桦木中提取到的，大约含有 90%的 D-木糖单元，图 6-36 是其典型的结构图。

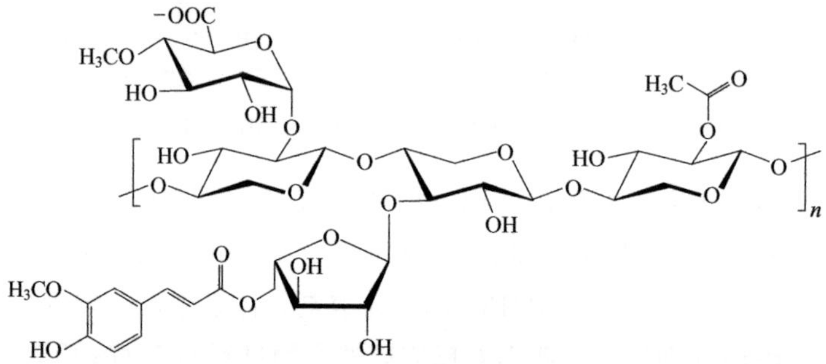

图 6-36　木聚糖的典型结构模型

(2) 半纤维素水解机理

由于半纤维素结构的复杂性以及不同原料间成分也存在较大差异，故以木聚糖为模化物模拟半纤维素的离子液体中的水解反应。反应条件为微波加热，反应温度为 160℃、反应时间为 10min、催化剂为 $CrCl_3$/LiCl [$CrCl_3$，50%（摩尔分数）；LiCl，50%（摩尔分数）]，催化剂投加量与木糖单元的摩尔比为 1∶1。图 6-37 为木聚糖水解的 HPLC 谱图。从图 6-37 中可以看出木聚糖水解产物中含有木二糖、木糖及糠醛，图 6-37 中实验条件：催化剂 $CrCl_3$/LiCl [$CrCl_3$，50%（摩尔分数）；LiCl，50%（摩尔分数）]，温度 140℃，时间 40min 产物保留时间：木二糖（$RT=8.16$min），木糖（$RT=9.88$min），糠醛（$RT=43.45$min）。

半纤维素为无定形组分，结构没有纤维素稳定，在离子液体中其首先溶解。以木聚糖为模型化合物的半纤维素的水解机理与纤维素相似，催化剂中的金属离子与木聚糖中的糖苷键结合，从而导致糖苷键的断裂，在水分子的参与下使半纤维素水解为木糖和一些可溶性低聚木糖。在微波加热和催化剂存在条件下木糖发生分子内脱水环化生成糠醛（见图 6-38）。对半纤维在离子液体中的水解产物进行 GC/MS 分析，结果只检测到糠醛，说明反应产生的副产物较少。

植物纤维中戊聚糖的聚合度（一般为 80～150 个戊糖基团）比天然纤维素的聚合度（一般为 1500～3000 个葡萄糖基团）低得多，因此戊聚糖的水解反应比纤维素水解容易进

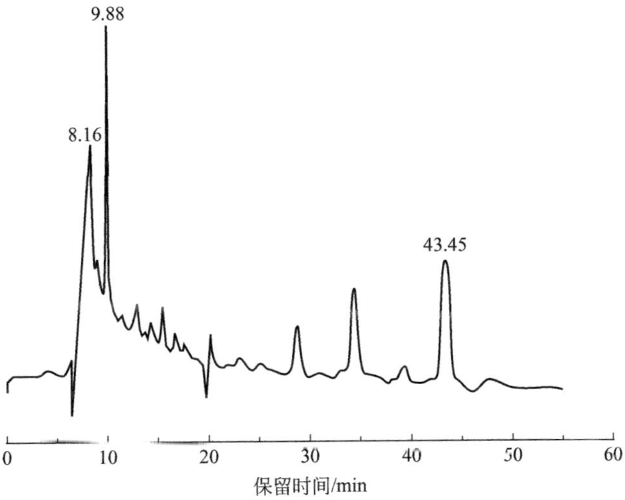

图 6-37　木聚糖水解产物的 HPLC 谱图

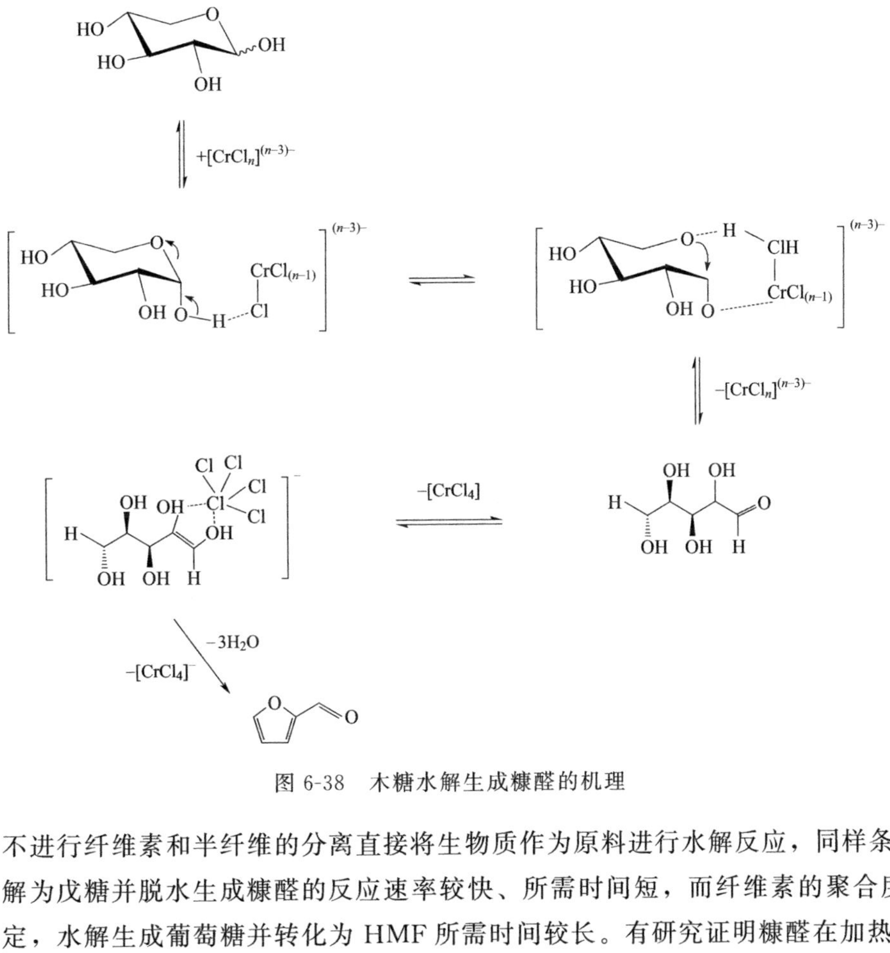

图 6-38　木糖水解生成糠醛的机理

行，如不进行纤维素和半纤维的分离直接将生物质作为原料进行水解反应，同样条件下戊聚糖水解为戊糖并脱水生成糠醛的反应速率较快、所需时间短，而纤维素的聚合度较高、结构稳定，水解生成葡萄糖并转化为 HMF 所需时间较长。有研究证明糠醛在加热和催化剂条件下不稳定，容易发生聚合、分解等副反应，所以应将糠醛从反应体系中及时移出。目前已研究出的提取方法有汽提、溶剂萃取以及超临界 CO_2 萃取，工业中一般采用汽提的方法分离出生成的糠醛。

6.5.2.3 木质素的化学结构

木质素是广泛存在于植物体中，由苯丙烷单元通过醚键和碳—碳键连接的复杂的酚类天然高分子聚合物，是由 4 种醇单体（对香豆醇、松柏醇、5-羟基松柏醇、芥子醇）形成的一种复杂酚类聚合物。木质素是构成植物细胞壁的成分之一，具有使细胞相连的作用。在植物组织中具有增强细胞壁及黏合纤维的作用。其组成与性质比较复杂，并具有很高的活性。木质素不能被动物所消化，在土壤中能转化成腐殖质。

按照植物种类不同，木质素可分为针叶材、阔叶材和草本植物木质素三大类。针叶材木质素主要由愈创木基丙烷单元（松柏醇脱氢聚合）所构成，阔叶材木质素主要由愈创木基丙烷单元和紫丁香基丙烷单元（松柏醇和芥子醇脱氢共聚）所构成，草本植物木质素主要由愈创木基丙烷单元和紫丁香基丙烷单元及对羟基苯丙烷单元（松柏醇、芥子醇和对香豆醇脱氢聚合）所构成。

木质素各种单体结构如图 6-39 所示。

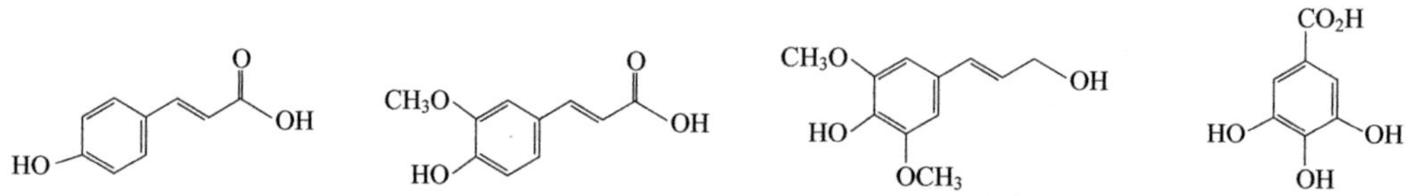

(a) 对香豆酸　(b) 阿魏酸　(c) 糖浆酒精　(d) 没食子酸

图 6-39 木质素单体结构示意

6.6 中药渣资源化技术的综合效益评价（案例分析）

6.6.1 热解技术效益评价

以某中药企业为例，本案例中药厂年产湿药渣 15000t（按湿药渣含水率 80%计算），现有药渣处理方法是在厂内堆置一定量后集中运至垃圾填埋场处理，在本厂内不做任何利用，这样不仅浪费资源而且还要缴纳垃圾处理费用。

6.6.1.1 设备规模的确定

确定热解设备规模的主要原则是使生物油的生产成本达到最低，构成生物油生产成本的重要因素是设备折旧费和原料价格。一般而言，设备规模越大，单位造价就越低，因而设备折旧费也越低，但同时原料的收集半径也会变大，这样原料价格就会上涨。就药渣资源化利用来说，规模可大可小，可只将本厂内药渣资源化利用，原料没有成本，但也可收购其他药厂药渣，将规模变大，但由于药厂所处地理位置不集中，运输成本较高，加大了原料成本，而且药渣一般为湿物料，极容易腐败，所以适合在本厂内及时处理。本案例中药厂年产湿药渣 15000t（按湿药渣含水率 80%计算），将热解设备的规模定为每小时处理量为 0.5t 较为合适。设备包括热解炉、干燥机、破碎机、储油罐、储气罐、储炭箱、冷凝装置等，总投资大约为100万元人民币。

6.6.1.2 药渣热解的经济效益估算

生物质热解处理时所要求的含水率一般小于10%，对原料粒径的要求是最大粒径一般小于10mm。本厂的丹参药渣含水率在80%左右，长度为2～5cm，直径约为0.6cm，所以需要进行烘干和破碎预处理。对于不同的生物质这些前期处理的难易程度不同，导致生物油的生产成本也会不同。

（1）预处理与热解过程的耗能估算

中药渣热解能耗不仅包括预处理中去除水分和药渣破碎的能耗，还包括药渣干组分热解所需能耗。湿药渣首先经过物理脱水，即通过压滤机除去大部分水分后进行加热干燥，进一步使水分降低，然后进入破碎机进行破碎处理。一般生物质粉碎能耗占生物质热值比例的1%～2%，所以估算药渣物理脱水和破碎的能耗为药渣热值（18.2MJ/kg）的3%，则预处理1t湿药渣物理脱水和破碎所需的能量为109.2MJ。

按处理1t湿药渣计算，药渣含水率为80%，则含水0.8t，干重为0.2t。湿药渣首先经过物理脱水，脱水后含水率可降至50%，此时含水0.2t，因为含水率10%的生物质就可用于热解处理，即允许含水量0.02t，所以需要通过加热蒸发的水为0.18t。

假设干燥箱温度为100℃，则药渣中水分的蒸发所需热量为水由常温升至100℃所吸收的热量和水在100℃时汽化所需热量。

水的比热容为4200J/(kg・℃)，其物理意义：1kg水温度升高（或降低）1℃吸收（或放出）4.2×10^3J的热量。

0.18t（180kg）从0℃提高到100℃的所需热量为：

$$180\text{kg}\times100℃\times4.2\text{kJ}/(\text{kg}\cdot℃)=75600\text{kJ};$$

水的汽化热为40.8kJ/mol相当于2260kJ/kg，则180kg水汽化所需热量为：

$$180\text{kg}\times2260\text{kJ}/\text{kg}=406800\text{kJ};$$

干燥箱热效率按80%计算，则水分蒸发所需热量为：

$$(75600+406800)/80\%=603000(\text{kJ})$$

干药渣热解能耗：

药渣的比热容按木材的平均比热容1.7kJ/(kg・℃）计算，从0℃提高到450℃的所需热量：200kg×1.7kJ/(kg・℃)×450℃=153000kJ，按热解炉效率为90%计算，则所需能量：153000kJ/90%=170000kJ。

所以1t湿药渣热解所需总能量为109200kJ+603000kJ+170000kJ=882200kJ，约合245kW・h。

假定热解设备每天24h连续运行，一年共运行300d，药渣热解为燃油的估算成本如表6-17所列。

（2）生物质热解产物的经济效益估算

按处理1t湿药渣计算，即0.2t的干药渣热解经济效益，前面章节的研究得出，丹参药渣在最优条件下产油率为34.26%，固体残渣产率为24.07%。目前，市场上生物油的价格为2000元/t，焦炭的价格也为2000元/t。

表 6-17 药渣热解的成本估算

构成成本	费用/(元/t)
原料价格	0
设备折旧费	30
运行维护	折旧费的 5%=1.5
工人工资	20
电费	0.5(元/kW·h)×245=122.5
催化剂	18
其他	上述总量的 10%=19.2
总计	211.2

则处理 1t 湿药渣的收益为：

$$0.2\text{t}\times 34.26\%\times 2000\ \text{元/t}+0.2\text{t}\times 24.07\%\times 2000\ \text{元/t}=233.3\ \text{元}$$

则通过热解工艺处理 1t 湿中药渣盈利：233.3－211.2＝22.1(元)

按药厂每年产生湿药渣 15000t 计算，可盈利 33.15 万元。

如果将热解油燃烧为本厂中药生产的提取、二效浓缩等工段提供能源，可减少部分煤耗，从而减少二氧化碳的排放量。

按前面章节中得到的生物油的产率为 34.26%、热值为 24.91MJ/kg 计算，3000t 中药渣热解所得燃油的热值相当于 1223t 原煤（原煤热值按 20.934MJ/kg 计算），可减排 CO_2 4892t。

(3) 热解技术的经济性评价

用于工业项目的经济评价指标主要有投资回收期（*PBP*）、净现值（*NPV*）和内部收益率（*IRR*）。

① 静态投资回收期（*PBP*）。静态投资回收期是从项目的投建之日起，用项目的净收入将全部的投资收回所需的期限，是考察项目在财务上的投资回收能力的静态评价指标：

$$\sum_{t=0}^{PBP}(CI-CO)_T=0 \tag{6-22}$$

式中 CI——现金流入量；

CO——现金流出量；

PBP——静态投资回收期；

T——时间变量。

设基准静态投资回收期为 T_b，若 $PBP\leqslant T_b$，则项目可以接受；若 $PBP>T_b$，则项目予以拒绝。

按照上述项目相关参数的初始取值，根据式(6-22) 的计算方法，按处理 1t 湿药渣盈利 23 元计算，该项目的静态投资回收期是 3.5 年。

② 净现值（*NPV*）。净现值是按一定的折现率将各年净现金流量折现到同一时间点（通常是初期）的现值累加值，是对投资项目进行动态评价的重要指标：

$$NPV=\sum_{t=0}^{n}(CI-CO)_t(1+i)^{-T} \tag{6-23}$$

式中　NPV——净现值；

n——项目寿命年限；

i——基准折现率。

对单一项目方案而言，若 $NPV\geqslant 0$，则项目予以接受；若 $NPV\leqslant 0$，则项目应予以拒绝。

在此工艺中，按处理 1t 湿药渣盈利 22.1 元计算，取基准折现率 i 为 6%，由式 (6-23) 计算出该项目的净现值（NPV）约为 111.60 万元。由于净现值（NPV）>0，所以该项目予以接受。

③ 内部收益率（IRR）。

内部收益率指 NPV 为 0 的折现率，它反映的是项目占用资金的盈利率，是考察项目盈利能力的主要动态指标，表达式为：

$$NPV_{IRR}=\sum_{t=0}^{n}(CI-CO)_t(1+IRR)^{-t}=0 \tag{6-24}$$

式中　NPV_{IRR}——基准折现率等于内部收益率的净现值，取值为 0；

IRR——内部收益率。

将 IRR 的计算值与基准折现率 i 进行比较，若 $IRR\geqslant i$，项目接受；若 $IRR<i$，项目应予以拒绝。

内部收益率 IRR 的计算是采用试算内插值方法，按处理 1t 湿药渣盈利 23 元计算，由试算内插值的方法计算出 IRR 的值为 25.87%，可见 IRR 大于基准折现率 6%，所以项目予以接受。

上述经济分析表明，中药渣热解液化技术的产业化具有非常好的经济效益，有良好的应用前景。

6.6.1.3　药渣热解的环境效益

燃烧药渣热解所制得的生物油为厂内供能，充分利用了能量品位较低的生物质，减少了能量品位较高的煤的消耗，可有效降低 CO_2、SO_2 等污染物的排放。另外，对中药渣及时利用减少了其自然腐烂所产生的 CH_4，进一步减少了温室气体的排放。

6.6.1.4　药渣热解的社会效益

可带动整个中药行业采取药渣热解技术，并促进其他有机废弃物排放量高的行业（如制糖业）以及农业对废弃生物质进行利用，从而缓解化石资源短缺带来的压力，对加快社会能源结构的调整、发展低碳经济有重要意义。

6.6.2　水解技术效益评价

以某中药企业为例，年产 15000t 湿药渣。

6.6.2.1 设备规模的确定

中药渣水解也要经过烘干和破碎预处理，因为如果物料中水分过大将会影响后续其在离子液体中的溶解度，而粒径的大小也会影响目标产物的产率，因此需要进行预处理。

生物质在离子液体中的催化水解反应目前还没有工业化应用，在此对其经济效益进行估算。中药渣水解的规模可大可小，可以在厂内处理，然后将产品出售，也可和其他生物质（如秸秆等）收集到一起进行大规模的生产。中药渣水解设备包括干燥箱、破碎机、微波加热器、反应装置、萃取装置、分离装置，按年处理厂内药渣 15000t 估算，总投资约 140 万元。

6.6.2.2 药渣水解的经济效益估算

(1) 预处理与水解过程的耗能估算

药渣水解工艺中物理脱水和破碎处理所消耗的能量与热解工艺中相同，即每处理 1t 湿药渣所需的能量为 109.2MJ。热解过程中将药渣含水率降至 10%即可，但水解要求将药渣中水分完全去除，所以预热处理的能耗将会增多。

按处理 1t 药渣计算，药渣含水率为 80%，则含水 0.8t，干重为 0.2t。湿药渣首先经过物理脱水，脱水后含水率可降至 50%，此时含水 0.2t，水解要求药渣中水分含量为 0，所以需要通过加热蒸发的水为 0.2t。

假设干燥箱温度为 100℃，则药渣中水分的蒸发所需热量为水由常温升至 100℃所吸收的热量和水在 100℃时汽化所需热量。

0.2t (200kg) 从 0℃提高到 100℃的所需热量为：

$$200\text{kg}\times100℃\times4.2\text{kJ}/(\text{kg}\cdot℃)=84000\text{kJ}$$

水的汽化热为 40.8kJ/mol，相当于 2260kJ/kg，则 200kg 水汽化所需热量为：

$$200\text{kg}\times2260\text{kJ/kg}=452000\text{kJ}$$

干燥箱热效率按 80%计算，则水分蒸发所需热量为：

$$(84000+452000)/80\%=670000(\text{kJ})$$

干药渣水解能耗：1t 湿药渣中含 0.2t 干纤维物料，根据实验估算，在微波加热情况下中药渣在离子液体中的催化水解反应大约耗能 40kW·h。由于微波加热效率高，水解能耗比热解能耗低。

反应液与目标产物的分离：目标产物 HMF 和糠醛需要与离子液体进行分离，采用减压蒸馏的方法分别分离出糠醛和 5-羟甲基糠醛。根据实验估算，将 0.2t 干物料水解所得 HMF 和糠醛分离所需能耗大约为 30kW·h。

则药渣水解工艺总能耗约为：286kW·h。

(2) 生物质水解产物的经济效益估算

假定热解设备每天 24h 连续运行，一年共运行 300d，药渣水解为 HMF 的估算成本如表 6-18 所列。

表 6-18　药渣水解的成本估算

构成成本	费用/(元/t)
原料价格	0
设备折旧费	44
运行维护	折旧费的 5%=2.2
工人工资	30
电费	0.5(元/kW·h)×286=143
催化剂+离子液体	280
其他	上述总量的 10%=49.9
总计	549.1

按处理 1t 湿药渣计算，即 0.2t 的干药渣水解，前面章节的研究得出，丹参药渣在最优条件下 HMF 的产率为 62.2%（$w_{\text{HMF}}/w_{\text{纤维素}}$），糠醛的产率为 43.8%（$w_{\text{糠醛}}/w_{\text{木聚糖}}$）。目前，市场上 HMF 的价格为 10000 元/t，糠醛的价格为 6500 元/t。

则处理 1t 湿药渣的收益为：

0.2t×32.24%×62.2%×10000 元/t+0.2t×28.05%×43.8%×6500 元/t=560 元

则通过水解工艺处理 1t 湿中药渣盈利：560−549=11 元

按药厂每年产生湿药渣 15000t 计算，可盈利 16.5 万元。

同理按式(6-22)～式(6-24) 得到投资回收期（*PBP*）、净现值（*NPV*）和内部收益率（*IRR*）分别为 8.8 年、−27.5 和 2.35%，由于净现值小于零而且内部收益率低于贴现率（6%），所以该项目不可取。

6.6.2.3　药渣水解的环境效益

生物质水解生成的 HMF 和糠醛可以扮演平台化合物的角色，成为沟通生物质资源和化学工业的桥梁。例如 HMF 经过与丙酮缩合后再经过加氢反应可以生成 C_9～C_{17} 的烷烃燃料，组分与普通柴油类似，可替代石油燃料，直接用于普通发动机，从而减轻对环境的污染。

6.6.2.4　药渣水解的社会效益

中药渣的水解是主动对废弃垃圾的利用，为生物质的利用提供了一条新的途径，实现了变废为宝，消除了被动处理药渣的状态。这项技术可带动其他有机固体废弃物的处理，为社会提供了新的产业，同时也为社会和人类的可持续发展提供化工原料和能源基础。

6.6.3　焚烧技术效益评价

6.6.3.1　设备规模的确定

根据药渣的日产量，需购置 15t/h 的生物质锅炉进行处理。设备包括供料系统、锅炉本体、烟风系统以及净化设备等。设备总投资约为 100 万元。

6.6.3.2 药渣焚烧的经济效益估算

预处理与水解过程的耗能估算：药渣燃烧工艺中物理脱水和破碎处理所消耗的能量与热解工艺中相同，即每处理1t湿药渣所需的能量为109.2MJ。药渣经过物理脱水后水分含量为50%，此时可以进入锅炉进行燃烧。但是，进入炉膛内要经过预热与干燥的过程，在这个过程中水分完全去除掉。所以，燃烧工艺中去除水分所需要的热量与水解工艺相同，即处理1t湿药渣需要的热量为670000kJ。药渣的温度在炉膛内要升到燃点才可燃烧，假设燃点为450℃（木材类的平均燃点），则药渣燃烧过程中本身升温所需要的热量与热解过程中升温所需要的热量相同。

此外，鼓风和烟气净化过程中也需要能量，按处理1t湿药渣需20kW·h。

总能耗为(670000＋109200＋191250)/3600kW·h＋20kW·h＝289kW·h

药渣燃烧成本估算如表6-19所列。

表 6-19 药渣燃烧的成本估算

构成成本	费用/(元/t)
原料价格	0
设备折旧费	31
运行维护	折旧费的5%＝1.55
工人工资	20
电费	0.5(元/kW·h)×289＝144.5
其他	上述总量的10%＝19.7
总计	216.75

前面章节中测得干丹参药渣的热值为18.2MJ/kg，则燃烧0.2t干药渣释放热量3640MJ，相当于0.17t原煤，那么一年产生的3000t中药直接燃烧的热值相当于2550t原煤（原煤热值按20.934MJ/kg计算）。目前，市场上原煤的价格约为800元/t，如果将燃烧药渣代替燃煤为厂内供能，则每年节省204万元。而处理15000t湿药渣需要的费用为15000×217＝325.5万元，年运行成本费高于年利润。由此可见将中药渣转化为高附加值的产品（如生物燃油和化学产品）更具有经济效益。

6.6.3.3 药渣燃烧的环境效益

本工艺将中药渣进行燃烧，可以替代煤、油等不可再生燃料。与燃煤相比生物质燃烧减少CO_2、SO_x、NO_x的排放，从而减轻了企业对环境的污染。

但是药渣会容易产生二噁英等大气污染物。因为，一方面氯是高等植物必需的营养元素之一，丹参药渣中含有氯元素；另一方面，6.3部分中对丹参药渣的化学分析得出其含有一定量的木质素，木质素是由3种结构单元组成的，包括愈创基丙烷、紫丁香基丙烷和对羟苯基丙烷。木质素燃烧不完全很容易生成二噁英。因此，药渣的燃烧处理工艺存在较大的环境风险。

6.6.3.4 药渣燃烧的社会效益

对于药渣这类废弃生物质的燃烧利用，可以建立分散或集中的燃烧厂进行供热和供电，在一定程度上可减少我国对化石燃料的依赖程度。生物质燃烧利用符合国家中长期科技发展规划和国家能源战略需求，有助于改善我国能源结构。

6.6.4 建立评价指标

6.6.4.1 评价指标建立的原则

(1) 一致性原则

所谓“一致性”原则，是指中药渣资源化技术综合效益评价指标的选择应与指标体系的使用目的相一致，指标体系的构建为使用目的服务。从技术应用角度来看，根据技术指标的不同，中药渣资源化技术综合效益评价指标体系的使用目的可以概括为利于量化、战略参考和方便考核三个方面。为此，在进行中药渣资源化技术综合效益评价指标体系的构建时，必须依据这三个方面的目的选取相一致的、合适的指标，以真正发挥指标体系的功能。

(2) 科学性原则

所谓“科学性”原则，是指中药渣资源化技术综合效益评价指标体系要建立在科学、客观的基础上，既能反映中药渣资源化技术综合效益的本质内涵，较好地衡量中药渣资源化技术的运营对企业经济利益的影响，以及环境效益和社会效益的影响，又要避免指标间的重叠，以使评价目标和评价指标有机联系起来，组成一个层次分明的整体。因此，所选取的指标必须概念清晰、含义明确，且有具体的科学内涵，测算方法标准，统计计算方法规范。

(3) 系统与层次相结合的原则

宏观上中药渣资源化技术综合效益包括经济效益、环境效益和社会效益，由不同层次、不同要素组成。因此，确定指标时应当运用系统的观点，将总体目标分解再进行综合，以便于从各个侧面全面地反映出评价对象的各个主要影响因素，全面系统地反映出某技术实施前后各方面的正负效益。同时要体现出系统的层次性和各子系统的独立性与相关性，分别确定各个层次指标的权重，充分做到系统与层次相结合。

(4) 可操作性原则

所谓“可操作性”原则，是指在中药渣资源化技术综合效益评价指标体系构建时，应充分考虑所涉及的指标在实践中便于获取，测算、统计和汇总上便于操作。也就是说，使用的指标在度量技术、投资和时间上应是可行的，可用准确可信的方法予以测算；同时，指标的数据采集应尽量节省成本，用最小的成本获得最大的信息量。

(5) 可比较性原则

所谓“可比较性”原则，是指中药渣资源化技术综合效益评价指标体系中的各项指标应该具有纵向可比性和横向可比性。纵向可比性意味着指标在时间维度上具有可比性，不同时点上的指标值可以进行比较，其目的是反映技术自身发展的情况；横向可比性意味着指标在技术与技术之间具有可比性，不同资源化技术的指标值可以进行有意义的比较，其目的是通过与其他技术的对比来客观评价该技术综合效益的高低。这就要求指标要有一定的规范性和延续性，所选取的指标要尽量与已有的比较规范的指标靠近，这既利于横向比较又易于采集数据，并保证了数据的延续性。

(6)“3R”原则

中药渣资源化技术综合效益评价指标体系的建立应遵循“3R”原则，即减量化、再利用、再循环的原则。

6.6.4.2 构建指标体系的结构设计

指标体系可以采用基础数据、统计数据、指标、指数的多级结构。基础数据是对一些事物或现象测量所得的原始数据，经整理后公布成为统计数据。如果统计数据具有特殊意义或与某种特殊应用相关则称作指标。指标通过数学方法综合与集成后称作指数。指数按计算形式的不同，分为综合指数和平均数指数。从指标分析到指数编制，能快速为决策者提供一个明确的结果，大大缩短判断的时间。

建立中药渣资源化技术综合效益评价指标体系是药渣资源化利用综合效益评价模型建立的第一步，也是对药渣资源化技术进行综合评价的关键条件。

6.6.4.3 中药渣资源化技术综合效益评价指标体系的建立

中药渣资源化的目的是为了帮助企业实现固体废弃物的资源化、无害化和减量化处理，即在为企业处理固体废弃物的同时并将其资源化利用，从而为企业提供用能，为企业节约成本。在固体废弃物资源化的同时应考虑技术对环境和社会的影响。因此，本书从经济效益、环境效益和社会效益三大方面构建资源化技术评价模型的指标体系，并构建了包含 10 个具体指标的评价指标体系，具体见表 6-20。

表 6-20 中药渣资源化技术综合效益评价指标体系结构框架

目标层	准则层	指标层
中药渣资源化技术综合效益评价指标体系	经济效益	处理药渣的净现值
		经济内部收益率
		投资回收期
		投入产出效率
	环境效益	资源替代效应指数
		处理药渣减少的 CO_2 排放量
		工业固体废弃物综合利用率
	社会效益	新增就业岗位指数
		能源结构优化
		促进相关行业固废资源化利用的发展

初步设想中药渣资源化技术的评价指标体系分为目标层、准则层和指标层。

（1）目标层

中药渣资源化技术综合效益评价指数是我们通过测算所得到的最终结果。通过横向、纵向比较可以反映中药渣资源化利用系统的整体发展水平和发展趋势，其计算来源于准则层的 3 个子模块。

（2）准则层

由经济效益、环境效益和社会效益 3 个子模块构成。其中经济效益是评价中药渣资源化技术的经济可行性和发展能力，包括处理药渣的净现值、经济内部收益率、投资回收期和投入产出效率指数。环境效益用于评价药渣资源化利用的环境保护能力和替代不可再生资源的能力，包括资源替代效应指数、处理每年的药渣减少的 CO_2 排放量和工业固体废弃物综合利用率。社会效益用于评价药渣资源化技术对改善就业情况和能源结构的影响和带动社会其他行业进行固废资源化的影响，包括新增就业岗位指数、能源结构优化和促进相关行业固废资源化利用的发展三个指标。

（3）指标层

净现值是指一个工程在经济分析期中的历年效益的现值之和减去历年费用的现值之和后，所得的差值。净现值大于零则方案可行，且净现值越大，方案越优，投资效益越好。

内部收益率指 NPV 为 0 的折现率，它反映的是项目占用资金的盈利率，是考察项目盈利能力的主要动态指标。

投资回收期是指从项目的投建之日起，用项目所得的净收益偿还原始投资所需要的年限。

投入产出效率是指投资项目收益与项目投资的比率。用作控制度量的投入-产出比率是对投入利用效能的直接测量标准。

6.6.5　指标权重的确定

层次分析法是一种实用的多准则决策方法，对多个因子的不同重要程度做比较时，它把一个复杂的问题表示为有序的递阶层次结构，能够统一处理决策中的定性与定量因素，是一种新的、简洁的、实用的决策方法，特别适用于对影响因素难于完全进行定量分析的问题中。本书选用层次分析法确定指标权重。

6.6.5.1　建立层次结构模型

对问题进行分析，在明确问题所含因素及各因素之间关系的基础上，将有关各因素按照不同属性自上而下的分解成若干层次。同一层各个因素从属于上一层的因素或对上一层因素有影响，同时又从属于下一层的因素或受到下一层因素的作用。本指标体系由 3 层层次结构组成，具体情况见图 6-40。

6.6.5.2　构造判断矩阵并进行一致性检验

对于因子权值分析采用“两两比较法”，以上一层的指标为准则进行两两比较，n 个因子中只对两个因子相互比较重要性，两个因子之间哪个更重要依据的重要性标度见表 6-21。

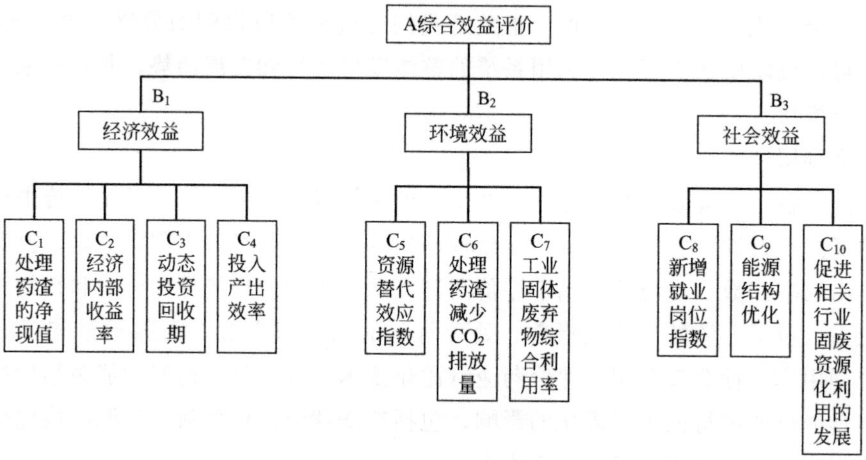

图 6-40 评价指标层次结构示意

表 6-21 层次分析法重要性标度

因素 x,y 相比较	说明	$f(x,y)$	$f(y,x)$
x 与 y 同等重要	x、y 对总目标有相同的贡献	1	1
x 比 y 稍微重要	x 的贡献稍大于 y，但不明显	3	1/3
x 比 y 明显重要	x 的贡献明显大于 y，但不十分明显	5	1/5
x 比 y 十分重要	x 的贡献十分明显大于 y，但不特别突出	7	1/7
x 比 y 及其重要	x 的贡献以压倒优势大于 y	9	1/9
x 比 y 处于上述两相邻判断之间	相邻两判断的折中	2,4,6,8	1/2,1/4,1/6,1/8

根据图 6-40 的层次结构模型，通过对某层次中各元素的相对重要性做出比较判断，即对于上一层次某一准则而言，在其下一层次中所有与之相关的元素依次两两比较，从而得出判断评分而构成两两判断矩阵。

采用单准则计算权重向量时，需要进行一致性检验。在实际中要求判断矩阵要有大体上的一致性，例如若 A 比 B 重要，B 又比 C 重要，则从逻辑上讲，A 应该比 C 重要，若两两比较时出现 C 比 A 重要的结果，则该判断矩阵违反了一致性准则，是不合理的。所以对于构造的判断矩阵，需进行一致性检验。

一致性检验的步骤如下所述。

第一步：计算一致性指标 $C.I.$ (consistency index)

$$C.I.=\frac{\lambda_{\max}-n}{n-1} \tag{6-25}$$

第二步：查表确定相应的平均随机一致性指标 $R.I.$ (random index)，根据判断矩阵不同阶数查表 6-22，得到平均随机一致性指数 $R.I.$（见表 6-22）。

表 6-22 平均一致性指标

n	1	2	3	4	5	6	7	8	9
$R.I.$	0.00	0.00	0.58	0.90	1.12	1.24	1.32	1.41	1.45

第三步：计算一致性比例 $C.R.$ （consistency ratio）并进行判断。

$$C.R.=\frac{C.I.}{R.I.} \tag{6-26}$$

当 $C.I.\leqslant 0.1$ 时，认为判断矩阵的一致性是可以接受的；

当 $C.I.>0.1$ 时，认为判断矩阵不符合一致性要求，需要对该判断矩阵进行重新修正。

① 构造两两矩阵：

A—B

A	B_1	B_2	B_3	W(权重)
B_1	1	3	5	0.63
B_2	1/3	1	3	0.26
B_3	1/5	1/3	1	0.11

② 归一化运算：

$$W_i=\frac{1}{n}\sum_{i=1}^{n}\frac{B_{ij}}{\sum_{i=1}^{n}B_{ij}},\quad i=1,2,\cdots,n(W_i\text{为归一化后的权重}) \tag{6-27}$$

$$\sum_{i=1}^{3}B_{i1}=1+\frac{1}{3}+\frac{1}{5}=1.5333 \tag{6-28}$$

同理 $\sum_{i=1}^{3}B_{i2}=4.3333$，$\sum_{i=1}^{3}B_{i3}=9$

$$W_1=\frac{1}{3}\left(\frac{1}{1.5333}+\frac{3}{4.3333}+\frac{5}{9}\right)=0.63 \tag{6-29}$$

同理 $W_2=0.26$，$W_3=0.11$

③ 一致性检验：

$$\lambda=\frac{1}{n}\sum_{i=1}^{n}\frac{\sum_{j=1}^{n}B_{ij}W_j}{W_i} \tag{6-30}$$

代入数据得

$$\lambda=3.0368$$

计算 $C.I.=0.0184$，$n=3$ 时，$R.I.=0.58$，$\frac{C.I.}{R.I}=0.032<0.1$，一致性可以被接受。

④ 所以，准则层各因素权重值（0.63，0.26，0.11）：

B_1—C

B_1	C_1	C_2	C_3	C_4	$W^{(1)}$	指标
C_1	1	1/3	1/5	1/6	0.06	$\lambda^{(1)}=4.034$, $C.I.^{(1)}=0.0113$, $R.I.^{(1)}=0.90$, $C.R.^{(1)}=\frac{C.I.^{(1)}}{R.I.^{(1)}}=0.0126<0.1$
C_2	3	1	1/2	1/3	0.16	
C_3	5	2	1	1/2	0.29	
C_4	6	3	2	1	0.48	

B_2—C

B_2	C_5	C_6	C_7	$W^{(2)}$	指标
C_5	1	4	5	0.66	$\lambda^{(2)}=3.0869$, $C.I.^{(2)}=0.0435$, $R.I.^{(2)}=0.58$, $C.R.^{(2)}=\frac{C.I.^{(2)}}{R.I.^{(2)}}=0.0749<0.1$
C_6	1/4	1	3	0.23	
C_7	1/5	1/3	1	0.11	

B_3—C

B_3	C_8	C_9	C_{10}	$W^{(3)}$	指标
C_8	1	1/2	1/5	0.12	$\lambda^{(3)}=3.0247$, $C.I.^{(3)}=0.0124$, $R.I.^{(3)}=0.58$, $C.R.^{(3)}=\frac{C.I.^{(3)}}{R.I.^{(3)}}=0.0213<0.1$
C_9	2	1	1/4	0.20	
C_{10}	5	4	1	0.68	

⑤ 总一致性检验

$$C.I.^{总}=(C.I.^{(1)},C.I.^{(2)},C.I.^{(3)})W$$
$$=(0.0113,0.0479,0.0124)\times(0.63,0.26,0.11)^{\mathrm{T}}=0.0209 \tag{6-31}$$
$$R.I.^{总}=(R.I.^{(1)},R.I.^{(2)},R.I.^{(3)})W$$
$$=(0.90,0.58,0.58)\times(0.63,0.26,0.11)^{T}=0.7816 \tag{6-32}$$

$\frac{C.I.^{总}}{R.I.^{总}}=0.0267<0.1$，满足一致性要求。

6.6.5.3 权重值的确定

(1) 经济效益

$$W_1=(0.06,0.16,0.29,0.48)$$

(2) 环境效益

$$W_2=(0.66,0.23,0.11)$$

(3) 社会效益

$$W_3=(0.12,0.2,0.68)$$

6.6.5.4 评价等级的制定

把药渣资源化利用的综合效益分为优、良、中、差 4 个等级，见表 6-23。

表 6-23 中药渣资源化利用技术综合效益评价体系

序号	一级评价指标	权重	二级评价指标	权重	优	良	中	差
1	经济效益	0.63	处理药渣的净现值/万元	0.06	220	180	160	140
			经济内部收益率/%	0.16	35	20	15	7
			投资回收期/年	0.29	3	3.5	4.5	6
			投入产出效率	0.48	≤0.5	0.5～0.8	0.8～1	≥1
2	环境效益	0.26	资源替代效应指数	0.66	替代能力较好	可替代	可替代，但有缺陷	替代能力较差
			资源化利用药渣每年减少的 CO_2 排放量/t	0.23	6000	4000	3000	2000
			工业固体废弃物综合利用率/%	0.11	95	70	60	50
3	社会效益	0.11	新增就业岗位指数	0.12	10	5	4	3
			能源结构优化	0.2	可较好地促进社会能源结构调整	可促进社会能源结构调整	对能源结构调整影响不大	对能源结构调整影响较小
			促进相关行业固废资源化利用的发展	0.68	较好地带动其他行业固废资源化利用的发展	可带动其他行业固废资源化利用的发展	影响力不太大	影响力较小

6.6.6 模糊数学评价

6.6.6.1 模糊数学评价法概述

模糊数学评价方法是运用模糊变换原理和最大隶属度原则，综合考虑被评判事物或其属性的相关因素，建立综合评判模型，对受到多种因素制约的事物或对象做出一个总体的评价。

模糊综合评判的数学模型是由因素集 U、评判集 V 和评判矩阵 R 构成的。对于已知的因素集 $U=\{u_1,u_2,\cdots,u_m\}$ 和评判集 $V=\{v_1,v_2,\cdots,v_n\}$，其各因素的权分配为 U 上的模糊子集 A：$A=(a_1,a_2,\cdots,a_m)$，式中：a_i 为第 i 个因素所对应的权值，且 $\sum_{i=1}^{m}a_i=1$。u_i 对 v_j 的隶属度为 r_{ij}，得出第 i 个因素 u_i 的单因素评价集 $r_i=\{r_1,r_2,\cdots,r_n\}$，$m$ 个评判集就得出 U 到 V 的模糊评价矩阵：

$$R=\begin{bmatrix} r_{11} & r_{12} & \cdots & r_{1n} \\ r_{21} & r_{22} & \cdots & r_{2n} \\ \cdots & \cdots & \cdots & \cdots \\ r_{m1} & r_{m2} & \cdots & r_{mn} \end{bmatrix},\quad \sum_{i=1}^{m}r_{ij}=1,i=1,2,\cdots,n \tag{6-33}$$

R 是 U 到 V 的模糊关系，r_{ij} 表示第 i 个评价因素隶属第 j 个评价水平等级的可能程度。综合评判结果为：

$$B = AR = \{b_1, b_2, \cdots, b_n\}, \quad \sum_{i=1}^{n} b_i = 1 \tag{6-34}$$

式(6-34) 中 b_i 越大，说明相应的评判对象出现的问题越突出。

（1）模糊综合评价的基本要素

模糊综合评价包括 6 个基本要素：

① 评判因素论域。代表综合评判中各评判因素所组成的集合。

② 评语等级论域。代表综合评判中评语所组成的集合，它实质是对被评事物变化区间的一个划分，如非常好、好、一般、较差等不同等级的评语。

③ 模糊关系矩阵。它是单因素评价的结果，即单因素评价矩阵。模糊综合评价所综合的对象是模糊关系矩阵。

④ 评判因素权向量。它代表评价因素在被评对象中的相对重要程度，它在综合评判中用来做加权处理。

⑤ 模糊算子。模糊算子是指合成与所用的计算方法，即合成方法。

⑥ 评判结果向量。

（2）模糊数学评价模型的特点

① 科学性。指标体系中包含各种指标因素，各指标从不同角度对中药渣资源化技术进行评价，具有多解性和不确定性。模糊数学评价是以模糊数学中的综合评判方法为评估依据的，体现了较好的科学性和现实性。

② 综合性。将关系中药渣资源化技术实际应用的各种影响因素利用模糊数学方法有机地关联起来进行评价。通过确定权重值可以体现不同影响因素对体系的贡献大小，能综合反映某项技术的可行性，不易偏颇。模糊评价可以定量地综合描述中药渣资源化技术的整体状况和水平，通过评估，可以优选最合适的资源化利用方式。

③ 适应性。评估项目等级的设定是根据各种技术的经济效益、环境效益和社会效益的变化，在一定的时期内予以调整。

④ 激励性。模糊数学评价中各项技术的评价指标均分为若干级别加以评定，不仅能给出某项技术的可行性程度论断，而且可以明显地发现对制约某项技术应用的环节，从而激励研究人员对该环节的深入研究，为生物质资源化技术的工业化应用提供数据参考。

中药渣资源化技术的综合效益水平，作为一个综合评价指标，最终以数值的形式给出该技术对应等级的隶属度，趋于综合效益较好的隶属度越高，表明被评价的资源化技术的可行性越高；反之，则不高。

6.6.6.2 评价步骤

运用模糊数学中的综合评判方法，定量分析，并运用“最大隶属度”原则进行评价，可以判断出技术可行性的等级和存在问题的环节。模糊数学方法对中药渣各项资源化技术的综合效益进行评价，关键在于确定模糊关系矩阵中评价因素隶属度和评价因素权重系数。

（1）建立因素集 U

根据前面已建立的药渣资源化技术评价指标体系，可知此评价模型为二级综合评判模型。

因素集（U）是影响评价对象的 n 个指标所组成的一个集合。本书中的因素集为药渣资源化技术的评价指标，即3个一级指标、10个二级指标。

即

$U=\{U_1,U_2,U_3\}$（U_i 为一级指标）

$u_1=\{u_{11},u_{12},\cdots,u_{1n}\}$（$u_{11}$ 为二级指标）

（2）建立评判集 V

评判集 V 是与 U 中评价因素相应的评价标准集合。

表示为 $V=\{v_1,v_2,\cdots,v_n\}$

本文中的评判集为中药渣资源化技术评价指标的评价标准集合，分为4个等级。

（3）建立权重集 S

在因素集中，各因素的重要程度不同。为了反映各因素的重要程度，对各因素给予不同的权重系数 $s_i(i=1,2,\cdots,n)$。由各个权重系数组成的集合 $S=\{s_1,s_2,\cdots,s_n\}$，其中 $\sum_{i=1}^{n}s_i=1$，$s_i\geqslant 0$。本文应用层次分析法确定的评价指标体系的权重，见表6-23。

（4）单因素模糊评判

设被评判对象按因素集中的第 i 个因素 u_i 进行评判，对评判集中第 j 个因素 V_j 的隶属度为 r_{ij}，则按照第 i 个因素 u_i 进行评判的结果可以表示为 $r_i=(r_{i1},r_{i2},\cdots,r_{im})$。同理，可以得到其他指标的评判结果，将各单个指标评判集的隶属度为行组成矩阵，称为单因素评判矩阵，即

$$R=\begin{bmatrix} r_{11} & r_{12} & \cdots & r_{1n} \\ r_{21} & r_{22} & \cdots & r_{2n} \\ \cdots & \cdots & \cdots & \cdots \\ r_{m1} & r_{m2} & \cdots & r_{mn} \end{bmatrix} \tag{6-35}$$

在该模糊判断矩阵中，r_{ij} 表示第 i 个指标被评为第 j 级标准的可能性，即 i 对 j 的隶属度。因此，R 中的第 i 行表示第 j 个评价指标对各个评价等级的隶属性；而第 j 列则表示各个指标对第 j 级的隶属性。

根据模糊集理论的综合判断概念，由已知的 $R=(r_{ij})n\times m$ 和权重向量 $S=\{s_1,s_2,\cdots,s_n\}$ 利用下面的公式求出综合评价二级指标判断的判定向量。

$$A=S\times R=(s_1,s_2,\cdots,s_n)\begin{bmatrix} r_{11} & r_{12} & \cdots & r_{1n} \\ r_{21} & r_{22} & \cdots & r_{2n} \\ \cdots & \cdots & \cdots & \cdots \\ r_{m1} & r_{m2} & \cdots & r_{mn} \end{bmatrix} \tag{6-36}$$

（5）模糊综合评判

单指标模糊评判只是涉及一个指标对评判集的影响，利用单指标模糊评判的结果，将

中药渣资源化技术评价指标中第一级指标 B_1，B_2，B_3作为一个元素，利用二级判断所得向量作为它的隶属度，构成一个 3×4 阶隶属度矩阵，结合相应权重，根据最大隶属度原则，得到最后一级评判结果 A'。

6.6.6.3 确定模糊综合评价的隶属度

根据已建立的中药渣资源化技术综合效益评价指标体系，采用模糊数学评价法对三种资源化技术进行评价。利用模糊数学方法对药渣资源化技术进行评价，关键在于确定模糊关系矩阵中评价因素隶属度和权重系数。权重系数已经确定，隶属度的确定方法如下所述。

(1) 定量指标隶属度的确定方法

利用隶属度函数给出隶属度。假设各级评价标准值分别为 C_1、C_2、C_3、C_4，指标 $u_i(x)$ 的隶属程度 r_{ij} ($r_i=\{r_{i1},r_{i2},r_{i3},r_{i4}\}$) 与其值 x 的大小有关，在 $C_1>C_2>C_3>C_4$时的隶属度计算如下（$C_1<C_2<C_3<C_4$时的情况可类推）：

当 $x\geqslant C_1$时，$r_{i1}=1$，$r_{i2}=0$，$r_{i3}=0$，$r_{i4}=0$；

当 $x=C_2$时，$r_{i1}=0$，$r_{i2}=1$，$r_{i3}=0$，$r_{i4}=0$；

当 $C_2<x<C_1$时，

$$r_{i2}=(C_1-x)/(C_1-C_2), \tag{6-37}$$

$r_{i1}=1-r_{i2}$，$r_3=0$，$r_{i4}=0$；

当 $C_3<x<C_2$时，$r_{i1}=0$，

$$r_{i3}=(C_2-x)/(C_2-C_3), \tag{6-38}$$

$r_{i2}=1-r_{i3}$；$r_{i4}=0$；

当 $x=C_3$时，$r_{i1}=0$，$r_{i2}=0$，$r_{i3}=1$，$r_{i4}=0$；

当 $C_4<x<C_3$时，$r_{i1}=0$，$r_{i2}=0$，

$$r_{i4}=(C_3-x)/(C_3-C_4), \tag{6-39}$$

$r_{i3}=1-r_{i4}$；

当 $x\leqslant C_4$时，$r_{i1}=0$，$r_{i2}=0$，$r_{i3}=0$，$r_{i4}=1$。

(2) 定性指标隶属度的确定方法

不能量化的指标的评价采用专家打分法来确定，即由多个专家给出因素集中每个因素的隶属度值，然后对每一个因素的多个隶属度求算术平均，最后进行归一化运算，求出每个指标的隶属度。

热解技术的一级评价：

$$A_1=S_i\times R_{ij}=(s_1,s_2,\cdots,s_n)\begin{bmatrix} r_{11} & r_{12} & \cdots & r_{1n} \\ r_{21} & r_{22} & \cdots & r_{2n} \\ \cdots & \cdots & \cdots & \cdots \\ r_{m1} & r_{m2} & \cdots & r_{mn} \end{bmatrix}=(0.06,0.16,0.29,0.48,)$$

$$\begin{bmatrix} 0.3 & 0.7 & 0 & 0 \\ 1 & 0 & 0 & 0 \\ 0.8 & 0.2 & 0 & 0 \\ 0.106 & 0.623 & 0.244 & 0.027 \end{bmatrix}=(0.4447,0.3612,0.1171,0.013) \tag{6-40}$$

进行规一化运算，得（0.4751，0.3859，0.1251，0.0138）

同理，

$A_2=(0.4510,0.3583,0.1430,0.0477)$，

$A_3=(0.4187,0.3549,0.1774,0.049)$

$$A'=S'\times R'_{ij}=(0.63,0.26,0.11)\begin{bmatrix}0.4751 & 0.3859 & 0.1251 & 0.0138\\0.4510 & 0.3583 & 0.1430 & 0.0477\\0.4187 & 0.3549 & 0.1774 & 0.0490\end{bmatrix}$$

$$=(0.4626,0.3753,0.1355,0.02649) \tag{6-41}$$

各指标隶属度统计如表 6-24 所列。

表 6-24　各指标隶属度统计

项目	热解				水解				燃烧			
	V_1	V_2	V_3	V_4	V_1	V_2	V_3	V_4	V_1	V_2	V_3	V_4
u_{11}	0.3	0.7	0	0	0	0	0	1	0	0	0	1
u_{12}	1	0	0	0	0	0	0.37	0.63	0	0	0	1
u_{13}	0.8	0.2	0	0	0	0.1	0.9	0	0	0	0	1
u_{14}	0.106	0.623	0.244	0.027	0	0.271	0.425	0.304	0.226	0.358	0.316	0.100
u_{21}	0.473	0.319	0.231	0.077	0.445	0.328	0.227	0	0.451	0.353	0.205	0
u_{22}	0.446	0.554	0	0	0	0.35	0.65	0	0.3	0.7	0	0
u_{23}	0.6	0.4	0	0	0	0.5	0.5	0	1	0	0	0
u_{31}	0.118	0.251	0.359	0.272	0.386	0.327	0.225	0.062	0.105	0.364	0.337	0.194
u_{32}	0.428	0.315	0.206	0.051	0.227	0.326	0.281	0.166	0.139	0.251	0.368	0.242
u_{33}	0.469	0.385	0.137	0.009	0.236	0.391	0.328	0.045	0.427	0.361	0.205	0.007

同理得到药渣资源化技术利用效益的评价结果，见表 6-25。

表 6-25　药渣资源化技术利用效益的评价结果

项目	优	良	中	差
热解	0.4626	0.3753	0.1355	0.0265
水解	0.1041	0.2393	0.4786	0.1779
燃烧	0.1596	0.1392	0.1649	0.5363

通过对药渣资源化技术的经济效益、环境效益和社会效益进行分析，综合评价各项技术的可行性。由模糊数学综合评判模型隶属关系可得，药渣通过热解进行资源化利用对“优”的隶属度最高，说明其可行性最好。药渣水解技术对“中”的隶属度较高，而燃烧技术对于“差”的隶属度最高，说明后两项技术不适合应用于中药企业。主要是因为药渣热解得到的产品附加值较高，经济效益明显，也有较好的环境效益和社会效益，而药渣水解技术中产物的转化率较低、程序较复杂、运行成本较高；另外本书研究的微波辅助离子液体水解中药渣是一项比较新的技术，工艺的各个环节需要进行研究和优化。

参 考 文 献

[1] 陈洪章，彭小伟．汽爆技术促进中药资源高值化利用．化学进展，2012，24（9）：1857-1864.
[2] 石敏．灵芝蒸汽爆破提取技术的研究及产物安全性评价．无锡：江南大学，2014.
[3] 吕毅东．富含灵芝的中药渣用于制浆造纸和制备多孔炭材料的研究及应用．广州：华南理工大学，2018.
[4] 张英．中药药渣资源利用研究现状．药物生物技术，2013，20（3）：280-282.
[5] 李卫红，包玉衡，雷文，等．中药渣复合材料研究现状．塑料，2017，46（05）：81-83，97.
[6] 陆景伟，王远会，张远陵，等．中药渣在农业上的综合利用研究进展．南方农业，2013，7（12）：64-67.
[7] 王小国．中药渣资源化利用现状．中国资源综合利用，2019，37（1）：81-84.
[8] 吴东丽，肖相政，李岳彬．中药渣资源化利用现状．广东化工，2015，42（14）：103-105.
[9] 郭文东，何兴，冯兴，等．中药渣综合利用研究进展．成都大学学报（自然科学版），2015，34（02）：125-128.
[10] 杨冰，丁斐，李伟东，等．中药渣综合利用研究进展及生态化综合利用模式．中草药，2017，48（02）：377-383.
[11] 王树荣，骆仲泱，董良杰，等．几种农林废弃物热裂解制取生物油的研究．农业工程学报，2004，20（2）：246-249.
[12] 杜甫佑，张晓昱，王宏勋．木质纤维素的定量测定及降解规律的初步研究．生物技术，2004，14（5）：46-48.
[13] Hu S，Xiang J，Sun LS，et al. 2008. Characterization of char from rapid pyrolysis of rice husk. Fuel Process Technol，2008，89：1096-1105.
[14] 冼萍，钟莉莹，王孝英．两面针药渣的热解气化利用特性分析．可再生能源，2007，25（1）：26-28.
[15] 王明峰，蒋恩臣，周岭．玉米秸秆热解动力学分析．农业工程学报，2009，25（2）：204-207.
[16] Park Y H，Kim J，Kim S S，et al. Pyrolysis characteristics and kinetics of oak trees using thermogravimetric analyzer and micro-tubing reactor. Bioresour Techno，2009，100（1）：400-405.
[17] Maschio G，Koufopanos C，Lucchbesi A. Pyrolysis，a promising route for biomass utilization. Bioresour Technol，1992，42：219-231.
[18] 吕太，张翠珍，吴超．粒径和升温速率对煤热分解影响的研究．煤炭转化，2005，28（1）：17-20.
[19] 刘振海．热分析导论．北京：化学工业出版社，1991.
[20] Coats A W，Redfern J P. Kinetic parameters from thermogravimetric data. Nature，1964，201（4914）：68-69.
[21] 胡荣祖，史启祯．热分析动力学．北京：科学出版社，2001.
[22] Samolada M C，Papafotica A，Vasalos A. Catalyst evaluation for catalytic biomass pyrolysis. Energy & Fuel，2000，14（6）：1161-1167.
[23] Uzun B B，Sarioluğlu N. Rapid and catalytic pyrolysis of corn stalks. Fuel Process Technol，2009，90（5）：705-716.
[24] 鲍卫仁，薛晓丽，曹青．MCM-41/SBA-15 中孔分子筛对生物质热解油的催化裂解研究．燃料化学学报，2006，34（6）：675-679.
[25] 鲁长波，杨昌炎，林伟刚，等．生物质催化热解的 tg-ftir 研究．太阳能学报，2007，28（6）：638-643.
[26] Onda A，Ochi T，Yanagisawa K. Selective hydrolysis of cellulose into glucose over solid acid catalysts. Green Chem，2008，10（10）：1033-1037.
[27] 任强，武进，张军，等．1-烯丙基-3-甲基咪唑室温离子液体的合成及其对纤维素溶解性能的初步研究．高分子学报，2003（3）：448-451.
[28] 罗慧谋，李毅群，周长忍．功能化离子液体对纤维素的溶解性能研究．高分子材料科学与工程，2005，21（2）：233- 235.
[29] 李东娟，李坤兰，马英冲．纤维素在离子液体溶剂中溶解性能的研究进展．合成纤维，2007，2：28-33.
[30] 庄新姝．生物质超低酸水解制取燃料乙醇的研究．杭州：浙江大学，2005.
[31] 吴东儒．糖类的生物化学．北京：高等教育出版社，1987.

[32] 程凌燕，朱天祥，刘巍巍．纤维素在离子液体中的溶解特性研究．合成纤维，2008，4（9）：11-13.
[33] 李东东，陈陈．风力发电机组动态模型研究．中国电机工程学报，2005，25（3）：115-119.
[34] 杨勇，安恩科，陈卓．秸秆直燃发电项目经济分析及建议．能源技术，2009，30（6）：342-346.
[35] 周益同，张小丽，张力平．木质素的结构及其改性现状．现代化工，2010，30：63-67.
[36] 何淑媛，方国华．农业节水综合效益评价指标体系构建．中国农村水利水电，2007，7：44-47.
[37] 季根蔡．基于层次分析法的水库大坝安全鉴定的综合评价．红水河，2007（1）：133.
[38] 余克林，杨永生，章臣．模糊综合评判法在判别矿井突水水源中的应用．金属矿山，2007（3）：47.
[39] 李鸿吉．模糊数学基础及实用算法．北京：科学出版社，2005.

第 7 章 典型有机固体废弃物资源化技术研究展望

7.1 超高温好氧发酵技术

堆肥是一种将污水污泥转化为安全稳定产品的环保且经济可行的技术。但是，由于效率低，堆肥时间长，堆肥质量不理想，传统的嗜热堆肥（TC）的应用受到限制。超高温好氧发酵（HTC）是一种新颖的好氧发酵技术，该工艺通过添加极端嗜热微生物的超高温好氧发酵菌剂，使堆肥温度在不依赖于外加热源快速提高至 80℃以上（最高温度可达到 100℃），具有在促进有机物降解、加速堆肥腐熟进程、高效杀灭病虫卵等有害物质以及在堆肥过程二次污染控制等方面具有明显优势。

超高温好氧发酵与传统堆肥技术特性比较如表 7-1 所列。

表 7-1 超高温好氧发酵与传统堆肥技术特性比较

发酵技术	超高温好氧发酵	传统好氧发酵
最高温度	90℃以上	55～70℃
高温维持时间	≥80℃持续 5～7d	≥55℃持续 7d
发酵周期	15～22d	30～50d
污泥减量效果	>70%	50%
污泥稳定化①	GI≥80%	GI≥60%
臭气	主要为氮气，无恶臭	NH_3、H_2S、SO_2 以及烷烃类气体
挥发性固体有机物降解率	>70%	>50%
初始 C/N 值	(6～8)∶1	(25～35)∶1
蛔虫卵死亡率	100%	≥90%
粪大肠菌群值①	≥0.01	GI≥80%

① 粪大肠菌群值的含义是含有一个粪大肠菌的被检测样品或毫升数，该值越大，含菌量越小。

注：GI 表示种子发芽率。

7.1.1 超高温好氧发酵技术原理、工艺

与传统好氧堆肥相比，超高温好氧发酵工艺最大的区别就是添加了极端嗜热菌剂，无

需外部加热即可提高好氧发酵温度，使发酵温度维持在超高温状态从而加快堆肥进程，缩短发酵周期。HTC 工艺的最高温度可能超过 90℃甚至 100℃，明显高于传统好氧堆肥的温度，因此提高了有机物（OM）的生物转化效率。根据堆体温度的变化，可将超高温好氧发酵工艺分为 4 个阶段：a. 升温阶段，⩽80℃；b. 超高温阶段，⩾80℃；c. 高温阶段，50～80℃；d. 腐熟阶段，<50℃。

超高温好氧发酵流程如图 7-1 所示。

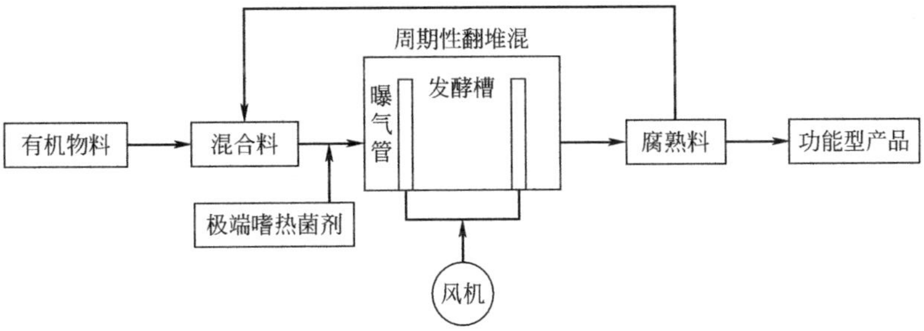

图 7-1　超高温好氧发酵流程

超高温堆肥技术优势包括：

① 加快堆肥腐殖化进程，促进腐殖质前体大量产生；

② 通过抑制硝化和反硝化，有效减少 N_2O 排放和堆肥氮素损失；

③ 超高温抑制抗生素质粒丰度，有效减少 ARGs 和 MEGs 等抗生素残留；

④ 超高温环境增强生物氧化酶活性，加速微塑料等高分子有机污染物的降解；

⑤ 促进富含羧基等不饱和基团的富里酸和腐殖酸组分产生，提高堆肥产品土地利用附加值。

7.1.2　极端嗜热微生物菌剂

在传统堆肥高温阶段，占优势地位的微生物大多属于厚壁菌门（Firmicutes）、拟杆菌门（Bacteroides）、变形菌门（Proteobacteria）、放线菌门（Actinobacteria）等，而在属水平上，以 Bacillus、Actinomyces 等中等嗜热细菌（45～55℃）为主。而在超高温堆肥过程中，微生物群落组成演替更为剧烈，特别在超高温阶段，微生物群落组成趋于单一。其中，厚壁菌门 Firmicutes（约 74%）和放线菌门 Actinobacteria（约 25%）为绝对优势菌群；而两者在超高温堆肥产物中的丰度分别约为 44%和 56%。在属水平上，超高温堆肥中占优势地位的细菌主要有 Saccharomonospora（约 28%）、Oceanobacillus（约 13%）、Thermobifida（约 13%）、Actinomadura（约 12%）、Bacillus（约 11%）和 Geobacillus（约 6%）等。目前，发现的极端嗜热微生物生长在一些特定环境中，例如热泉、火山、堆肥等环境。目前发现的 90 多种嗜热微生物大多位于古细菌和细菌的根部短分枝。

7.1.3　促进堆肥快速腐殖化机制

温度是决定堆肥效率的关键因素，提高堆肥温度可以加速腐殖化过程并缩短堆肥周期。腐殖酸作为评估生物学成熟度和化学稳定性的重要指标，其含量和结构都与有机物的腐殖化程度有关。而在超高温好氧发酵将有机物转化为稳定的腐殖质的过程，分为以下两步。

第一步：在升温和高温阶段，优势嗜热微生物通过降解有机质获得各种腐殖质前体，如氨基酸、还原糖、多酚、多糖及小分子有机酸等；

第二步：将不同腐殖质前体通过聚合、氧化等一系列生化反应形成腐殖质。

腐殖质前体的产生通常发生在堆肥过程的升温和高温阶段，而腐殖质形成主要发生在降温和腐熟阶段，堆体中优势嗜热微生物对腐殖质前体的产生起决定性作用。在超高温堆肥条件下，嗜热微生物酶活性显著增强，（极端）嗜热菌驱动有机质快速降解和转化，导致腐殖质前体大量产生和累积，这是实现超高温堆肥快速腐殖化的重要前提。随着各种有机物被快速降解、大量腐殖质前体的累积，氧化、缩聚和芳构化反应加速，加快了有机质的转化速率和堆肥腐殖化进程。

7.1.4 超高温堆肥促进污染物高效去除与控制机制

7.1.4.1 氧化亚氮（N_2O）减排机制

传统高温堆肥过程的硝化和反硝化过程易产生温室气体 N_2O。因此，堆肥过程中 N_2O 的产生和排放也成了重点关注的污染物。温度对硝化和反硝化作用产生强烈抑制，由此可见，温度是制约 N_2O 排放量的关键因素。在超高温条件下，影响硝化和反硝化过程的关键功能蛋白——氨单加氧酶（amoA）和氧化亚氮还原酶（norB）基因表达被抑制，较于普通堆肥，超高温好氧堆肥可减少 N_2O 排放量达 90%以上。因此，超高温堆肥不仅通过抑制硝化和反硝化反应速率减排 N_2O，而且能促使更多含氮有机组分转化为腐殖质组分，减少了堆肥过程的氮素损失，提高堆肥产品氮含量。

7.1.4.2 抗生素抗性基因消减机制

堆肥是将有机废物转化为肥料的有效方法。但是，有机固体废物通常包含大量抗生素抗性基因（ARG）和移动遗传元件（MGE），当它们传播给人类时会降低抗生素治疗的功效。有机废物高温堆肥被证明是去除堆肥产品抗生素残留的有效手段，但普通高温堆肥对 ARGs 去除效果并不显著，其原因通常为以下两个。

① 可动遗传因子（MEGs）可以使 ARGs 在不同细菌和潜在宿主之间发生水平基因转移，且 ARGs 的丰度和多样性随细菌群落演替发生改变；普通高温堆肥的温度不足以有效杀灭 ARGs 宿主细胞。

② 超高温好氧发酵可以使 ARGs 主要载体抗性质粒的丰度在超高温条件下受到抑制。通过改变 ARGs 宿主细菌群落结构，降低 ARGs 潜在宿主以及抗性质粒的丰度，减少 MEGs 从而抑制 ARGs 的水平基因转移效应，最终实现 ARGs 的高效消减。超高温堆肥比常规堆肥更有效地去除了 ARG 和 MGE（分别为 89%和 49%），而高嗜热性合成中 ARG 和 MGE 的半衰期较低（分别为 67%和 58%）。

7.1.4.3 微塑料降解机制

在超高温堆肥体系中，Thermus、Bacillus 和 Geobacillus 等构成了独特的微生物群落结构，并产生具有较高生物氧化活性的降解酶。在高活性的微生物和高温条件作用下，微塑料分子结构中的—C—C—键发生断裂并氧化为—C═O—和—C—O—。在高温下生物降解期间形成的 C—O 或 C═O 基团帮助降低了塑料的疏水性，从而降低了细菌抵抗生物降解的能力。

7.1.4.4 重金属钝化机制

目前，能够促进堆肥过程中重金属钝化机制较多，如腐殖酸络合、生物炭等各种外源添加物吸附、微生物吸附和氧化、提高 pH 值促进重金属稳定等。由于超高温堆肥产品中产生了大量富含羧基和酚羟基等结构的组分，能够与重金属发生强烈络合作用。由于 HA 中的羧基是实现对重金属高效钝化的主要官能团，所以重金属污染土壤修复更适宜采用超高温堆肥工艺。

7.2 通过固态发酵（SSF）获得的酶进行酶促预处理

在巴西，早已出现利用有机固体废弃物进行固态发酵（SSF），将获得的降低生产成本的酶应用于各个工业领域。SSF 产生的脂肪酶中很大一部分来自青霉和曲霉属的丝状真菌。为了使酶水解更广泛地传播，除了要注意工艺效率之外，还寻求可接受的经济成本。因此，正在研究利用固态发酵（SSF）进行酶的生产，其作为能够降低成本的重要生产过程。

目前有科学家提出在有机固体废弃物的处理方面，可以利用固态发酵（SSF）获得的酶进行酶促预处理。而在用于有机固体废物处理的酶的选择基本上取决于每种废弃物的来源和特征。有几种类型的酶可用于废水处理（如脂肪酶、葡聚糖酶和蛋白酶），其中最常见的是使用脂肪酶。在废水处理和厌氧消化中，酶的使用必须遵循某些标准，例如产生的产物的毒性，生物降解性，目标底物的选择性降解性，工艺条件下酶的活性以及生产成本。与废水处理过程一样，在厌氧消化/共消化过程中，酶的成本较高。考虑到这一事实，一直在寻找新的可行且廉价的酶生产技术，例如固态发酵工艺 SSF 产生的酶（脂肪酶）在多种生物技术过程（包括废水的预处理）中的应用潜力很大，其中重点在于厌氧过程；除此之外，还包括生产沼气（甲烷）。

污水污泥和有机固体废弃物（OFMSW）的厌氧共消化是一项成熟的技术。厌氧共消化的优势是提高沼气产量，实现废弃物的减量化，通过生物体的生物化学转化实现有机固体废物减量化处理，同时其残留物沼渣也可以用作生物肥料。有机固体废弃物富含脂质、蛋白质和糖类以及其他物质。然而，已知在厌氧消化（水解）的初始阶段某些难降解物质阻碍了该阶段的顺利进行，需要进行预处理。大多数微生物不易降解脂质、蛋白质、糖类、纤维素、木质素和半纤维素等较复杂的物质。所以，对于这些残留物的预处理是提高这些物质的生物降解能力并促进其被微生物消耗的关键。在厌氧消化过程中使用水解酶，特别是脂肪酶和蛋白酶作为助剂，可以得到更高质量的沼气。酶促预处理阶段将甘油三酸酯水解为脂肪酸和甘油，使微生物种群在厌氧消化的后期表现更好，减小了颗粒的直径，从而促进了生物质与有机物之间的接触。

通常，生产沼气的主要困难是甲烷的浓度低，平均而言，甲烷浓度不会超过60%～70%。不同的预处理方式，也都面临着不同程度的难题，例如：化学或热预处理，然后进行厌氧消化，对能量或化学物质的成本很高，而酶促预处理对酶的生产成本很高。通过使用固态发酵（SSF）获得的酶制剂对不同厌氧消化的混合底物进行预处理，不仅可以减少酶的生产成本，还对甲烷产量和浓度有不同程度的提升。

7.3 利用快速焦耳加热法制取石墨烯

大部分块状石墨烯是通过自上向下的方法生产的。大多数批量生产石墨烯是通过自上而下的剥离方法，这种方法通常需要大量的溶剂，并需要破碎、声波处理或电化学处理。尽管将石墨化学氧化成氧化石墨烯促进了剥离，但在随后的还原步骤之后需要苛刻的氧化剂并留下具有缺陷的穿孔结构的石墨烯。如果通过化学气相沉积或先进的合成有机方法进行，则自下而上的高质量石墨烯合成通常会被限制为超少量，或者如果在本体溶液中进行，则其提供了缺陷密集的结构。近年来出现了快速焦耳热的技术，在纳米材料合成领域非常活跃。

快速焦耳加热技术，即通过高压放电，在100ms内达到3000K的高温，只需要不到1s的时间就可以将煤、石油焦炭、生物炭、炭黑、废弃食品、橡胶轮胎、塑料废料等富含碳的廉价原料转变为石墨烯，这种石墨烯被作者称为flash graphene（FG）。这种“快闪石墨烯”的合成不需要使用反应炉，不需要使用溶剂或者反应性气体，产量完全取决于原料中碳的含量。如果使用含碳量较高的原料，譬如炭黑、无烟煤或煅烧焦炭，石墨烯收率可以达到80%～90%，不需要经过纯化，碳纯度就超过99%。拉曼光谱分析显示，石墨烯的强度低或不存在D谱带，表明石墨烯具有迄今报道的石墨烯缺陷浓度最低的缺陷浓度，并且限制了石墨烯的涡轮层堆积，这明显不同于涡轮层石墨。石墨烯层的无序取向有助于其在复合材料形成过程中混合时快速脱落。FG合成的电能成本仅为7.2kJ/g，这可能使石墨烯适用于塑料、金属、胶合板、混凝土和其他建筑材料的散装复合材料。

7.3.1 快速焦耳加热（FJH）系统

在快速焦耳加热系统的石英管内安装两个松散的电极，使用两个铜棉塞或石墨垫片将碳源压缩，以接触碳源，使挥发性物质脱气。压缩力可通过改进的小虎钳进行控制，将样品的阻力降至1～1000Ω，这对于获得良好的闪蒸反应（0.004～4S/cm）至关重要。为了控制放电时间，使用了具有可编程毫秒级延迟时间的机械继电器。整个样品反应室均放置在低压容器（塑料真空干燥器）内，以确保安全并促进脱气。但是，快速焦耳加热流程在1atm（1atm＝101325Pa）时同样有效。电容器组由20个电容器组成，总电容为0.22F。每个电容器通过断路器连接到主电源电缆（或母线），该断路器也用作开关来启用/禁用每个电容器。电容器组由直流电充电。电源能够达到 400V。第一个原型系统可以方便地放在一个塑料移动推车上。使用大直径的 15mm 石英管，可以使用快速焦耳加热工艺实现每批次 1g 石墨烯的合成。

在快速焦耳加热（FJH）过程中，非晶态导电碳粉在两个电极之间的石英或陶瓷管内部被轻微压缩。该系统可以在大气压下或在中等真空度（约 10mmHg）下进行排气。电极可以是铜、石墨或任何导电的耐火材料，它们可松散地安装在石英管中，以允许在快速焦耳加热上放气。电容器组的高压放电使碳源在不到 100ms 的时间内达到 3000K 以上的温度，有效地将无定形碳转化为涡轮层石墨烯。

7.3.2　原料对石墨烯生产的影响

原则上，任何的含碳物质都可以作为石墨烯的原料。例如木炭、生物炭、腐殖酸、角蛋白（人发）、木质素、蔗糖、淀粉、松树皮、橄榄油烟灰、白菜、椰子、开心果壳、马铃薯皮、橡胶轮胎和混合塑料，甚至包括聚对苯二甲酸乙二酯（PET 或 PETE），高或低密度聚乙烯、聚氯乙烯、聚丙烯和聚丙烯腈。然而，当将合成聚合物转化为石墨烯时，非碳原子会以小分子的形式升华，从而导致碳含量很高的产物；聚合物的解聚也可以得到在转化前就升华的低聚体。因此，使用热解产品更经济，在工业上首先选择去除热解产品中的挥发物，并将其作为燃料来源，然后将残留的碳利用快速焦耳加热转化为石墨烯。

诸如炭黑、煅烧焦炭或无烟煤等高碳物质，通过快速焦耳加热工艺收率高达 80%～90%，其转化所需的电能约为 7.2kJ/g。对于咖啡渣，主要是糖类，碳含量约为 40%，若将用过的渣与 5%（质量分数）的炭黑混合以提高其电导率，石墨烯的产率约为 35%，咖啡中的碳含量可转化为石墨烯的产率约为 85%，而一些杂原子在这些反应温度（>3000K）下会升华。无烟煤具有足够的导电性，可用于快速焦耳加热反应器，但通过添加 5%（质量分数）的炭黑可获得更好的结果。

7.3.3　石墨烯产品的特性

7.3.3.1　更高的氧化稳定性

碳具有 3900K 的高升华温度；铝或硅等其他元素在<3000K 时挥发掉。经过热重分析，石墨烯产品比其衍生材料具有更高的氧化稳定性，并且比采用 Hummer 方法获得的还原氧化石墨烯更稳定。但是，在某些情况下石墨烯产品会检测到氧化硅残留物，这些残留物来自多次使用后磨损的石英管。

7.3.3.2　高抗压强度

石墨烯复合材料，该技术石墨烯负载，也能使复合材料在物理性能上大大提高。含 0.05%石墨烯的炭黑（CB)-FG 水泥复合材料固化 28d 比不含石墨烯的对照样品约提升 25%的抗压强度。这种抗压强度的提高是电化学剥落石墨烯增强的水泥复合材料（具有相同的石墨烯负载量）的 3 倍，并且比其他水泥-石墨烯复合材料稍高。石墨烯含量为 0.1% 的 CB-FG-水泥复合材料的 7d 抗压强度和抗拉强度分别比不含石墨烯的对照样品高 7%和

35%。这些增强作用几乎是其他报告的具有相同载荷的石墨烯-水泥复合材料的增强作用的3倍。CB-FG-水泥复合材料的性能大大增强，强度快速提高，这又归因于涡轮层CB-FG的高分散性，这导致了更高的均质性和坚固的复合材料。

7.3.4 快速焦耳加热工艺优化

在极高的温度下，不用催化剂即可合成石墨烯。对石墨烯进行优化时，如果控制反应时间和温度，则石墨烯可以具有极高的品质。此外，电流可以促进石墨烯的结晶。快速焦耳加热过程中氢气、氮气和氧气的脱气可能有助于在咖啡衍生的石墨烯中形成大而薄的石墨烯片，因为它可以防止石墨烯层的堆积，从而允许其进一步生长。

低密度材料在退火过程中产生海绵状结构，而密度增加则导致石墨化程度高。低密度CB样品中的石墨化程度很高，其中局部密度大大提高，同时宏观孔隙率也很高。

通过增加石英管尺寸来扩大FJH工艺规模。石英管的直径分别为4mm、8mm和15mm，每批可以分别合成30mg、120mg和1g石墨烯。为了在保持石墨烯质量的同时增加批次数量，采用扁平状的石英管可以提高冷却速度。对于工业生产，我们设想该过程可以自动化进行连续石墨烯合成。

使用有机溶剂，使石墨烯具有很高的分散性，这可以归因于涡轮层排列允许有效的剥落；层间吸引力远低于通过石墨剥落获得的常规排列的AB堆叠石墨烯。

总之，从超低成本碳源（例如有机废气物）、可再生资源（例如生物炭和橡胶轮胎）和混合废料产品中证明了易剥落的松散层状石墨烯的低能自下而上合成（包括塑料瓶和丢弃的食物）。石墨烯合成工艺的扩大规模可以为大体积建筑复合材料提供涡轮层石墨烯。

7.4 利用黑水虻转化有机废弃物技术

畜禽粪便、厨余垃圾、秸秆等有机废弃物排放量超过环境容量，会造成生态污染，影响人类的生活。利用昆虫处理有机废弃物，既可以实现减量又可以获得昆虫产品及生物有机肥，这一处理方式符合资源化、减量化、无害化、生态化这一污染治理原则。目前研究和利用较为成熟的包括家蝇、大头金蝇、黑水虻、白星花金龟、黄粉虫等。黑水虻（Hermetia illucens）是最近几年昆虫资源研究领域的热点昆虫之一。黑水虻是一种腐生性昆虫，耐高密度饲养，有利于工厂化大量生产。其繁育能力强，繁殖力丝毫不逊于家蝇，成虫还不在居民区活动，易于管理。幼虫和蛹的个体较大，蛋白和油脂含量高，可以用作动物饲料的蛋白原料，开发各类动物饲料，也可开发昆虫油脂和生物柴油。黑水虻可以用于转化分解餐厨垃圾、屠宰场废弃物、秸秆、畜禽及人的粪污等有机废弃物，从而改善环境、造福人类。利用黑水虻幼虫快速降解有机废弃物是一种很有前途的废物管理方法，同时还能产生多种高附加值产品。

7.4.1 利用黑水虻生产有机肥

黑水虻食性杂，在处理畜禽粪污能够充分消解有机废弃物并能进行转化，较好地解决畜禽粪污所产生的一系列问题，从而进一步促进畜禽粪污的无害化处理；同时，其幼虫可作为动物性蛋白，减轻粮食压力。另外，黑水虻具有超强的繁育能力，对环境适应性相对较好，容易饲养管理，并且成本低。

畜禽粪便蛋白质、能量含量较高，使用黑水虻进行生物处理不仅可以消除臭味，还能有效控制蝇虫和有害微生物的滋生。随着黑水虻的生长发育，粪便中的氮磷钾元素被高效利用；同时对粪便中的重金属也有解毒作用（如铜、锰、镉、铬），从而减少了重金属对环境的污染。而且经过黑水虻处理后的剩余物，因具有较高的肥力成为了优质的有机肥。

目前不少研究发现：黑水虻对新鲜鸡粪的处理量可达到 50%，对猪粪中干物质的转化率可以达到 56%；含水量大且有丰富糖类、脂肪和蛋白质的餐厨垃圾经过黑水虻的取食后，含水量大幅减少（可从 75%降到 15%），干物质减少率可达到 50%～60%。

7.4.2　利用黑水虻制取蛋白饲料

我国厨余垃圾普遍具有热值低、高水分、高油脂的特性，这对于厨余垃圾的处置构成了一定的阻碍。黑水虻具有食谱广、食量大、营养需求低、安全性高等特点，对于容易腐败的厨余垃圾的取食和消化能力都很强。所以，利用黑水虻处理餐厨垃圾，可以充分实现餐厨垃圾的资源化、无害化和减量化处理的目标，不但不会产生其他污染物，而且也可大面积处理垃圾，所产生的虫体也可以作为饲料等用。

黑水虻幼虫具有很高的转化蛋白能力，其蛋白含量达 42%，且富含钙和许多氨基酸，短时间便可以转化为大量蛋白。这种蛋白饲料富含氨基酸、肽类物质、不饱和脂肪酸、维生素、矿物质等多种营养成分，强化营养，活化细胞，非常适合动物吸收，是天然的高级营养强化剂。而且当黑水虻受到刺激，会产生一种天然抗菌剂——抗菌肽；当肌体受损或抗原微生物入侵时，可以杀菌，有效减少了抗生素、激素等化合物的使用。现有利用黑水虻处理有机固体废弃物制取蛋白质饲料，不仅可以促进动物吸收营养加快生长且肉质更鲜美、增强动物的抗病能力，还有效降低了养殖动物的成本。

7.4.3　利用黑水虻制取昆虫抗菌肽

黑水虻具有独特的免疫功能，其体内含有一种强烈杀菌作用“抗菌活性蛋白”，这是一类小分子活性肽，称为抗菌肽。活性肽可以改变细菌生理，干扰细菌的代谢，抑制细菌毒素的活性和某些菌芽孢的萌发，阻止病菌对机体的感染。活性肽也是一种天然抗生素，其具有分子量小、热稳定性强、水溶性好、无免疫原性及抗菌谱广（抗细菌、真菌、病毒及原虫等）等特点。抗菌肽可促进双歧杆菌和乳酸菌的生长，维持肠道微生物菌群的平衡，促进营养素的消化和吸收。黑水虻活性蛋白中的小分子肽作为最新型饲料添加剂，还能延缓或阻断饲料内的氧化过程，以提高含脂肪饲料的耐储存性和活化性能，稳定饲料质量、改善饲料卫生。

随着抗生素的大量广泛用于饲料中和人们对食品和环境质量的要求越来越高，人们对抗生素的副作用认识日益加深，抗生素在饲料业中的应用，已面临着淘汰或禁用的局面。应用无毒无公害的新型抗菌剂代替抗生素作为饲料添加剂，已成为当前国内外饲料学科的一项重要内容。抗菌肽在农业、渔业、畜牧及医疗等领域内得到了广泛的研究及应用，如利用转基因工程技术把黑水虻幼虫抗菌肽表达基因直接导入受体动物基因组，使其获得抗病原菌感染的能力。

7.5 等离子体熔融处置技术

环境问题是当今世界共同面临的重大课题之一。各类废弃物，特别是危险废物，由于具有腐蚀性、毒性、易燃性、反应性或感染性等一种或几种危险特性，环境危害特别严重。对于危废处置，主要为焚烧法、填埋法、物化法等处理处置技术。但由于缺乏行之有效的处置技术，导致我国危废处置能力长期严重不足，且常规技术存在次生危废二次污染问题。等离子体熔融处置设备需要体积小、效率高以及操作性强的特点，对于本书中提及的典型有机固体废弃物，如餐厨垃圾、污泥、酒糟、中药渣等，该技术可以应用于空间有所限制的情况，如船舶厨余垃圾的处理。

固体废弃物等离子体熔融气化处置技术，利用等离子体炬高温、高能量密度、低氧化气氛的优势，可在气化炉内产生高达1600℃高温，在此温度下，固体废弃物中的有机物质（含毒性、腐蚀性、传染性物质）完全裂解气化为可燃合成气（主要成分为 CO、H_2），无机物质（含矿物质、重金属类物质）高温熔融为玻璃态物质并回收利用。

等离子体无害化处理装备及相关技术已被纳入《国家鼓励发展的重大环保技术装备目录》，政策利好，前景广阔；技术发展趋势为填埋逐步向热处理技术发展，目前市场以回转窑技术为主，热解炉协同其他形式焚烧炉为辅，以等离子体炉为代表的高温气化熔融技术凭借经济、环保、高效等优势将蓬勃发展。

7.5.1 等离子气化熔融处置系统

采用等离子体气化危险废物，在气化熔融炉内，等离子体提供高温、高反应活性的还原性气氛，将危废中的有机质（包括各类难降解有机污染物）转化为以 CO、H_2为主的可燃气，将危废中的无机物熔融，经冷萃，熔融态残渣将重金属包裹于硅-氧网格中，转化为玻璃体态一般无机物。可燃气在焚烧系统中进一步焚烧释放出热量，并被余热利用系统转化为热蒸汽，烟气经净化后可实现超低排放，符合全球最为严格的欧盟2010标准，实现了从单纯的危废末端治理扩展为防治二次污染与资源高效利用一体化的全过程控制模式。

7.5.2 关键技术问题

7.5.2.1 系统长周期高效稳定运行技术

目前制约等离子体固废处置技术广泛应用的难点在于长周期高效稳定运行，其制约关键点在于危废处置工艺匹配、等离子体炬运行调整及维护、等离子体气化炉运行检测及调整、合成气调整及降温净化、熔融玻璃态物质处置问题等，旨在突破系统长周期高效稳定运行的关键技术。

7.5.2.2 等离子体气化炉等核心设备研制技术

等离子体炉作为废物气化的设备，废物在等离子体炉中依次经历预热、气化和燃烬三个阶段，使废物分解，是实现废物减量化和无害化处理的主要场所。等离子体气化炉需要承受1600℃以上的熔融物和1000℃以上的合成气，以及多成分气体的腐蚀情况，因此炉体的设计需要详细考虑气化炉内部的热量及其分布情况，采用适合的耐火材料、耐腐蚀材料；确保气化炉能够在高温下长期可靠地工作。

7.5.2.3 长寿命、超大功率等离子体炬技术

等离子体炬是等离子体气化危废处理的核心设备之一，其运行的稳定性直接影响着危废处理系统的运行可靠性。

解决途径：

① 优化电极结构和电极材料，提高电极的抗烧蚀能力；

② 通过合理的电磁场设计使电弧在电极内快速旋转，缩短电极局部位置暴露在强电流下的时间，减缓烧蚀速度；

③ 优化工质气体供应方式，使电弧在电极内小范围摆动，增加烧蚀面积，提高电极的利用率。

7.5.2.4 实现等离子体气化处理后合成气、炉渣的资源化利用

等离子体危废处置技术的一大优势是资源化利用，在利用等离子体高温熔融处置过程中，有机成分转化为合成气（主要成分为CO、H_2），无机物（重金属、碱性氧化物等）转化为熔融玻璃态物质，在此过程中，如何保证合成气中可燃气含量、洁净度、温度等满足资源化利用的要求以及熔融玻璃态物质重金属沁出率满足相关环保要求并资源化利用也十分重要。

解决途径：在设计过程中，充分保证一次风和二次风调节范围，保证合成气成分及可燃成分（CO、CH_4等）纯度，使合成气成分可调节，提高可利用范围；开展配伍熔融实验，调节配伍成分，检测配伍结果，不断调节配伍组成。同时，充分借鉴高炉渣制保温岩棉、玻璃行业拉丝、建筑行业制砖等，为玻璃态物质资源化利用找出路。

参考文献

[1] Liao Hanpeng, Lu Xiaomei, Rensing, et al. Hyperthermophilic composting accelerates the removal of antibiotic resistance genes and mobile genetic elements in sewage sludge. environmental science & technology, 2018, 52 (1): 266.

[2] Cui P, Chen Z, Zhao Q, et al. Hyperthermophilic composting significantly decreases N_2O emissions by regulating N_2O-related functional genes. Bioresource Technology, 2018.

[3] A Z C, A W Z, A R X, A, et al. Enhanced in situ, biodegradation of microplastics in sewage sludge using hyperthermophilic composting technology. Journal of Hazardous Materials, 2020, 384.

[4] Liu X M, Hou Y, Li Z, et al. Hyperthermophilic composting of sewage sludge accelerates humic acid formation: elemental and spectroscopic evidence. Waste Management, 2020, 103: 342-351.

[5] 余震，周顺桂．超高温好氧发酵技术：堆肥快速腐熟与污染控制机制．南京农业大学学报，2020，1-12.

[6] Janaína dos Santos Ferreira，Débora de Oliveira，Maldonado R R，et al. Enzymatic pretreatment and anaerobic co-digestion as a new technology to high-methane production. Applied Microbiology and Biotechnology，2020，104 (3)：4235-4246.

[7] 杜长明，吴焦，黄娅妮．等离子体热解气化有机废弃物制氢的关键技术分析．中国环境科学，2016，36 (11)：3429-3440.

[8] Luong Duy X，Bets Ksenia V，Algozeeb Wala Ali，et al. Gram-scale bottom-up flash graphene synthesis. Nature，2020，577 (7792)：647-651.

[9] 张杰，温逸婷，高正辉，等．黑水虻的资源化利用研究现状．应用昆虫学报，2019，56 (05)：997-1006.

[10] 李逵，杨启志，雷朝亮，等．我国利用昆虫转化有机废弃物的发展现状及前景．环境昆虫学报，2017，039 (002)：453-459.

[11] 李武，郑龙玉，李庆，等．亮斑扁角水虻转化餐厨剩余物工艺及资源化利用．化学与生物工程，2014，(11)：12-17.

[12] 安新城，李军，吕欣．黑水虻处理养殖废物的研究现状．环境科学与技术，2010，33 (03)：113-116.

[13] 刘晓叶．餐厨垃圾固态发酵制备蛋白饲料及在黑水虻喂养中的应用．镇江：江苏大学，2019.

[14] 纪佳雨，邓玲聪，李广东，等．黑水虻的资源价值化及其开发应用研究进展．经济动物学报，2019，1-9.

附录

餐厨垃圾处理技术规范（CJJ 184—2012）

1 总则

1.0.1 为贯彻国家有关餐厨垃圾处理的法规和技术政策，保证餐厨垃圾得到资源化、无害化和减量化处理，使餐厨垃圾处理工程建设规范化，制定本规范。

1.0.2 本规范适用于新建、扩建、改建餐厨垃圾收集和处理工程项目的设计、施工及验收。

1.0.3 餐厨垃圾处理工程建设，应采用先进、成熟、可靠的技术和设备，做到工艺技术先进、运行可靠、消除风险、控制污染、安全卫生、节约资源、经济合理。

1.0.4 餐厨垃圾收集和处理工程的设计、施工及验收除应符合本规范外，尚应符合国家现行有关标准的规定。

2 术语

2.0.1 餐饮垃圾（restaurant food waste）

餐馆、饭店、单位食堂等的饮食剩余物以及后厨的果蔬、肉食、油脂、面点等的加工过程废弃物。

2.0.2 厨余垃圾（food waste from household）

家庭日常生活中丢弃的果蔬及食物下脚料、剩菜剩饭、瓜果皮等易腐有机垃圾。

2.0.3 餐厨垃圾（food waste）

餐饮垃圾和厨余垃圾的总称。

2.0.4 泔水油（oil in food waste）

从餐厨垃圾中分离、提炼出的油脂。

2.0.5 煎炸废油（waste fried oil）

餐馆、饭店、单位食堂等做煎炸食品后废弃的煎炸用油。

2.0.6 地沟油（oil made from restaurant drainage sewage）

从餐饮单位厨房排水除油设施分离出的油脂和排水管道或检查井清掏污物中提炼出的油脂。

2.0.7 干热处理（dry thermal treatment）

将餐厨垃圾预脱水后，利用热能进行干燥处理，同时杀灭细菌的处理过程。

2.0.8 湿热处理（hydrothermal treatment）

基于热水解反应，在适当的含水环境中，利用热能对餐厨垃圾进行处理，并改变垃圾后续加工性能的餐厨垃圾处理过程。

2.0.9 含固率（ratio of dry solid to total material）（TS）

物料中含有的干物质的重量比率。

2.0.10 反刍动物饲料（ruminant animal feed）

用来喂养具有反刍消化方式动物的饲料。反刍动物一般包括羊、骆驼、鹿、长颈鹿、羊驼、羚羊等。

3 餐厨垃圾的收集与运输

3.0.1 餐饮垃圾的产生者应对产生的餐饮垃圾进行单独存放和收集，餐饮垃圾的收运者应对餐饮垃圾实施单独收运，收运中不得混入有害垃圾和其他垃圾。

3.0.2 餐饮垃圾不得随意倾倒、堆放，不得排入雨水管道、污水排水管道、河道、公共厕所和生活垃圾收集设施中。

3.0.3 对餐饮单位的餐饮垃圾应实行产量和成分登记制度，并宜采取定时、定点的收集方式收集。

3.0.4 煎炸废油应单独收集和运输，不宜与餐饮垃圾混合收集。

3.0.5 厨余垃圾宜实施分类收集和分类运输。

3.0.6 餐厨垃圾应采用密闭、防腐专用容器盛装，采用密闭式专用收集车进行收集，专用收集车的装载机构应与餐厨垃圾盛装容器相匹配。

3.0.7 餐厨垃圾应做到日产日清。采用餐厨垃圾饲料化和制生化腐植酸的处理工艺时，其餐厨垃圾在存放、运输过程中应采取防止发生霉变的措施。

3.0.8 餐厨垃圾运输车辆在任何路面条件下不得泄漏和遗洒。

3.0.9 餐厨垃圾宜直接从收集点运输至处理厂。产生量大、集中处理且运距较远时，可设餐厨垃圾转运站，转运站应采用非暴露式转运工艺。

3.0.10 运输路线应避开交通拥挤路段，运输时间应避开交通高峰时段。

3.0.11 在寒冷地区使用的餐厨垃圾运输车，应采取防止餐厨垃圾产生冰冻的措施。

3.0.12 餐厨垃圾运输车装、卸料宜为机械操作。

4 厂址选择

4.0.1 餐厨垃圾处理厂的选址应符合当地城市总体规划，区域环境规划，城市环境卫生专业规划及相关规划的要求。

4.0.2 厂址选择应综合考虑餐厨垃圾处理厂的服务区域、服务单位、垃圾收集运输能力、运输距离、预留发展等因素。

4.0.3 餐厨垃圾处理设施宜与其他固体废物处理设施或污水处理设施同址建设。

4.0.4 厂址选择应符合下列条件：

(1) 工程地质与水文地质条件应满足处理设施建设和运行的要求。

(2) 应有良好的交通、电力、给水和排水条件。

(3) 应避开环境敏感区、洪泛区、重点文物保护区等。

5 总体设计

5.1 一般规定

5.1.1　餐厨垃圾总产生量较大的城市可优先采用集中处理方式处理餐厨垃圾。

5.1.2　餐厨垃圾处理厂的建设宜根据餐厨垃圾收集率预测或收集效果确定是否分期建设以及各期的建设规模。

5.1.3　餐厨垃圾处理生产线的数量及规模应根据所选工艺特点、设备成熟度，经技术经济比较后确定，并应考虑设备和生产线的备用性。

5.2　规模与分类

5.2.1　餐厨垃圾处理厂建设规模应根据该工程服务区域和用户的餐厨垃圾现状产生量及预测产生量确定。

5.2.2　餐饮垃圾产生量应根据实际统计数据确定，也可按人均日产生量进行估算，估算宜按下式计算：

$$M_c = Rmk$$

式中　M_c——某城市或区域餐饮垃圾日产生量，kg/d；

R——城市或区域常住人口；

m——人均餐饮垃圾产生量基数，kg/(人·d)；人均餐饮垃圾日产生量基数宜取 0.1kgkg/(人·d)；

k——餐饮垃圾产生量修正系数，经济发达城市、旅游业发达城市或高校多的城区可取 1.05～1.15；经济发达旅游城市、经济发达沿海城市可取 1.15～1.30；普通城市可取 1.00。

5.2.3　餐厨垃圾处理厂分类宜符合下列规定：

(1) Ⅰ类餐厨垃圾处理厂：全厂总处理能力应为 300t/d 以 6 上（含 300t/d）。

(2) Ⅱ类餐厨垃圾处理厂：全厂总处理能力应为 150～300t/d（含 150t/d）。

(3) Ⅲ类餐厨垃圾处理厂：全厂总处理能力应为 50～150t/d（含 50t/d）。

(4) Ⅳ类餐厨垃圾处理厂：全厂总处理能力应为 50t/d 以下。

5.3　总体工艺设计

5.3.1　餐厨垃圾处理主体工艺的选择应符合下列规定：

(1) 应技术成熟、设备可靠。

(2) 应做到资源化程度高、二次污染及能耗小。

(3) 应符合无害化处理要求。

5.3.2　生产线工艺流程的设计应满足餐厨垃圾资源化、无害化处理的需要，做到工艺完善、流程合理、环保达标，各中间环节和单体设备应可靠。

5.3.3　餐厨垃圾处理车间设备布置应符合下列规定：

(1) 物质流顺畅，各工段不应相互干扰。

(2) 应留有足够的设备检修空间。

(3) 进料和预处理工段应与主处理工段分开。

(4) 应有利于车间全面通风的气流组织优化和环境维护。

5.4　总图设计

5.4.1　餐厨垃圾处理厂总图布置应满足餐厨垃圾处理工艺流程的要求，各工序衔接应顺畅，平面和竖向布置合理，建构筑物间距应符合安全要求。

5.4.2　E类以上餐厨垃圾处理厂宜分别设置人流和物流出人口，两出入口不得相互影响，且应做到进出车辆畅通。

5.4.3　餐厨垃圾处理厂各项用地指标应符合国家有关规定及当地土地、规划等行政主管部门的要求。

5.4.4　厂区道路的设置，应满足交通运输和消防的需求，并应与厂区竖向设计、绿化及管线敷设相协调。

5.4.5　当处理工艺中有沼气产生时，沼气产生、储存、输送等环节及相关区域的设备、设施应符合国家现行相应防爆标准要求。

6　餐厨垃圾计量、接受与输送

6.0.1　餐厨垃圾处理厂应设置计量设施，计量设施具有称重、记录、打印与数据处理、传输功能。

6.0.2　餐厨垃圾卸料间应封闭，垃圾车卸料平台尺寸应满足最大餐厨垃圾收集车的卸料作业。

6.0.3　餐厨垃圾处理厂卸料口设置数量应根据总处理规模和餐厨垃圾收集高峰期车流量确定，I类餐厨垃圾处理厂卸料口不得少于3个。

6.0.4　卸料间受料槽应设置局部排风罩，排风罩设计风量应满足卸料时控制臭味外逸的需要，卸料间的通风换气次数不应小于3次/h。

6.0.5　宜设置餐厨垃圾暂存、缓冲容器，缓冲容器的容积应与餐厨垃圾处理工艺和处理规模相协调，且应有防臭气散发的设施。

6.0.6　餐厨垃圾卸料间应设置地面和设备冲洗设施及冲洗水排放系统。

6.0.7　餐厨垃圾输送和卸料倒料过程中应避免飞溅和逸洒。

6.0.8　采用带式输送机输送餐厨垃圾时，应符合下列要求：

(1) 应有导水措施，防止污水横流。

(2) 带式输送机上方应设密封罩，并对密封罩实施机械排风。

(3) 设有人工分拣工位的带式输送机的移动速度宜为0.1～0.3m/s。

6.0.9　采用螺旋输送机输送餐厨垃圾时，应符合下列要求：

(1) 螺旋输送机的转速应能调节。

(2) 螺旋输送机应具有防硬物卡死的功能。

(3) 应具有自清洗功能。

7　餐厨垃圾处理工艺

7.1　一般规定

7.1.1　单位或居民区设置的小型厨余垃圾处理设备应做到技术可靠、排放达标，处理后的残余物应得到妥善处理。

7.1.2　餐厨垃圾处理残渣做有机肥时，其有机肥产品质量应符合国家现行标准《有机肥料》NY 525的要求。

7.1.3　餐厨垃圾制肥中重金属、蛔虫卵死亡率和大肠杆菌值指标应符合现行国家标准《城镇垃圾农用控制标准》(GB 8172) 的要求。

7.2　预处理

7.2.1　餐厨垃圾处理厂应配置餐厨垃圾预处理工序，预处理工艺应根据餐厨垃圾成分和主体工艺要求确定。

7.2.2　餐厨垃圾预处理设施和设备应具有耐腐蚀、耐负荷冲击等性能和良好的预处理效果。

7.2.3　餐厨垃圾的分选应符合下列规定：

（1）餐厨垃圾预处理系统应配备分选设备将餐厨垃圾中混杂的不可降解物有效去除。

（2）餐厨垃圾分选系统可根据需要选配破袋、大件垃圾分选、风力分选、重力分选、磁选等设施与设备。

（3）分选出的不可降解物应进行回收利用或无害化处理。

（4）分选后的餐厨垃圾中不可降解杂物含量应小于5%。

7.2.4　餐厨垃圾的破碎应符合下列规定：

（1）餐厨垃圾破碎工艺应根据餐厨垃圾输送工艺和处理工艺的要求确定。

（2）破碎设备应具有防卡功能，防止坚硬粗大物破坏设备。

（3）破碎设备应便于清洗，停止运转后应及时清洗。

7.2.5　泔水油的分离应符合下列规定：

（1）应根据餐厨垃处理主体工艺的要求确定油脂分离及油脂分离工艺。

（2）餐厨垃圾液相油脂分离收集率应大于90%。

（3）应对分离出的油脂进行妥善处理和利用。

7.2.6　餐饮单位厨房下水道清掏物可用于提炼地沟油，地沟油的提炼应符合下列规定：

（1）地沟油提炼过程中产生的废气应得到妥善处理，并应达标排放。

（2）提炼出的地沟油和残渣均不得用于制作饲料或饲料添加剂。

（3）提炼后的残渣和废液应进行无害化处理。

7.2.7　严禁将煎炸废油、泔水油和地沟油用于生产食用油或食品加工。

7.2.8　利用湿热处理方法对餐厨垃圾进行预处理时，湿热处理温度宜为120～160℃，处理时间不应小于20min。

7.2.9　利用干热处理方法对餐厨垃圾进行预处理时，物料温度宜为95～120℃，此温度下物料的停留时间不应小于25min。

7.2.10　应根据处理后产品质量的要求确定控制盐分措施。

7.3　厌氧消化工艺

7.3.1　厌氧消化前餐厨垃圾破碎粒度应小于10mm，并应混合均匀。

7.3.2　餐厨垃圾厌氧消化的工艺应根据餐厨垃圾的特性、当地的条件经过技术经济比较后确定。

7.3.3　湿式工艺的消化物料含固率宜为8%～18%，物料消化停留时间不宜低于15d。

7.3.4　干式工艺的消化物含固率宜为18%～30%，物料消化停留时间不宜低于20d。

7.3.5　消化物料碳氮比（C/N）宜控制在（25～30）∶1，pH值宜控制在6.5～7.8。

7.3.6　可采用中温厌氧消化或高温厌氧消化，中温温度以35～38℃为宜，高温温度以 50～55℃为宜。厌氧消化系统应能对物料温度进行控制，物料温度上下波动不宜大于 2℃。

7.3.7　餐厨垃圾中钠离子含量高对厌氧发酵影响较大时，宜采取降低钠离子的措施。

7.3.8　餐厨垃圾厌氧消化器应符合下列规定：

(1) 应有良好的防渗、防腐、保温和密闭性，在室外布置的，应具有耐老化、抗强风、雪等恶劣天气的性能。

(2) 容量应根据处理规模、发酵周期、容器强度等因素确定。

(3) 厌氧消化器的结构应有利于物料的流动，避免产生滞流死角。

(4) 厌氧消化器应具有良好的物料搅拌、匀化功能，防止物料在消化器中形成沉淀。

(5) 应有检修孔和观察窗。

(6) 应配置安全减压装置，安全减压装置应根据安全部门的规定定期检验。

7.3.9　对厌氧产生的沼气应进行有效利用或处理，不得直接排入大气。

7.3.10　工艺中产生的沼液和残渣应得到妥善处理，不得对环境造成污染。

7.3.11　沼液做液体肥料时，其液体肥产品质量应符合国家现行标准《含腐植酸水溶肥料》(NY 1106) 的要求。

7.4　好氧生物处理

7.4.1　好氧堆肥应符合下列规定：

(1) 餐厨垃圾采用好氧堆肥方式处理时，应对餐厨垃圾进行水分调节、盐分调节、脱油、碳氮比调节等处理，物料粒径应控制在 50mm 以内，含水率宜为 45%～65%，碳氮比宜为 (20～30)∶1。

(2) 餐厨垃圾宜与园林废弃物、秸秆、粪便等有机废弃物混合堆肥。

(3) 餐厨垃圾好氧堆肥应符合国家现行标准《城市生活垃圾好氧静态堆肥处理技术规程》CJJ/T 52 的有关规定。

(4) 餐厨垃圾好氧堆肥成品质量应符合现行国家标准《城镇垃圾农用控制标准》(GB 8172) 的要求。当堆肥成品加工制造有机肥时，制成的有机肥质量应符合国家现行标准《有机肥料》(NY 525) 和《生物有机肥》(NY 884) 的要求。

(5) 餐厨垃圾堆肥过程中产生的残余物应进行回收利用，不可回收利用部分应进行无害化处理。

7.4.2　制备生化腐殖酸应符合下列规定：

(1) 餐厨垃圾制生化腐殖酸时，应加入腐殖酸转化剂和碳源调整材，C/N 比宜控制在 (25～30)∶1，物料含水率宜控制在 60%±3%，并应经历复合微生物好氧发酵过程，发酵过程中物料温度宜控制在 75℃±3℃，并持续 8～10h。

(2) 工艺过程使用的微生物菌剂应是国家相关部门允许使用的菌种，且应具有遗传稳定性和环境安全性。

(3) 发酵完成后，应将物料中大于 5mm 的杂物筛除。

(4) 餐厨垃圾制生化腐殖酸所使用的生化处理设备应符合国家现行标准《垃圾生化处理机》(CJ/T 227) 的有关规定。

(5) 生化腐殖酸成品质量应符合表 7.4.2 的要求。

表 7.4.2 生化腐殖酸成品质量要求

项目	指标
有机质含量/%	≥80.0
总腐殖酸 HA_t/d%	≥45.0
游离腐殖酸 HA_f/d%	≥40.0
pH 值	5.0～7.5
Na^+的质量分数/%	≤0.6
灰分/%	≤7.5
水分(H_2O)的质量分数/%	≤12.0
粪大肠菌群数/[个/g(mL)]	≤100
蛔虫卵死亡率/%	≥95
沙门氏菌	不得检出
黄曲霉毒素/(μg/kg)	≤50

7.5 饲料化处理

7.5.1 饲料化处理的餐厨垃圾在处理前应严格控制存放时间，应确保存放和处理过程中不发生霉变。

7.5.2 应对饲料化处理的餐厨垃圾进行有效地预处理，将混杂其中的塑料、木头、金属、玻璃、陶瓷等非食物垃圾进行去除，去除后的杂物含量应小于5%。

7.5.3 选择饲料化作为主处理工艺的餐厨垃圾处理，应考虑对霉变餐厨垃圾的无害化处理措施。

7.5.4 餐厨垃圾在进入饲料化处理系统前，应对其进行检测，发生霉变的餐厨垃圾及过期变质食品不得进入饲料化处理系统。

7.5.5 餐厨垃圾饲料化处理必须设置病原菌杀灭工艺。

7.5.6 对于含有动物蛋白成分的餐厨垃圾，其饲料化处理工艺应设置生物转化环节，不得生产反刍动物饲料。

7.5.7 用于处理餐厨垃圾的微生物菌应是国家相关部门列表允许使用的菌种，确保菌种的有效性和安全性。

7.5.8 采用加热工艺去除餐厨垃圾水分时，加热温度应得到有效控制，避免产生燋化和生成有毒物质。

7.5.9 生产工艺中任何接触物料的设备，在停运后应及时对残留的物料进行清理，防止残留物料霉变影响产品质量。

7.5.10 饲料成品质量应符合现行国家标准《饲料卫生标准》（GB 13078）以及国家现行有关饲料产品标准的规定。

7.5.11 饲料化产品包装及标签应符合现行国家标准《饲料标签》（GB 10648）的规定。

8 辅助工程

8.1 电气与自控

8.1.1 餐厨垃圾处理厂的生产用电应从附近电力网引接，并根据处理工艺需要考虑保安电源，其接入电压等级应根据餐厨垃圾处理厂的总用电负荷及附近电力网的具体情况，经技术经济比较后确定。

8.1.2 餐厨垃圾处理工程的高压配电装置应符合现行国家标准《3～110kV 高压配电装置设计规范》(GB 50060) 的有关规定；继电保护和安全自动装置应符合现行国家标准《电力装置的继电保护和自动装置设计规范》(GB/T 50062) 的有关规定；过电压保护、防雷和接地应符合现行国家标准《建筑物防雷设计规范》(GB 50057) 和《交流电气装置的接地》(DL/T621) 的有关规定；爆炸火灾危险环境的电气装置应符合《爆炸和火灾危险环境电力装置设计规范》(GB 50058) 中的有关规定。

8.1.3 对于餐厨垃圾厌氧发酵沼气发电工程，电气主接线应符合下列规定：

(1) 发电上网时，应至少有一条与电网连接的双向受、送电线路。

(2) 发电自用时，应至少有一条与电网连接的受电线路，当该线路发生故障时，应有能够保证安全停机和启动的内部电源或其他外部电源。

8.1.4 厂用电电压应采用 380/220V。厂用变压器接线组别的选择，应使厂用工作电源与备用电源之间相位一致，车间内安装的低压厂用变压器宜采用干式变压器。

8.1.5 电测量仪表装置设置应符合国家现行标准《电力装置的继电保护和自动装置设计规范》(GB/T 50062)、《电力装置的电气测量仪表装置设计规范》(GB/T 50063) 和《电测量及电能计量装置设计技术规程》(DL/T 5137) 有关规定。

8.1.6 照明设计应符合现行国家标准《建筑照明设计标准》(GB 50034) 中的有关规定。正常照明和事故照明应采用分开的供电系统。

8.1.7 电缆选择与敷设，应符合现行国家标准《电力工程电缆设计规范》(GB 50217) 的有关规定。

8.1.8 餐厨垃圾处理厂应设置中央控制室对全厂各工艺环节进行集中控制。

8.1.9 餐厨垃圾处理厂的自动化控制系统，宜包括进料系统、预处理系统、处理工艺系统、副产品加工系统、通风除臭系统和其他必要的控制系统。

8.1.10 自动化控制系统应采用成熟的控制技术和可靠性高、性能好的设备和元件。

8.2 给排水工程

8.2.1 厂内给水工程设计应符合现行国家标准《室外给水设计规范》(GB 50013) 和《建筑给排水设计规范》(GB 50015) 的规定。

8.2.2 厂内排水工程设计应符合现行国家标准《室外排水设计规范》(GB 50014) 和《建筑给排水设计规范》(GB 50015) 的规定。

8.3 消防

8.3.1 餐厨垃圾处理厂应设置室内、室外消防系统，并应符合现行国家标准《建筑设计防火规范》(GB 50016) 和《建筑灭火器配置设计规范》(GB 50140) 的有关规定。

8.3.2 油脂储存间、燃料间和中央控制室等火灾易发设施应设消防报警设施。

8.3.3 设有可燃气体管道和储存设施的车间应设置可燃气体和消防报警设施。

8.3.4 餐厨垃圾处理厂的电气消防设计应符合现行国家标准《建筑设计防火规范》(GB 50016) 和《火灾自动报警系统设计规范》(GB 50116) 中的有关规定。

8.4　环境保护与监测

8.4.1　餐厨垃圾的输送、处理各环节应做到密闭，并应设置臭气收集、处理设施，不能密闭的部位应设置局部排风除臭装置。

8.4.2　车间内粉尘及有害气体浓度应符合国家现行有关标准的规定，集中排放气体和厂界大气的恶臭气体浓度应符合现行国家标准《恶臭污染物排放标准》（GB 14554）的有关规定。

8.4.3　餐厨垃圾处理过程中产生的污水应得到有效收集和妥善处理，不得污染环境。

8.4.4　餐厨垃圾处理过程中产生的废渣应得到无害化处理。

8.4.5　对噪声大的设备应采取隔声、吸声、降噪等措施。作业区的噪声应符合国家有关标准的规定，厂界噪声应符合现行国家标准《工业企业厂界环境噪声排放标准》（GB 12348）的规定。

8.4.6　餐厨垃圾处理厂应具备常规的监测设施和设备，并应定期对工作场所和厂界进行环境监测。

8.4.7　餐厨垃圾处理厂工作场所环境监测内容应包括：噪声、粉尘、有害气体（H_2S，NH_3等）、空气中细菌总数、苍蝇密度等。排气口监测内容应包括：粉尘、有害气体（H_2S，SO_2，NH_3等）。厂界环境监测内容应包括：噪声、总悬浮颗粒物（TSP）、有害气体（H_2S，SO_2，NH_3）等、苍蝇密度、排放污水水质指标（BOD_5、COD_{Cr}，氨氮等）。

8.5　安全与劳动保护

8.5.1　餐厨垃圾处理厂的安全生产应符合现行国家标准《生产过程安全卫生要求总则》（GB/T 12801）的规定。

8.5.2　餐厨垃圾处理厂的劳动卫生应符合国家现行有关标准的规定。

8.5.3　餐厨垃圾处理厂建设与运行应采取职业病防治、卫生防疫和劳动保护的措施。

8.6　采暖、通风与空调

8.6.1　各建筑物的采暖、空调及通风设计应符合现行国家标准《采暖通风与空气调节设计规范》（GB 50019）中的有关规定。

8.6.2　易产生挥发气体和臭味的部位应设置通风除臭设施。散发少量挥发性气体和臭味的部位或房间，可采用全面通风工艺，全面通风换气次数不宜小于3次/h。散发较多挥发性气体和臭味的部位或房间，应采用局部机械排风除臭的通风工艺。

9　工程施工及验收

9.0.1　建筑、安装工程应符合施工图设计文件、设备技术文的要求。

9.0.2　对工程的变更、修改应取得设计单位的设计变更文件后再进行施工。

9.0.3　餐厨垃圾处理厂涉及的建（构）筑物、道路、设备、管道、电缆等工程的施工及验收均应符合相应的国家现行施工和验收规范或规程的要求。

9.0.4　餐厨垃圾处理专用设备应由设备生产商负责安装或现场指导安装和设备调试，调试不满足设计要求的不得通过设备验收。

9.0.5　餐厨垃圾处理厂竣工验收前，严禁处理生产线投入使用。

9.0.6　餐厨垃圾处理厂工程验收依据应包括（但不限于）下列内容：

（1）主管部门的批准文件。

（2）批准的设计文件及设计变更文件。

（3）设备供货合同及合同附件，设备技术说明书和技术文件。

（4）专项设备施工、安装验收规范。

（5）施工、安装纪录资料。

（6）设备调试及试运行纪录资料。

9.0.7 餐厨垃圾处理生产线的验收应具备下列条件：

（1）进料、储料、输送、预处理、主体处理、后处理、配套环保设施等均安装完毕，并带负荷试运行合格。

（2）处理量和各项技术参数均达到设计要求。

（3）电气系统和仪表控制系统均安装调试合格。

9.0.8 重要结构部位、隐蔽工程、地下管线，应按工程设计要求及验收标准，及时进行中间验收。未经中间验收，不得作覆盖工程和后续工程。

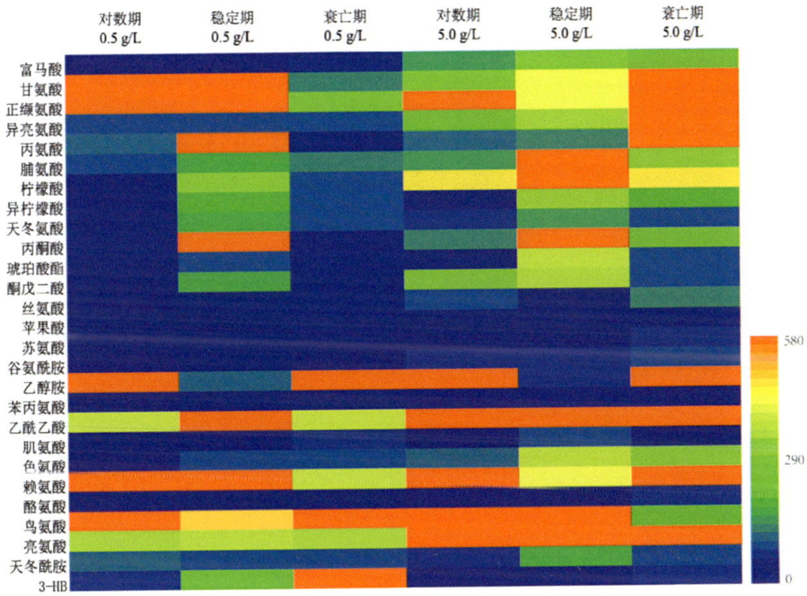

■ 彩图 1　差异代谢物热图

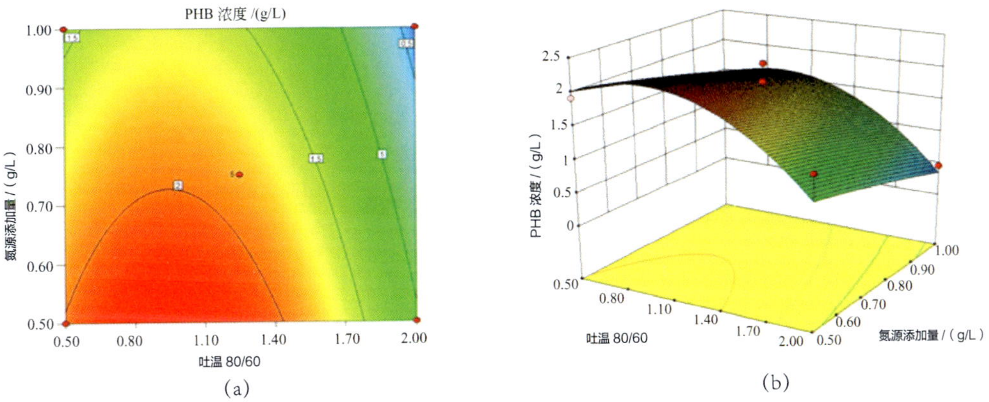

■ 彩图 2　吐温 80/60 和氮源添加量对 PHB 浓度的影响

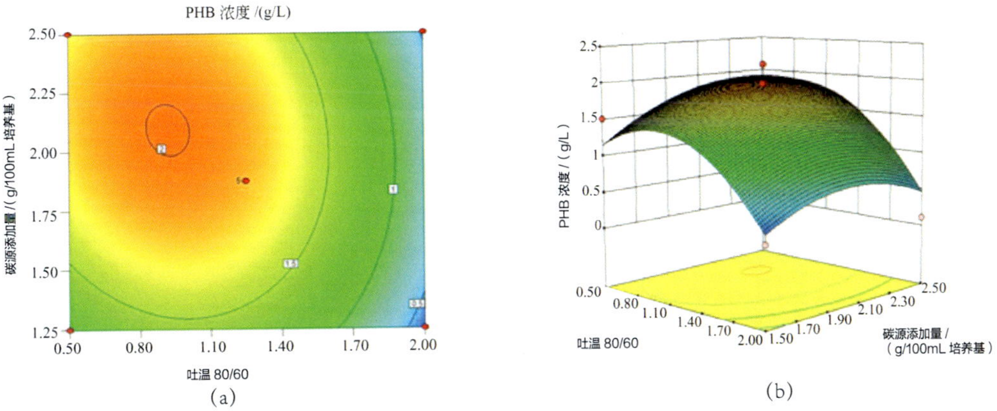

■ 彩图 3　吐温 80/60 和碳源添加量对 PHB 浓度的影响

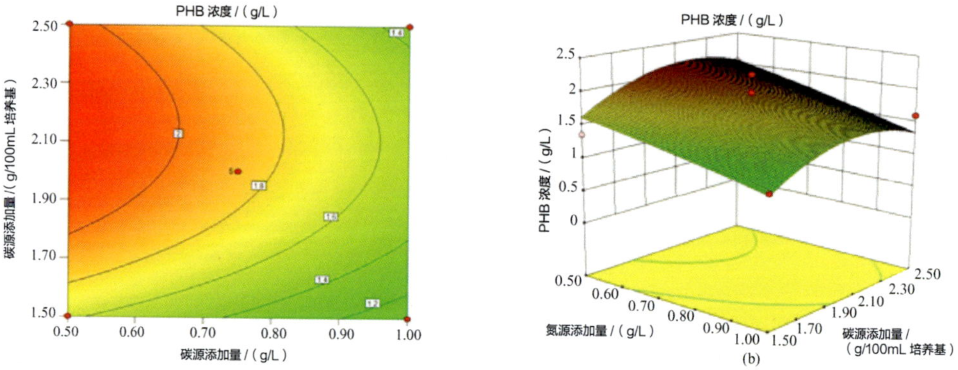

■ 彩图 4 氮源添加量和碳源添加量对 PHB 浓度的影响

吐温 80/60

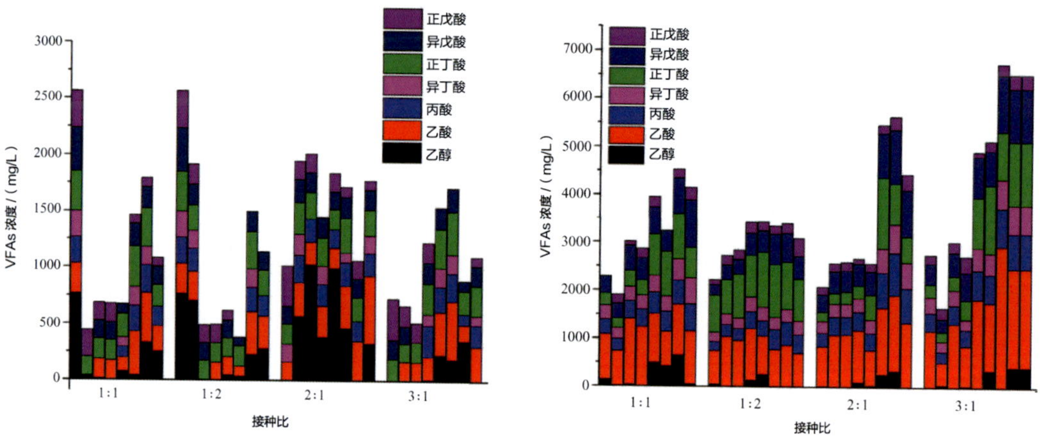

(a) 中温

(b) 高温

■ 彩图 5 中、高温条件下接种比对污泥厌氧消化过程中 VFAs 的影响

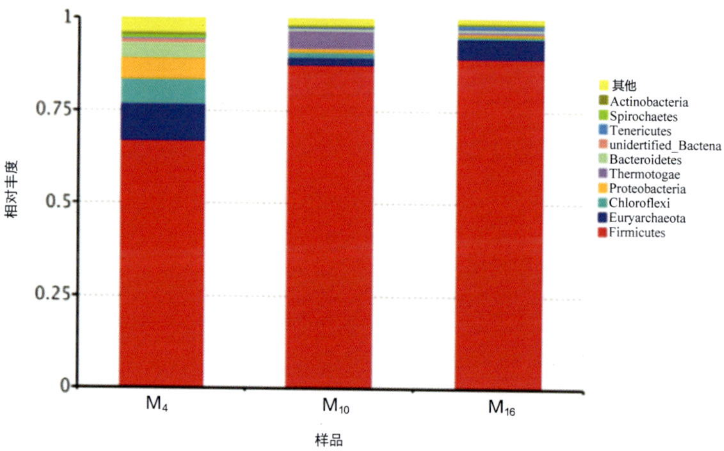

■ 彩图 6 门水平上的微生物群落相对丰度

■ 彩图 7　属水平上的微生物群落相对丰度

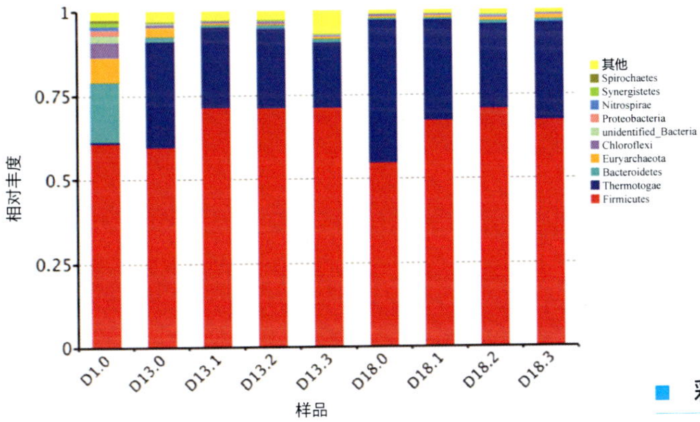

■ 彩图 8　门水平上的微生物群落相对丰度

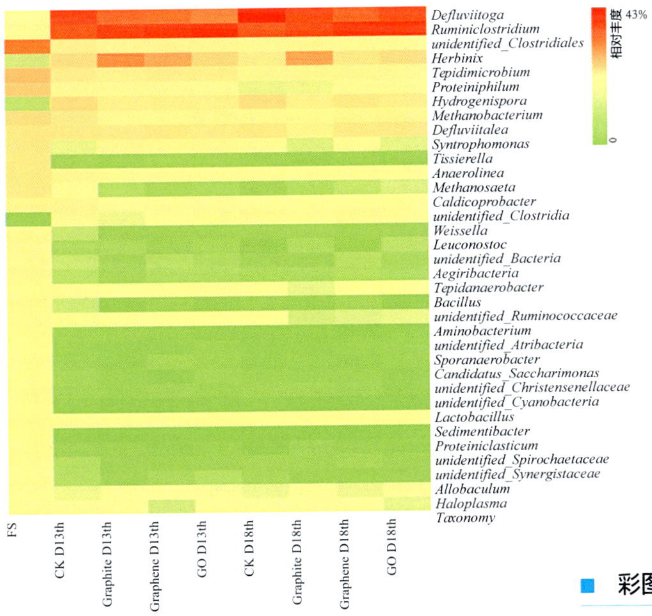

■ 彩图 9　干式属水平上的微生物群落相对丰度

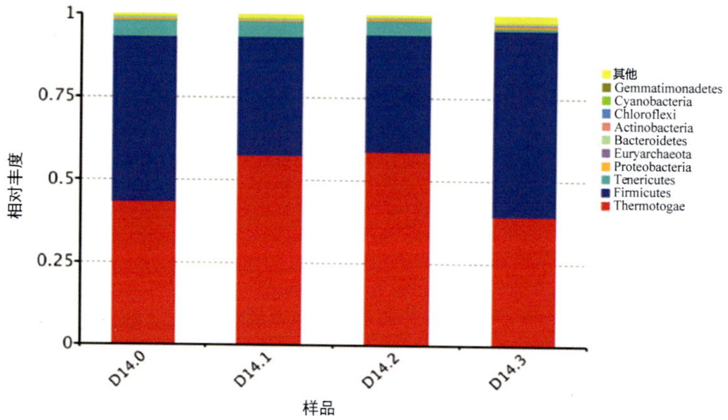

■ 彩图 10　门水平上的微生物群落相对丰度

D14.0—空白组；D14.1—石墨组；D14.2—石墨烯组；D14.3—GO 组

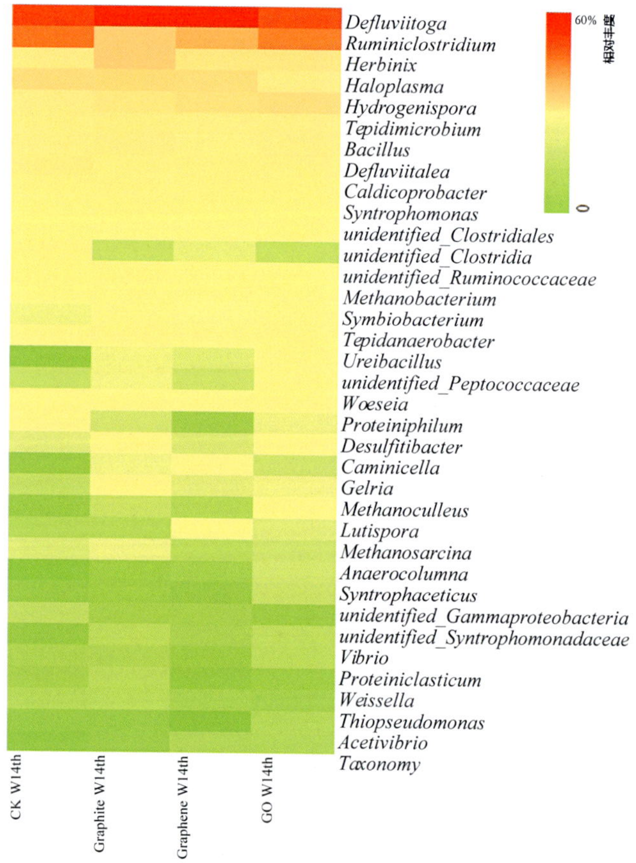

■ 彩图 11　湿式属水平上的微生物群落相对丰度

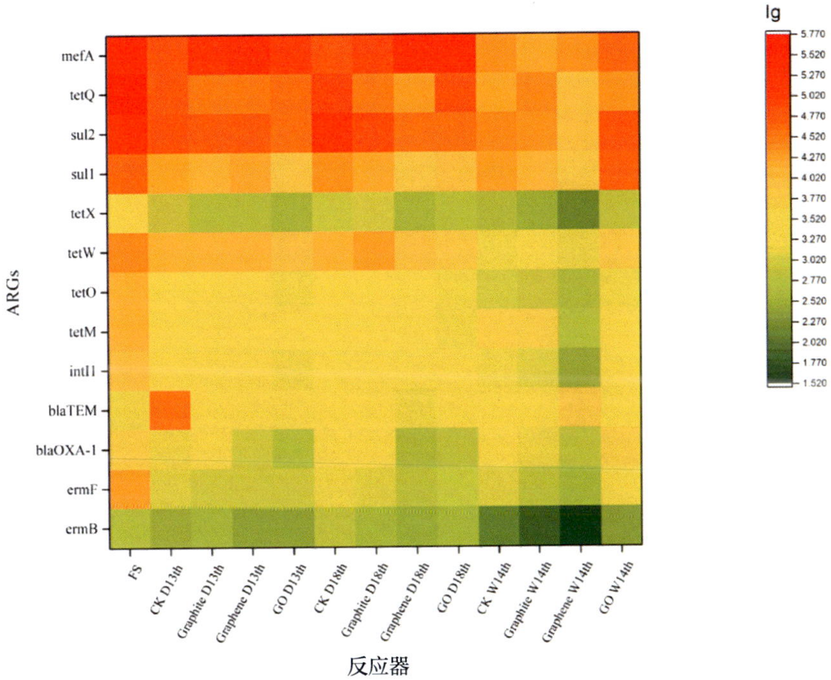

■ 彩图 12　不同碳材料条件下污泥干湿式厌氧发酵过程中 ARGs 的绝对丰度

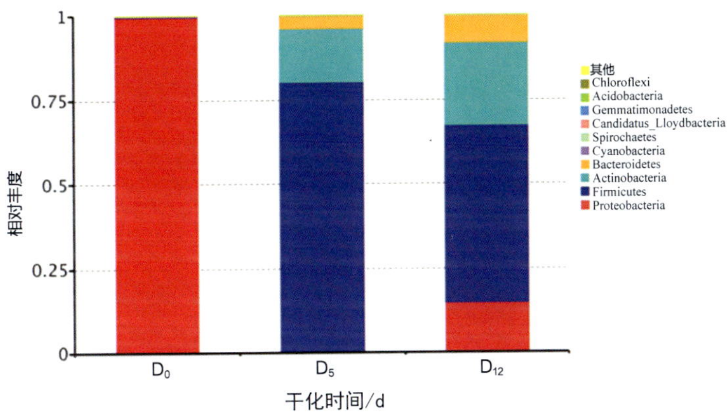

■ 彩图 13　不同干化时间门水平下占比前十微生物的相对丰度

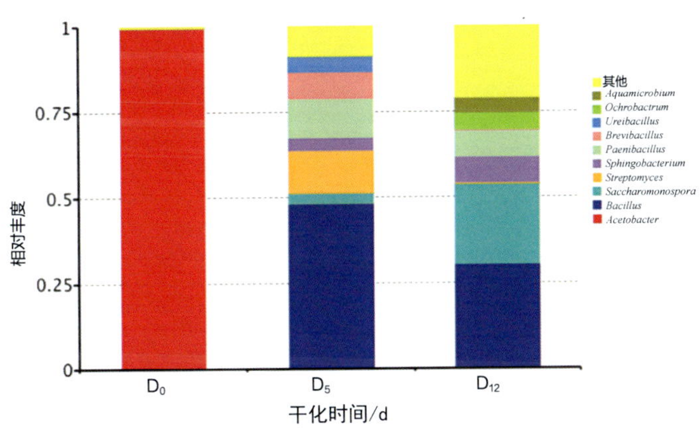

■ 彩图 14　不同干化时间属水平下占比前十微生物的相对丰度

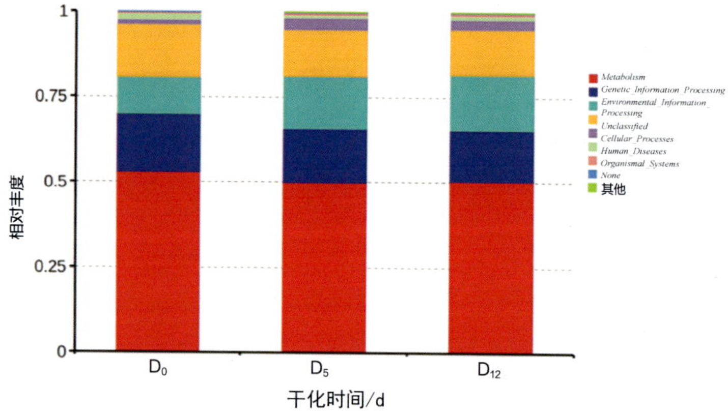

■ 彩图 15 PICRUSt 预测生化代谢途径

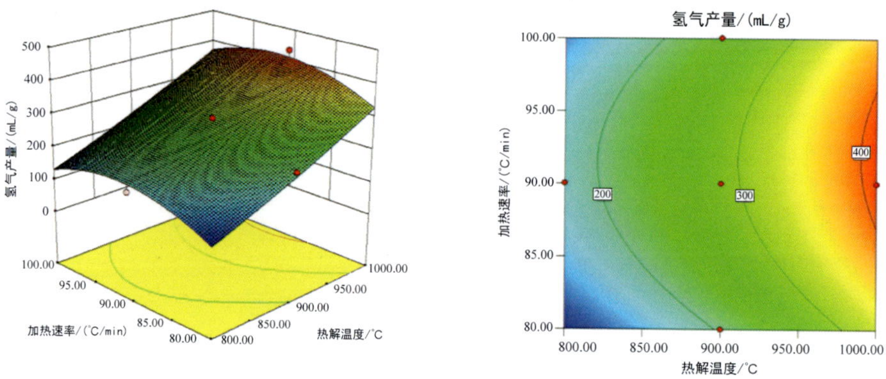

(a) 三维响应面

(b) 等高线

■ 彩图 16 热解温度和加热速率对氢气产量的三维响应面和等高线图

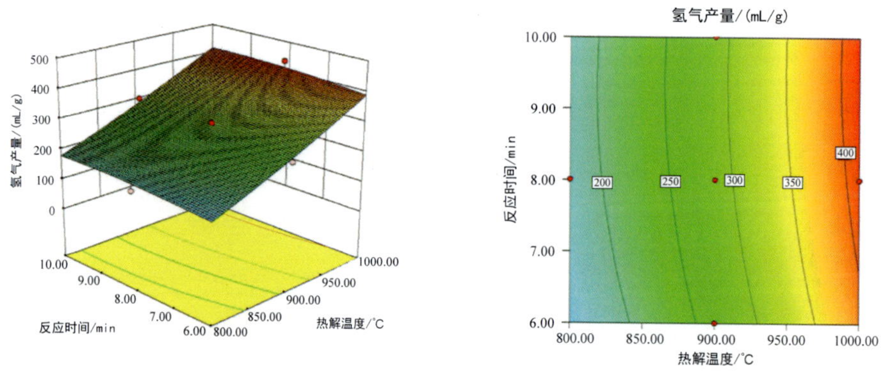

(a) 三维响应面

(b) 等高线

■ 彩图 17 热解温度和反应时间对氢气产量的三维响应面和等高线

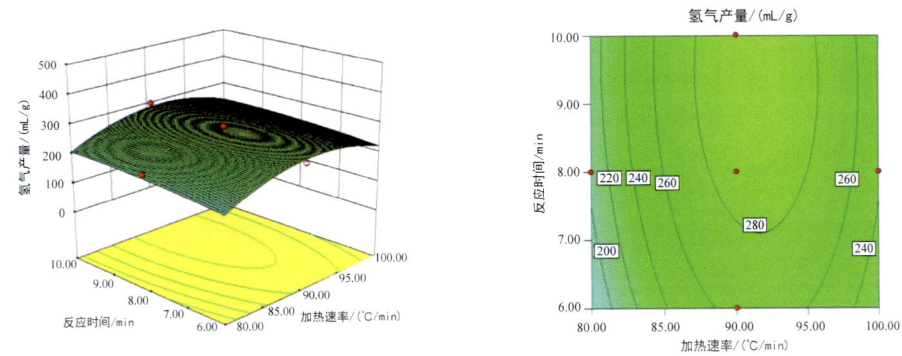

(a) 三维响应面　　(b) 等高线

■ 彩图 18　加热速率和反应时间对氢气产量的三维响应面和等高线

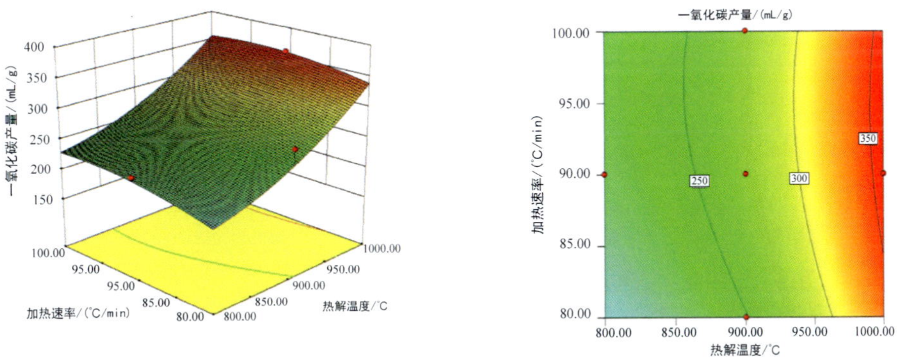

(a) 三维响应面　　(b) 等高线

■ 彩图 19　热解温度和加热速率对一氧化碳产量的三维响应面和等高线

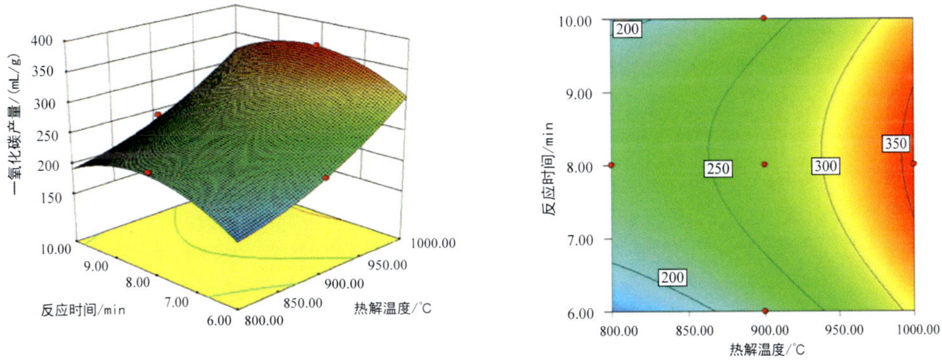

(a) 三维响应面　　(b) 等高线

■ 彩图 20　热解温度和反应时间对一氧化碳产量的三维响应面和等高线

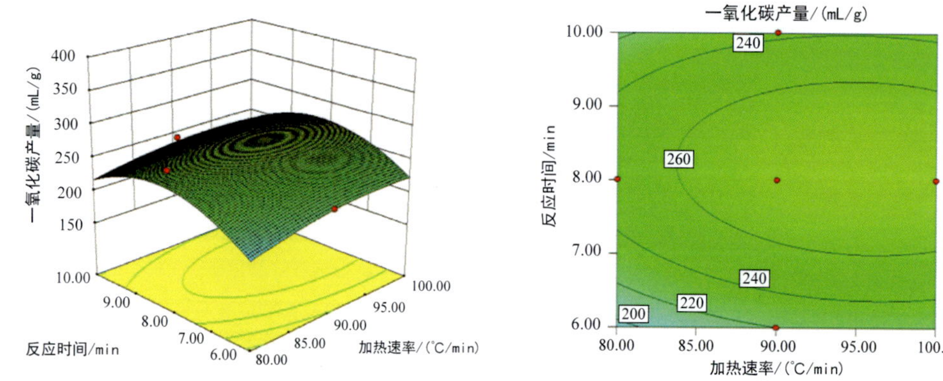

(a) 三维响应面　　(b) 等高线

■ 彩图 21　加热速率和反应时间对一氧化碳产量的三维响应面和等高线

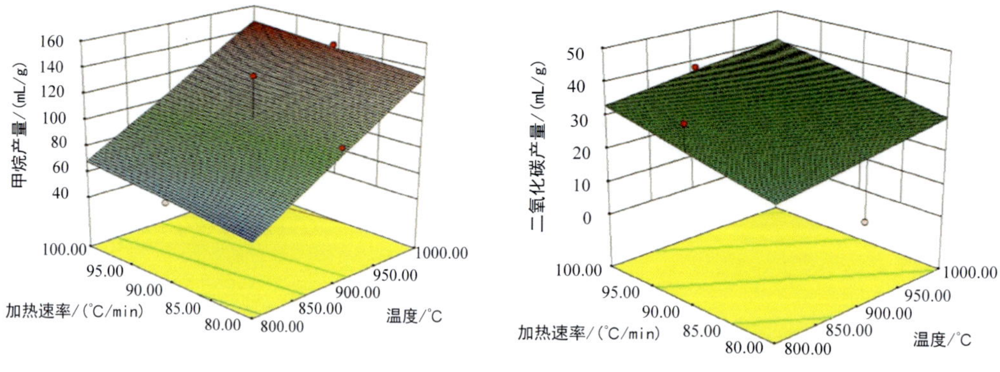

(a) 甲烷　　(b) 二氧化碳

■ 彩图 22　热解温度和加热速率对甲烷和二氧化碳产量的三维响应面